“十三五”国家重点出版物出版规划项目
深远海创新理论及技术应用丛书

Atlas of Physical Oceanography of the Indian Ocean

印度洋海洋水文图集

祝丽娟　梁楚进　廖光洪　主编

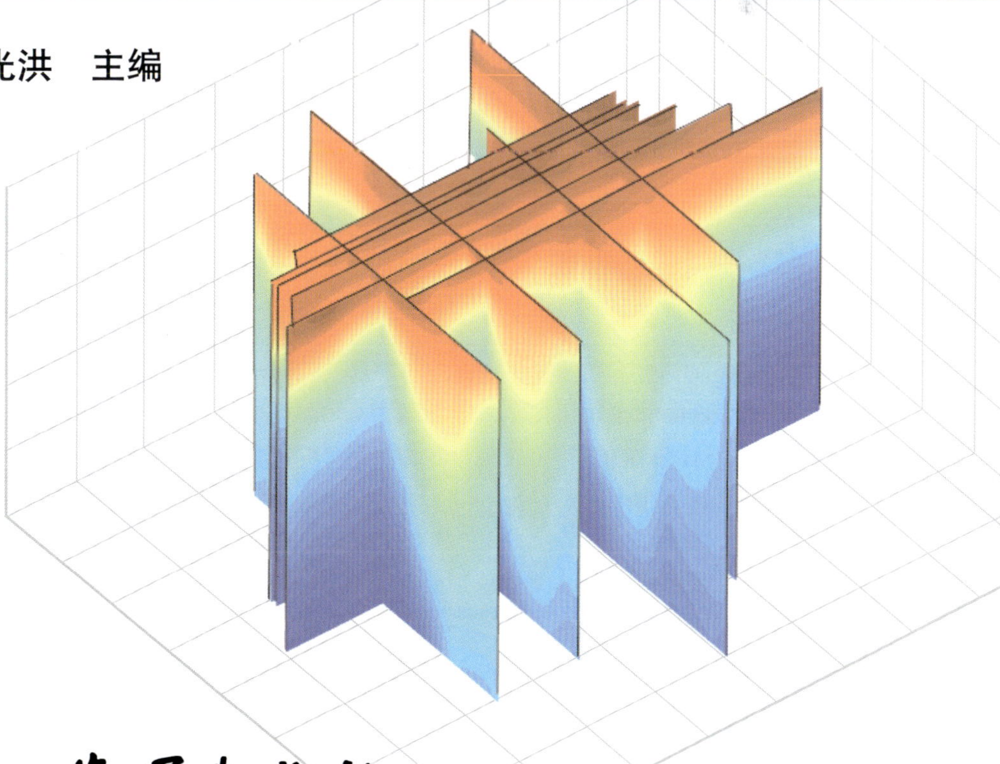

海洋出版社
2019年·北京

图书在版编目(CIP)数据

印度洋海洋水文图集 / 祝丽娟, 梁楚进, 廖光洪主编.—北京：海洋出版社，2019.5
ISBN 978-7-5210-0355-0

Ⅰ. ①印… Ⅱ. ①祝… ②梁… ③廖… Ⅲ. ①印度洋－海洋水文－图集
Ⅳ. ①P724-64

中国版本图书馆 CIP 数据核字(2019)第 093671 号

责任编辑：赵 武 黄新峰
责任印制：赵麟苏
排 版：海洋计算机图书输出中心 晓阳

出版发行：海洋出版社

地 址：北京市海淀区大慧寺路 8 号
100081
经 销：新华书店
技术支持：（010）62100052

发 行 部：（010）62174379（传真）（010）62132549
（010）68038093（邮购）（010）62100077
网 址：www.oceanpress.com.cn
承 印：中煤（北京）印务有限公司
版 次：2019 年 5 月第 1 版第 1 次印刷
开 本：889mm×1194mm 1/16
印 张：13.5
字 数：380 千字
定 价：128.00 元

《印度洋海洋水文图集》
编 写 人 员

主　　编：祝丽娟　梁楚进　廖光洪

副 主 编：蔺飞龙　李俊德　丁　涛　周蓓锋　金魏芳

编写人员：张　骞　胡俊洋　丁文祥　崔子健

前　　言

上层海洋是海洋热量、动量和能量较为集中的层次，印度洋环流的季节变化及其他主要海洋现象都反映在上层海洋的热盐分布结构中。因此，有必要对印度洋上层海洋的温度、盐度和密度等基本水文要素特征及其季节变化进行较系统和全面的分析和研究。目前关于印度洋海洋水文图集的资料比较少，因此，本图集更新了我国在印度洋的基础性图集资料，可对今后印度洋的海洋学研究、海洋资源开发利用和海洋经济发展提供直观并有价值的参考。

本图集是在自然资源部第二海洋研究所基本科研业务费专项项目（JT1506）、大洋十三五项目（DY135-E2-4；DY135-E2-1）、自然资源部第二海洋研究所卫星海洋环境动力学国家重点实验室自主研究基金课题（SOEDZZ1519）、印度洋浮标运行维护（海洋观测预报和防灾减灾）和赤道东印度洋和孟加拉湾海洋与生态研究计划（JAMES）等项目资助下完成的。非常感谢黄大吉、张涛、许东峰、齐义泉、管玉平、陈希、张学宏等教授对本书的关心和支持，并提出了很多指导和修改意见；赵武编辑为本书的顺利出版做了大量的工作，在此一并致谢。因编者水平有限，图集中一定还存在许多错误，今后一定在工作中予以纠正。同时还盼读者能惠予批评指正。

编　者

2018 年 11 月

目　　录

图集说明

印度洋海洋水文图

图集说明

一、引言

在全球气候变化和区域可持续发展的背景下，印度洋的海洋水文状况日益受到大家关注。印度洋面积约 7.41 × 10^7 km^2，约占世界海洋总面积的 21.1%，是世界第三大洋。在全球大洋中，印度洋是比较独特的海域，位于亚洲、非洲、大洋洲和南极洲之间，其北面为南亚大陆所包围，西部是阿拉伯半岛和非洲高地，东部为澳大利亚、印度尼西亚和马来半岛，南部较开阔。印度洋海底地形复杂，平均深度达到约 3854m，洋底中部有呈“人”字形分布的大洋中脊，还有很多的海岭和海沟（图 1.1）。

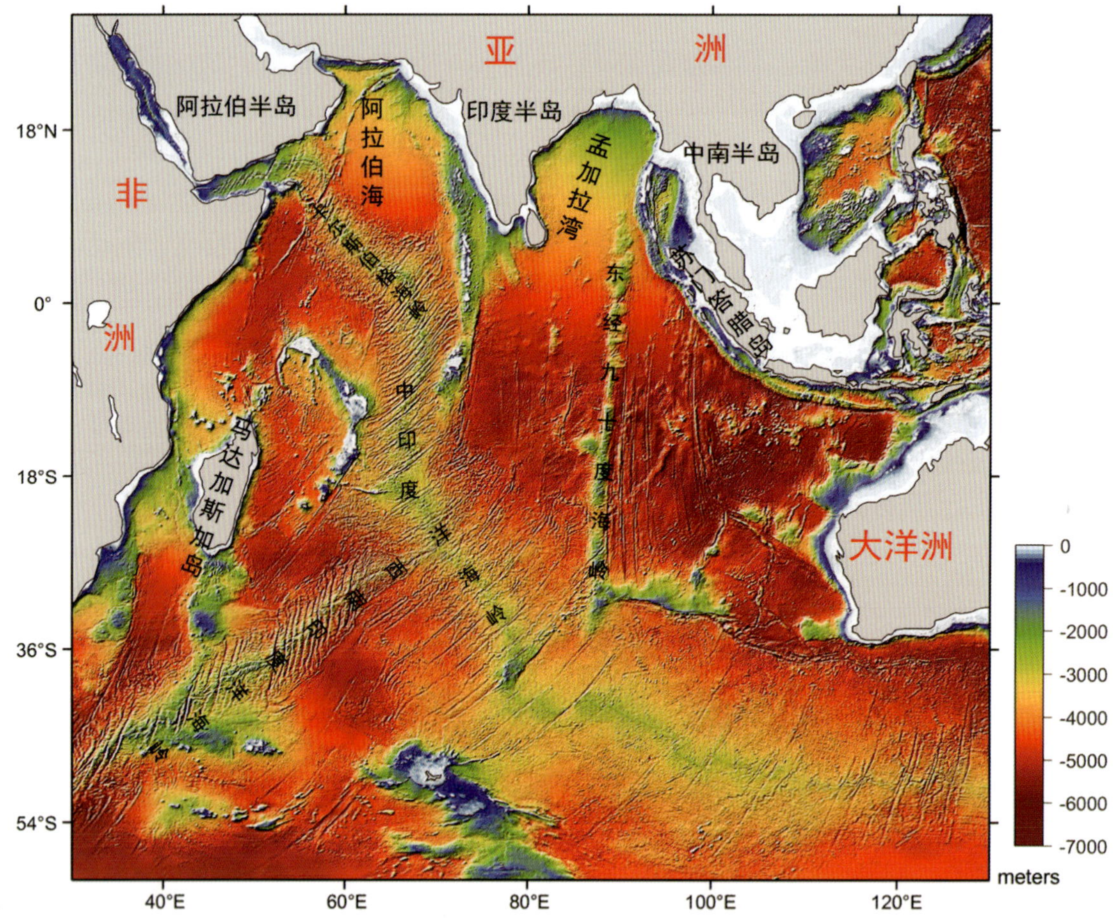

图 1.1　印度洋地形分布

印度洋独特的地理特征决定了其别具特色的季风性气候。印度洋是季风环流系统的三个组成部分——Walker 环流、横向季风环流和侧向季风环流的交汇地（Websteret al., 1998），与亚澳季风系统（Meehl, 1993）、厄尔尼诺和南方涛动（El Niño-Southern Oscillation，简称 ENSO）（吴国雄和孟文，2000）、非洲季风系统（Rodwelland Hoskings，1996）都存在一定联系。印度洋北部在夏季盛行强劲的西南季风，而冬季则被东北季风控制，年平均意义下夏季风占主导地位（孙振宇等，2007）。因此，与太平洋和大西洋赤道上空盛行东风的气候特征明显不同，赤道印度洋上空年平均风场是西风（周天军等，2001）。

印度洋特有的热力结构和海洋环流，在全球气候变化研究中也得到广泛的关注（周天军等，2001；Schott et al., 2009；Peng et al., 2015a）。印度洋海表面温度较高，就其年平均状况而言，约 60°E 以东，南北纬 10 度之间的热带印度洋表层海温在 28°C 以上，与西太平洋暖池连为一体（周天军等，2001）。由热带东印度洋与热带太平洋共同组成的“印度洋 - 太平洋暖池”是全球海温最高、体积最大的暖水区，在全球气候变化中扮演着重要角色。印度洋表层海流约以 10°S 为界，南北特性不同。南部为一常年稳定的逆时针旋转环流。北部比较复杂，海流状况主要取决于洋面季风变化。

印度洋观测起步较晚，但已有的观测和研究表明印度洋季风和海气相互作用会直接影响我国气候。以偶极子事件为代表的热带印度洋年际变化对于我国（以华南地区为主）的旱 / 涝灾害和气温异常等具有重要影响。例如 2010 年我国西南地区发生的特大干旱，其中最重要的一个原因就是印度洋海表面温度异常和季风强度减弱（黄荣辉，2012）。因此，增强对印度洋海洋环境和海气相互作用的认识意义重大。上层海洋是海洋热量、动量和能量较为集中的层次，印度洋环流的季节变化及其他主要海洋现象都反映在上层海洋的热盐分布结构中。同时，海洋观测研究需要有一个可信的温盐参照值，有利于对比观测资料的精度。因此，我们制作了本图集以作参考比照，对印度洋上层海洋的风场、海浪、海流、海水温度、盐度、密度、声速、混合层深度、位势涡度等要素特征及其季节变化进行了分析和研究。本图集更新了我国在印度洋的基础性图集资料，对今后印度洋的海洋学研究、海洋资源开发利用和海洋经济发展提供直观并有价值的参考。

二、资料来源

本图集印度洋海水温度和盐度数据采用了日本海洋科学与技术中心（JAMSTEC）提供的 MOAA GPV（Grid Pint Value of the Monthly Objective Analysis）数据集。该数据集是基于世界海洋图集海水温度和盐度资料（World Ocean Atlas 2001，简称 WOA01），采用二维最优插值法同化了全球 Argo 浮标、Triangle Trans-Ocean Buoy Network（TRITON）资料和 CTD 观测数据资料等。Argo 计划始于 2000 年，且全球浮标数量每年迅速递增。截至 2018 年 6 月 7 日，全球海洋中漂浮的 Argo 浮标共有 3824 个，其中在印度洋正常运行的 Argo 浮标个数是 785 个（参见图 2.1）。Argo 浮标观测的是从海表面到 2000 dbar 深度的海水压力、温度和盐度（Wu et al., 2015; Liu et al., 2017）。MOAA GPV 数据集的空间分辨率为 1° × 1°，垂直方向分层为 25 层（参见表 2.1）。数据至今一直在更新，每月一次。截至 2018 年 11 月，数据时间长度为 2001 年 1 月—2018 年 10 月。数据详细信息可参见技术说明文件（Hosoda et al., 2008）。数据下载网址是：http://www.jamstec.go.jp/ARGO/argo_web/argo/?page_id=83&lang=en。

表 2.1　标准层及对应压力

层　次	压力（单位：dbar）	层　次	压力（单位：dbar）
1	10	14	600
2	20	15	700
3	30	16	800
4	50	17	900
5	75	18	1000
6	100	19	1100
7	125	20	1200
8	150	21	1300
9	200	22	1400
10	250	23	1500
11	300	24	1750
12	400	25	2000
13	500		

经向和纬向断面选取原则。本图集基于非洲 - 亚洲 - 澳大利亚季风分析与预报浮标阵（Research Moored Array for African-Asian-Australian Monsoon Analysis and Prediction，简称 RAMA）的空间分布，选取了 55°E 、67°E 、80.5°E 和 90°E 共 4 条经向断面和 1.5°N、0°、1.5°S、4°S、8°S 和 12°S 共 6 条纬向断面（断面位置参见图 2.2 和图 2.3）。本图集对各断面的海水温度、盐度、密度、声速、混合层深度、位势涡度等要素特征及其季节变化进行了分析研究。

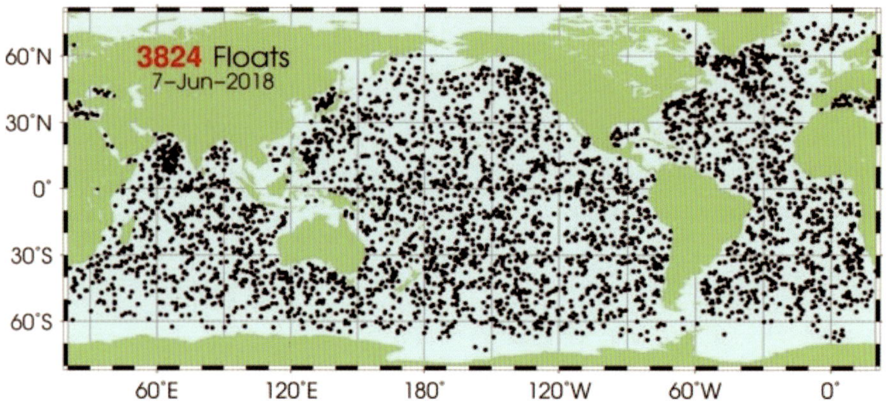

图 2.1　2018 年 6 月 7 日 Argo 浮标全球分布图

（摘自 http://www.Argo.ucsd.edu/）

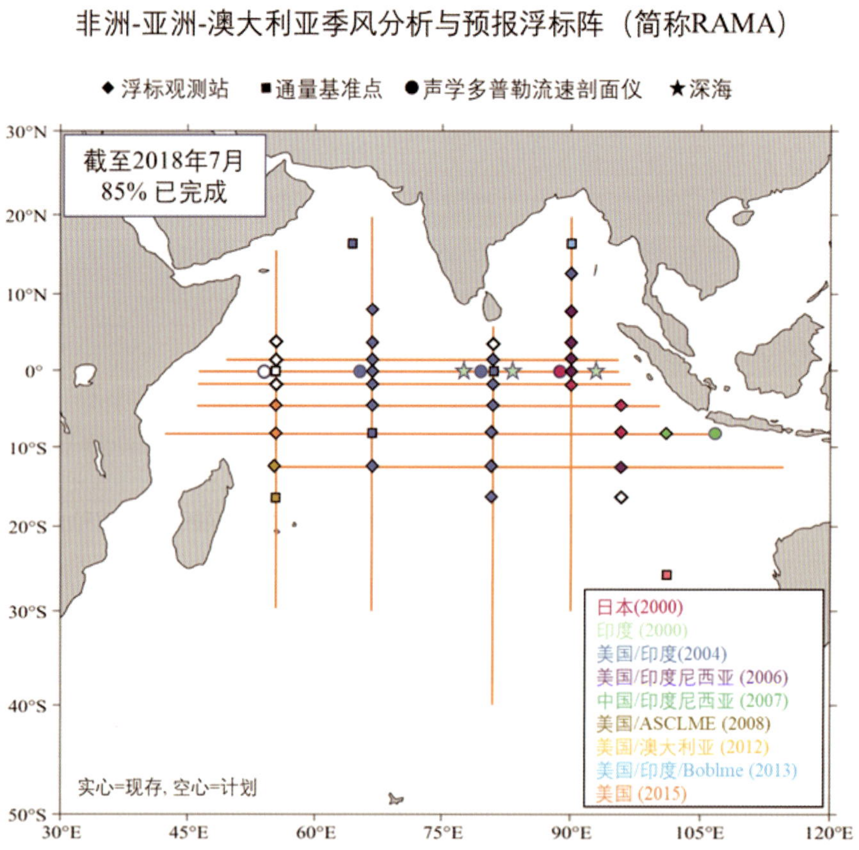

图 2.2　RAMA 空间分布图和本图集选取的各经向和纬向断面位置（橙色直线）

（摘自 https://www.pmel.noaa.gov/gtmba/）

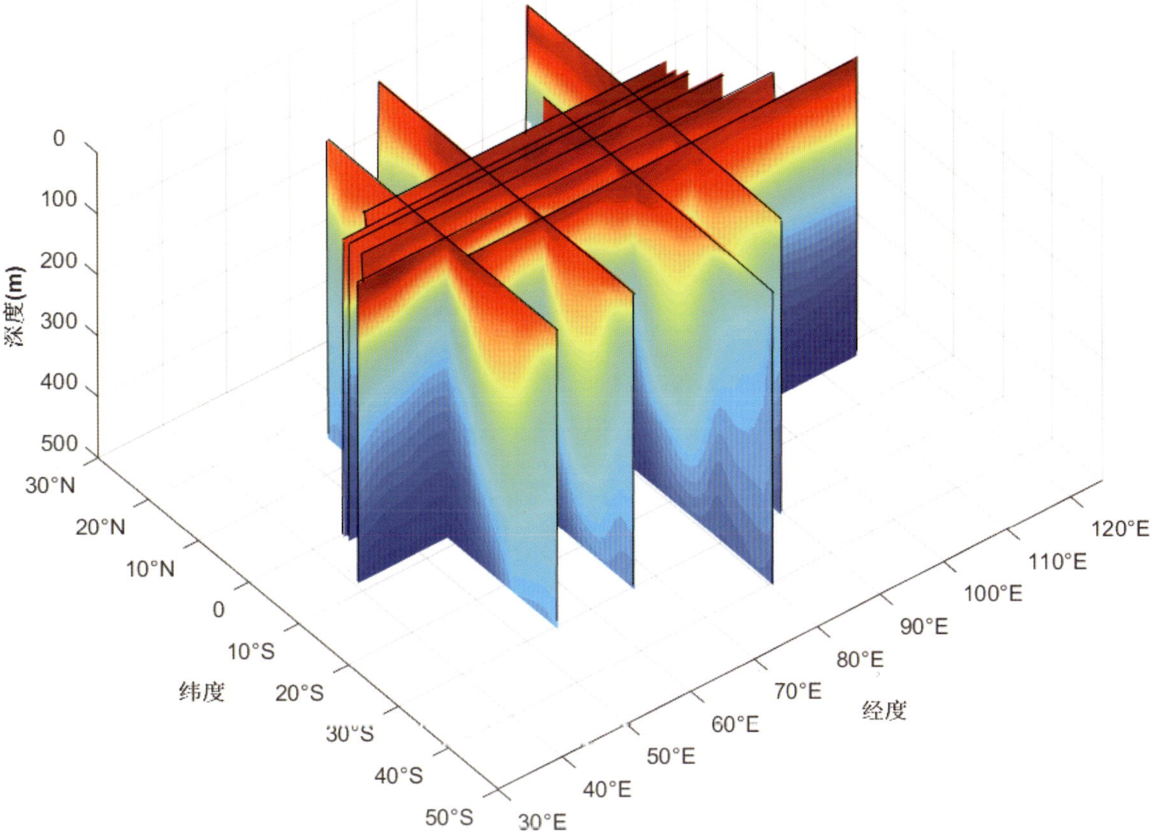

图 2.3 本图集选取的各经向和纬向断面位置三维立体图

本图集印度洋海表风场资料采用了 QuikSCAT 卫星散射计数据，来自遥感系统（Remote Sensing Systems，简称 RSS）提供的海表 10 m 月平均网格化风矢量资料，为更新后的 V4 版本数据。数据空间分辨率为 1/4° × 1/4°，时间长度为 1999 年 7 月—2009 年 11 月。数据下载网址是：https://manati.star.nesdis.noaa.gov/datasets/QuikSCATData.php/。

本图集印度洋海表流场数据采用了海表流场实时资料（Ocean Surface Current Analyses Real-time，简称 OSCAR），由美国国家海洋大气管理局（National Oceanic and Atmospheric Administration，简称 NOAA）提供。数据是利用卫星高度计资料和 QuikSCAT 风场资料反演得到，空间分辨率为 1/3° × 1/3°。数据至今一直在更新，每 5 天更新一次。截至 2018 年 11 月，数据时间长度为 1992 年 10 月—2018 年 11 月。数据下载网址为：https://podaac.jpl.nasa.gov/dataset/OSCAR_L4_OC_third-deg。

本图集印度洋海浪的有效波高资料采用了欧洲中期天气预报中心（European Centre for Medium-Range Weather Forecasts，简称 ECMWF）提供的 ERA-40 海浪再分析资料，是全球第 1 份耦合海浪和大气环流模式模拟结果并同化观测资料得到的再分析产品。空间分辨率为 3/4° × 3/4°，时间分辨率为 6 小时。数据至今一直在更新，截至 2018 年 11 月，数据时间长度为 1979 年 1 月—2018 年 8 月。数据可从 ECMWF 网页下载，网址为：http://apps.ecmwf.int/datasets/data/interim-full-daily/levtype=sfc/。

下面简单介绍对这些数据集所做的质量控制：

（1）极值控制方法。根据各种海洋气象环境要素的物理特性，统计经验给定各个要素的极大值和极小值，剔除极端异常的数据；

（2）时间一致性方法。大多数海洋水文要素的气候态变化是连续的，在一定的时间间隔，同一要素的前后变化是在一定范围内，依据此原则剔除前后时刻变化较大的数据；

（3）核查排除较大的密度逆转资料，以及深度逆转现象；

（4）标准偏差检验；

（5）初始的客观分析后检查不真实的数据分布点。

三、计算方法和公式

1. 海水温度和密度称谓

单位体积海水的质量定义为海水的密度，一般用符号 ρ 表示，单位是 kg/m^3。因为海水的密度是其盐度、温度和压力的函数，所以通常表示为 $\rho_{s,t,p}$ 。海水从海洋某一深度（压力为 p ）绝热上升到海面（压力为标准大气压 p_a ）时所具有的温度称为位势温度（Potential Temperture），一般用符号 Θ 表示；海水此时具有的密度就称为位势密度（Potential Density），用符号 ρ_σ 表示。而该海水未上升之前的温度称为现场温度，记为 θ。考虑到在一般正常的温盐范围内海水密度值的前两位数字都相同，为简便而写成 $\sigma=(\rho_\sigma-1)\times1000$ 。本图集中提到的温度和密度变量分别指位势温度和位势密度变量。

2. 温跃层、盐跃层和密度跃层

垂向梯度法：根据《海洋调查规范》（张义钧等，2007）以及《我国专属经济区和大陆架勘测技术规程》规定，跃层定义一般分为深水和浅水两种标准：在深水（水深＞200 m），温度梯度值为 0.05 °C/m，盐度梯度值为 0.01 psu/m，密度梯度值为 0.01 kg/m^4；在浅水（水深＜200 m），温度梯度值为 0.2 °C/m，盐度梯度值为 0.1 psu/m，密度梯度值为 0.1 kg/m^4。分别对温度和密度资料求垂向梯度，将垂向梯度值大于或等于上述最低指标值的水层定为跃层，其上下端点所在深度作为跃层上界深度和下界深度。本图集选用深水标准。

3. 声速计算方法和声速跃层

海水中的声速随水温、盐度和压力的增大而增大，其中温度影响最大，通常声速用以水温、盐度和压力为变量的经验公式表示。根据 Mackenzie 公式，利用水温、盐度和深度计算出声速分布（Mackenzie，1981）：

$$c(D,S,T) = 1448.96 + 4.591T - 5.304\times10^{-2}T^2 + 2.374\times10^{-4}T^3 + 1.340\,(S-35) + 1.630\times10^{-2}D + 1.675\times10^{-7}D^2 - 1.025\times10^{-2}T(S-35) - 7.139\times10^{-13}TD^3,$$

式中 T，S 和 D 分别表示水温、盐度和海水深度。

在声速跃层的分析中，通常以跃层深度、跃层厚度和跃层强度作为描述跃层的特征量。根据《海洋调查规范》对声跃层的规定，浅海（水深＜200 m）声速垂直梯度超过 0.5 s^{-1} 的水层为跃层，深海（水深＞200 m）声速垂直梯度超过 0.2 s^{-1} 的水层为跃层。本图集采用深海跃层的判定标准。

4. 位势涡度

对地球流体来说，位势涡度（potential vorticity，简称“位涡”）是研究环流结构的重要物理量（Luyten et al., 1983）。在正压流体条件下，定义为$\frac{\zeta+f}{D}$，其中ζ是流体的相对涡度，f是行星涡度，D是流体柱深度。由于海洋运动性质，相对涡度远小于行星涡度，位势涡度即为$\frac{f}{D}$。

在分层流体（如密度分层）条件下，每一层位涡的定义公式如下：

$$\eta=\frac{f}{\rho}\frac{\partial\rho}{\partial z}$$

其离散形式为

$$\eta^i=\frac{f}{h^i}\times\frac{\Delta\sigma^i}{1000+\sigma^i}$$

式中f为科氏参数，η^i，h^i，σ^i分别为第i层位势涡度、第i层厚度和第i层密度（第i层密度取为上下两界面的平均，$i\neq1$）；η^i单位：m/s。位势涡度闭合区域的出现是由于闭合地转等值线造成的约束，是闭合地转流型的反映（王东晓等，2002）。

5. 混合层深度

海洋近表层由于太阳辐射、降水、风力强迫等作用，形成温、盐、密几乎垂向均匀的混合层（Babu et al., 2004；孙振宇等，2007）。混合层在海气相互作用过程中起着重要作用，海洋与大气的能量、动量、物质交换主要通过混合层进行。此外，混合层的观测对于验证和改进大洋环流模式中的混合层参数化方案具有重要价值（Masson et al., 2002；Kara et al., 2003）。

混合层深度有如下定义（Sprintall and Tomczak，1992;Ohlmann et al., 1996）：定义 1（温度判据）：比表层温度低 0.5°C 的温度所在的深度作为混合层深度，称为 ILD（Isothermal Layer Depth）；定义 2（密度判据）：由表层盐度和比表层温度低 0.5°C 的温度值计算出一个密度，这个密度所在的深度处即为混合层底所在处，称为 MLD（Mixed Layer Depth）（这里 ILD 和 MLD 分别代表了由温度和密度判据计算出来的混合层深度）。本图集选用定义 2（密度判据）来计算混合层深度。实际海洋中，表层 10 m 温度和盐度的分布基本上是均匀的，将表层温度和盐度取其 10 m 处的值，可以忽略海洋表层异常热力过程的影响，例如淡水输入、急剧的蒸发等。因此选择表层 10 m 作为参考层。

6. 障碍层和补偿层厚度

在物理海洋学上，温度跃层和盐度跃层之间的水层称之为障碍层（Barrier Layer，简称 BL），一般位于密度跃层之下、温度跃层之上。之所以称其为障碍层，是由于障碍层底部的温度变化对混合层热量产生的影响几乎为零，也就意味着，障碍层之下海水混合所导致的冷却效应可以忽略不计。Sprintall 和 Tomczak（1992）将障碍层厚度定义为等温层厚度与上述混合层厚度之差。若 ILD 大于 MLD，则存在障碍层，障碍层厚度（Barrier Layer Thickness，简称 BLT）为（ILD-MLD）；若 ILD 小于 MLD，则存在补偿层（Compensated Layer，简称 CL），补偿层厚度（Compensated Layer Thickness，简称 CLT）为（MLD - ILD）。

7. 温度距平

温度距平定义为该月温度与全年平均温度的差值。

四、近十年关于印度洋海洋学研究进展

（一）印度洋海表风场、海浪和近表层流场特征

1. 海表风场

印度洋与其他大洋相比有很多显著不同的特点，其中之一是受到季风强烈影响。在 10°S 以北的印度洋，由于受季风强烈影响，海表面风场在一年当中有明显季节反向现象。在 6—9 月，南半球东南信风向北越过赤道时在科氏力作用下发生偏转，形成印度洋夏季风，强劲西南风在 7 月中旬达最强，最大风速可以达到 12 m/s；在冬季（12—2 月），东北季风向南越过赤道时也发生偏转，在赤道与 10°S 之间形成弱的低空西风，与南半球东南信风交汇。热带印度洋夏季风明显强于冬季风，这与南中国海季风不同（楚合涛和胡瑞金，2016）。因此，热带印度洋与其他大洋另一个显著不同是，赤道地区没有常年稳定的东风存在。在近赤道地区，印度洋上空风场年平均为弱西风，只有晚冬和早春季节会出现东风分量。在 10°S—30°S 印度洋海域，风场常年比较稳定，盛行东南信风，在北半球夏、秋季节时风带会北移一些。在 30°S—45°S 印度洋海域，常年盛行偏西风，为风速较强的西风带（Schott et al., 2009；乔彬等，2014；王毅和崔凤娟，2015）。

2. 海浪有效波高

海浪有效波高的长期变化趋势对全球气候变化、波浪能资源开发和防灾减灾等都有重要影响。北印度洋受季风控制显著，夏季波浪浪高大于冬季。空间分布上，西部比东部风大、浪大，在亚丁湾、索马里外海波浪最大（杨永增等，2011）。石永芳等（2016）发现在 7 月阿拉伯海区域存在波高极大值，约 3.5 m，而印度洋南部波高普遍较大，最大值可达 6 m。高占胜等（2016）进一步发现，北印度洋有效波高变化趋势存在较大季节性差异，低纬度的递增趋势主要体现在春季和冬季。冬季几乎整个北印度洋的有效波高呈显著性递增，而索马里以东一近似圆形海域的递增趋势主要在夏季。在 1958—2001 年间，北印度洋海域有效波高递增较强海域分布于斯里兰卡至苏门答腊岛一带和索马里以东海域。印度洋涌浪在混合浪中占据主导地位，40°S 以北的涌浪常年向北传播，且南印度洋西风带西南季风的强度直接决定着涌浪北传的程度（郑崇伟等，2016）。南印度洋海浪场季节变化特点不如北半球显著，但仍有较明显季节变化，冬季比夏季海浪强盛，相应平均波高、大浪大涌频率也较大。40°S 以南盛行偏西向浪（张弦等，2003）。

3. 近表层流场

印度洋明显不同于其他大洋，10°S 以北洋域狭小且受季风影响，近表层流场形势表现出明显季节变化。冬季，出现东北季风洋流，它沿索马里半岛的海岸向南流，形成了索马里暖流，穿过赤道与南赤道流的部分海水汇合，在 5°S 附近形成向东的南赤道逆流，一直流至苏门答腊岛，之后部分海水向北分支流入孟加拉湾，补偿湾内向西流出的海水。因此，冬季在印度洋北部海域为气旋性环流。夏季，出现西南季风洋流，此时流动与冬季相反，南赤道流向北分支穿过赤道，沿索马里海岸流动，形成索马里寒流，随后海水向东绕斯里兰卡岛、苏门答腊岛西岸并南下与南赤道流汇合，此时南赤道逆流消失。海水流动为顺时针方向的反气旋环流（乔彬等，2014）。赤道海区环流因受季风驱动有半年周期变化的特征，其中 4—6 月、10—11 月表现为很强东向流。印度洋 10°S 以南海域的环流结构较稳定，南赤道流常年自东向西，夏强冬弱，抵非洲东南时分为两支：一支向北，另一支向南经莫桑比克海峡后偏向西南，为厄古拉斯回

流的开端，海流强而稳定，是大洋强流区之一。Peng et al.（2015a）利用漂流浮标轨迹数据，采用拟欧拉方法比较清晰地展现了印度洋海域的近表层环流，如图 4.1 所示。

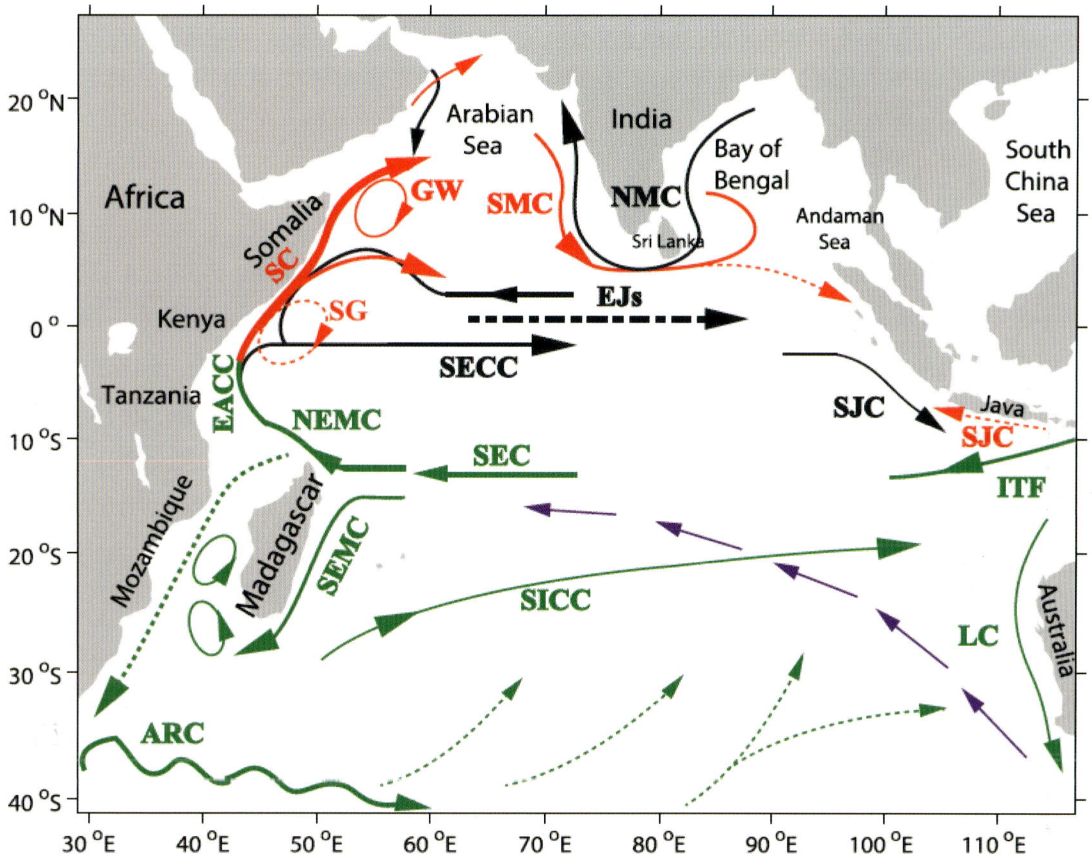

图 4.1　印度洋主要环流系统简图，包括南赤道流（SEC），南赤道逆流（SECC），南印度洋逆流（SICC），东北和东南马达加斯加流（NEMC 和 SEMC），东非沿岸流（EACC），索马里海流（SC），赤道急流（EJs），西南和东北季风洋流（SMC 和 NMC），南爪哇流（SJC），帝汶流（LC），厄古拉斯回流（ARC），大旋涡（GW）以及南部涡流（SG）。夏季（冬季）环流被标注红色（黑色），绿色为四季都存在的环流。黑色粗虚线箭头的线表示只在春季和秋季发生的 EJs。紫色箭头线代表次表层海流。莫桑比克海峡的虚线箭头显示了涡的传播方向。线的粗细大致代表了流的强度（摘自 Penget al., 2015a）

（1）东北和西南季风洋流（NMC 和 SMC）。

12 月至 2 月，印度洋盛行东北季风，孟加拉湾海水流向西南，绕过斯里兰卡岛，与阿拉伯海流共同形成东北季风洋流。6 月至 9 月，盛行西南季风，此时流动与冬季相反，西印度沿岸流南下，沿着印度半岛西海岸流动，在斯里兰卡南部附近海域与西南季风漂流汇合向东延伸，与此同时东印度沿岸流则沿着印度半岛的南端向北流动，形成西南季风洋流。这说明，在西南季风期，外部大洋水经湾口西侧进入湾内，湾内水则由湾口东侧进入赤道印度洋，东北季风期的水交换途径与其相反（乔彬等，2014）。

（2）Wyrtki 流。

Wyrtki 流是赤道印度洋的独特现象，又称 EJS。最早由 Wyrtki（1973）发现，是在赤道附近（2 °S 和 2 °N 之间）的一支很强的东向急流，60°—90°E 之间流速最强，影响深度可至 50 m 左右（Qiuet al., 2009）。急流由风直接驱动，与赤道西风出现同步，每年出现两次：春季（4—5 月）和秋季（10—11 月），即印度洋季风转换期。急流存在很强的季节变化，与春季急流相比，气候态平均的秋季急流流速更强，流幅更宽，流轴稍偏南（邱云和李立，2007；王毅和崔凤娟，2015）。乔彬等（2014）发现 Wyrtki 流在 3 月末到 4 月初左右出现，到 5 月中旬发展最强盛，平均流量为 13.06 SV，核心基本以赤道为中心南北对称，但在不同年份会有偏移。Wang（2017）指出 Wyrtki 急流及分叉经度位置是由赤道上压力梯度和风应力的平衡决定的，其分叉对东印度洋盐度分配有重要影响。韩国庆（2017）发现 2013 年春季 Wyrtki 流强度略强于秋季 Wyrtki 流，这与气候态平均下 Wyrtki 流的年变化不同。他们证实季节内振荡对流位相所诱导的西风距平是春季 Wyrtki 变化的主要原因。

（3）赤道潜流。

在近赤道印度洋，另一个重要海流是赤道潜流（Equatorial undercurrent，EUC）。首先被 Knauss 和 Taft（1964）提出，是存在于赤道急流之下的一支东向潜流，大致位于深度 90 ~ 170 m 范围。流速较大，4 月时最大流速可达 0.63 m/s（Iskandar et al., 2009）。该急流携带大量阿拉伯海高盐水，形成一个向东高盐水舌（乔彬等，2014）。由于赤道印度洋缺乏稳定西风，赤道潜流并非全年存在，通常只出现在北半球冬季和夏季，且在东北季风末期强度达到最强（Iskandar et al., 2009；王毅和崔玉娟，2015)。EUC 大部分分布在印度洋中西部。在一年中，EUC 被观测到的最晚月份是 8 月（Reppin et al., 1999）。同时，EUC 在北半球夏季存在显著年际变化，在某些年份会消失（Iskandar et al., 2009）。乔彬等（2014）认为可能是因为 EUC 与 Wyrtki 流之间没有明显间隔，随着 Wyrtki 流的发展，东向 EUC 逐步减弱甚至被吞并所致。在 Wyrtki 流出现后大约 40 ~ 50 天会出现反向 EUC。

（4）南赤道逆流和南赤道流。

1—3 月，在 4°S 附近存在一支自西向东海流，为南赤道逆流（South Equatorial Countercurrent，SECC），而索马里海流（Somali Currents，SC）及东非沿岸流（East African Coastal Current，EACC）为其提供水源（Schott et al., 2009）。这股赤道逆流流至苏门答腊岛西岸后，南下形成南爪哇流（the South Java Current，SJC）。乔彬等（2014）发现 SECC 核心在 5°S 附近，随着 Wyrtki 流的逐步强盛在 4 月中旬左右消失。

在 SECC 南部，存在一支西向流，称为南赤道流（South Equatorial Current，SEC）。该海流受印尼贯穿流的影响因而盐度较低，且在北半球夏季达到最强（Fengand Wijffels，2002）。

（5）索马里海流（SC）等其他海流。

印度洋近表层海流速度和平均动能的时空分布差异很大。动能最大区域位于索马里东海岸和印度洋赤道地区，这分别与索马里急流和一年两次的赤道东向急流有关。其中，索马里东海岸流的气候态平均速度最大值可达 100 cm/s，平均动能可达 1500 cm^2/s^2（Peng et al., 2015a）。Peng et al.（2015b）进一步发现印度洋洋流的扩散系数在赤道印度洋中东区域和东非沿岸比较大（> 20×10^7 cm^2/s）。陈璇等（2016）研究发现赤道印度洋和非洲东岸沿岸流存在明显季节变化。非洲东岸沿岸流最大流速在 5—9 月出现，可达 1.8 m/s 以上，而赤道流系最大流速则在 11 月出现，可达 0.8 m/s 以上。

（二）印度洋海水温度、盐度和密度分布特征

1. 海水温度

印度洋，特别是 20°S 以北的热带印度洋的海表面温度（Sea surface temperature，简称 SST）变化，具有显著的整体一致性。自 20 世纪 50 年代中期以来持续变暖，赤道印度洋增暖了大约 0.6°C（周天军等，2001）。SST 季节变化具有鲜明季风特征，春季海温最高，在西南季风爆发期，海温达到全年最冷（周天军等，

2001)。表层阿拉伯海、孟加拉湾和赤道东印度洋是海温高值中心，东部暖池年平均温度在 28°C 以上（邱云和李立，2006）。热带印度洋次表层海温也存在明显季节变化。次表层海温变化较大，尤其在 10°S—10°N 间的赤道印度洋（孙莎莎和胡瑞金，2010）。

印度洋海温分布受季风漂流、海面风、太阳辐射和上升流等因素影响。例如热带印度洋东部暖池，与西太平洋暖池连为一体，其 SST 较高，主要受短波辐射影响（Sun et al., 2014）。风对海表热通量变化的影响要远强于短波辐射和降水影响（Duncan and Han，2009）。孟加拉湾上混合层水温分布主要受海表净热通量变化的影响，混合层以下温度分布与密度分布对应（邱云和李立，2006）。海温变化年周期在表层主要与太阳辐射和风场分布有关，在次表层与洋流、Rossby 波和沿岸 Kelvin 波密切相关（孙莎莎和胡瑞金，2010）。季节内振荡（30 ~ 90 天周期）及亚月周期振荡（10 ~ 30 天周期）均会导致 SST 季节内变化，最大幅度可达 0.5°C，比如 SST 变化以季节内信号为主，而次表层水温变化以半年周期为主（祝丽娟等，2012；zhu et al., 2016; Hase et al., 2008；Zhou and Murtugudde，2010）。

2. 海水盐度

印度洋是盐度最高的海域之一，其盐度一般在 32.0 ~ 35.0 之间，邻近红海和波斯湾海域超过 37.0。热带东印度洋盐度分布的空间变化远比温度显著且各月特征基本一致。虽然南北向也存在一定的盐度梯度，但盐度大体呈东低西高的势态，尤其以印度洋中部赤道附近以及 15°S 以南区域为高盐水。赤道上有一高盐水舌向东延伸，5 月和 12 月延伸最远，反映了 Wyrtki 急流自西向东输运高盐水的作用。在斯里兰卡东南部海域、印度半岛沿岸及赤道附近海域，盐度的季节变化较大，呈现夏季高冬季低的特征，反映了赤道高盐水向孟加拉湾的入侵途径。孟加拉湾内部是稳定的低盐水，整体年变化不大。阿拉伯海与孟加拉湾两海域表层盐度平均值差值达 3 左右（乔彬等，2014）。在 100 m 层，盐度逐月水平分布与表层十分相似，阿拉伯海与孟加拉湾两海域的平均盐度相差约 1（宣莉莉等，2013）。在深层，在 10°S 附近有一低盐水舌自东向西延伸，这应该是印尼贯穿流进入该区域的分支携带来的低盐水。南印度洋的海表盐度存在显著季节变化，夏半年盐度升高，冬半年盐度降低（孙启伟等，2017）。

热带印度洋盐度季节变化除了受海表降水、径流输入等局地因素强迫外，主要受海洋水平平流及开尔文波等的影响（Nyadjro et al., 2011）。印度洋东部（尤其是苏门答腊岛沿岸及拉克沙群岛附近海域）盐度分布还受 IOD 和 ENSO 影响（Subrahmanyam et al., 2011；Gary et al., 2011；Li et al., 2016）。影响孟加拉湾内盐度分布主要因素是赤道水系、径流及印度季风漂流，其中径流影响在湾北部沿岸，其影响垂向范围可至 50m，并以夏、秋季最为明显，春季较弱。印度季风漂流入侵发生在夏、秋季，其影响可至 150 m（邱云和李立，2006）。南印度洋夏半年盐度升高是因为经向平流将赤道地区的高盐输送至该地区，在冬半年盐度降低是由于大气降水增加和向西的纬向平流将东南印度洋低盐水体输送到该地区（孙启伟等，2017）。

3. 海水密度

印度洋表层海水密度分布和海表盐度分布形态相似，盐度高的海区对应海水密度也高。苏门答腊岛至孟加拉湾海区密度最小，15°S 以南海水密度最高，且经向梯度大。另一个高密度海区位于阿拉伯海北部。表层密度季节性变化不显著，1 月和 4 月表层密度较小，其中孟加拉湾在 4 月和 10 月密度最小，但 1 月阿拉伯海北部密度可达一年中最大值。在西南季风盛行时，索马里 – 阿曼沿岸海域强上升流能引起表层密度明显上升（Liu et al，2017）。东南印度洋海水密度变化主要取决于温度差异，受盐度影响较小（姚沫如等，2017）。

（三）印度洋声速特征

海水声速是声波在海水中的传播速度，是水声学研究的一个重要参数。随着声学技术在海洋学中的应用，海水声速已成为高精度海洋测量必不可少的参数之一，诸如在水下声学通信、水下定位、鱼群探测、声呐等方面的应用。有学者发现，50 m 层深度声速场呈北高南低的纬向带状分布，而 200 m 层声速场由北向南呈现高—低—高—低分布。在 85°E 断面上，声速等值线在赤道以南存在较大槽、脊，而在赤道以北较为平直。声速跃层深度冬季总体分布为南浅北深，夏季在 10°N 西印度洋和 10°S 东印度洋各有一部分明显较深区域。跃层厚度普遍冬季大于夏季，东部大于西部，跃层强度分布在冬季存在一个高值区，在夏季存在两个高值区。跃层断面分布上，其结构、强度和位置都随季节有明显变化（韩玉康和周林，2015）。

一些学者研究了作为印度洋海洋重要特征声道的时空分布和结构特点。Smothers（1972）认为声道轴深度大致位于 1200 m，方向基本沿着 32°S 为中心，声道轴声速通常是 1486 m/s。印度洋中北部的声道轴只在 5°S 以南明显存在，在 15°S—25°S 附近海域存在三个跃层，其声速剖面可分为单跃层、双跃层Ⅰ型、双跃层Ⅱ型和三跃层四种类型以及春夏秋冬四个季节模态（李佳等，2012）。阿拉伯海声道轴深度在 1400 ~ 1950 m，且随纬度增高而变大，声道轴声速在 1492 ~ 1496 m/s。在孟加拉湾上层 30 ~ 40 m 发现有一个弱的表面波导。孟加拉湾声道轴深度在 1100 ~ 1750 m，且随纬度增高而降低，声道轴声速在 1492 ~ 1494 m/s。安达曼海特征是浅的声道轴深度和高的声道轴声速（Kumar et al., 1992）。

（四）印度洋混合层和跃层特征

1. 印度洋混合层

混合层深度（MLD）和障碍层厚度（BLT）对于揭示海气界面能量交换过程有着重要意义，且这两者对于天气系统的生成和加强均具有重要作用。印度洋 MLD 具有显著季节变化和年际变化，尤其在季风爆发期间的阿拉伯海和孟加拉湾变化更显著，这与季风和热带印度洋海 – 气系统的年际变化密切相关（孙振宇等，2007）。此外，印度洋 MLD 受季风影响会呈现半年周期变化。在各个半球的夏季 MLD 均较浅，冬季则普遍较深（安玉柱等，2012）。Vissa et al.（2014）详细分析了印度洋海域 MLD 和 BLT 的气候态逐月变化特征。Keerthi et al.（2015）发现热带印度洋 MLD 年际变化比其季节变化约小 2 ~ 4 倍。大部分海域 MLD 年际变化与大尺度气候模态有关，除了小尺度结构的年际变化占主导地位的近岸和副热带海域。在 10°N—10°S 纬度带内的 MLD 变化大多与 IOD 相关，当 IOD 正位相时对应在赤道和东南印度洋 MLD 的变浅，和在印度洋南部区域 MLD 的加深。厄尔尼诺信号较弱，只影响了阿拉伯海东部区域 MLD 在秋季的适度变浅。在 15—30°S 纬度带内的 MLD 加深，与印度洋副热带偶极子正位相有关。

热带印度洋障碍层存在显著季节变化，在阿拉伯海东南部和赤道印度洋东部区域有显著年际变化。Agarwal et al.（2012）发现热带印度洋 BLT 年平均变化范围在 10 ~ 50 m，其大值区位于暖池区域，即热带印度洋东部、孟加拉湾和阿拉伯海东南部。年平均障碍层分布模态和平均降水模态大部分重合。孟加拉湾是障碍层高发区域（安玉柱等，2012）。Drushka et al.（2014）发现 BLT 的次季节尺度变化在赤道东印度洋和孟加拉湾区域同样显著。BLT 能显著影响上层海洋对热带季节内振荡强迫的响应，当障碍层很厚时，上层海洋温度对该振荡强迫的响应会被减弱。

2. 印度洋跃层

温度跃层是印度洋中的重要海洋现象，它的分布和变化对海洋内部动力过程有重要影响。温跃层是位于海面以下 100 ~ 200 m 左右、温度和密度有巨大变化的薄薄一层，是上层的薄暖水层与下层的厚冷水层间出现水温急剧下降的层。王彦磊等（2008）利用 Argo 浮标计算了温跃层特征参数，判定跃层类型，绘制了世界大洋四季温跃层特征分布图。热带印度洋的温跃层存在明显季节变化，并且有海温季节内振荡现象（孙莎莎和胡瑞金等，2010）。林小刚等（2014）探讨了孟加拉湾南部海水经向地转输送的变化以及温跃层的波动，发现在波动和表层盐度差异的影响下，湾口温跃层维持着向西下倾斜的状态，即使是在印度洋东岸海水堆积时，也没有显示出如赤道断面温跃层那般的大幅度加深。姚沬如等（2017）研究了东南印度洋海域冬季水文特征，发现次表层存在较强的温度、盐度和密度跃层。

（五）印度洋水团特征

印度洋上层水团主要有孟加拉湾水（Bay of Bengal Water，简称 BBW），阿拉伯海水（Arabian Sea Water，简称 ASW，又称阿拉伯海高盐水），印度洋赤道水（Indian Equatorial Water，简称 IEW），印尼上层水（Indonesian Upper Water，简称 IUW）和南印度洋中央水（South Indian Central Water，简称 SICW）等。印度洋中层水团主要有南极中层水（Antarctic Intermediate Water，简称 AAIW），印尼中层水（Indonesian Intermediate Water，简称 IIW）和红海 – 波斯湾中层水（Red Sea–Persian Gulf Intermediate Water，简称 RSPGIW）。印度洋深海水团主要是绕极深水（Circumpolar Deep Water，简称 CDW）。表 4.1 和图 4.2 分别给出了印度洋水团的温盐特性和空间分布情况（摘自 Emery，2013）。表层孟加拉湾水的低盐特性是由于丰富降水和丰沛径流注入以及弱的海面蒸发，在孟加拉湾北部盐度值甚至可低于 30.0，此低盐水可向南扩展至阿拉伯海及赤道以南海域(Sengupta et al., 2006)。阿拉伯海水是在冬季形成于阿拉伯海北部，处于 0 ~ 100 m 水层，然后随环流向赤道及孟加拉湾输送（Asmussenand Møller，2001）。印度洋赤道水主要由阿拉伯海高盐水及深层水慢慢混合形成，同时亦混合了一部分红海水（Sverdrup et al., 1942）。印度洋中央水是在晚冬形成于南印度洋 40°—45°S 表层，其温、盐特征值分别为 8 ~ 25°C 及 34.6 ~ 35.8。随索马里海流向北输运，最后到达阿拉伯海和孟加拉湾，并出现在赤道印度洋 150 ~ 400 m 深度（Tomczakand Godfrey，1994）。

表 4.1　印度洋水团的温盐特征（摘自 Emery，2013）

层　次	印度洋海域水团名称	温度（单位：°C）	盐度（单位：psu）
上层水 Upper waters （0 ~ 500 m）	孟加拉湾水（Bengal Bay Waters，BBW）	25.0 ~ 29.0	28.0 ~ 35.0
	阿拉伯海水（Arabian Sea Water，ASW）	24.0 ~ 30.0	35.5 ~ 36.8
	印度洋赤道水（Indian Equatorial Water，IEW）	8.0 ~ 23.0	34.6 ~ 35.0
	印尼上层水（Indonesian Upper Water，IUW）	8.0 ~ 23.0	34.4 ~ 35.0
	南印度洋中央水（South Indian Central Water，SICW）	8.0 ~ 25.0	34.6 ~ 35.8
中层水 Intermediate waters （500 ~ 1500 m）	南极中层水（Antarctic Intermediate Water，AAIW）	2.0 ~ 10.0	33.8 ~ 34.8
	印尼中层水（Indonesian Intermediate Water，IIW）	3.5 ~ 5.5	34.6 ~ 34.7
	红海 ~ 波斯湾中层水（Red Sea–Persian Gulf Intermediate Water，RSPGIW）	5.0 ~ 14.0	34.8 ~ 35.4
深海水 Deep and abyssal waters （1500 m ~ bottom）	绕极深水（Circumpolar Deep Water，CDW）	1.0 ~ 2.0	34.62 ~ 34.73

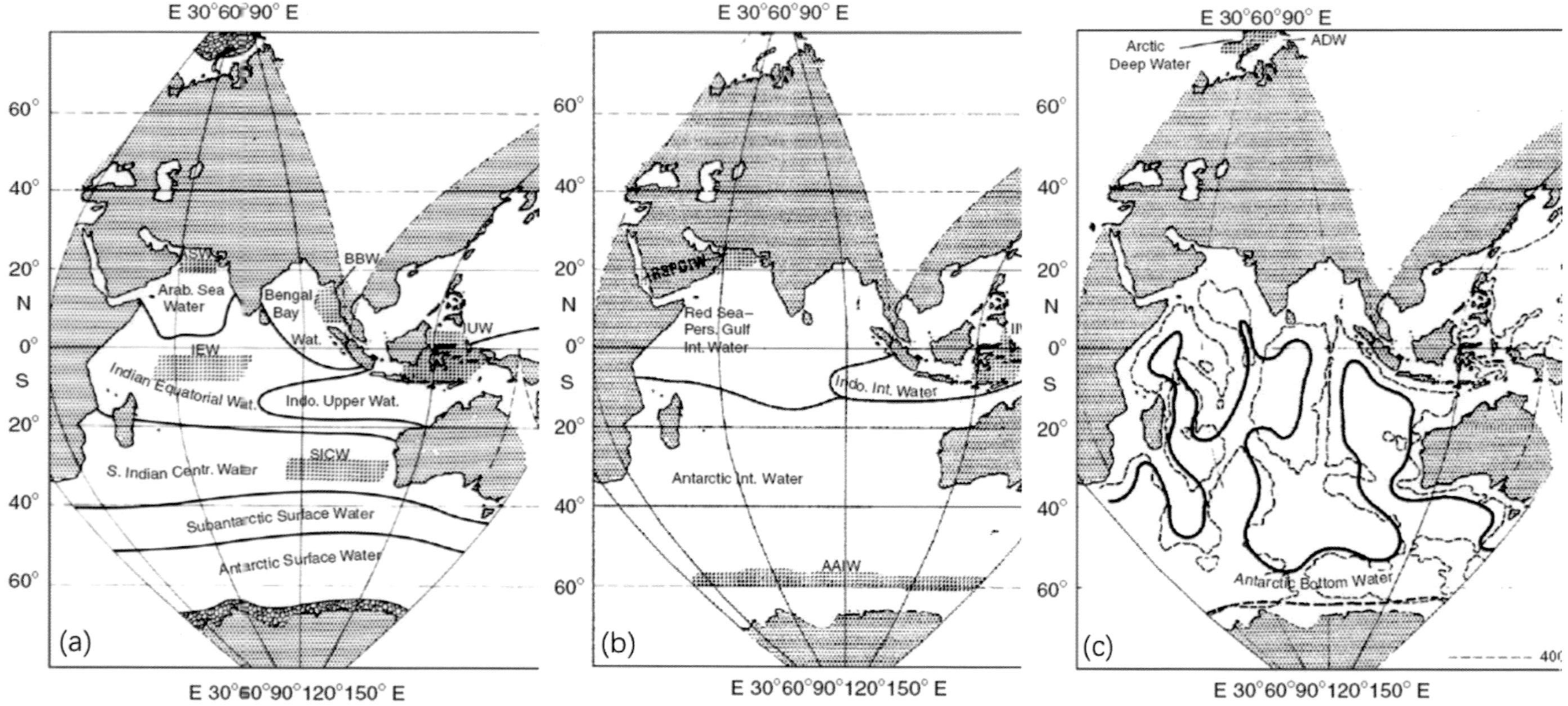

图 4.2　印度洋各层水团空间分布情况：（a）上层水（0 ～ 500 m），其中黑色实线为水团边界，交叉阴影区域为对应缩写水团的形成区域；（b）中层水（500 ～ 1500 m），图注说明同上；（c）深海水（1500 m ～海底），其中黑色实线描述深海水的扩散（主要是南极底层水）（摘自 Emery，2013）

（六）结语

本图集对近十年间主要是中国学者在印度洋物理海洋学方面的工作进行了概括和总结，这些成果从探索科学问题的深度和广度上均达到了很高的水平。印度洋航次调查和观测仪器不断创新为研究印度洋提供重要的数据资料基础；遥感卫星行业的提速发展为印度洋的海洋学研究注入了新活力；“一带一路”倡议的提出，为印度洋海洋学研究的进一步发展开启了新篇章。由于对相关信息掌握不全面，我们在此没有覆盖这一阶段印度洋物理海洋学的研究全貌。相信在不久的将来，印度洋海洋学相关研究一定会产出更多高质量高水平的研究成果，推动海洋科学的进步发展。

参考文献

安玉柱，张韧，王辉赞，等. 全球大洋混合层深度的计算及其时空变化特征分析 [J]. 地球物理学报，2012, 55(7): 2249-2258.

陈璇，郑崇伟，李训强，等. 经略 21 世纪海上丝路之海洋环境特征：海流特征 [J]. 海洋开发与管理，2016, 4: 3-7.

楚合涛，胡瑞金. 印度洋塞舌尔穹隆区海表面温度的年际变化 [J]. 中国海洋大学学报（自然科学版），2016，46 (1):8-17.

高占胜，郑崇伟，李训强，等. 南海 - 北印度洋波高的长期变化：II . 趋势的区域性、季节性差异 [J]. 海洋预报，2016, 33(2):39-44.

黄荣辉. 2009 年秋至 2010 年春我国西南地区严重干旱的成因分析 [J]. 大气科学，2012, 36(3):443-457.

韩工康，周林. 基于 Argo 资料的热带印度洋上层声场分析 [J]. 解放军理工大学学报（自然科学版），2015(2):180-187.

韩国庆，刘琳，段永亮，等. 2013 年春季 Wyrtki 急流变异及成因分析 [J]. 海洋科学进展，2017, 35(2): 189-199.

李佳，杨坤德，雷波，等. 印度洋中北部声速剖面结构的时空变化及其物理机理研究 [J]. 物理学报，2012, 61(8):282-299.

林小刚，齐义泉，程旭华. 3-5 月份东印度洋上层水文要素特征分析 [J]. 热带海洋学报，2014, 33(3):1-9.

乔彬，刘子洲，张书颖，等. 季风转换期东印度洋的赤道流系结构和水文特征 [J]. 海洋科学进展，2014, 32(3): 301-305.

邱云，李立. 孟加拉湾上层地转环流周年变化的遥感研究 [J]. 海洋学报，2007, 29(3) : 39-46.

邱云，李立. 孟加拉湾上层环流研究综述 [J]. 海洋科学进展，2006, 24 (4) :593-603.

孙启伟，杜岩，张玉红. 利用 Argo 和 Aquarius 卫星观测研究热带南印度洋海表盐度的季节变化 [J]. 热带海洋学报，2017, 36(4): 25-34.

石永芳，尹训强，杨永增. 基于观测资料的海浪与混合层深度相关性分析 [J]. 海洋科学进展，2016, 34(1):22-36.

孙振宇，刘琳，于卫东. 基于 Argo 浮标的热带印度洋混合层深度季节变化研究 [J]. 海洋科学进展，2007, 25(3): 280-288.

孙莎莎，胡瑞金. 基于 Argo 的热带印度洋上层海温研究 [J]. 中国海洋大学学报（自然科学版），2010, 40(9):15-23.

吴国雄，孟文. 赤道印度洋—太平洋地区海气系统的齿轮式耦合和 ENSO 事件：I . 资料分析 [J]. 大气科学，2000, 24(1):15-25.

王彦磊,黄兵,张韧,等.基于Argo资料的世界大洋温度跃层的分布特征[J].海洋科学进展,2008,26(4):428-435.
王毅，崔凤娟．赤道中印度洋上层环流结构与季节变化特征分析 [J]. 海洋与湖沼 , 2015, 46 (2): 241-247.
王东晓 , 杜岩 , 施平 , 等 . 南海上层物理海洋学气候图集 [M]. 北京 : 气象出版社 , 2002.
宣莉莉 . 热带东印度洋上层海洋环流及其与孟加拉湾水交换的季节变化研究 [D]. 厦门 : 国家海洋局第三海洋研究所 , 2013.
姚沫如 , 高郭平 , Philips H E, 等 . 东南印度洋海域冬季水文特征及其水团分析 [J]. 解放军理工大学学报 (自然科学版), 2017, 18(2):170-176.
杨永增 , 孙玉娟 , 王关锁 , 等 . 基于 MASNUM 海浪预报系统的北印度洋波浪特征模拟和预报分析 [J]. 海洋科学进展 , 2011, 29(1): 1-9.
郑崇伟 , 李崇银 , 李训强 . 印度洋的风浪、涌浪和混合浪的时空特征 [J]. 解放军理工大学学报(自然科学版), 2016, 17(4): 379-385.
张弦 , 刘金芳 , 张学宏 , 等 . 南印度洋海浪场时空特征分析 [J]. 海洋通报 , 2003, 22(2):25-31.
周天军 , 宇如聪 , 李薇 , 等 . 20 世纪印度洋气候变率特征 [J]. 气象学报 , 2001, 59(3): 257-271.
祝丽娟 , 王亚非 , 尹志聪 . 热带 MJO 和 ENSO 对西北太平洋热带气旋影响研究综述 [J]. 气象科技 , 2012, 40(1):65-73.
张义钧 , 范文静 , 骆敬新 , 等 . GB/T 12763.7-2007 海洋调查规范 第 7 部分：海洋调查资料交换 [S]. 北京：中国标准出版社 , 2007
Asmussen S, Møller J R. The monsoon circulation of the Indian Ocean[J]. Progress in Oceanography, 2001, 51(1): 1-123.
Agarwal N, Sharma R, Parekh A, et al. Argo observations of barrier layer in the tropical Indian Ocean[J]. Advances in Space Research, 2012, 50 (5): 642-654.
Babu KN, Sharma R, Agarwal N, et al. Study of the mixed layer depth variations within the north Indian Ocean using a 1-D model[J]. Journal of Geophysical Research-Oceans, 2004, 109 (C8).
Drushka K, Sprintall J, Gille S T. Subseasonal variations in salinity and barrier-layer thickness in the eastern equatorial Indian Ocean[J]. Journal of Geophysical Research-Oceans, 2014, 119: 805-823.
Duncan B, Han W. Indian Ocean intraseasonal sea surface temperature variability during boreal summer: Madden-Julian Oscillation versus submonthly forcing and processes[J]. Journal of Geophysical Research-Oceans, 2009,114(C5).
Emery W J. Water Types and Water Masses[J]. Encyclopedia of Ocean Sciences, 2013, 6:3179-3187.
Feng M, Wijffels S. Intraseasonal variability in the South Equatorial Current of the east Indian Ocean[J]. Journal of physical oceanography, 2002, 32(1): 265-277.
Gary G, Bulusu S, Murty V S N, et al. Sea surface salinity variability during the Indian Ocean Dipole and ENSO events in the tropical Indian Ocean[J]. Journal of Geophysical Research, 2011, 116(C11):C11013.
Hosoda S, Ohira T, Nakamura T. A monthly mean dataset of global oceanic temperature and salinity derived from Argo float observations[J]. JAMSTEC Report of Research and Development., 2008, (8): 47-59.
Hase H, Masumoto Y, Kuroda Y, et al. Semiannual variability in temperature and salinity observed by Triangle Trans-Ocean Buoy Network (TRITON) buoys in the eastern tropical Indian Ocean[J]. Journal of Geophysical Research-Oceans, 2008, 113(C1).

Iskandar I, Masumoto Y, Mizuno K. Subsurface equatorial zonal current in the eastern Indian Ocean[J]. Journal of Geophysical Research-Oceans, 2009, 114, C06005.

Kara A B, Wallcraft A J, Hurlburt H E. Climatological SST and MLD predictions from a global layered ocean model with an embedded mixed layer[J]. Journal of Atmospheric and Oceanic Technology, 2003, 20(11): 1616-1632.

Knauss J A, Taft B A. Equatorial undercurrent of the Indian Ocean[J]. Science, 1964, 143(3604): 354-356.

Keerthi M G, Lengaigne M, Drushka K, et al. Intraseasonal variability of mixed layer depth in the tropical Indian Ocean[J]. Climate Dynamics, 2015, 46 (7):1-23.

Luyten J R, Pedlosky J, Stommel H. The ventilated thermocline[J]. Journal of Physical Oceanography, 1983, 13: 292-309.

Li J, Liang C, Tang Y, et al. A new dipole index of the salinity anomalies of the tropical Indian Ocean[J]. Scientific Reports, 2016, 6:24260.

Liu Z, Chen X, Sun C, et al. A comparison of Argo nominal surface and near-surface temperature for validation of AMSR-E SST[J]. Chinese Journal of Oceanology and Limnology, 2017, 35(3):712-721.

Mackenzie K V. Nine-term equation for the sound speed in the oceans[J]. The Journal of Acoustical Society of America, 1981, 70(3): 807-812.

Masson S, Delecluse P, Boulanger J P, et a1. A model study of the seasonal variability and formation mechanisms of the barrier layer in the eastern equatorial Indian Ocean[J]. Journal of Geophysical Research, 2002, 107(C12): 8017.

Mcphaden M J, Meyers G, Ando K, et al. RAMA: The Research Moored Array for African-Asian-Australian Monsoon Analysis and Prediction (including supplement)[J]. Bulletin of the American Meteorological Society, 2009, 90(4):ES5-ES8.

Meehl G A. A coupled air-sea biennial mechanism in the tropical Indian and Pacific regions: Role of the oceans[J]. Journal of Climate, 1993, 6: 31-41.

Nyadjro E S, Subrahmanyam B, Shriver J F. Seasonal variability of salt transport during the Indian Ocean monsoons[J]. Journal of Geophysical Research Oceans, 2011, 116(C8).

PengS Q, Qian Y K, Lumpkin R, et al. Characteristics of the near-surface currents in the Indian Ocean as deuced from satellite-tracked surface drifters. Part I: Pseudo-Eulerian statistics[J]. Journal of Physical Oceanography, 2015a, 45:441-458.

Peng S Q, Qian Y K, Lumpkin R, et al. Characteristics of the near-surface currents in the Indian Ocean as deuced from satellite-tracked surface drifters. Part II: Lagrangian statistics[J]. Journal of physical oceanography, 2015b, 45:459-477.

Kumar S P, Murty T V R, Somayajulu Y K, et al. Acoustic waveguide characteristics of the Indian Ocean-north of equator[C]. Proceedings of the PORSEC-'92 in Okinawa, Conference for Pacific Ocean Environments and Probing, 1992, Okinawa, Japan. Vol. 1, 106-111.

Qiu Y, Li L, Yu W. Behavior of the Wyrtki Jet observed with surface drifting buoys and satellite altimeter[J]. Geophysical Research Letters, 2009, 36(18): 120-131.

Ohlmann J C, Siegel D A, Gautier C. Ocean mixed layer radiant heating and solar penetration: A global analysis[J]. Journal of Climate, 1996, 9: 2265-2280.

Rodwell M J, Hoskins B J. Monsoons and the dynamics of deserts[J]. Quarterly Journal of the Royal Meteorological Society, 1996, 122: 1385-1404.

Reppin J, Schott F A, Fischer J, et al. Equatorial currents and transports in the upper central Indian Ocean: Annual cycle and interannual variability[J]. Journal of Geophysical Research: Oceans (1978-2012), 1999, 104(C7): 15495-15514.

Sverdrup H U, Johnsona M W, Fleming R H. The oceans their physics, chemistry, and general biology [M]. Prentice-Hall, Inc, Englewood Cliffs, N.J., 1942, 1087.

Sengupta D, Raj G N B, Shenoi S S C. Surface freshwater from Bay of Bengal runoff and Indonesian throughflow in the tropical Indian Ocean[J]. Geophysical Research Letters, 2006, 33(22):440-452.

Schott F A, Xie S P, Mccreary J P. Indian Ocean circulation and climate variability[J]. Reviews of Geophysics, 2009, 47(1).

Subrahmanyam B, Murty V S N, Heffner D M. Sea surface salinity variability in the tropical Indian Ocean[J]. Remote Sensing of Environment, 2011, 115(3): 944-956.

Sprintall J, Tomczak M. Evidence of the barrier layer in the surface layer of tropic[J].Journal of Geophysical Research, 1992, 97: 7305-7316.

Sun S, Fang Y, Tana, et al. Dynamical mechanisms for asymmetric SSTA patterns associated with some Indian Ocean Dipoles[J]. Journal of Geophysical Research Oceans, 2014, 119(5):3076-3097.

Tomczak M, Godfrey J S. Regional Oceanography: An Introduction[M]. Great Britain: Butler&Tanner Ltd, Frome and London, 1994, 182-184.

Vissa N K, Satyanarayana A N V, Prasad Kumar B. Comparison of mixed layer depth and barrier layer thicknessfor the Indian Ocean using two different climatologies[J]. International Journal of Climatology, 2014, 33 (13) :2855-2870.

Wyrtki K. An equatorial jet in the Indian Ocean[J]. Science, 1973, 181(4096): 262-264.

Wu X F, Liu Z H, Liao G H, et al. Variation of Indo-Pacific upper ocean heat content during 2001-2012 revealed by Argo [J]. Acta Oceanologica Sinica, 2015.

Wang J. Observational bifurcation of Wyrtki Jets and its influence on the salinity balance in the eastern Indian Ocean[J]. Atmospheric and oceanic science letters, 2017, 10(1): 36-43.

Webster P J, Magaña V O, Palmer T N. Monsoon: Process, predictability, and the prospects for prediction[J]. Journal of Geophysical Research, 1998, 103 (c7): 14451-14510.

Zhou L, Murtugudde R. Influences of Madden–Julian Oscillations on the eastern Indian Ocean and the maritime continent[J]. Dynamics of Atmospheres and Oceans, 2010, 50(2):0-274.

Zhu L J, Wang Y F, Yin Z C. Relationship between tropical cyclone activity over the South China Sea and tropical ISO propogation[J]. Journal of Tropical Meteorology, 2016, 22(3): 318-329.

印度洋海洋水文图

一、印度洋概况

（一）印度洋海表风场

南、北印度洋上海面风场分布具有显著不同的特点。下面分五个区域叙述：

（1）赤道以北，是世界海洋上显著的季风区，冬季盛行东北风，夏季盛行西南风，风力风向稳定。东北季风于 10 月在阿拉伯海中部开始出现，于 12—2 月在整个北印度洋盛行，风力较弱，一般为 3 ~ 4 级（3.4 ~ 7.9 m/s）。3 月，在孟加拉湾西北部开始出现西南风。到 5 月，孟加拉湾西南风已十分盛行，稍晚，阿拉伯海也为西南风控制。6—9 月，西南季风发展最盛，风力较强，孟加拉湾约为 4 ~ 5 级（5.5 ~ 10.7 m/s），阿拉伯海为 5 ~ 6 级（8.0 ~ 13.8 m/s）。4 月和 10 月是北印度洋上风向稳定度最差的两个月份，风力较弱，大部分地区在 3 级以下（< 3.4 m/s）。

（2）赤道至 10°S 附近。6—9 月间受东南信风控制，风力一般为 3 ~ 5 级（3.4 ~ 10.7 m/s）。12 月—3 月间，风向多变，但以西风为多，风力微弱，一般为 2 ~ 3 级（1.6 ~ 5.4 m/s）。其他月份，随着南印度洋副热带高压的北移南撤，东南信风控制区域亦北进南退。

（3）10°S—30°S 左右，终年盛行东南信风，风向稳定。风力经常维持在 4 ~ 5 级（5.5 ~ 10.7 m/s）左右。

（4）30°S—35°S 左右，是南印度洋副热带高压脊线摆动的范围，风向多变，与东南信风相比，风力较小。

（5）35°S 以南，是南印度洋的中纬度西风带，常年盛行偏西风。平均风力为 4 ~ 6 级（5.5 ~ 13.8 m/s），但 8 级（> 20.7 m/s）以上大风也常见，是印度洋大风出现的主要区域（详情请参见图 1）。

（二）印度洋海浪有效波高

印度洋海浪的有效波高与海面风场变化密切相关，有效波高空间分布特征是南部显著大于北部。同时存在季节变化：（1）春季（3—5 月），在大洋北部（40°S 以北），有效波高值自南向北逐渐递减。大洋南部（40°S 以南）是有效波高大值区，呈带状分布，大值中心带位于 50°S 左右，值约 4.5 m；（2）夏季（6—8 月），在大洋北部（40°S 以北），有效波高值基本上自南向北逐渐递减，除了阿拉伯海。在阿拉伯海西北部出现了有效波高大值中心，值约 4 m。在 40°S—60°S 范围海域，有效波高大值区分布范围较广，强度较强，值可达约 6 m；（3）秋季（9—11 月），阿拉伯海有效波高大值中心消失。大洋南部大值中心范围逐渐变小，强度减弱；（4）冬季（12—2 月），印度洋海浪的有效波高较小，大洋南部有效波高大值中心值约 3.5 m（详情请参见图 2）。

（三）印度洋海表流场

印度洋海表流场约以 10°S 为界，南北特性不同。北部比较复杂，海流状况主要取决于洋面季风变化。南部为一常年稳定的逆时针旋转环流。分区域叙述：（1）10°S 以北洋区。冬季，出现东北季风洋流，孟加拉湾水绕过斯里兰卡岛流入阿拉伯海，流经印度半岛东部和南部时流速较大，最强流速约 0.5 m/s。它沿索马里半岛的海岸向南流，形成了索马里暖流，最强流速可达 0.8 m/s 左右。该暖流穿过赤道与南赤道流部分海水汇合，在 5°S 附近形成向东的南赤道逆流，流速较强，约 0.6 m/s。南赤道逆流一直流至苏门答腊岛，之后部分海水向北分支流入孟加拉湾。因此，冬季在印度洋北部海域流动为气旋性环流；夏季，出现西南季风环流，此时流动与冬季相反。南赤道流夏季较强，约 0.4m/s，向北分支穿过赤道，沿索马里海岸流动，形成索马里寒流，流速较强，可达 0.9m/s 左右。随后海水向东绕斯里兰卡岛、苏门答腊岛西岸南下与南赤道流汇合，流经斯里兰卡岛以东和苏门答腊岛以西海域的流速较强，可达 0.6m/s 左右。此时，南赤道逆流消失。海水流动为顺时针方向的反气旋环流；春季和秋季，在赤道附近存在较强的东向急流，为 Wyrtki 流，流速可达 0.6m/s 左右，在夏、冬季消失。在季风转向的过渡期内，海流一般较弱，流向较不规则；（2）10°S—20°S 范围印度洋，南赤道流常年自东向西，夏强冬弱，抵非洲东南时分为两支：一支向北，另一支向南，经莫桑比克海峡后偏向西南，为厄古拉斯回流的开端，海流强而稳定，是大洋强流区之一；（3）40°S—50°S 为西风漂流，流向稳定向东，流速约 0.5m/s；（4）介于各流系间的海域，海流一般较弱且不稳定。当海流急剧转向时，常有涡流出现（详情请参见图 3）。

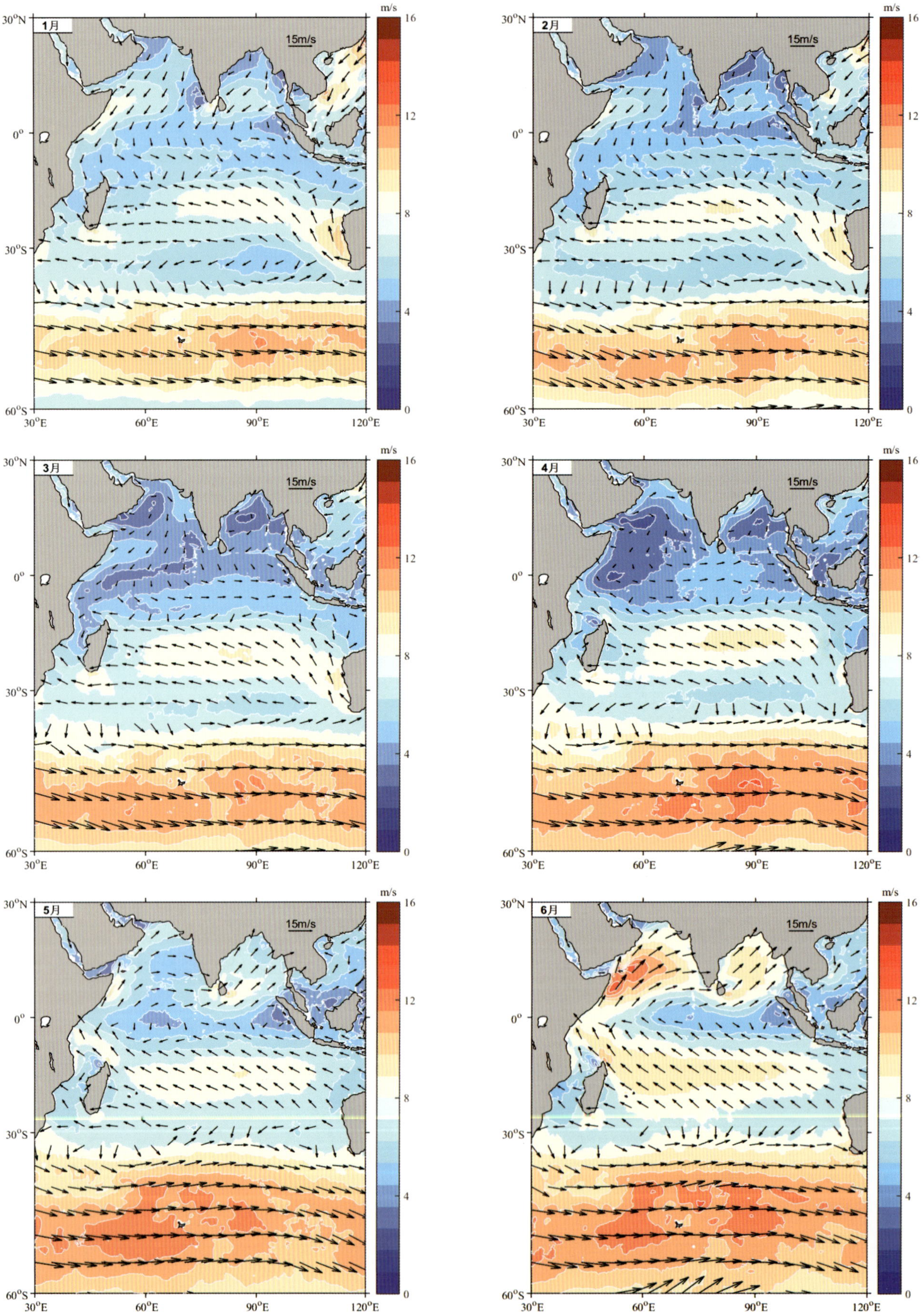
1月
2月
3月
4月
5月
6月
15m/s
m/s
0 4 8 12 16
30°N
0°
30°S
60°S
30°E
60°E
90°E
120°E

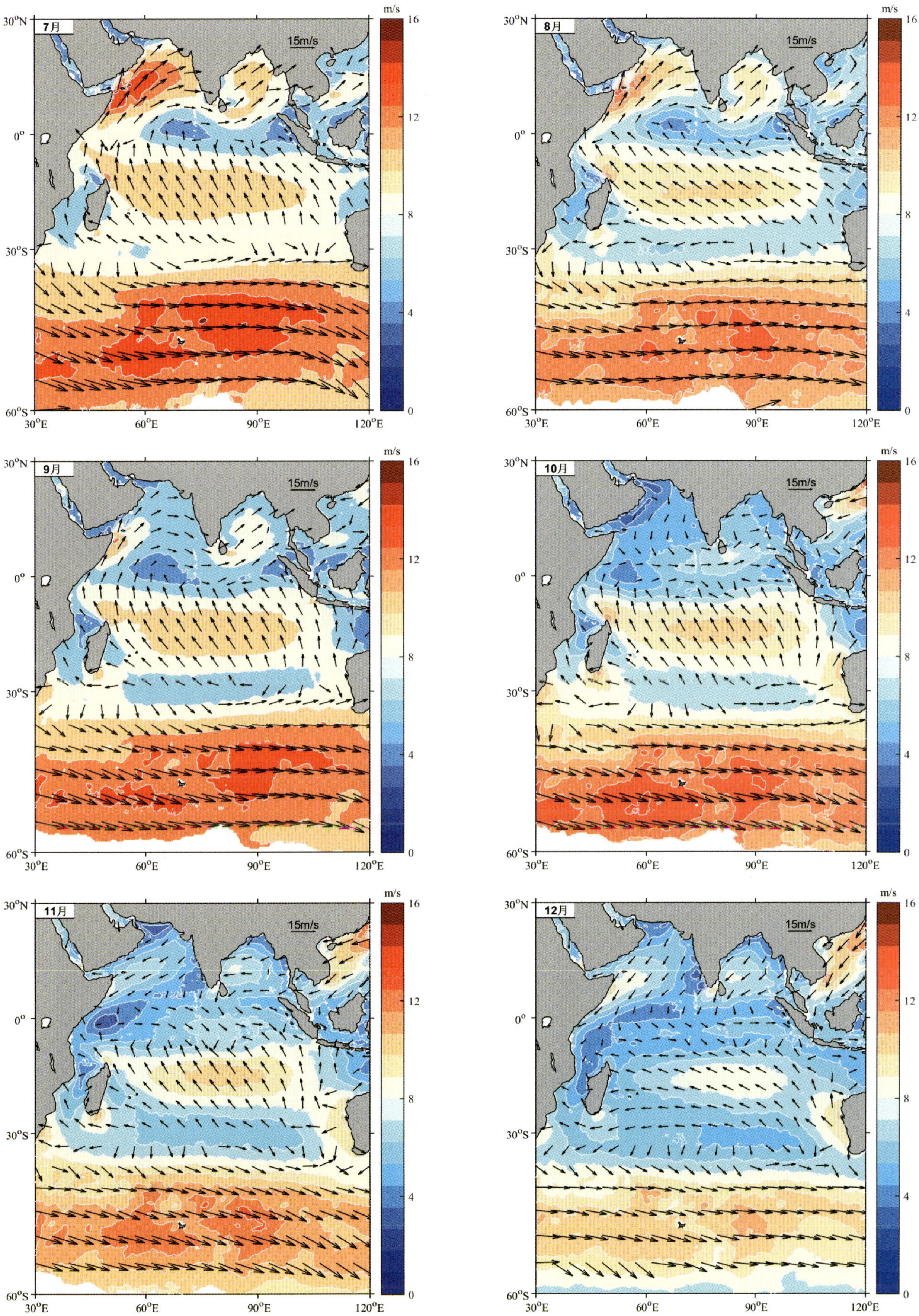

图 1　印度洋海表风场（单位：m/s）

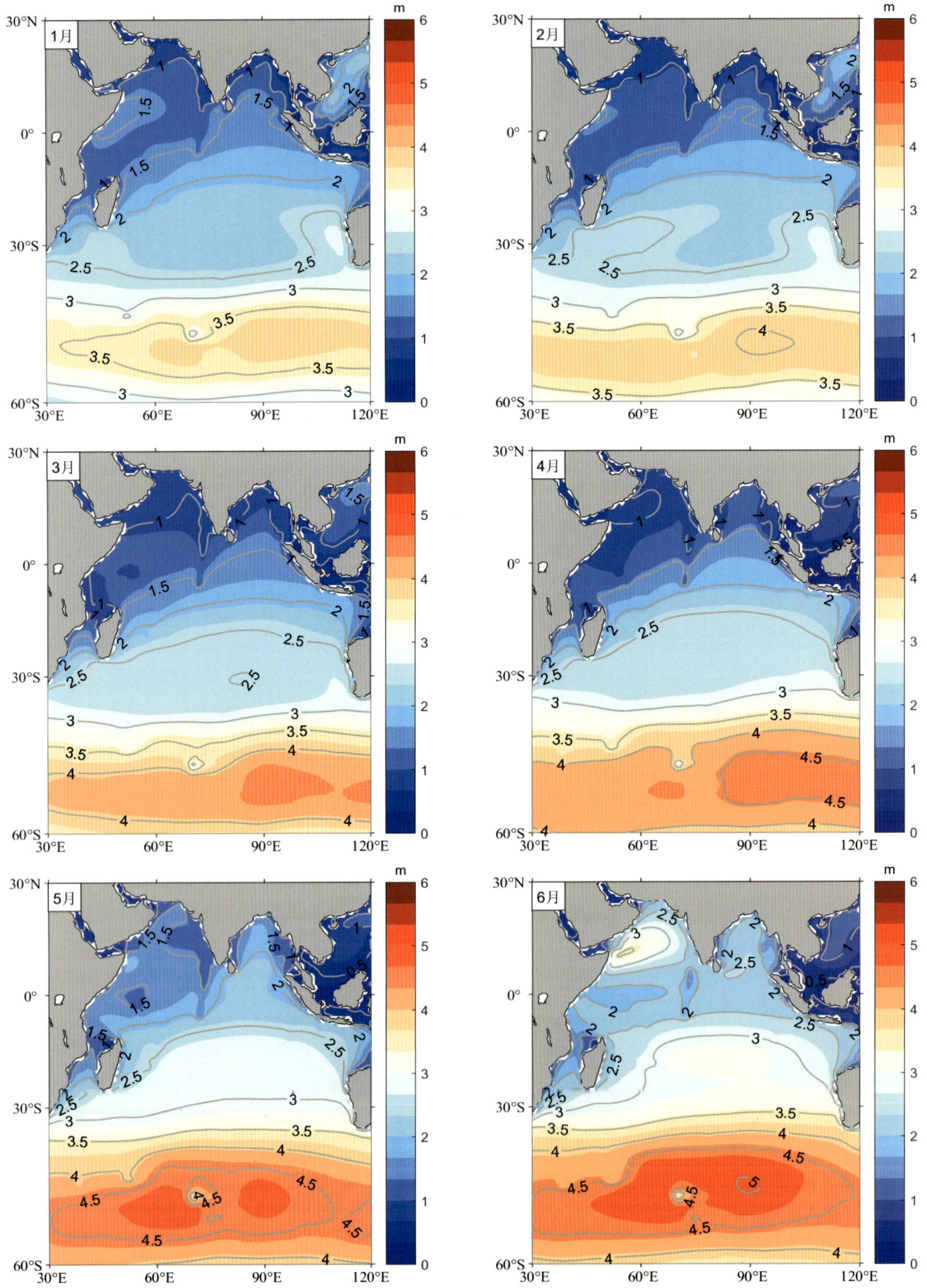
1月
2月
3月
4月
5月
6月
30°N
0°
30°S
60°S
30°E
60°E
90°E
120°E
m
0
1
2
3
4
5
6

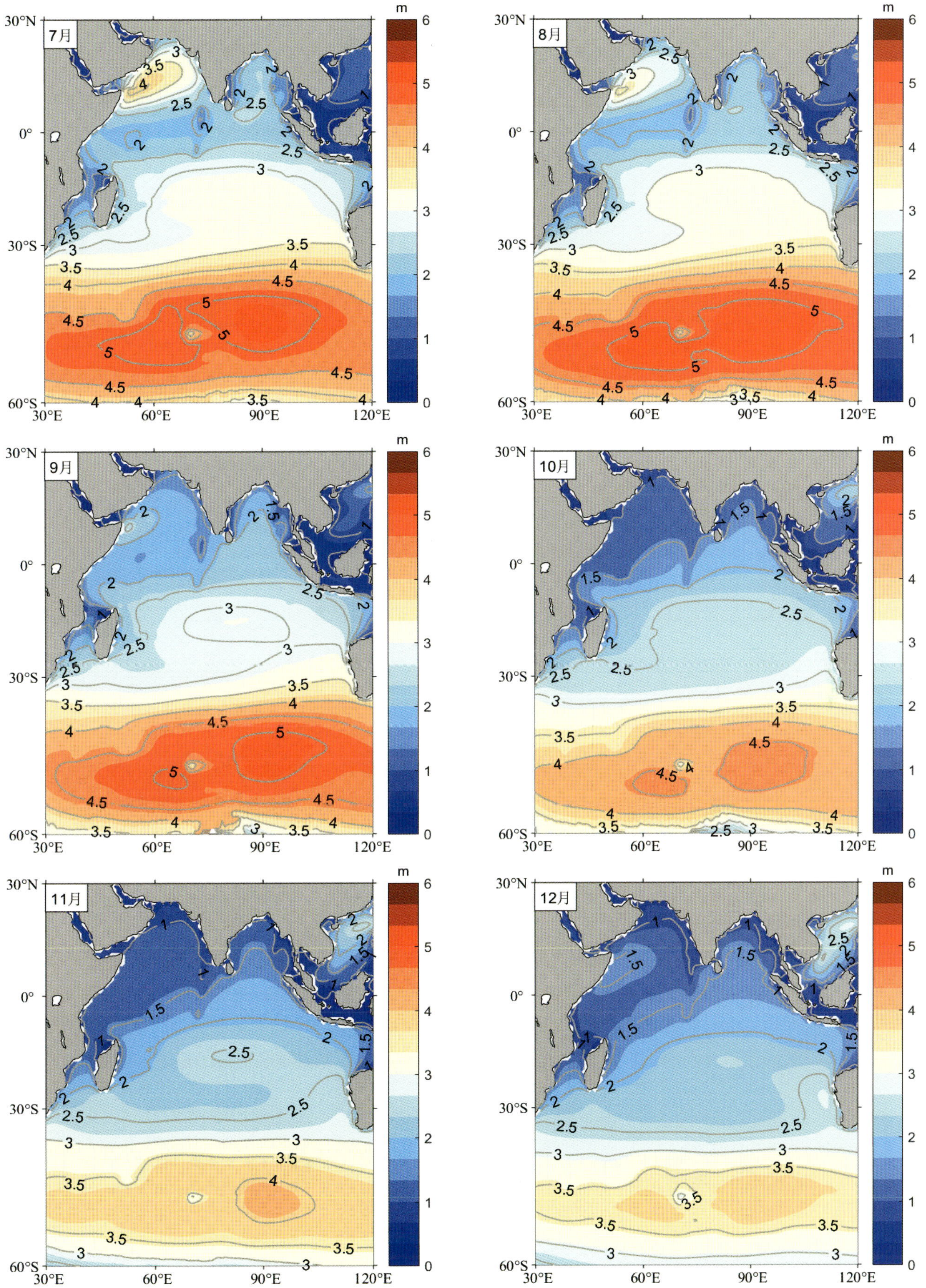

图 2　印度洋海浪有效波高（单位：m）

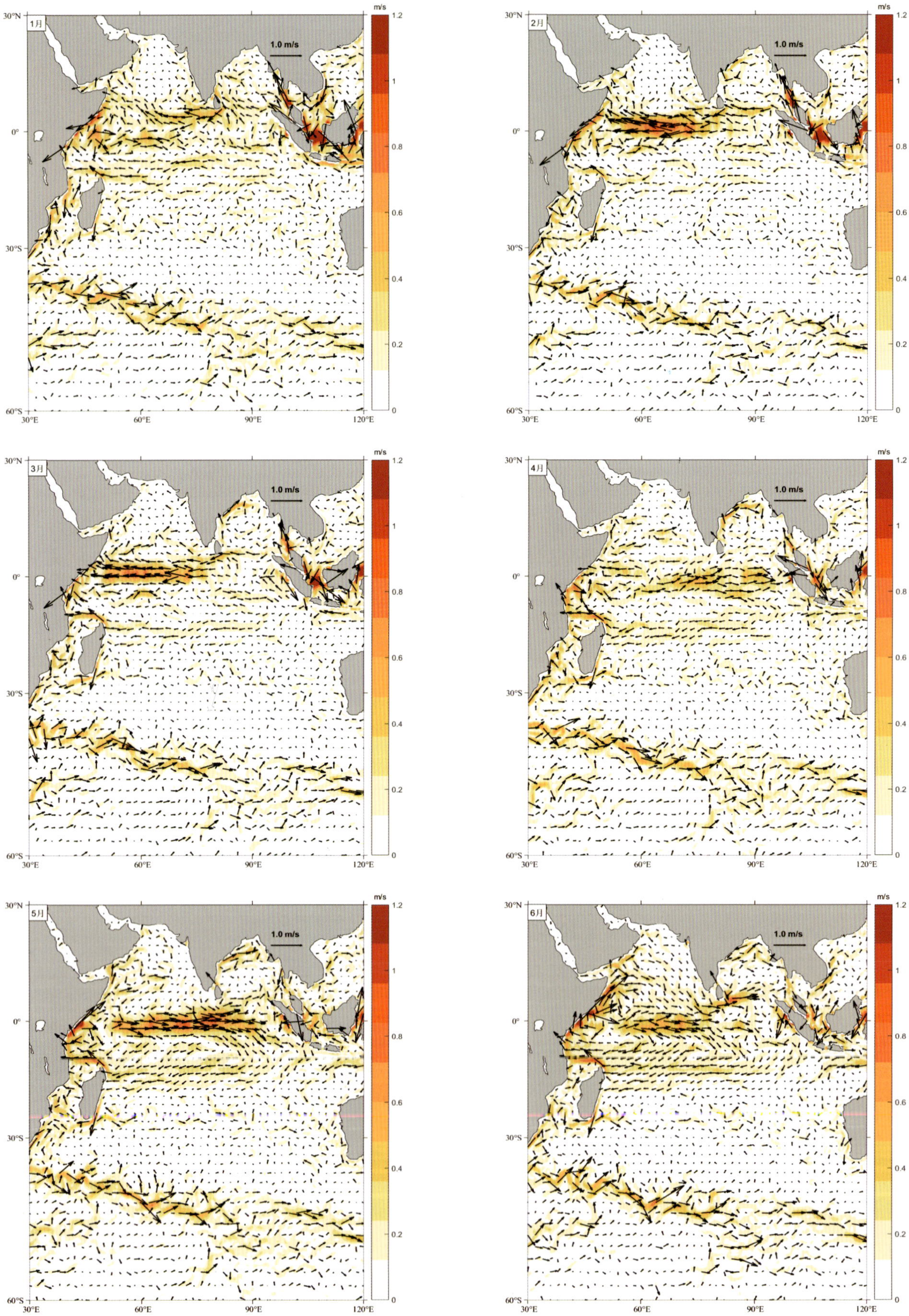
1月
2月
3月
4月
5月
6月
1.0 m/s
m/s
1.2
1
0.8
0.6
0.4
0.2
0
30°N
0°
30°S
60°S
30°E
60°E
90°E
120°E

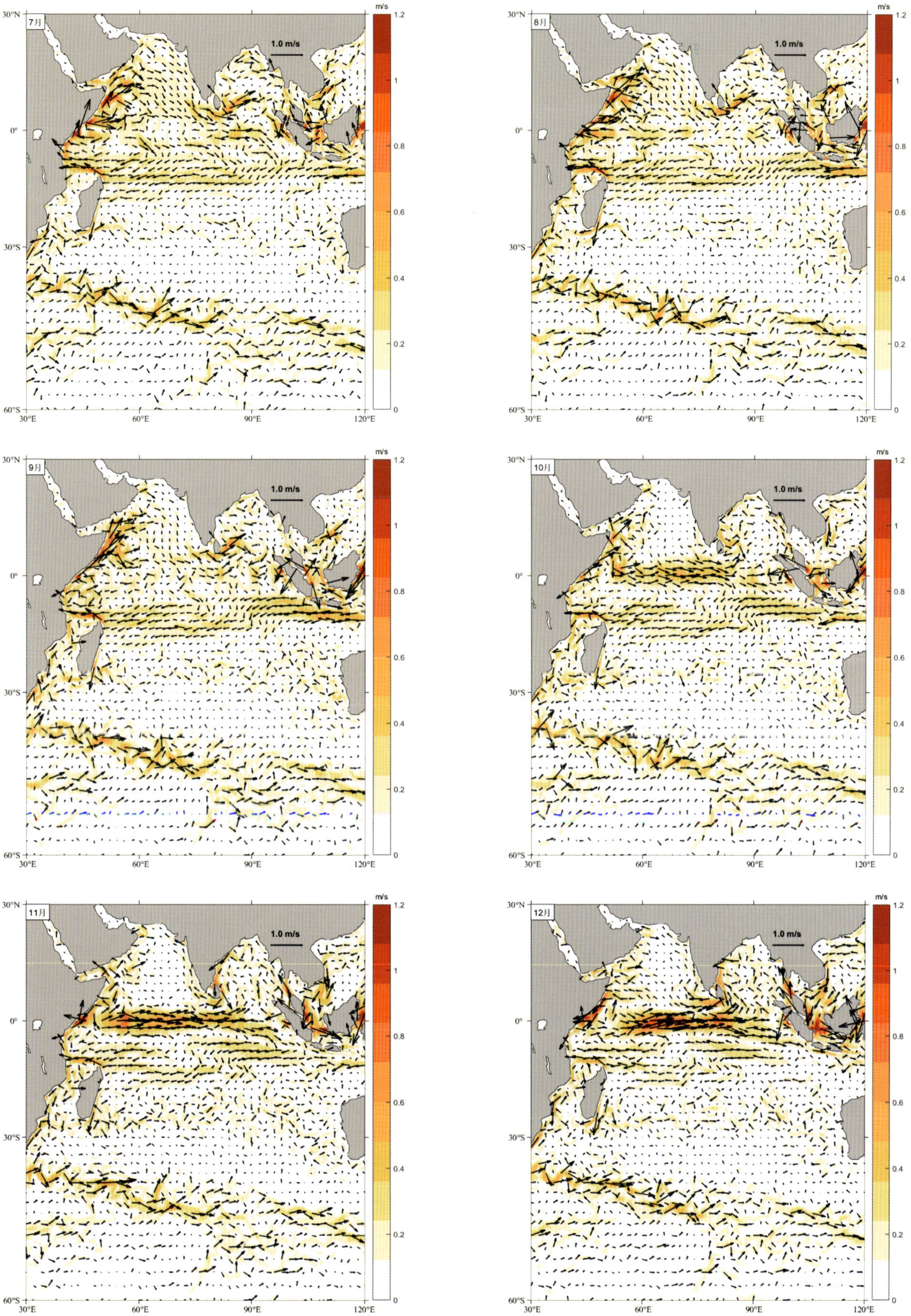

图 3　印度洋海表流场（单位：m/s）

二、印度洋水温特征

（一）各层水温平面分布

春季（3—5 月）：（1）大洋北部（15°S 以北）。在表层，基本被高温水占据，值在 28 ~ 30°C 范围，其中 30°C 高温中心集中在印度半岛东侧和西南侧附近海域；在 75 m 层，温度高值中心分布于印度半岛东侧和西南侧海域、苏门答腊岛以西海域，值约 27°C。而在马达加斯加岛东北洋区，出现一个温度低值中心，值约 21°C；在 150 m 层，在马达加斯加岛到澳大利亚北部一带为温度高值区，高值中心位于马达加斯加岛东侧附近海域，值约 21°C。存在一条横贯赤道南侧的低温带，值约 15°C；随着深度增加温度急剧下降，到 400 m 层，温度高值中心位于马达加斯加岛南侧附近海域，值约 14°C。存在一条横贯赤道南侧的温度低值带，值约 10°C；（2）大洋南部（约在 15°S 以南）。各层等温线几乎与纬线平行，温度自北向南逐渐递减。温度水平梯度较大，在非洲大陆以南洋区尤为显著。

夏季（6—8 月）：（1）大洋北部。与春季相比，表层超过 28°C 的高温中心范围逐渐北抬，向东偏移至孟加拉湾和苏门答腊岛以西附近海域；在 75 m 层，温度高值中心分布在阿拉伯海南部和苏门答腊岛以西洋区，值约 27°C。在马达加斯加岛东北洋区，存在一个温度低值中心，值约 21°C；到 150 m 层，苏门答腊岛以西洋区的温度高值中心范围缩小，甚至消失。温度高值中心集中在阿拉伯海南部海域，值约 21°C。在马达加斯加岛到澳大利亚北部一带为温度高值区，高值中心位于马达加斯加岛东侧附近海域，值约 21°C。在马达加斯加岛东北侧海域存在一个温度低值中心，值约 15°C；在 400 m 层，温度分布与春季类似；（2）在 35°S 以南开阔洋区，各层等温线基本与纬线走向一致。在非洲大陆以南洋区，由于几种流系交汇的结果，形成了较大水平梯度。

秋季（9—11 月）：（1）大洋北部。在表层，温度高值中心出现在 10°S 以北，位于孟加拉湾和印度半岛周边洋区，值约 28°C；在 75 m 层，温度高值中心主要在苏门答腊岛以西洋区，值约 27°C。在马达加斯加岛东北部洋区出现一个温度低值中心，值约 21°C；在 150 m 层，在马达加斯加岛到澳大利亚北部一带为温度高值区，值约 21°C。在马达加斯加岛东北部洋区的低值中心仍存在，值约 15°C；在 400 m 层，温度分布季节变化不明显，与春季类似；（2）在 20°S 以南，各层的水平分布状况较稳定。温度水平梯度较大，其中尤以非洲大陆以南洋区比较突出。

冬季（12 月—2 月）：（1）大洋北部。在表层，等温线分布大体与纬线平行，在洋区北部，在马达加斯加岛以北到苏门答腊岛以西一带为温度高值区，值约 28°C，较夏季南移。在 75 m 层，温度高值中心位于印度半岛西南侧和苏门答腊岛以西洋区，值约 27°C。在马达加斯加岛东北部洋区存在明显温度低值中心，值小于 18°C；在 150 m 层，在马达加斯加岛到澳大利亚北部一带为温度高值区，值约 21°C。在马达加斯加岛东北部和苏门答腊岛以西洋区存在温度低值中心，值约 15°C；在 400 m 层的水温分布，季节变化不明显；（2）在 15°S 以南洋区，各层温度自北向南逐渐递减，在 35°S 以南水平梯度较大，尤其在非洲大陆以南洋区（详情请参见图 4 ~ 图 7）。

（二）各断面水温垂直分布和水温跃层上界深度

经向断面特征：（1）春季。各断面的海表温度高值中心位于 20°S—20°N 左右，值大于 28°C。在 10°S—30°S 范围存在一个明显自海表向海底方向伸展的暖舌。该暖舌使 20°C 等温线最深可达 150 ~ 200 m 深度左右。温跃层上界深度普遍较浅，约 50 m；（2）夏季。在 55°E 和 67°E 断面的海表温度高值中心与春季比，强度减弱范围缩小，尤其是 55°E 断面。在 90°E 断面的海表温度高值中心季节变化不明显。各断面水温垂直分布和春季类似，区别是 55°E 断面的温度等值线呈明显“W”形状分布，存在两个暖舌，中心分别位于 20°S 和 10°N 附近。在 10°N 附近的暖舌，20°C 等温线可达 150 m 左右深度。跃层上界深度在 20°S 和 10°N 附近较深，深度可达 100 m 左右。各断面在 20°S—30°S 范围一般无跃层；（3）秋季。在 55°E 断面的海表温度高值中心强度减弱，值约 26°C，赤道以北的温度等值线逐渐与纬线平行。在 67°E 断面的海表温度高值中心变浅且范围变小，值大于 28°C。跃层上界深度在 10°N 附近变浅（约 20 m），而在 10°S—20°S 附近仍较深（约 120 m），20°S—30°S 范围无跃层；（4）冬季。海表温度高值中心强度变强且范围变大，值大于 28°C。各断面温度垂直分布与春季类似。跃层上界深度一般小于 50 m，除了在 10°N 附近的上界深度最深可达约 100 m（详情请参见图 8 ～图 11）。

纬向断面特征：（1）海表至 100 m 深度。海表温度高值中心一般位于 60°E 以东范围，值大于 28°C，深度可达约 100 m。春季，海表温度高值中心范围会往西扩展，基本形成横贯东西方向的高温带，春季 SST 较强。夏季，海表温度高值中心开始向东偏移，范围减小；100 m 到 500 m 深度，等温线基本与经线平行；（2）温度跃层上界深度在秋、冬季是东深西浅，最深可接近 100 m，而在春、夏季的上界深度基本与经线平行，值约 75 m（详情请参见图 12 ～图 17）。

（三）水温跃层特性

春季：除赤道附近以及印度半岛周围洋区终年出现的水温跃层区域外，在非洲南部至澳大利亚一线冬季出现的跃层区域仍然存在。赤道附近存在强跃区，呈东西向带状分布，季节变化不大，跃层强度在 |-0.15| ～ |-0.2| °C/m 范围。跃层厚度在 150 m 左右。温跃层上界深度一般在 20 ～ 50 m 左右，但在赤道附近非洲东部沿岸存在较大值（ > 80 m）。非洲南部至澳大利亚一线中部的跃层区域，跃层强度约为 -0.15°C/m，上界一般较浅（ < 50 m），厚度较薄（25 ～ 50 m 左右）。

夏季：在赤道附近以及印度半岛周围洋区的温跃层现象与春季类似，但位于非洲南部至澳大利亚一线的水温跃层区域范围在 6 月明显缩小，自 7 月消失。跃层分布范围与春季相比较小（约 15°S 以北）。洋区南部（15°S 以南）温跃层季节性变化明显，而洋区北部和赤道两侧季节性变化不显著。赤道附近的强跃区在东西两端各存在一个跃层中心，一个在苏门答腊岛以西洋区，跃层强度约为 -0.25 °C/m，上界深度较浅（20 ～ 50 m 左右）；另一个在马达加斯加岛东北部洋区，跃层强度约为 -0.2°C/m，上界深度约为 50 m。

秋季：是夏季的延续，又是夏季向冬季的过渡，其延续性较过渡性更为明显。赤道附近存在强跃区，东西向带状分布，强度大于 |-0.15| °C/m，上界在 50 ～ 80 m 左右，厚度约 120 m。在强跃区的东西两端同夏季类似，各存在一个跃层中心，一个在苏门答腊岛以西洋区，强度值可达 |-0.2| °C/m；另一个在马达加斯加岛东北部洋区。除非洲南端沿岸外，整个 15°S 以南广阔洋区均属无跃层区，跃层分布范围全年较小。

冬季：温跃层现象明显，与春季情况类似。除在赤道附近以及印度半岛周围洋区终年存在的温跃层区域外，在非洲南部至澳大利亚一线洋区也出现显著水温跃层区。水温跃层分布范围较夏季大（约 40°S 以北）。同各季比较，洋区南部跃层现象的季节性变化较明显，而北部赤道附近季节性变化不甚明显。赤道附近的带状强跃区，跃层强度范围约为 |-0.15| ～ |-0.2| °C/m，上界深度一般约 20 ～ 50 m，厚度约 150 m 左右。同样此强跃区两端各存在一个跃层中心，一个在苏门答腊岛以西洋区，最大强度可达 |-0.3| °C/m 左右；另一个在马达加斯加岛东北部洋区，强度约 -0.2°C/m。非洲南部至澳大利亚一线的洋区中部，跃层强度不亚于赤道，最大可达约 |-0.2| °C/m，上界深度较浅在 20 m 左右，厚度也比较薄约 50 m（详情请参见图 18）。

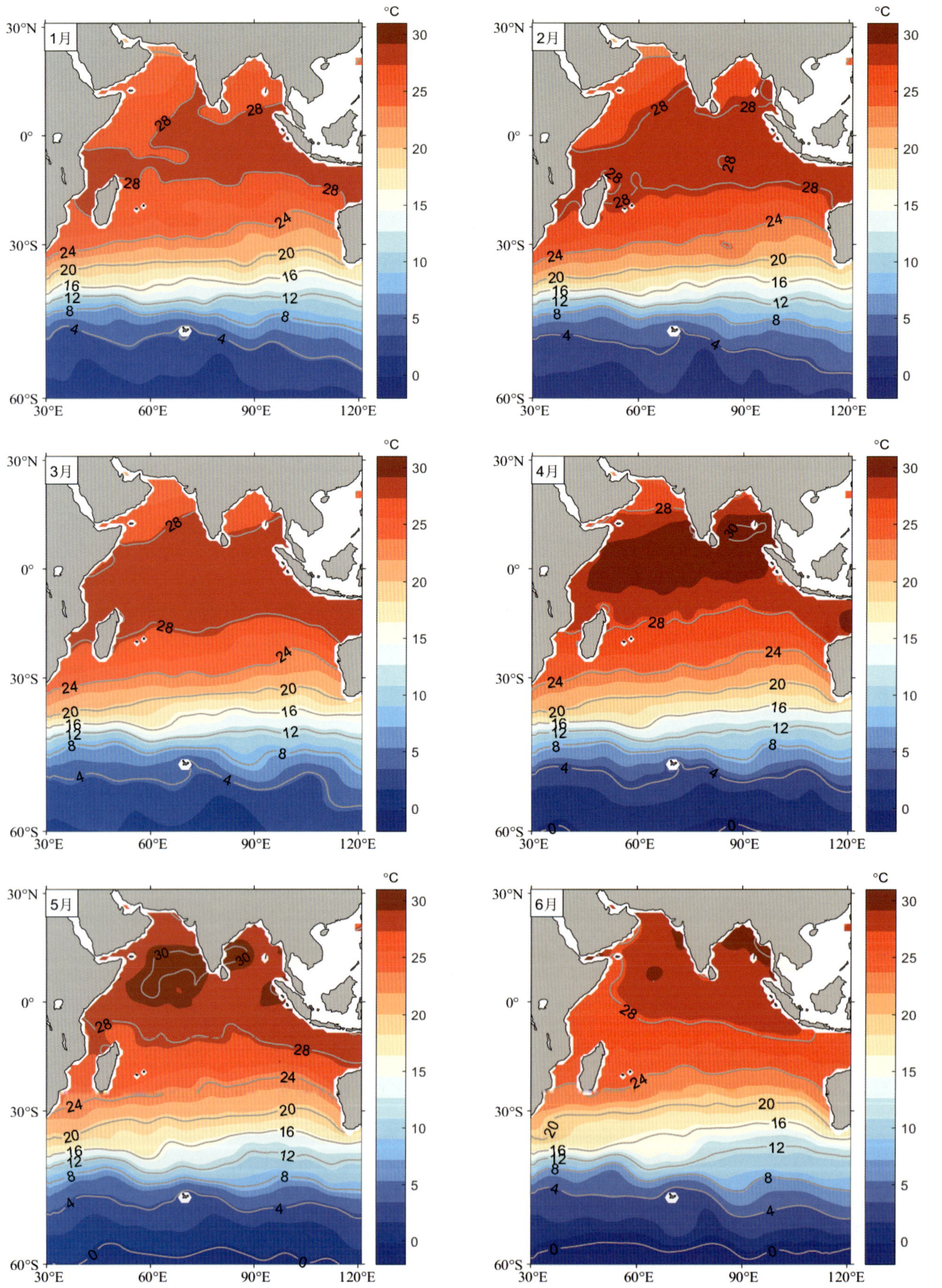

1月
2月
3月
4月
5月
6月
°C
30
25
20
15
10
5
0
30°N
0°
30°S
60°S
30°E
60°E
90°E
120°E

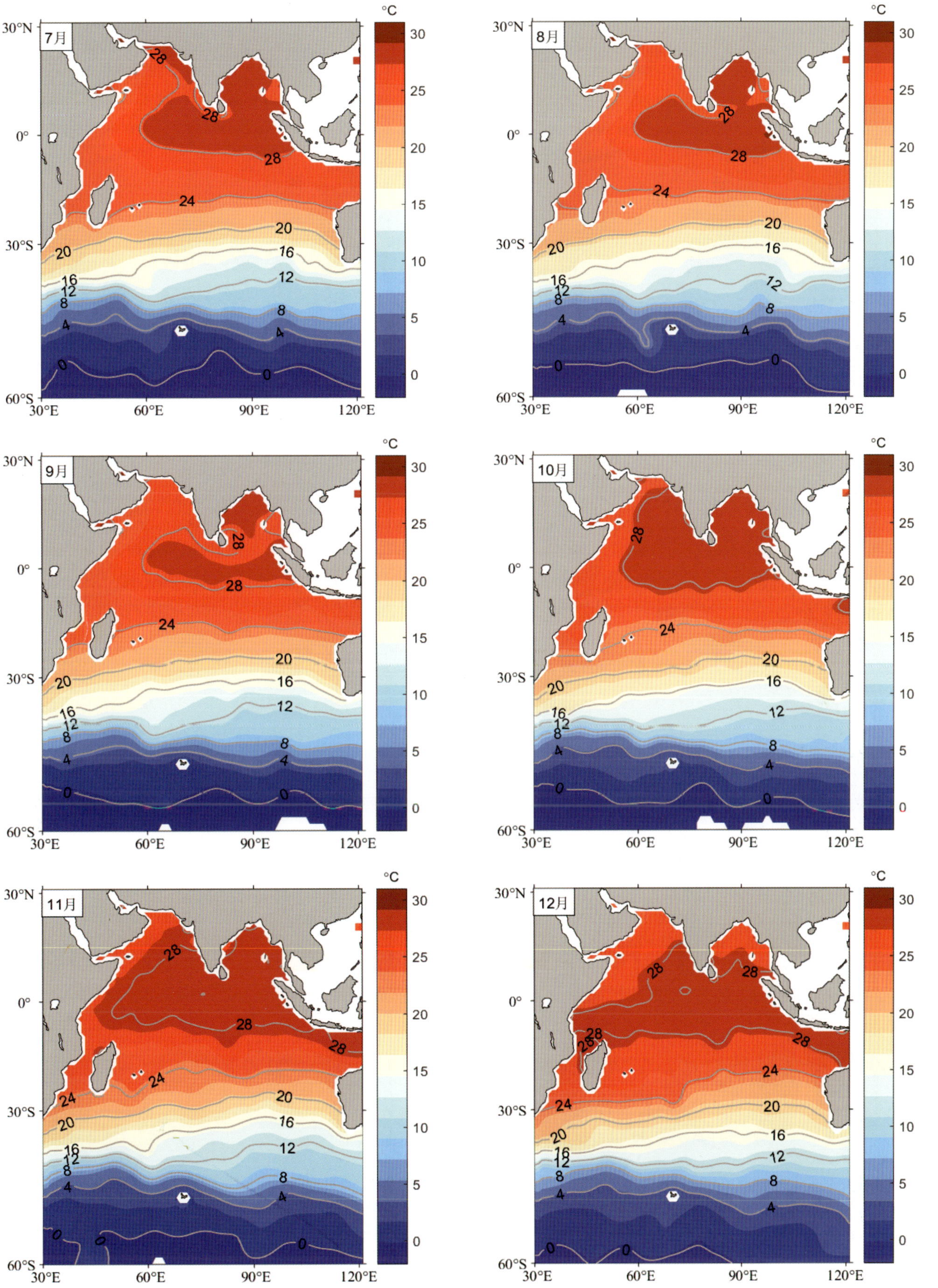

图 4　印度洋表层水温（单位：°C）

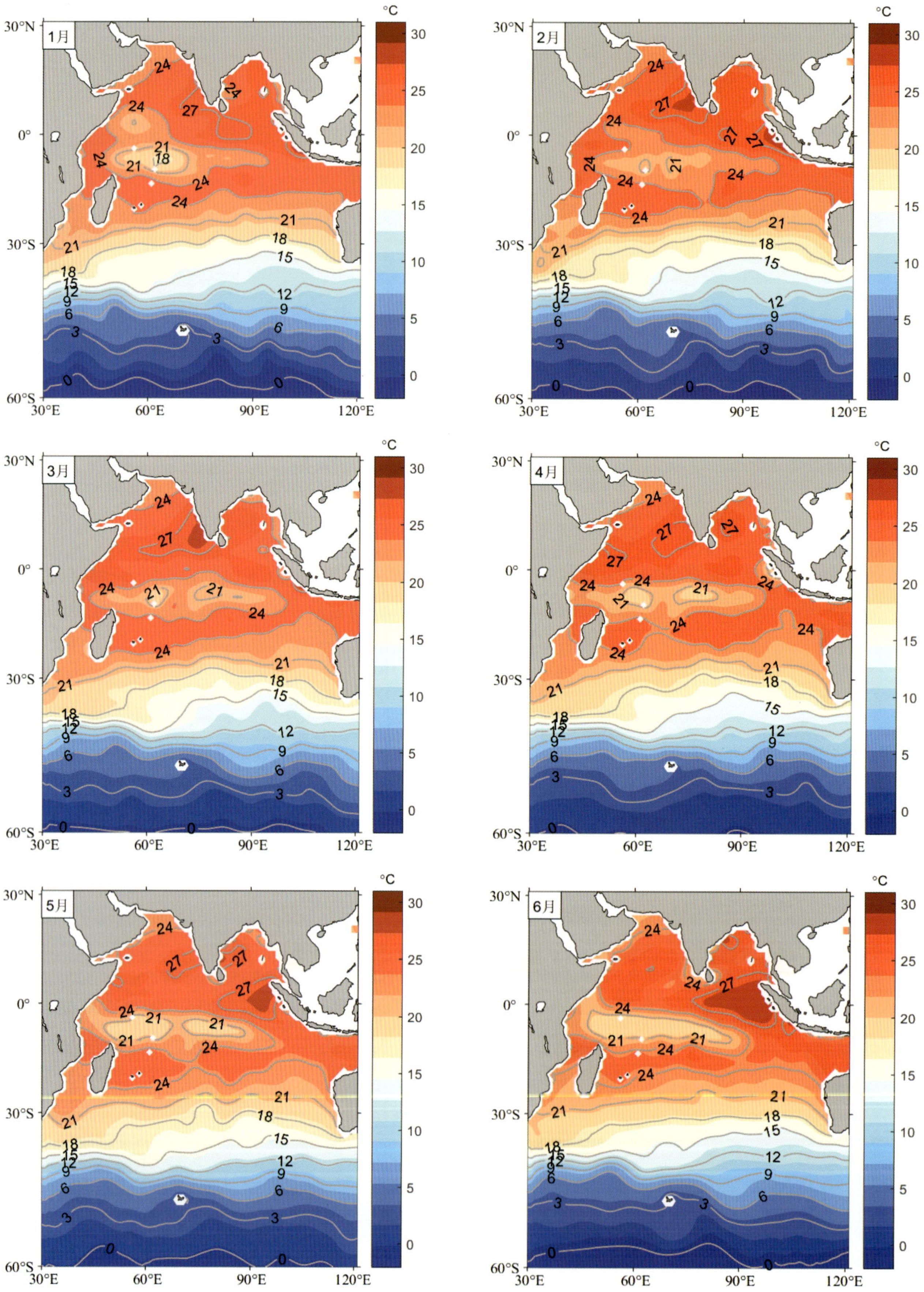
1月
2月
3月
4月
5月
6月
30°N
0°
30°S
60°S
30°E
60°E
90°E
120°E
°C
30
25
20
15
10
5
0

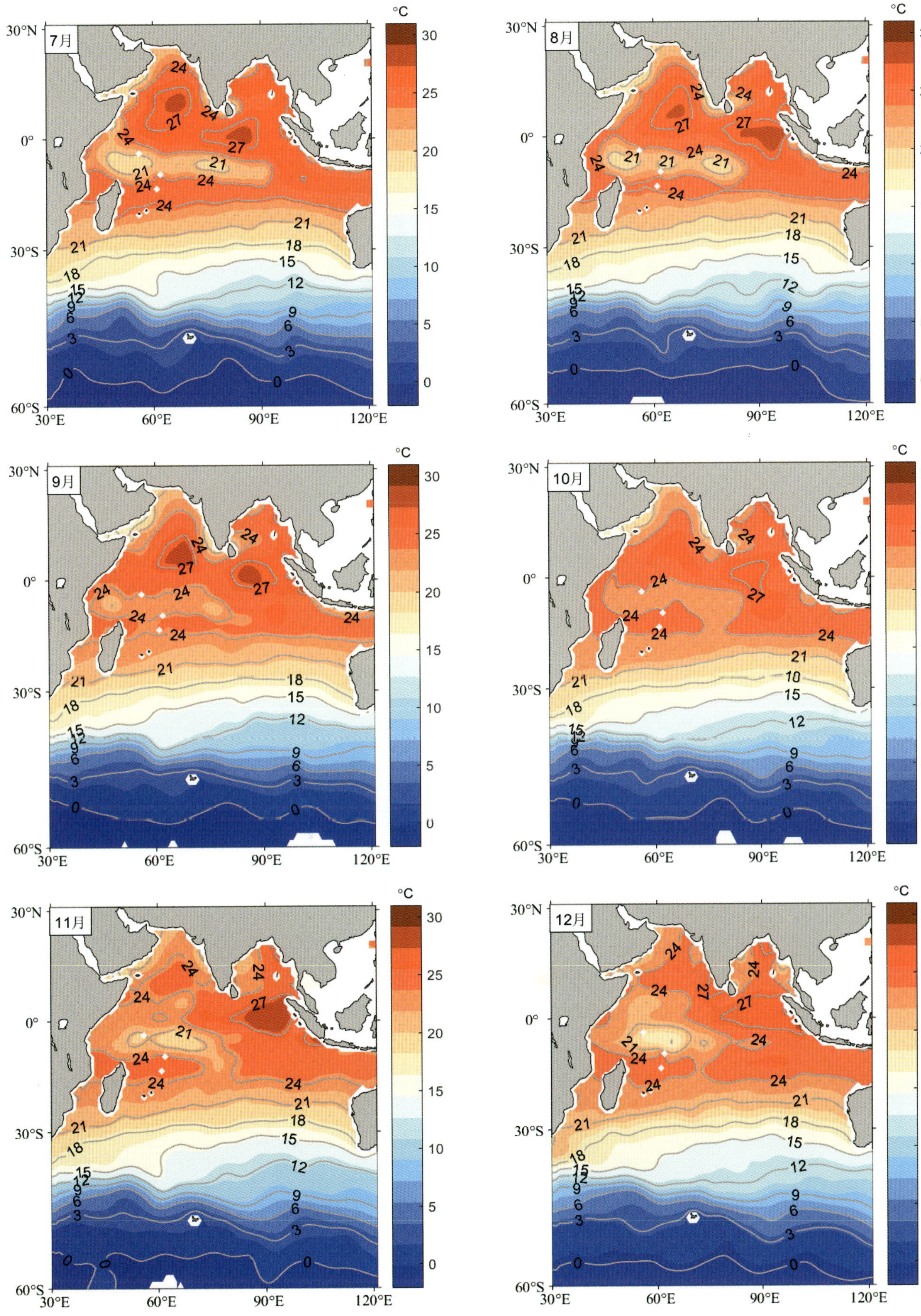

图 5　印度洋 75 m 层水温（单位：°C）

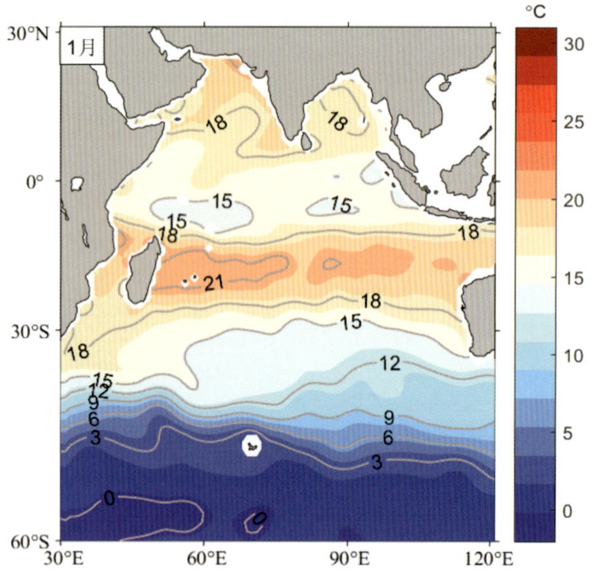
1月
°C
30
25
20
15
10
5
0
30°N
0°
30°S
60°S
30°E
60°E
90°E
120°E

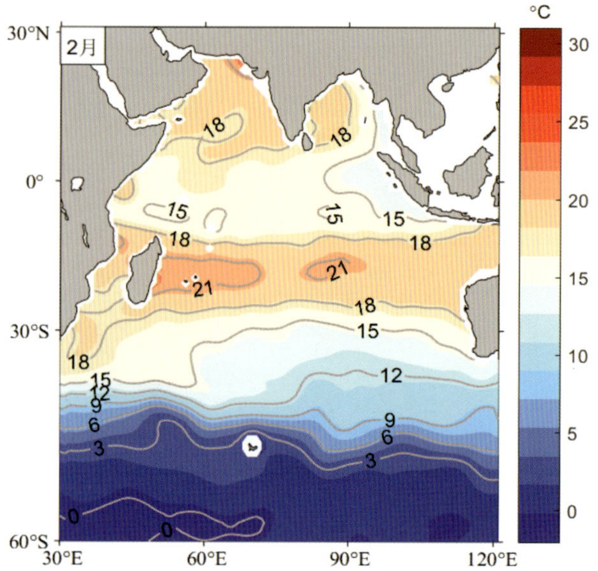
2月
°C
30
25
20
15
10
5
0
30°N
0°
30°S
60°S
30°E
60°E
90°E
120°E

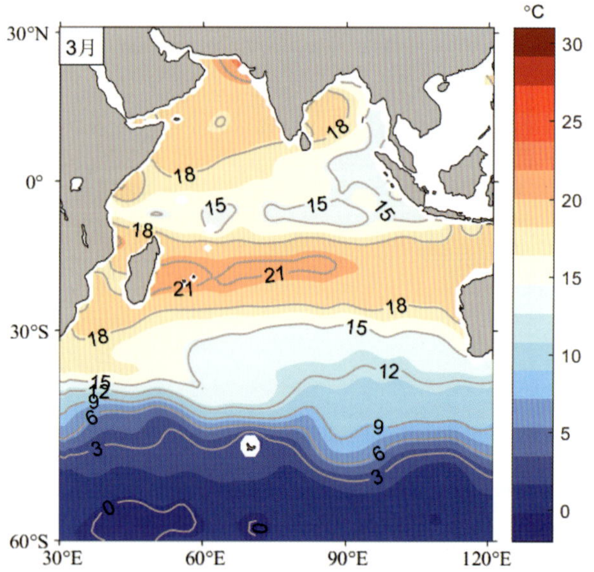
3月
°C
30
25
20
15
10
5
0
30°N
0°
30°S
60°S
30°E
60°E
90°E
120°E

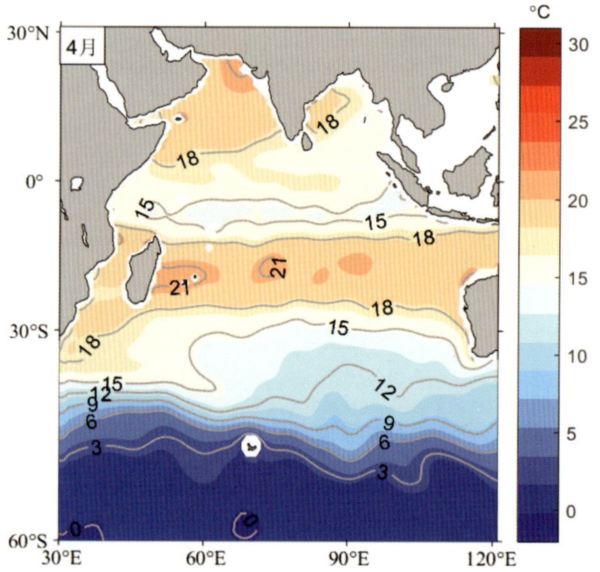
4月
°C
30
25
20
15
10
5
0
30°N
0°
30°S
60°S
30°E
60°E
90°E
120°E

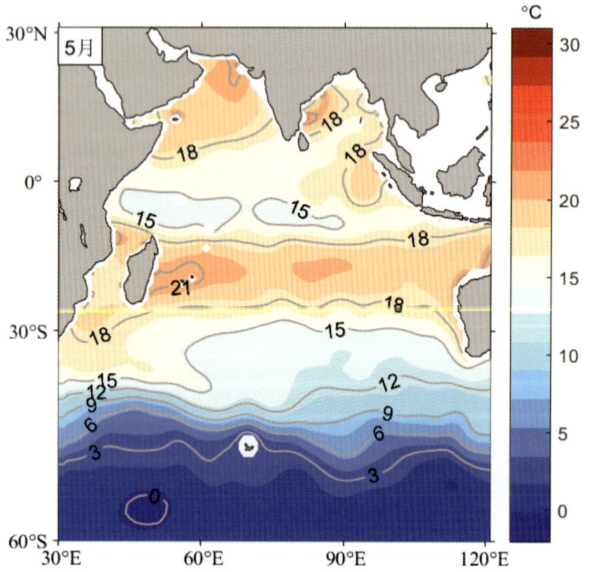
5月
°C
30
25
20
15
10
5
0
30°N
0°
30°S
60°S
30°E
60°E
90°E
120°E

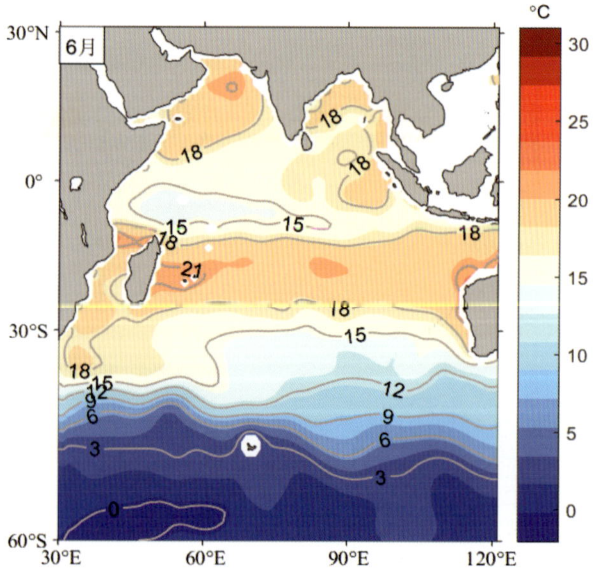
6月
°C
30
25
20
15
10
5
0
30°N
0°
30°S
60°S
30°E
60°E
90°E
120°E

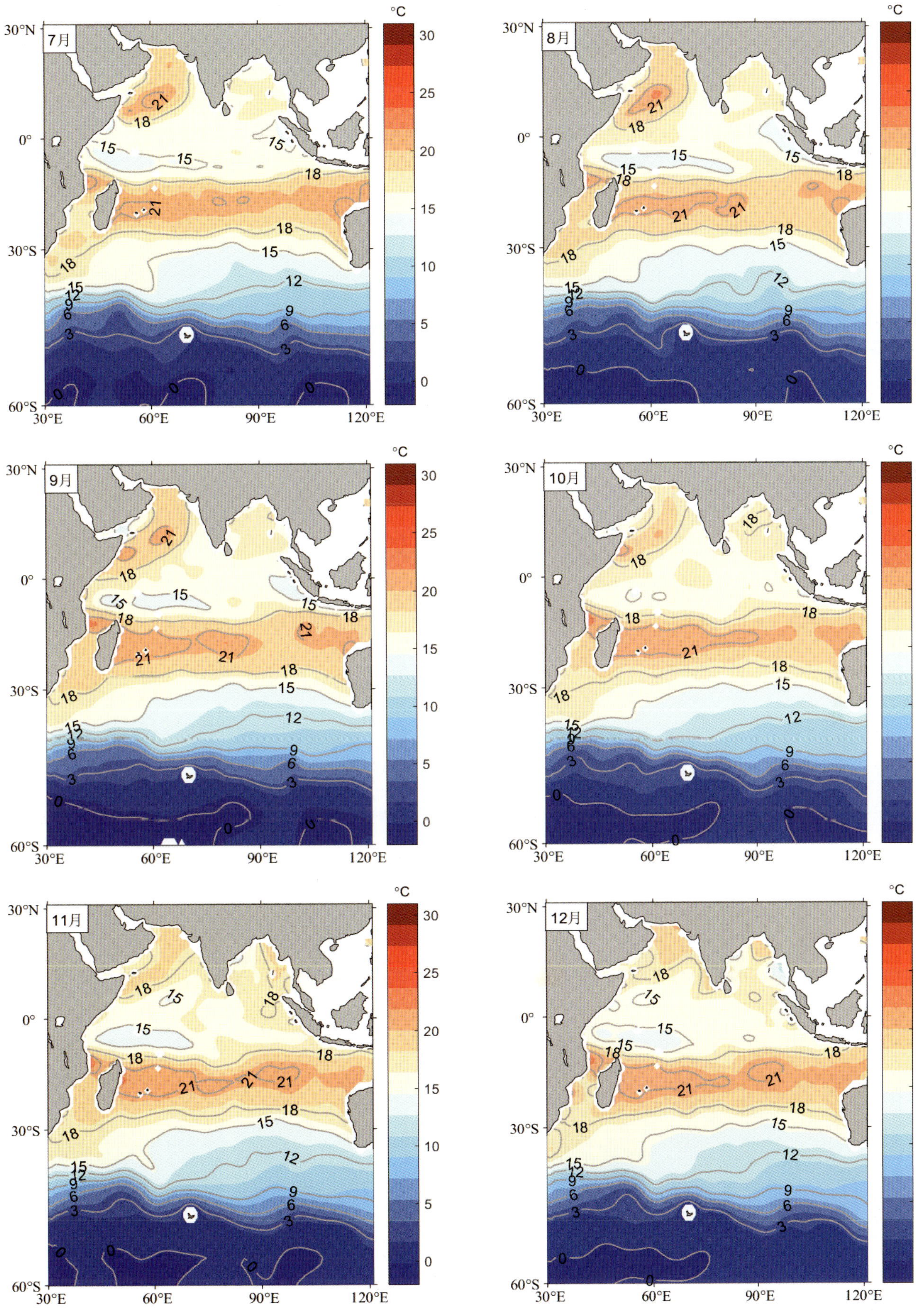

图 6　印度洋 150 m 层水温（单位：°C）

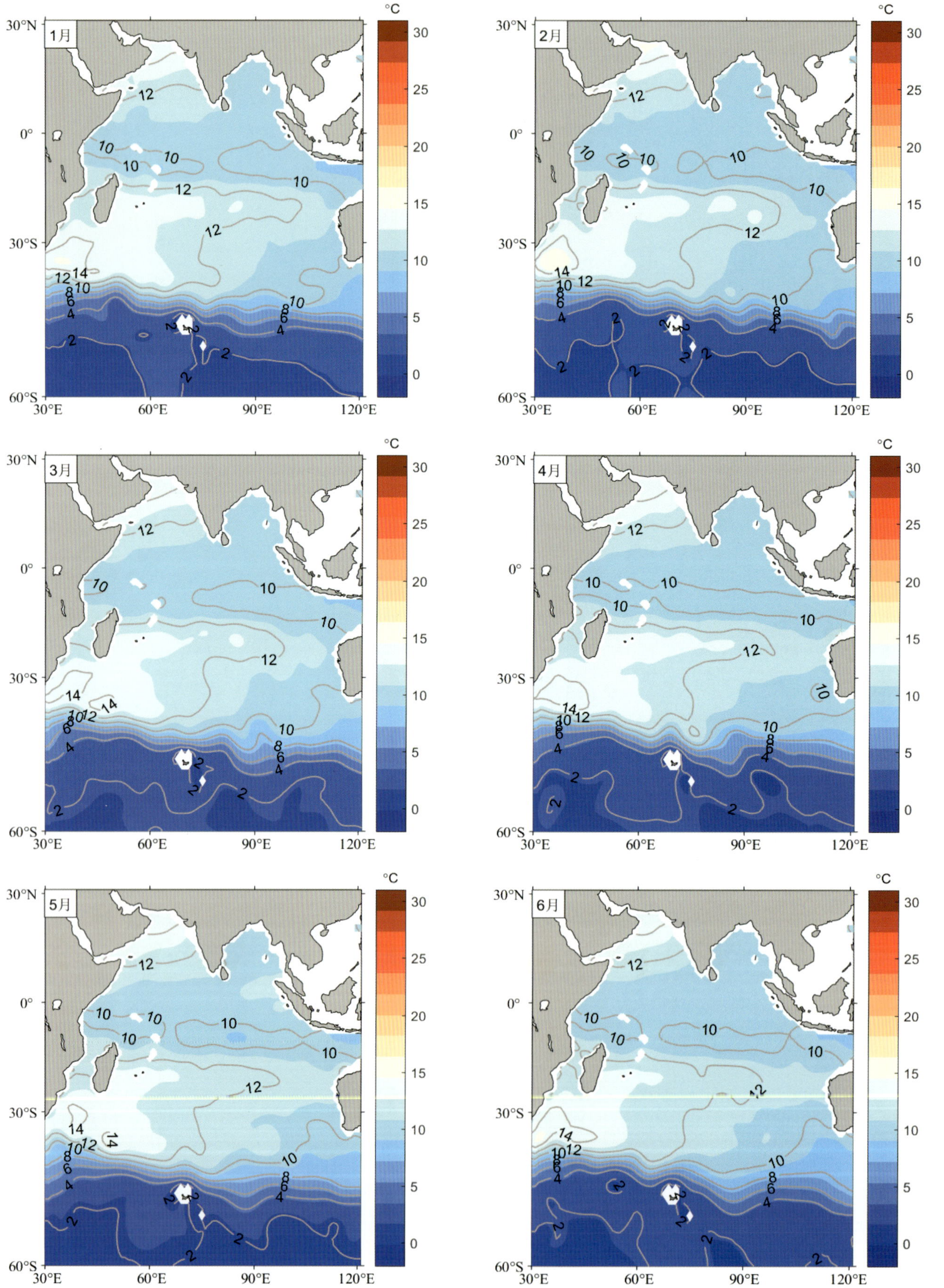
1月
2月
3月
4月
5月
6月
°C
30
25
20
15
10
5
0
30°N
0°
30°S
60°S
30°E
60°E
90°E
120°E

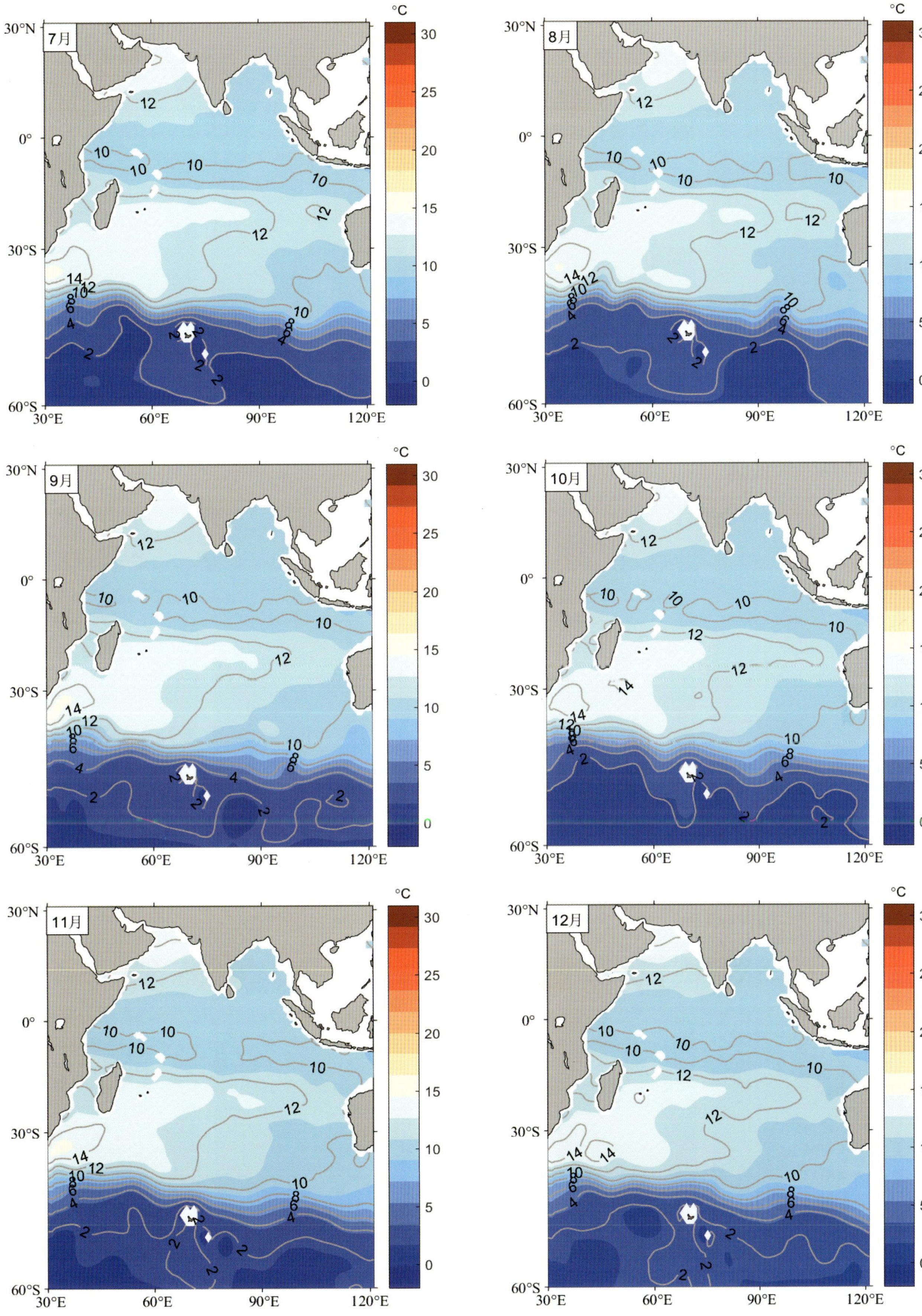

图 7　印度洋 400 m 层水温（单位：°C）

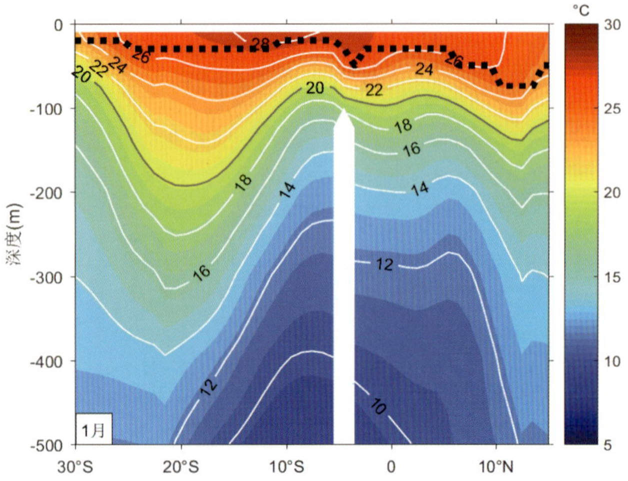
1月
深度(m)
°C
30°S
20°S
10°S
0
10°N

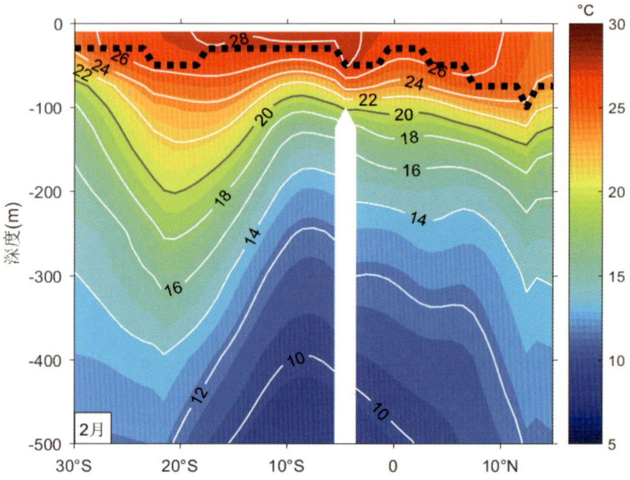
2月
深度(m)
°C
30°S
20°S
10°S
0
10°N

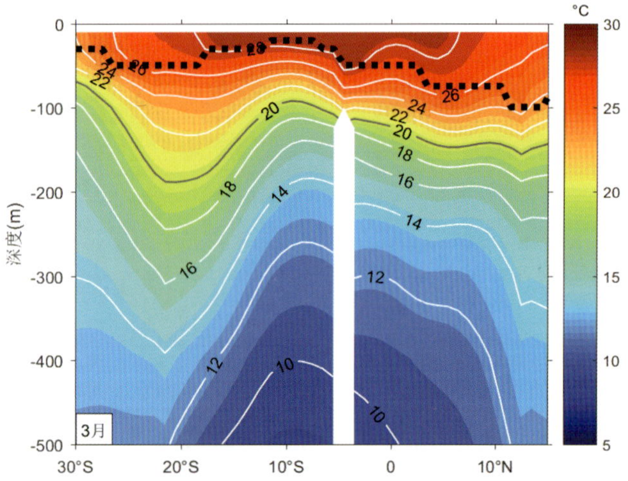
3月
深度(m)
°C
30°S
20°S
10°S
0
10°N

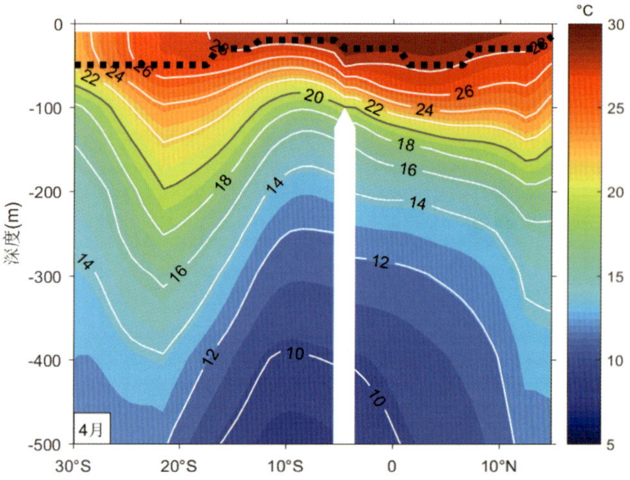
4月
深度(m)
°C
30°S
20°S
10°S
0
10°N

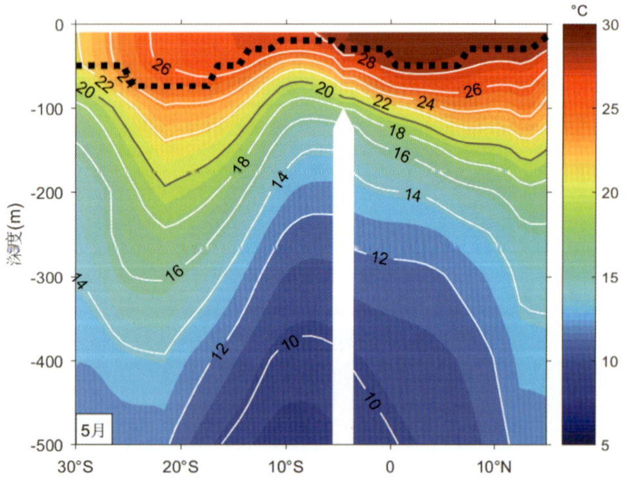
5月
深度(m)
°C
30°S
20°S
10°S
0
10°N

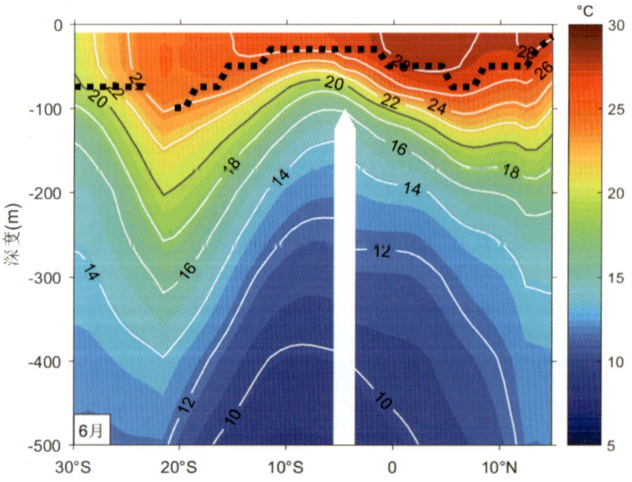
6月
深度(m)
°C
30°S
20°S
10°S
0
10°N

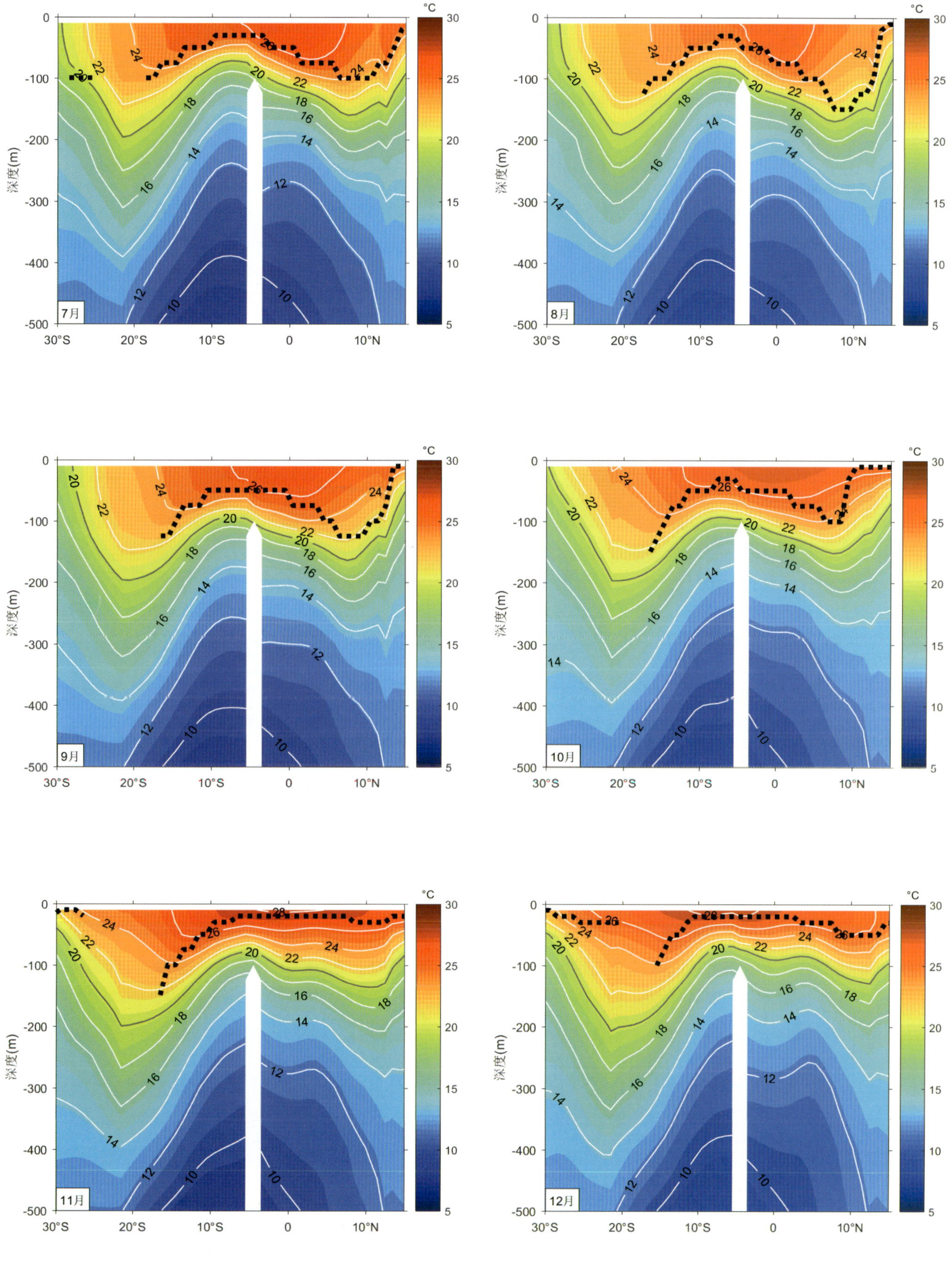

图 8　55°E 经向断面水温垂直分布（颜色填充图和白色等值线，单位：°C）和水温跃层上界深度（黑色粗虚线，单位：m）

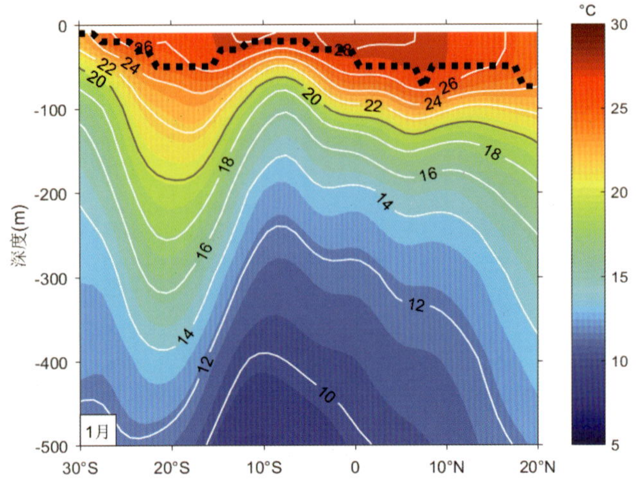
1月
深度(m)
0
-100
-200
-300
-400
-500
30°S
20°S
10°S
0
10°N
20°N
°C
30
25
20
15
10
5

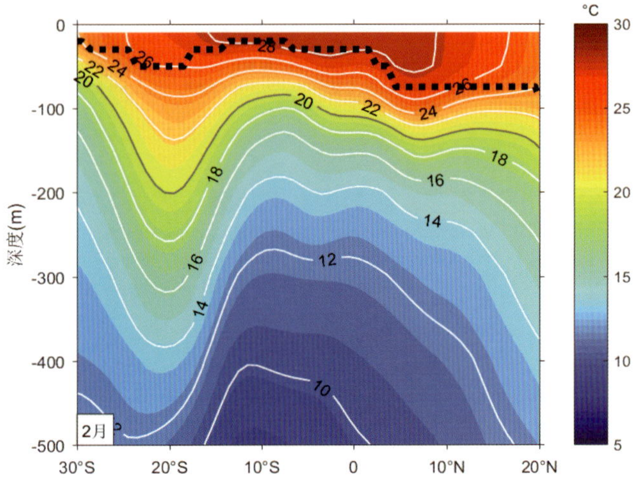
2月
深度(m)
0
-100
-200
-300
-400
-500
30°S
20°S
10°S
0
10°N
20°N
°C
30
25
20
15
10
5

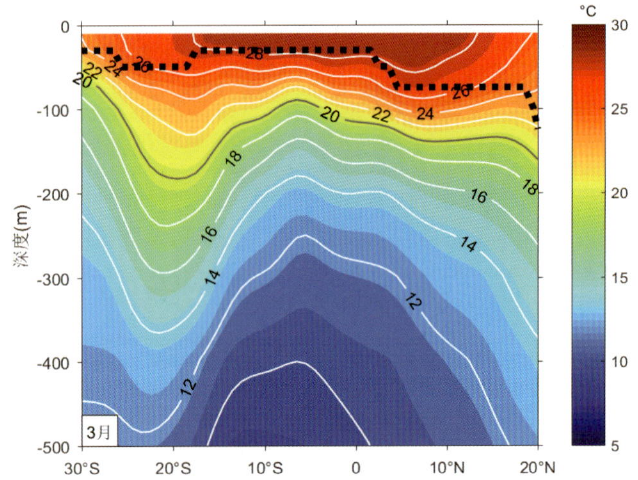
3月
深度(m)
0
-100
-200
-300
-400
-500
30°S
20°S
10°S
0
10°N
20°N
°C
30
25
20
15
10
5

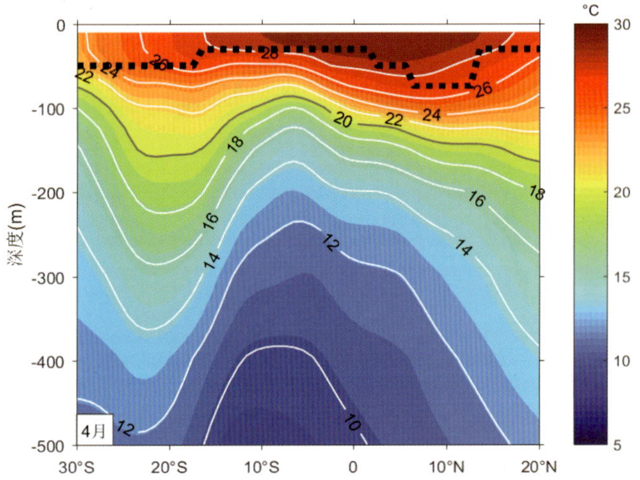
4月
深度(m)
0
-100
-200
-300
-400
-500
30°S
20°S
10°S
0
10°N
20°N
°C
30
25
20
15
10
5

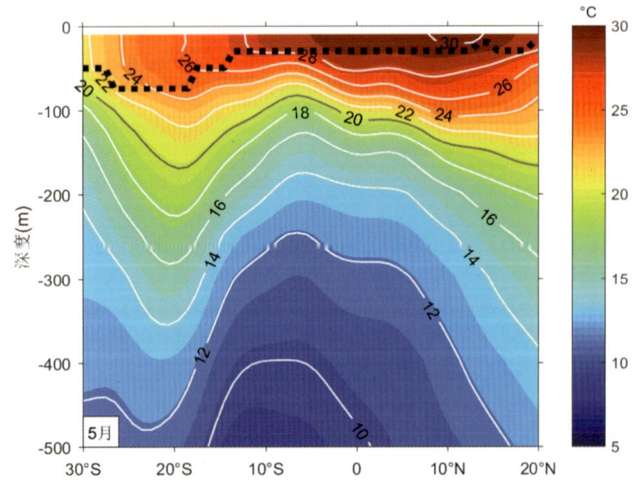
5月
深度(m)
0
-100
-200
-300
-400
-500
30°S
20°S
10°S
0
10°N
20°N
°C
30
25
20
15
10
5

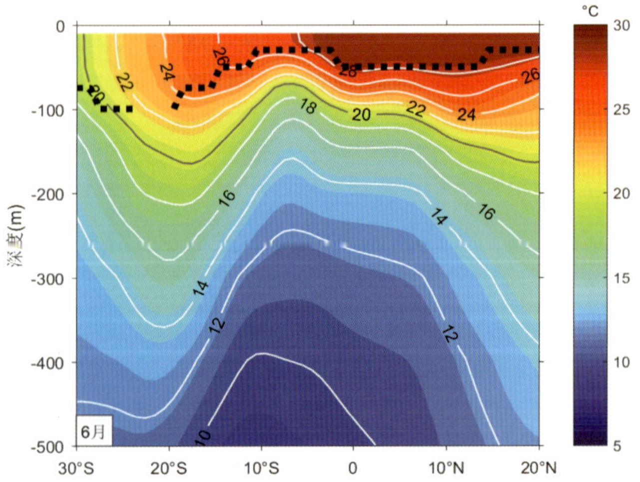
6月
深度(m)
0
-100
-200
-300
-400
-500
30°S
20°S
10°S
0
10°N
20°N
°C
30
25
20
15
10
5

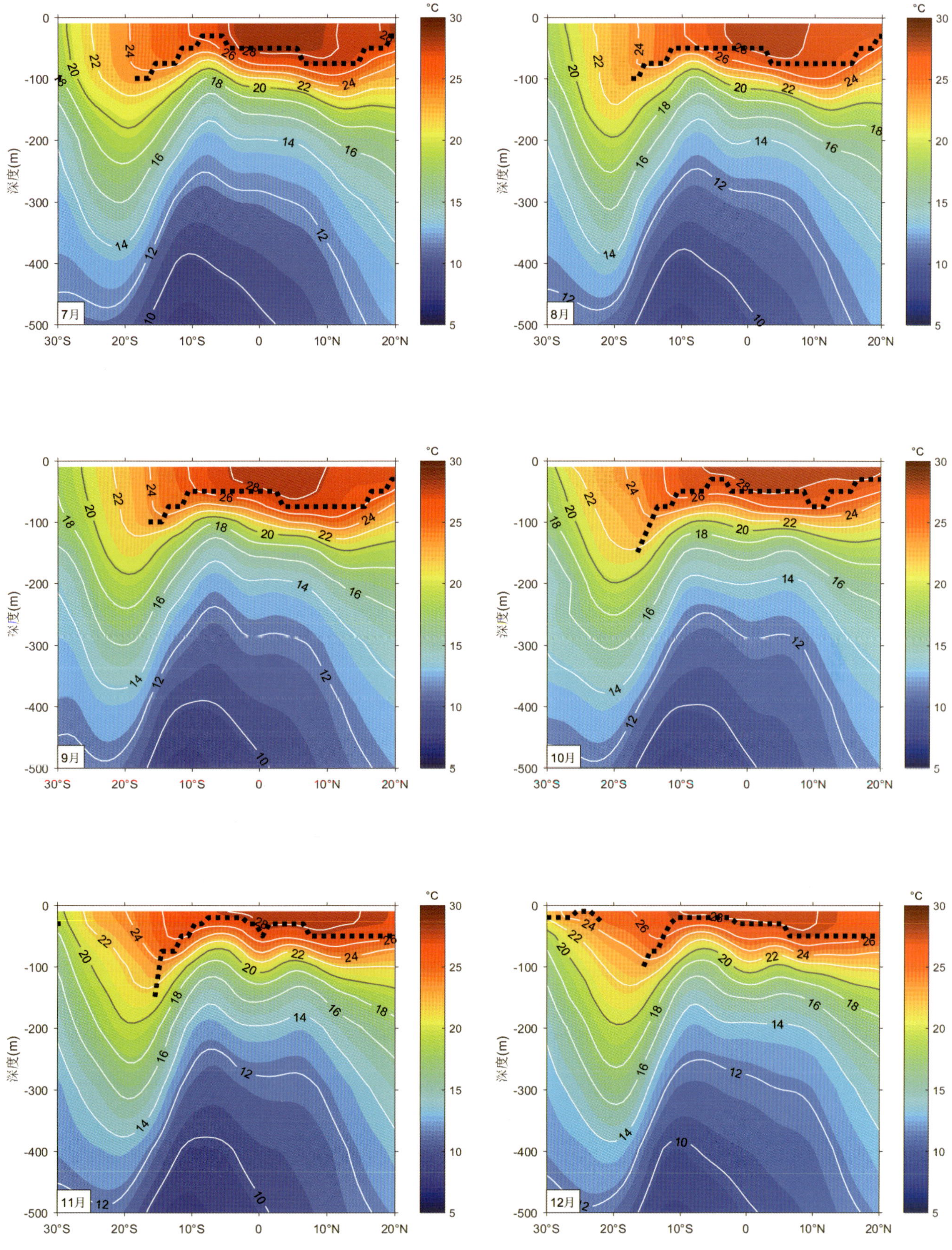

图 9　67°E 经向断面水温垂直分布（颜色填充图和白色等值线，单位：°C）和水温跃层上界深度（黑色粗虚线，单位：m）

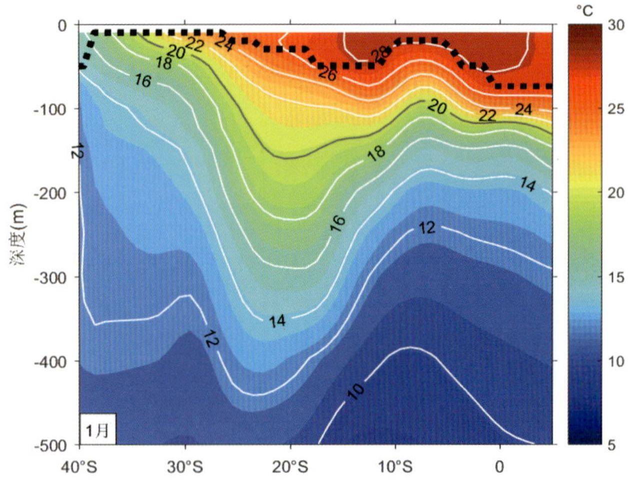
深度(m)
°C
1月
40°S 30°S 20°S 10°S 0

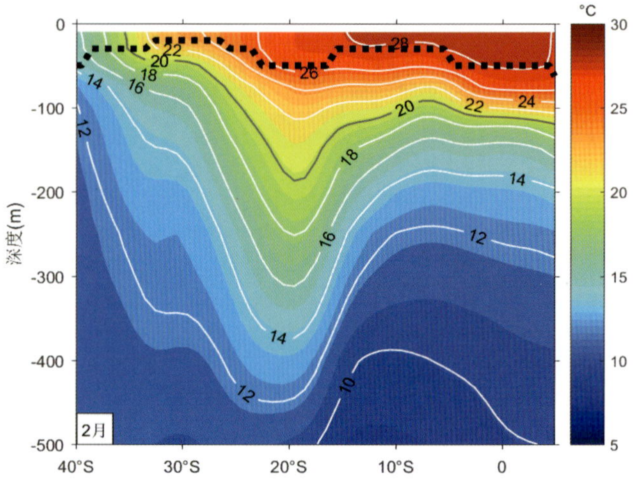
深度(m)
°C
2月
40°S 30°S 20°S 10°S 0

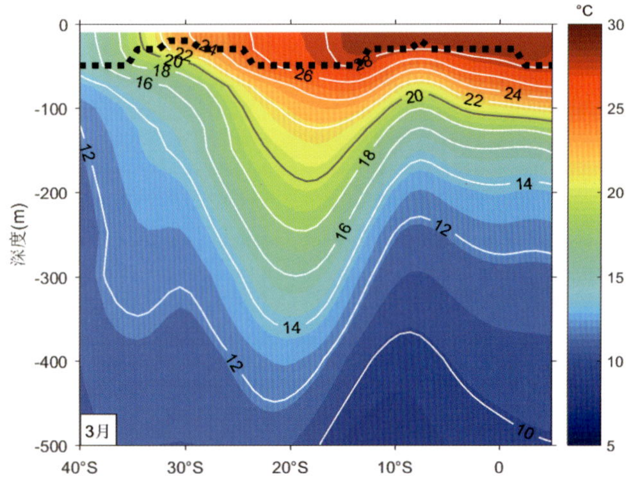
深度(m)
°C
3月
40°S 30°S 20°S 10°S 0

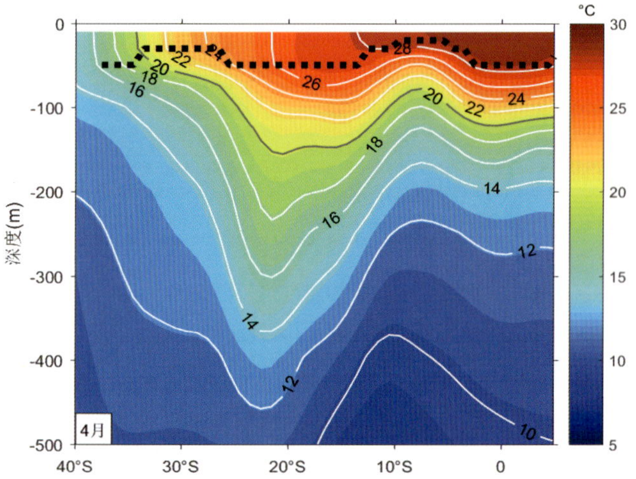
深度(m)
°C
4月
40°S 30°S 20°S 10°S 0

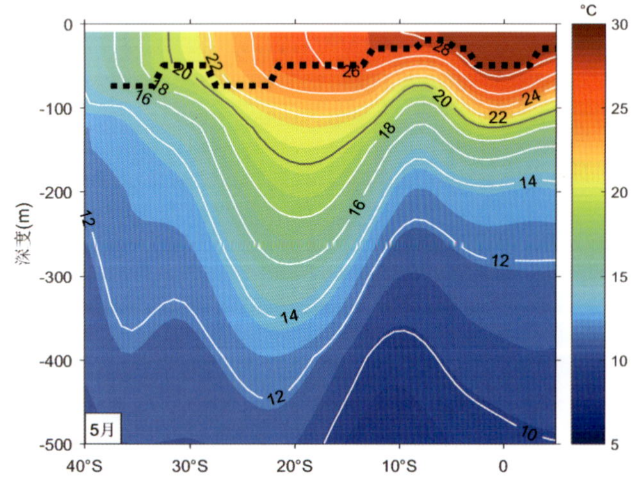
深度(m)
°C
5月
40°S 30°S 20°S 10°S 0

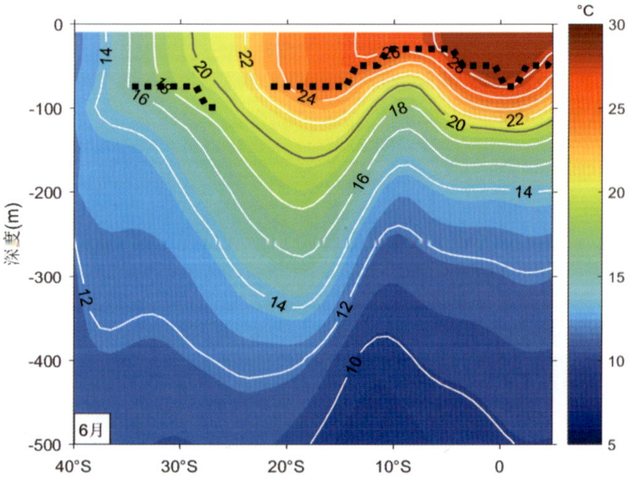
深度(m)
°C
6月
40°S 30°S 20°S 10°S 0

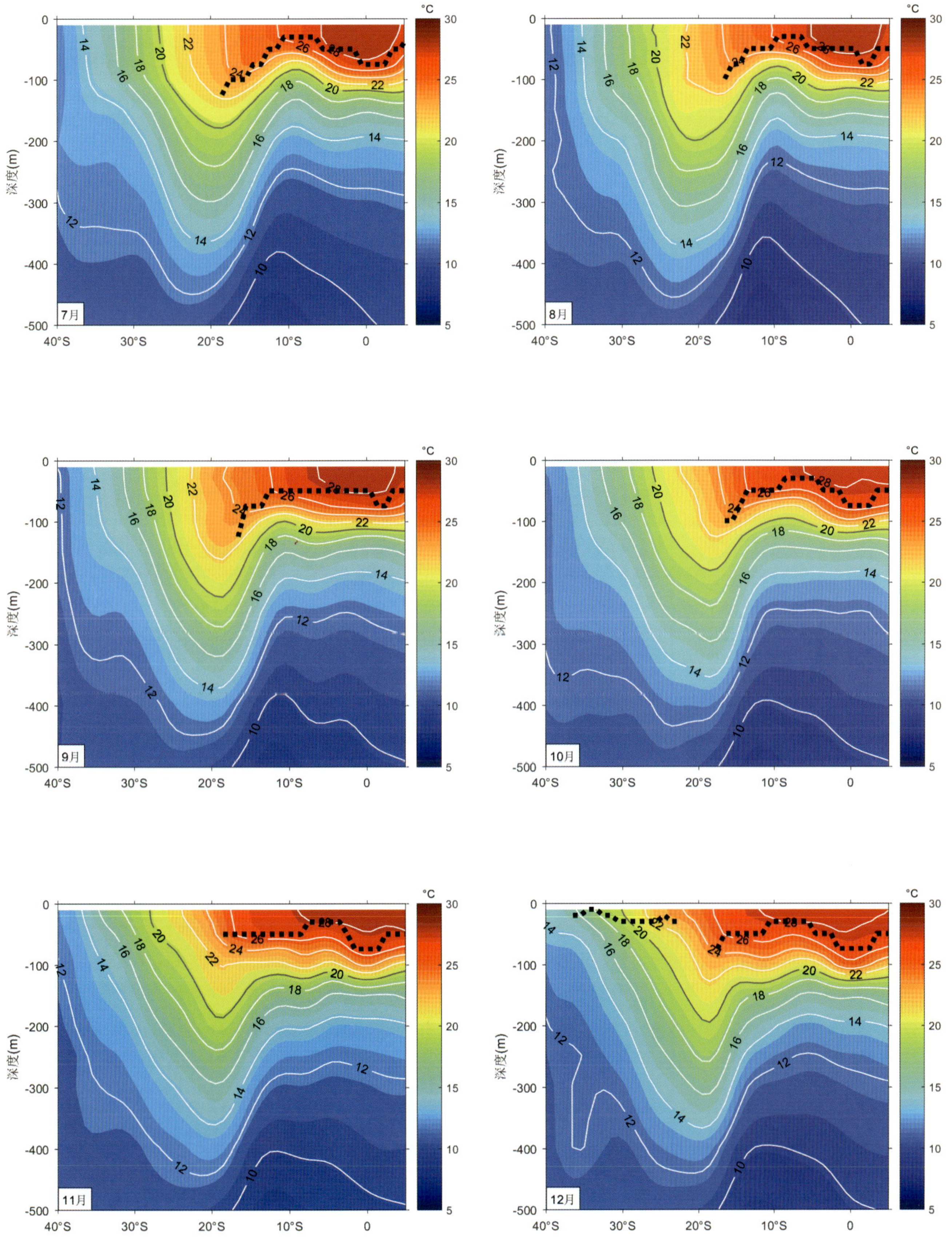

图 10 80.5°E 经向断面水温垂直分布（颜色填充图和白色等值线，单位：°C）和水温跃层上界深度（黑色粗虚线，单位：m）

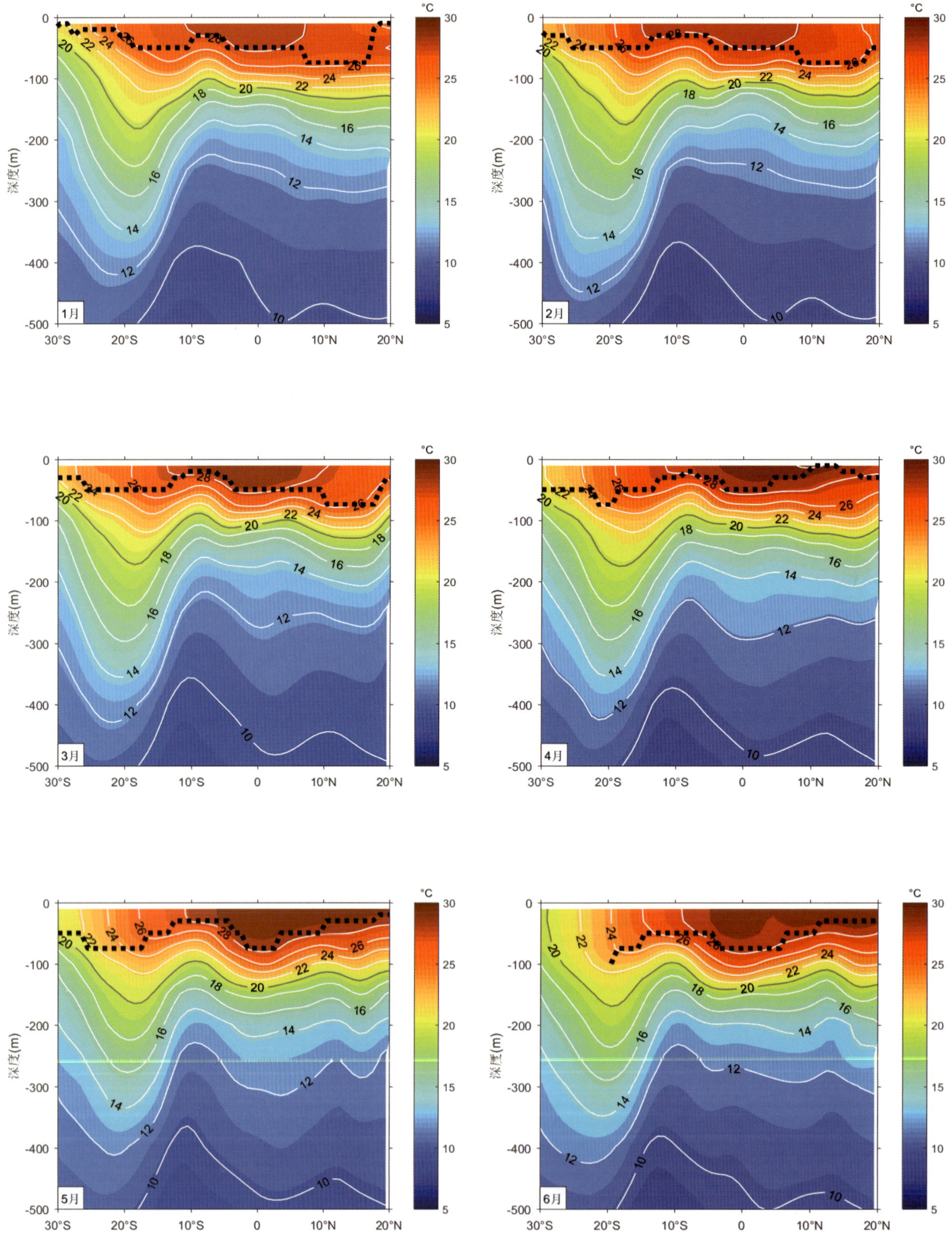
1月
2月
3月
4月
5月
6月
深度(m)
°C
0
-100
-200
-300
-400
-500
30°S
20°S
10°S
0
10°N
20°N
30
25
20
15
10
5

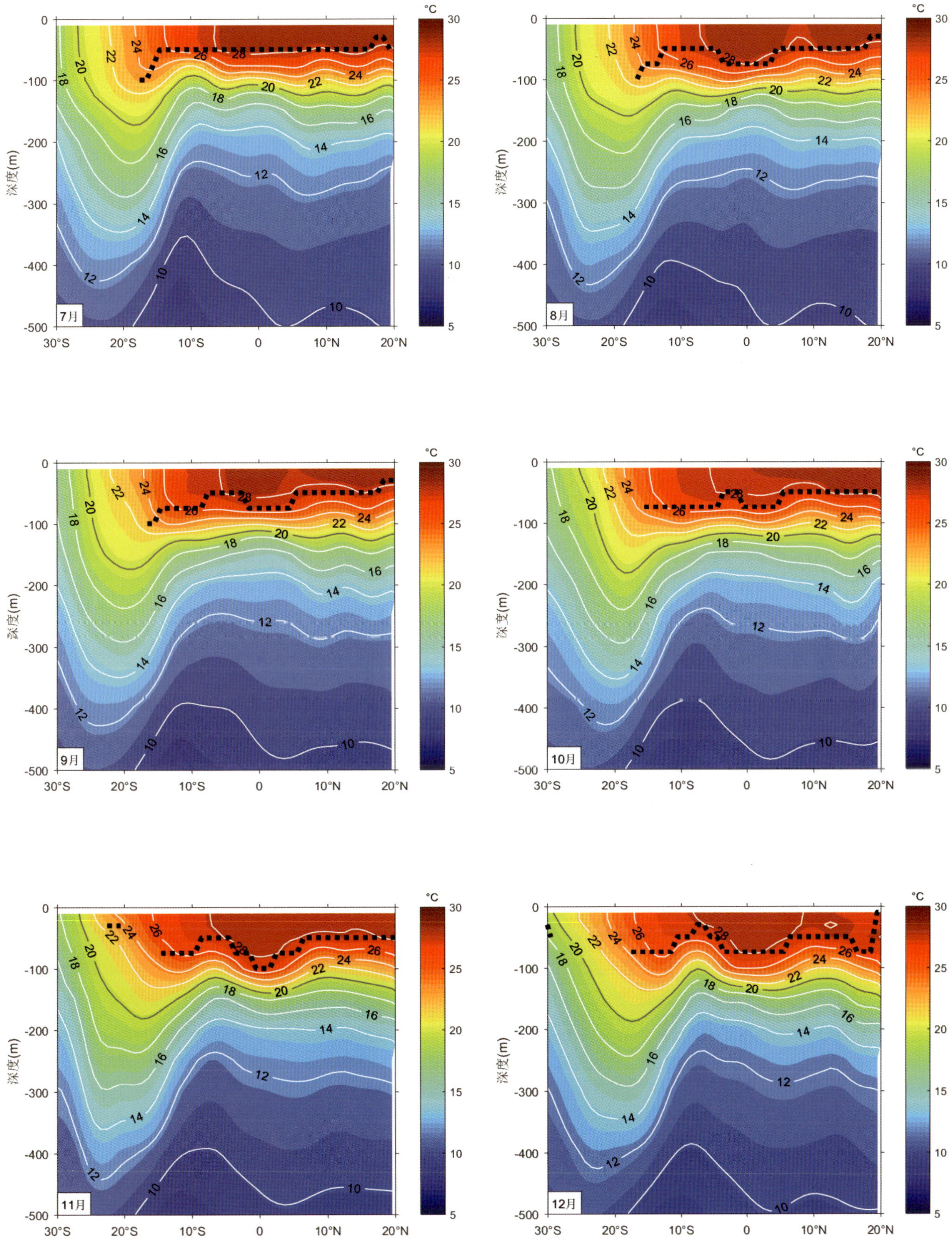

图 11　90°E 经向断面水温垂直分布（颜色填充图和白色等值线，单位：°C）和水温跃层上界深度（黑色粗虚线，单位：m）

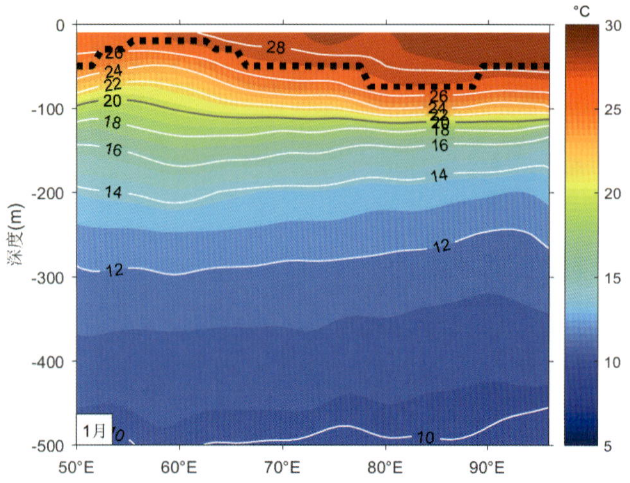
1月
深度(m)
°C
0
-100
-200
-300
-400
-500
50°E
60°E
70°E
80°E
90°E
30
25
20
15
10
5

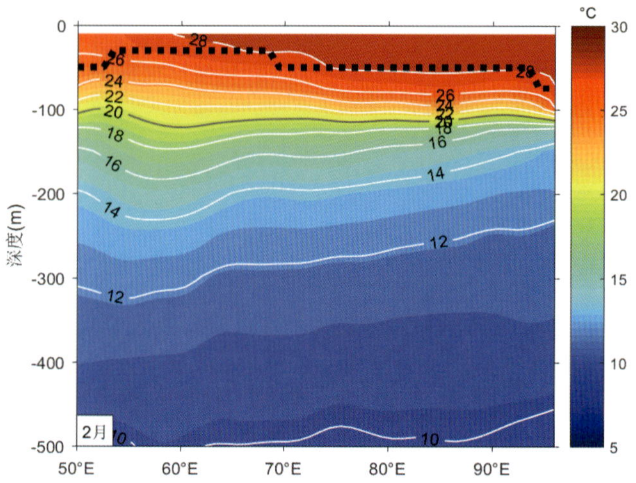
2月
深度(m)
°C
0
-100
-200
-300
-400
-500
50°E
60°E
70°E
80°E
90°E
30
25
20
15
10
5

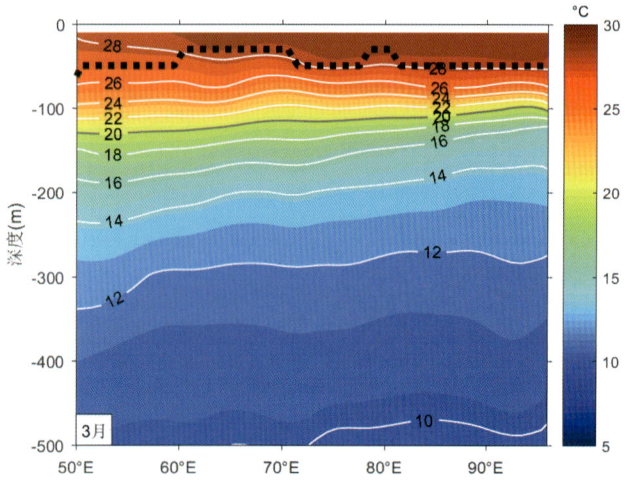
3月
深度(m)
°C
0
-100
-200
-300
-400
-500
50°E
60°E
70°E
80°E
90°E
30
25
20
15
10
5

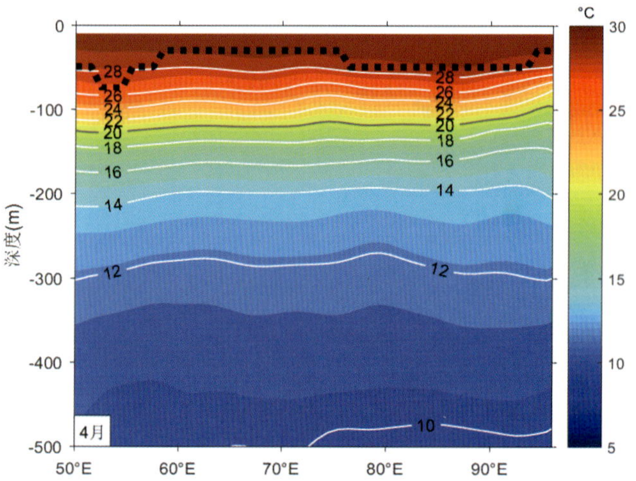
4月
深度(m)
°C
0
-100
-200
-300
-400
-500
50°E
60°E
70°E
80°E
90°E
30
25
20
15
10
5

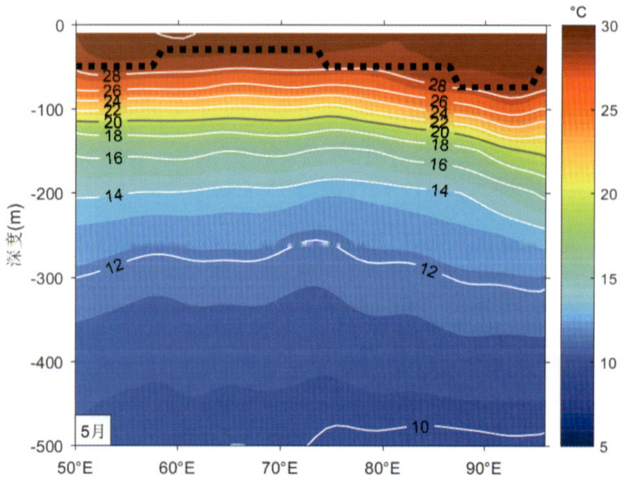
5月
深度(m)
°C
0
-100
-200
-300
-400
-500
50°E
60°E
70°E
80°E
90°E
30
25
20
15
10
5

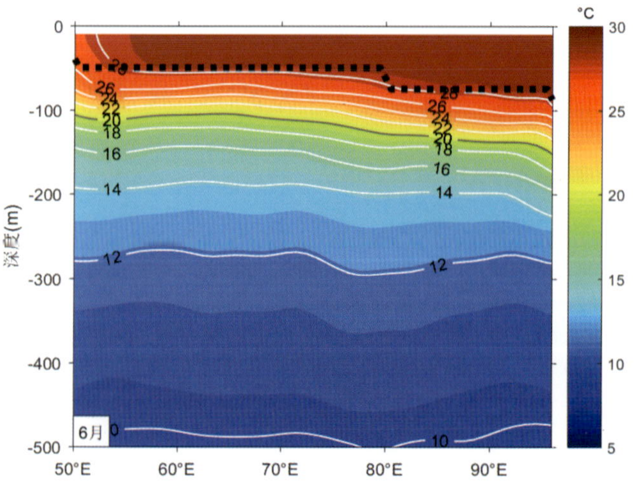
6月
深度(m)
°C
0
-100
-200
-300
-400
-500
50°E
60°E
70°E
80°E
90°E
30
25
20
15
10
5

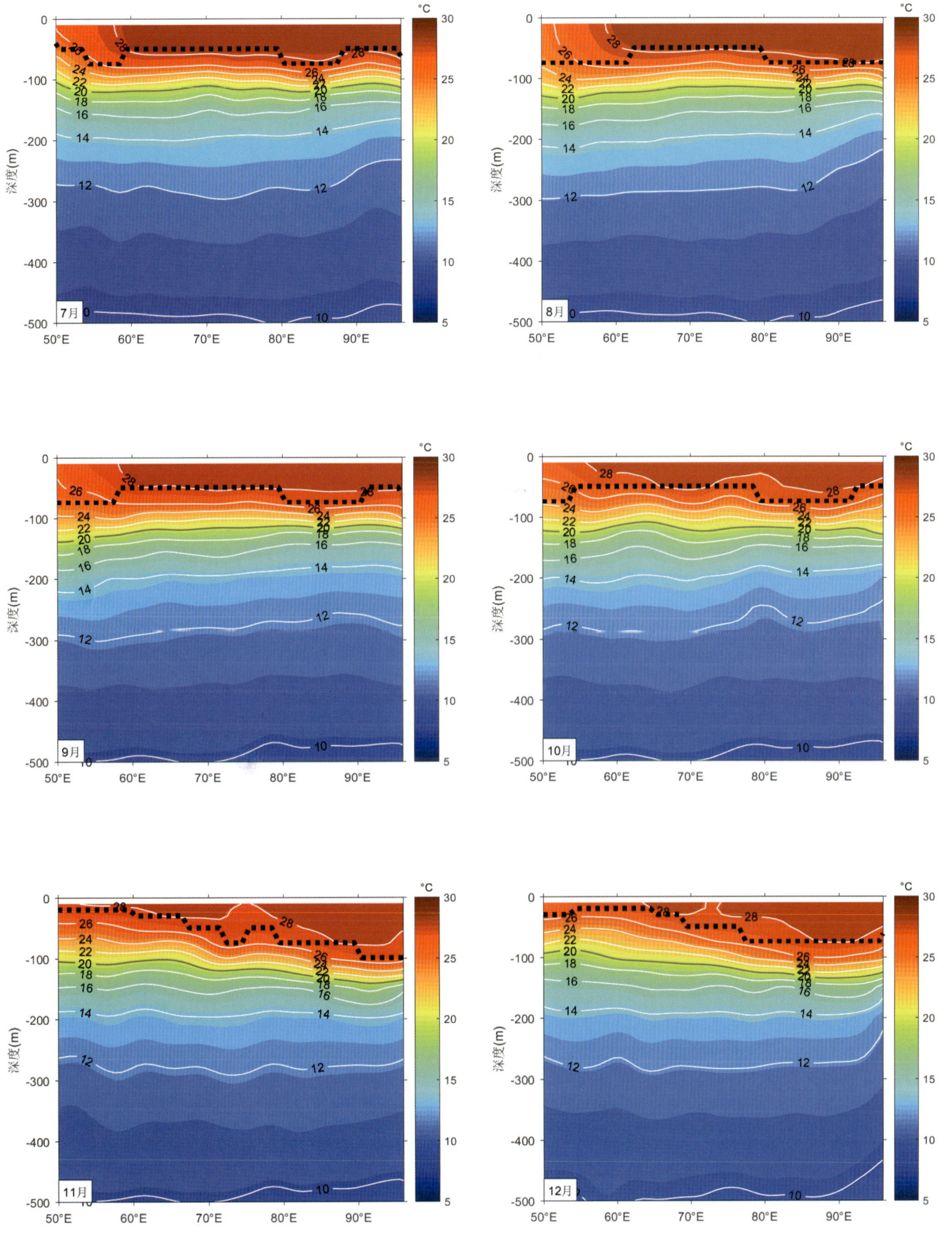

图 12　1.5°N 纬向断面水温垂直分布（颜色填充图和白色等值线，单位：°C）和水温跃层上界深度（黑色粗虚线，单位：m）

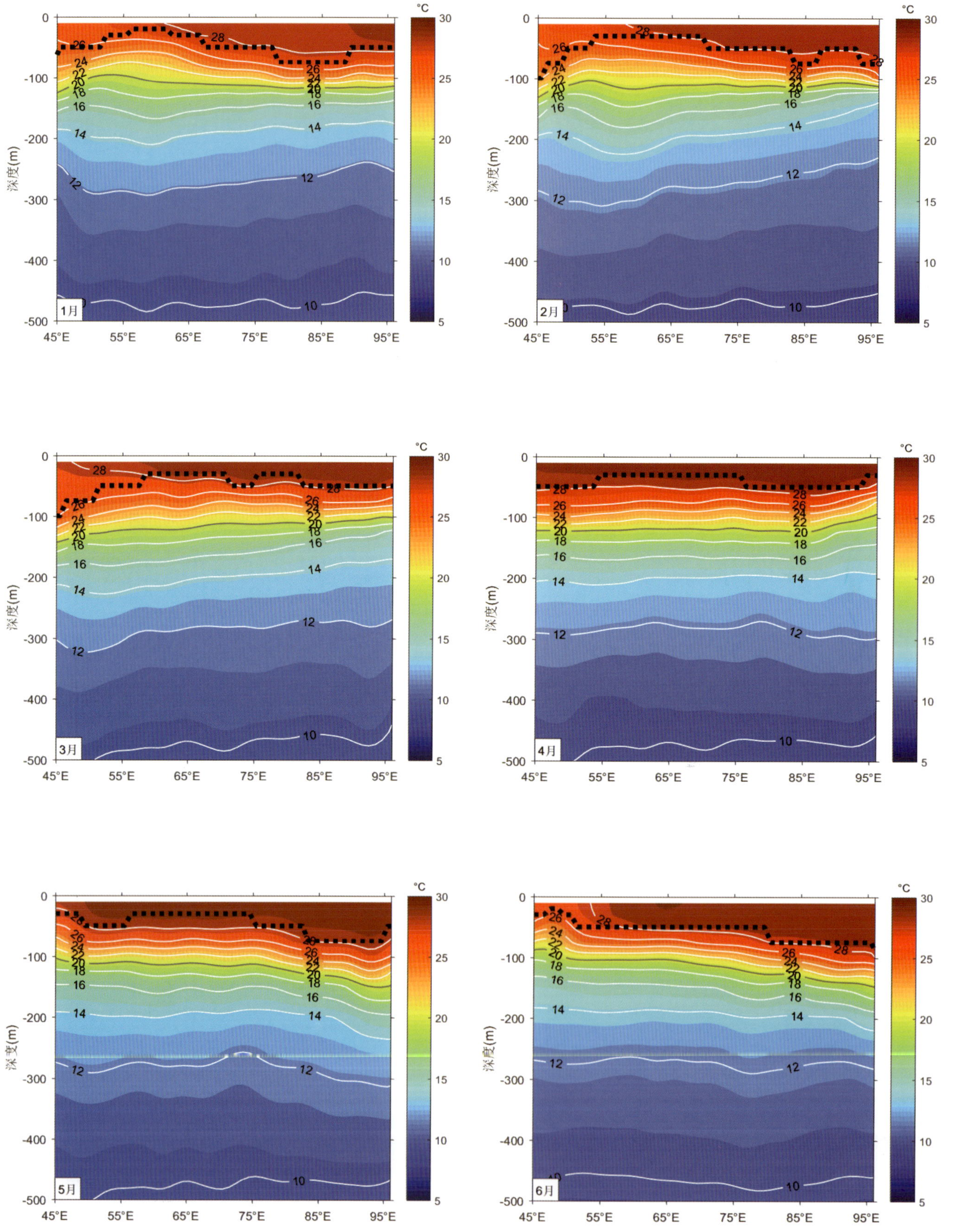
1月
2月
3月
4月
5月
6月
深度(m)
0
-100
-200
-300
-400
-500
45°E
55°E
65°E
75°E
85°E
95°E
°C
30
25
20
15
10
5
28
26
24
22
20
18
16
14
12
10

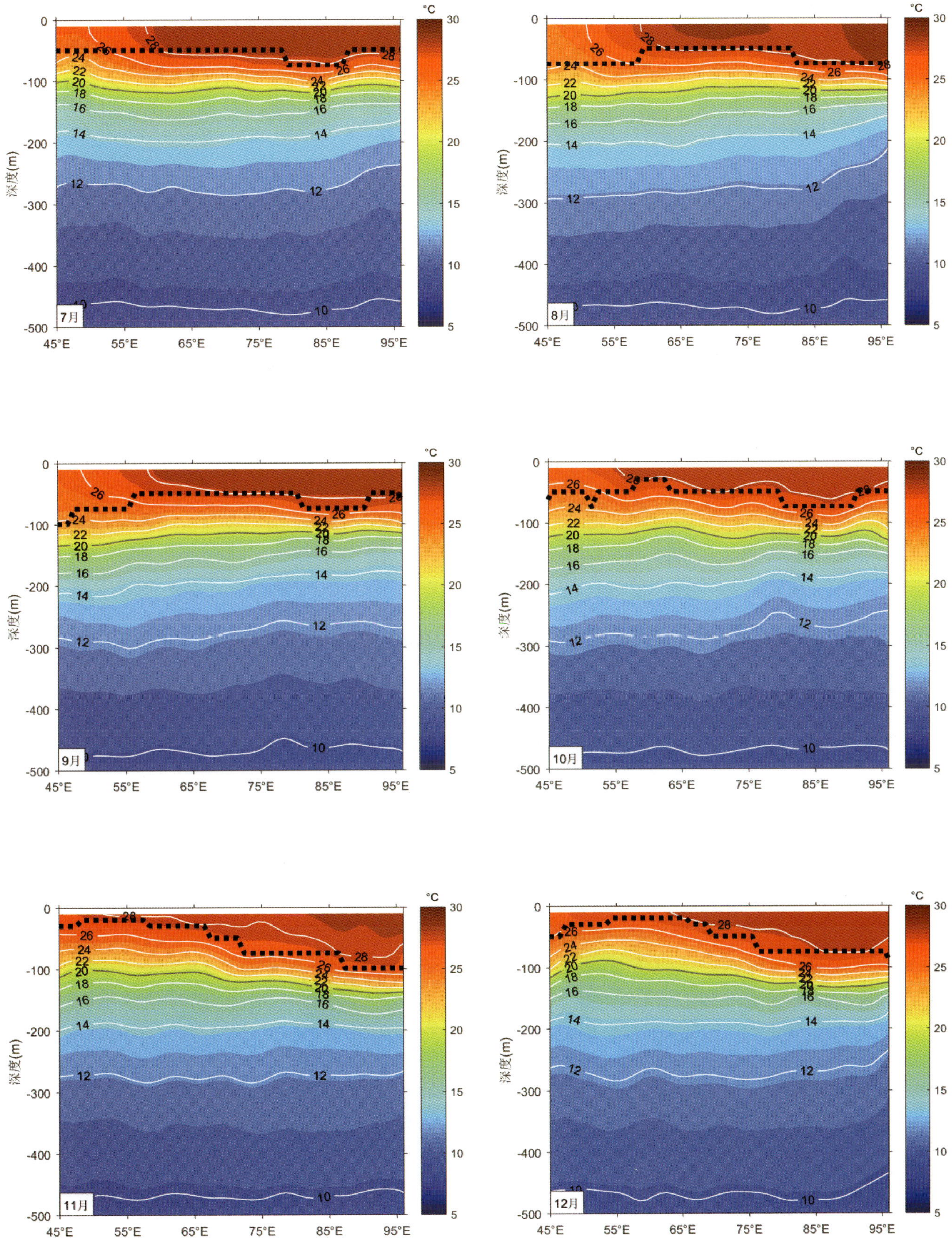

图 13　0° 纬向断面水温垂直分布（颜色填充图和白色等值线，单位：°C）和水温跃层上界深度（黑色粗虚线，单位：m）

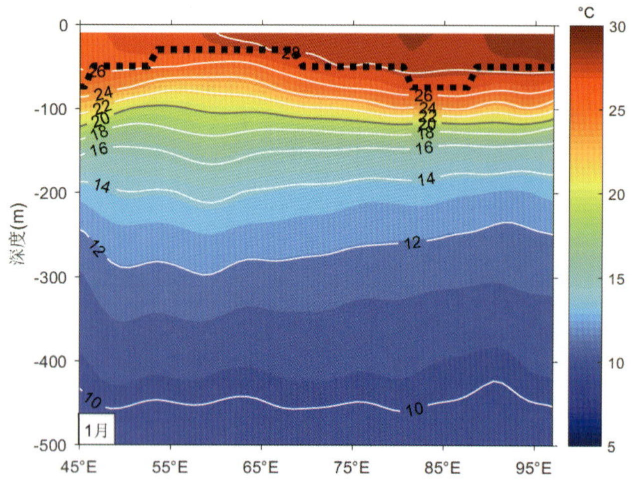
1月
深度(m)
0
-100
-200
-300
-400
-500
45°E
55°E
65°E
75°E
85°E
95°E
°C
30
25
20
15
10
5

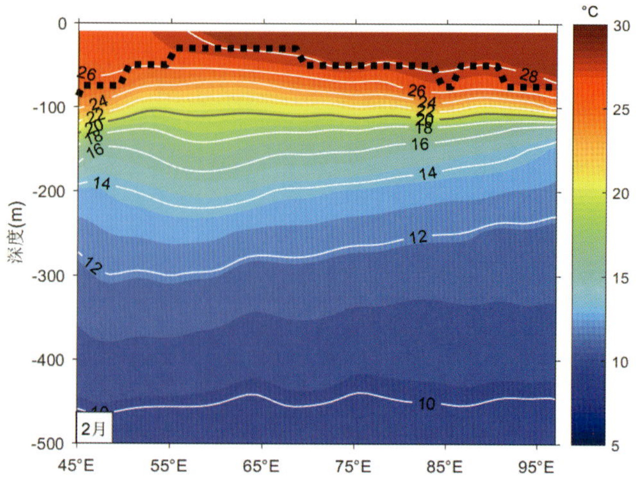
2月
深度(m)
0
-100
-200
-300
-400
-500
45°E
55°E
65°E
75°E
85°E
95°E
°C
30
25
20
15
10
5

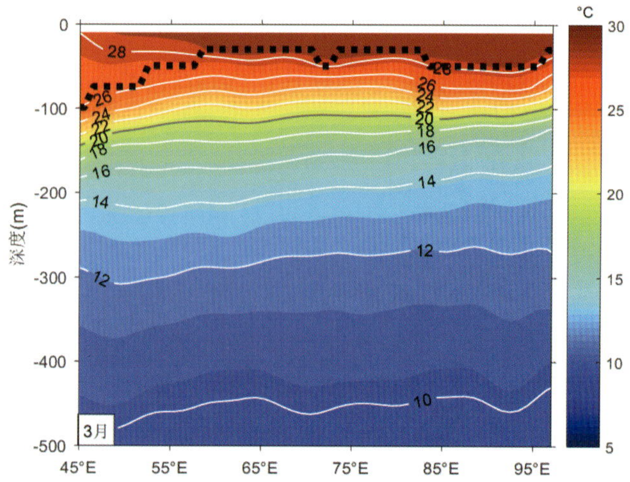
3月
深度(m)
0
-100
-200
-300
-400
-500
45°E
55°E
65°E
75°E
85°E
95°E
°C
30
25
20
15
10
5

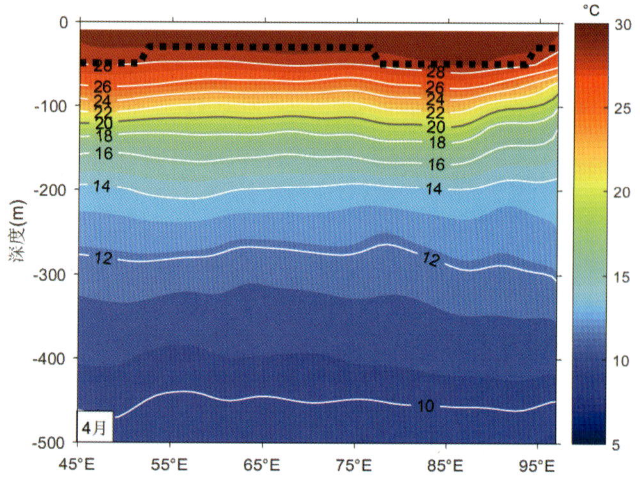
4月
深度(m)
0
-100
-200
-300
-400
-500
45°E
55°E
65°E
75°E
85°E
95°E
°C
30
25
20
15
10
5

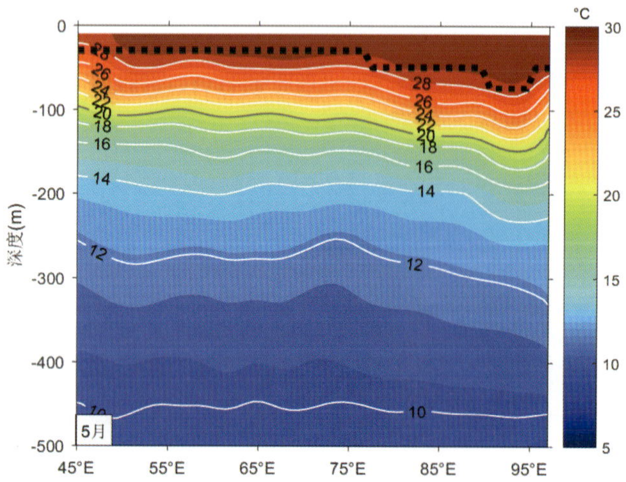
5月
深度(m)
0
-100
-200
-300
-400
-500
45°E
55°E
65°E
75°E
85°E
95°E
°C
30
25
20
15
10
5

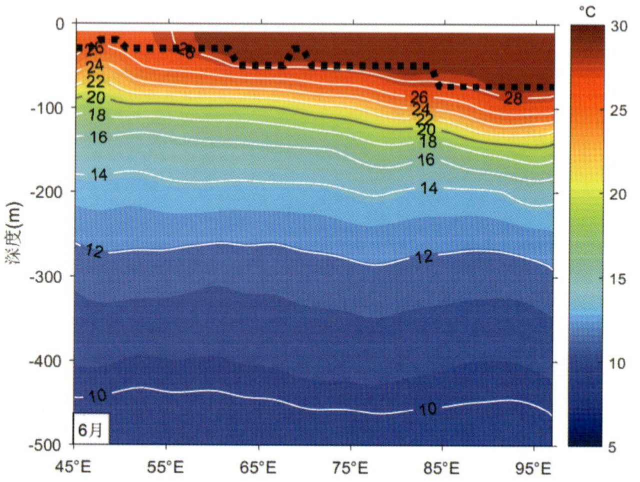
6月
深度(m)
0
-100
-200
-300
-400
-500
45°E
55°E
65°E
75°E
85°E
95°E
°C
30
25
20
15
10
5

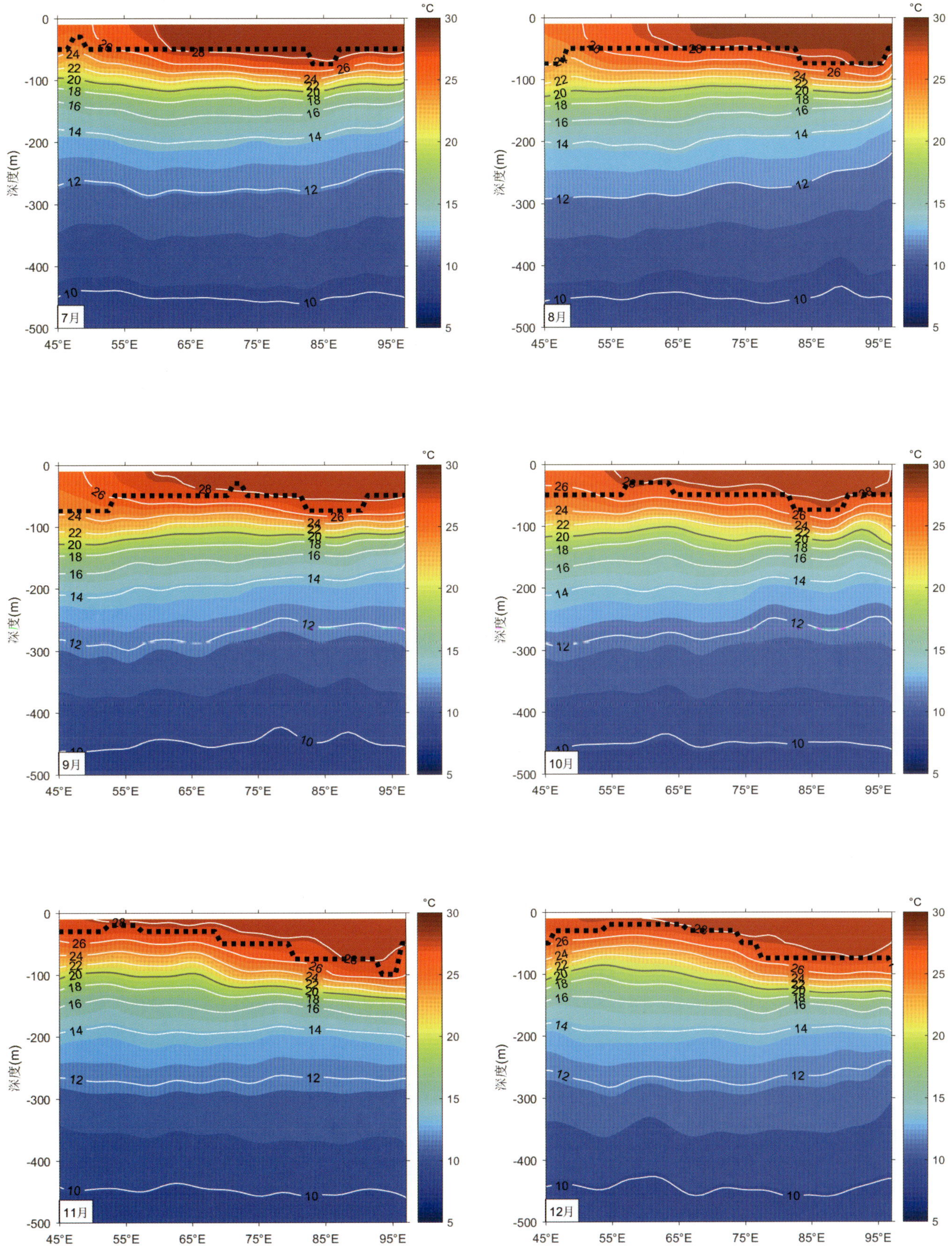

图 14　1.5°S 纬向断面水温垂直分布（颜色填充图和白色等值线，单位：°C）和水温跃层上界深度（黑色粗虚线，单位：m）

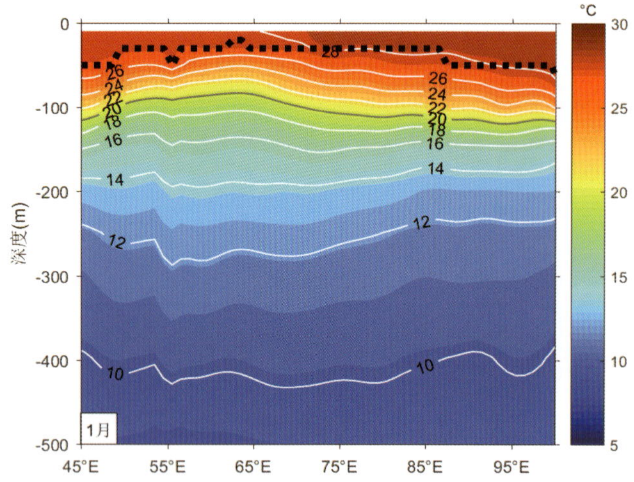
°C
深度(m)
1月
45°E 55°E 65°E 75°E 85°E 95°E

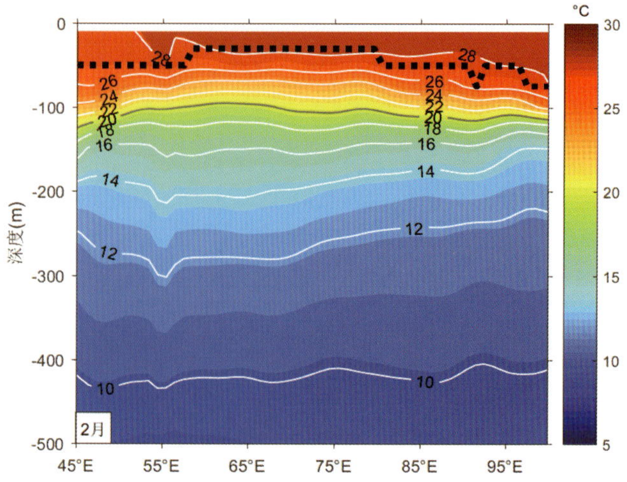
°C
深度(m)
2月
45°E 55°E 65°E 75°E 85°E 95°E

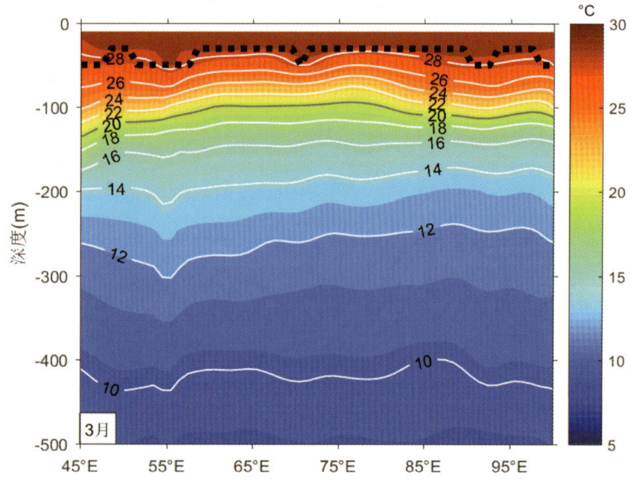
°C
深度(m)
3月
45°E 55°E 65°E 75°E 85°E 95°E

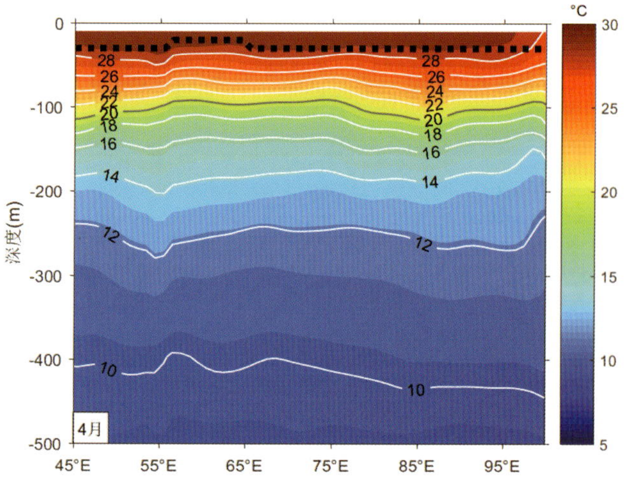
°C
深度(m)
4月
45°E 55°E 65°E 75°E 85°E 95°E

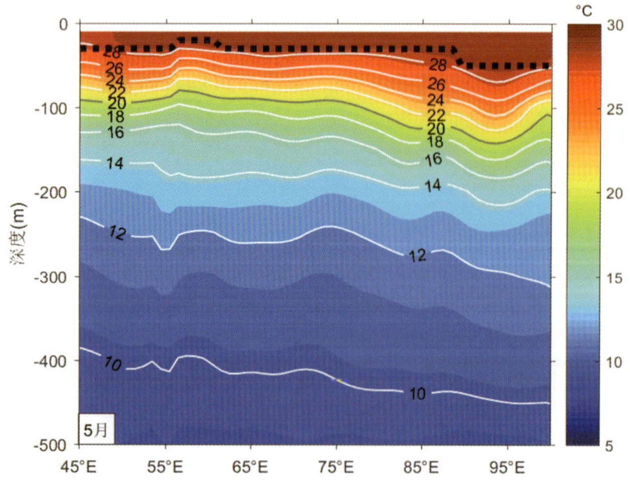
°C
深度(m)
5月
45°E 55°E 65°E 75°E 85°E 95°E

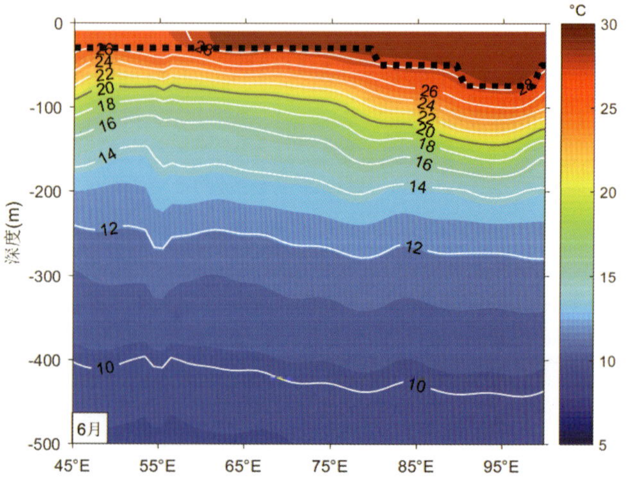
°C
深度(m)
6月
45°E 55°E 65°E 75°E 85°E 95°E

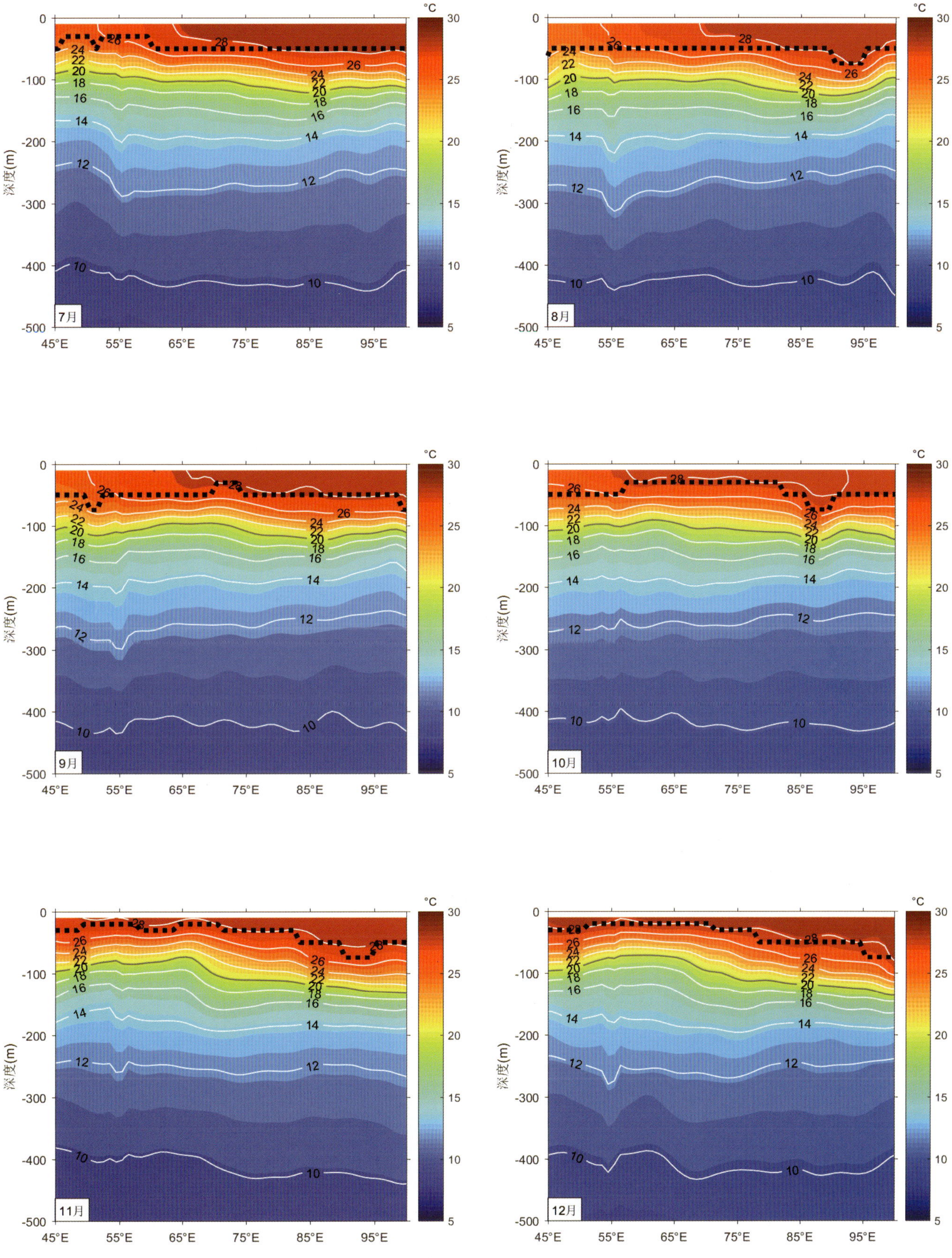

图 15　4°S 纬向断面水温垂直分布（颜色填充图和白色等值线，单位：°C）和水温跃层上界深度（黑色粗虚线，单位：m）

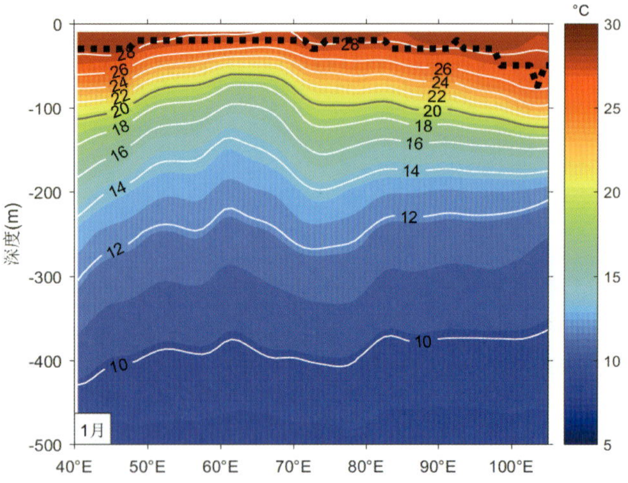
1月
深度(m)
0
-100
-200
-300
-400
-500
40°E 50°E 60°E 70°E 80°E 90°E 100°E
°C
30 25 20 15 10 5
28 26 24 22 20 18 16 14 12 10

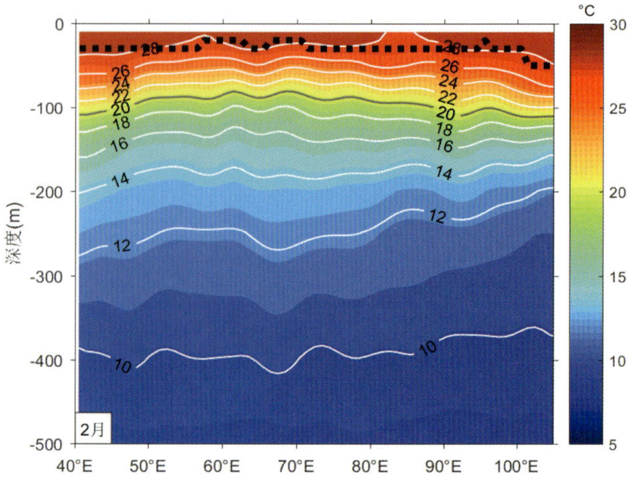
2月
深度(m)
0
-100
-200
-300
-400
-500
40°E 50°E 60°E 70°E 80°E 90°E 100°E
°C
30 25 20 15 10 5
28 26 24 22 20 18 16 14 12 10

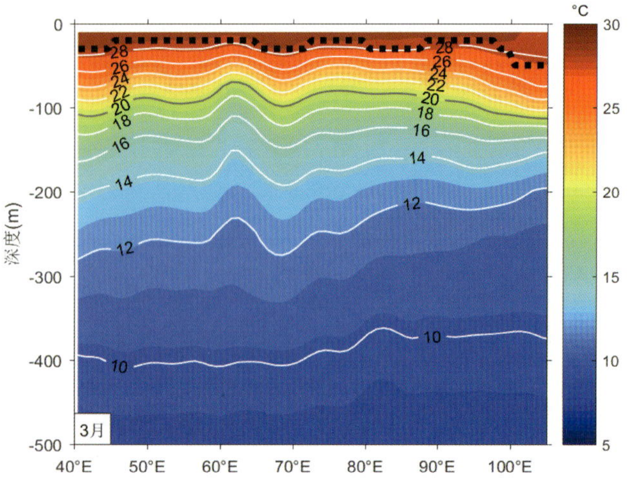
3月
深度(m)
0
-100
-200
-300
-400
-500
40°E 50°E 60°E 70°E 80°E 90°E 100°E
°C
30 25 20 15 10 5
28 26 24 22 20 18 16 14 12 10

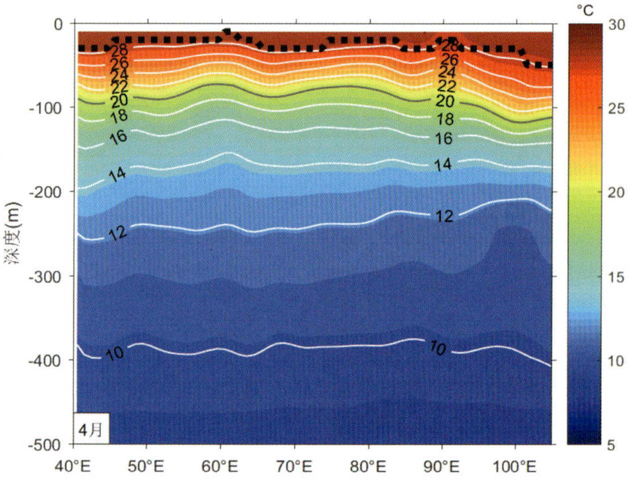
4月
深度(m)
0
-100
-200
-300
-400
-500
40°E 50°E 60°E 70°E 80°E 90°E 100°E
°C
30 25 20 15 10 5
28 26 24 22 20 18 16 14 12 10

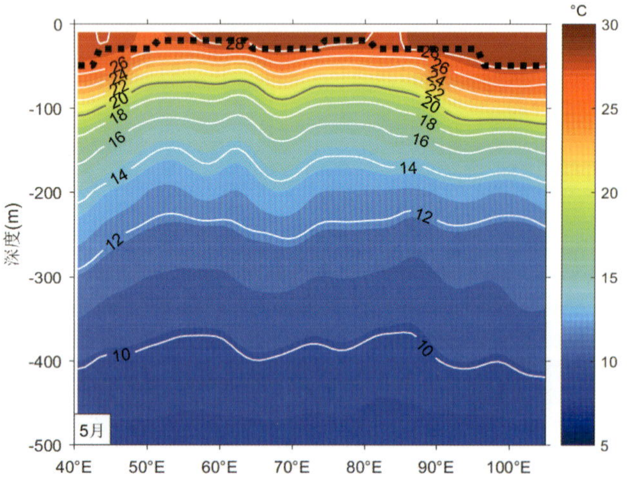
5月
深度(m)
0
-100
-200
-300
-400
-500
40°E 50°E 60°E 70°E 80°E 90°E 100°E
°C
30 25 20 15 10 5
28 26 24 22 20 18 16 14 12 10

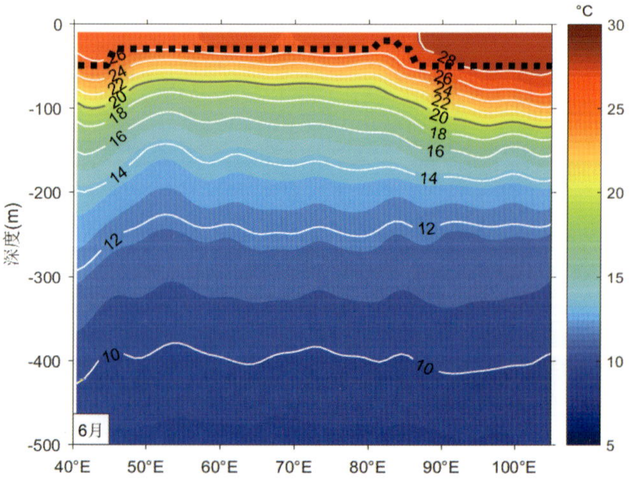
6月
深度(m)
0
-100
-200
-300
-400
-500
40°E 50°E 60°E 70°E 80°E 90°E 100°E
°C
30 25 20 15 10 5
28 26 24 22 20 18 16 14 12 10

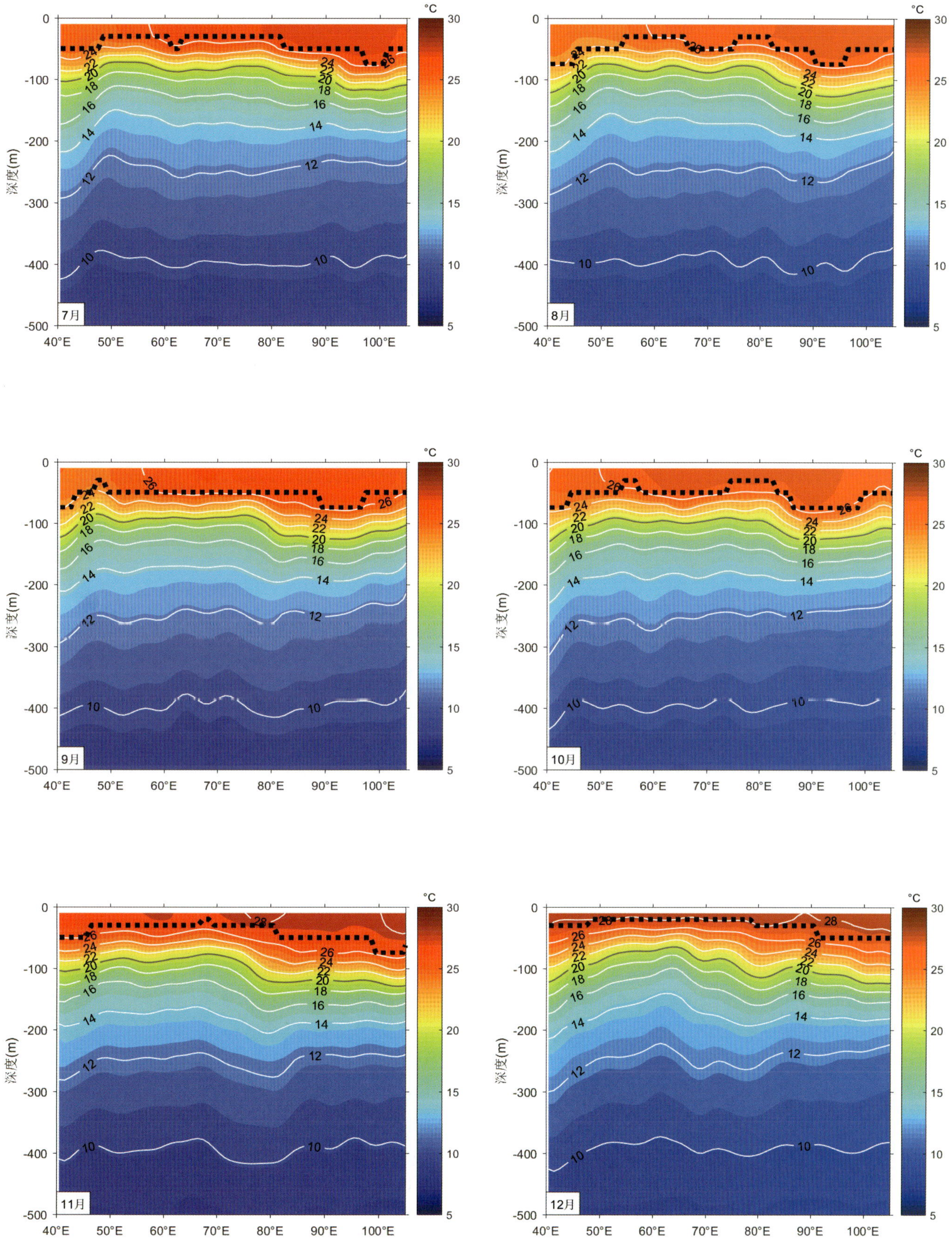

图 16 8°S 纬向断面水温垂直分布（颜色填充图和白色等值线，单位：°C）和水温跃层上界深度（黑色粗虚线，单位：m）

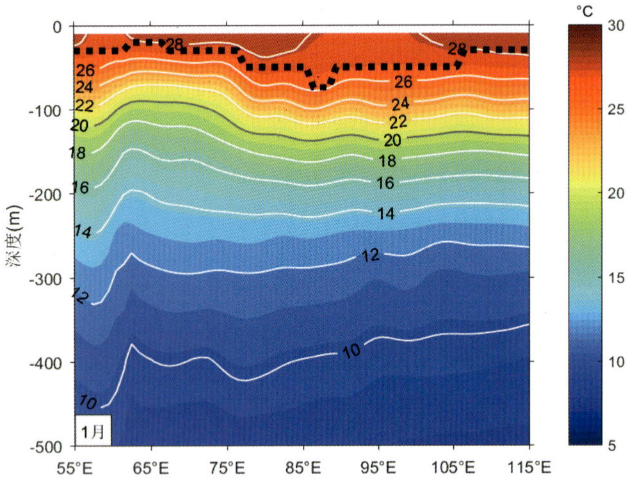
1月
深度(m)
°C
0
-100
-200
-300
-400
-500
55°E 65°E 75°E 85°E 95°E 105°E 115°E
30 25 20 15 10 5

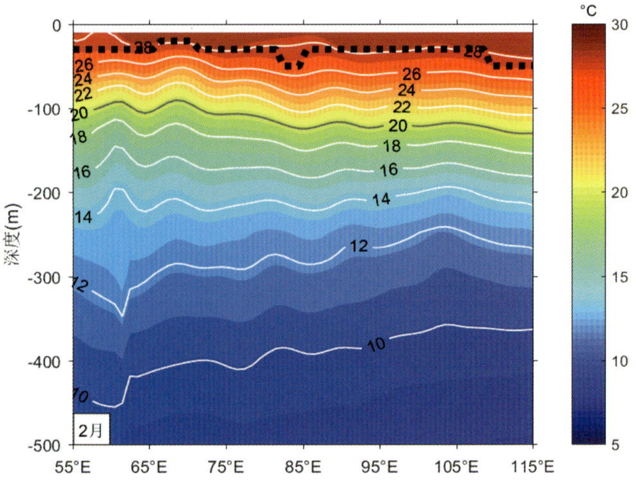
2月
深度(m)
°C
0
-100
-200
-300
-400
-500
55°E 65°E 75°E 85°E 95°E 105°E 115°E
30 25 20 15 10 5

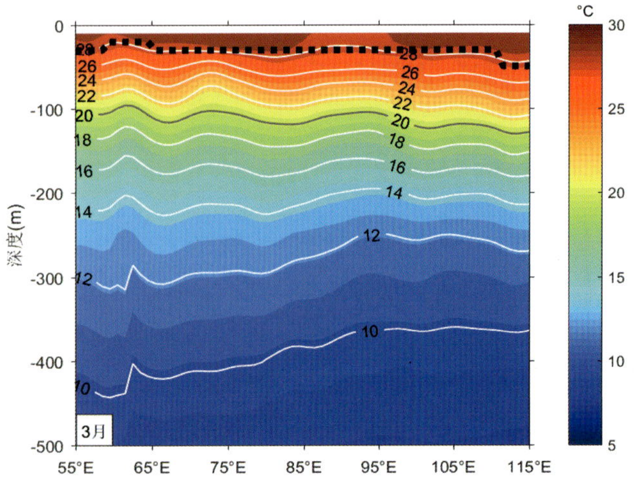
3月
深度(m)
°C
0
-100
-200
-300
-400
-500
55°E 65°E 75°E 85°E 95°E 105°E 115°E
30 25 20 15 10 5

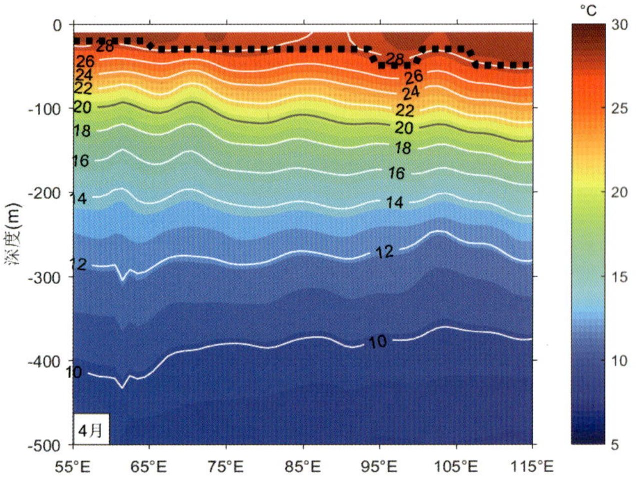
4月
深度(m)
°C
0
-100
-200
-300
-400
-500
55°E 65°E 75°E 85°E 95°E 105°E 115°E
30 25 20 15 10 5

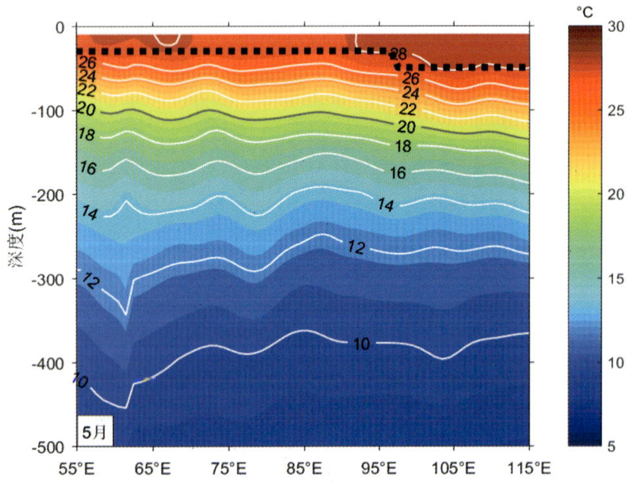
5月
深度(m)
°C
0
-100
-200
-300
-400
-500
55°E 65°E 75°E 85°E 95°E 105°E 115°E
30 25 20 15 10 5

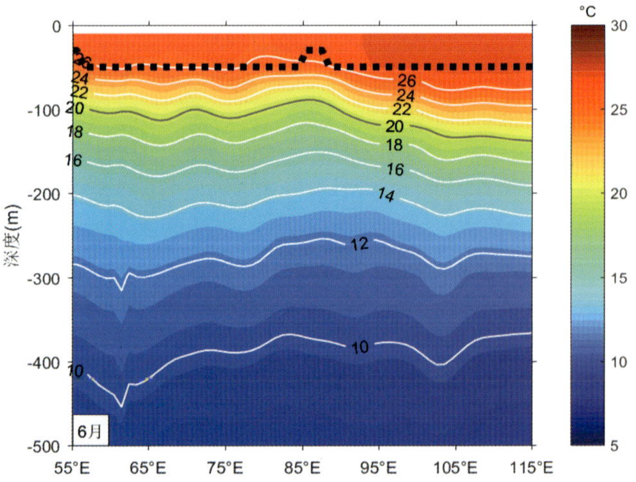
6月
深度(m)
°C
0
-100
-200
-300
-400
-500
55°E 65°E 75°E 85°E 95°E 105°E 115°E
30 25 20 15 10 5

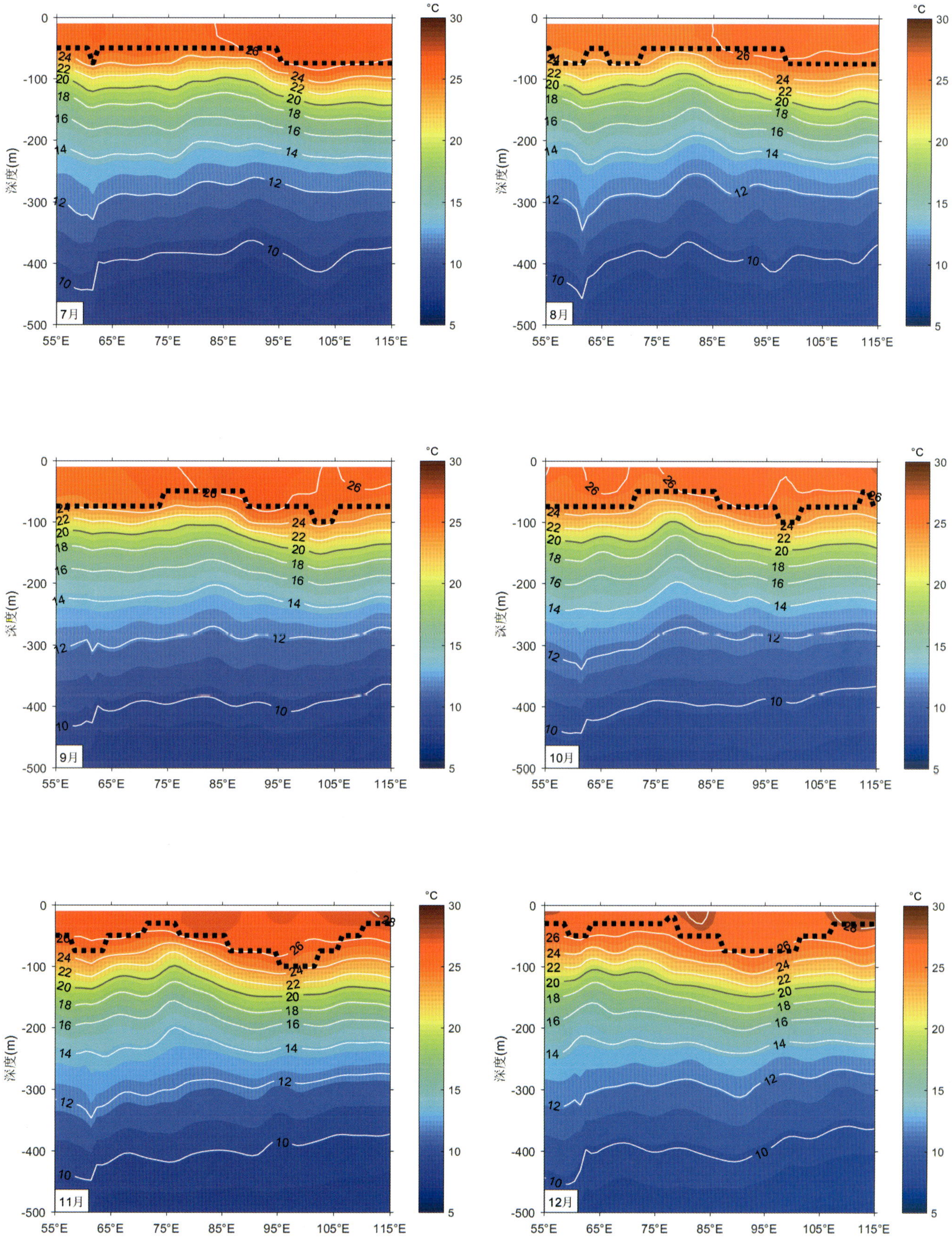

图 17　12°S 纬向断面水温垂直分布（颜色填充图和白色等值线，单位：°C）和水温跃层上界深度（黑色粗虚线，单位：m）

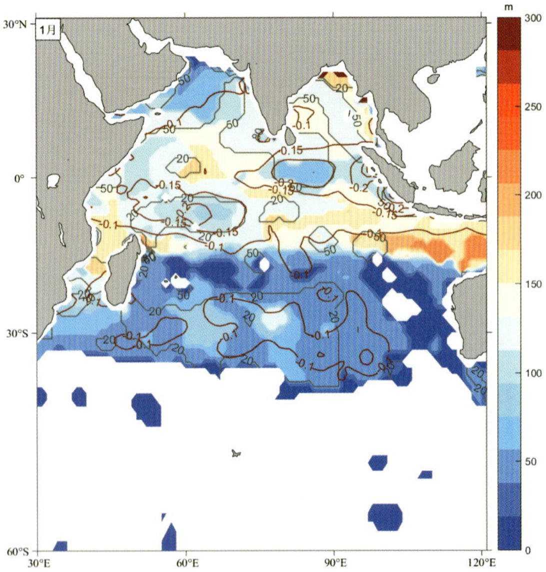
1月
30°N
0°
30°S
60°S
30°E
60°E
90°E
120°E
m
300
250
200
150
100
50
0

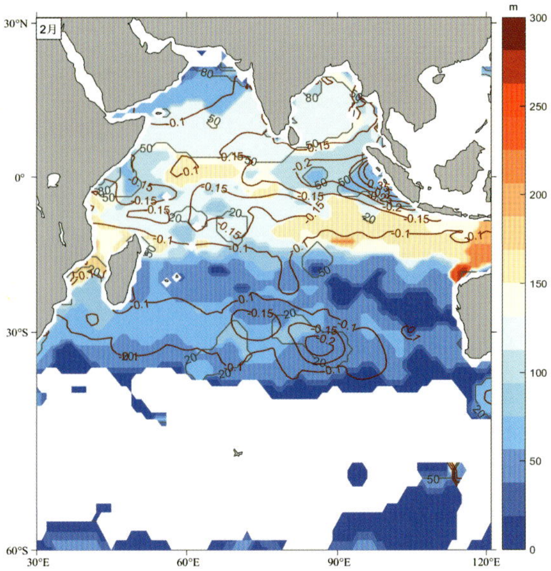
2月
30°N
0°
30°S
60°S
30°E
60°E
90°E
120°E
m
300
250
200
150
100
50
0

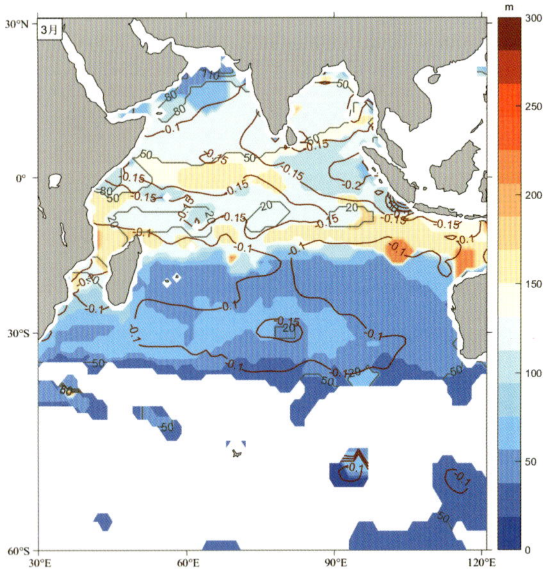
3月
30°N
0°
30°S
60°S
30°E
60°E
90°E
120°E
m
300
250
200
150
100
50
0

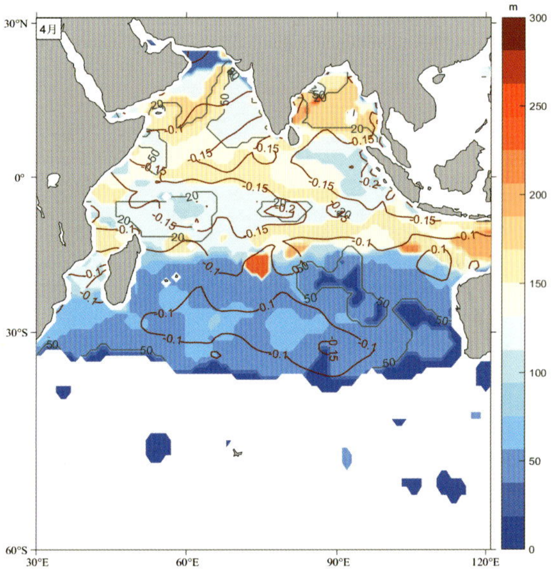
4月
30°N
0°
30°S
60°S
30°E
60°E
90°E
120°E
m
300
250
200
150
100
50
0

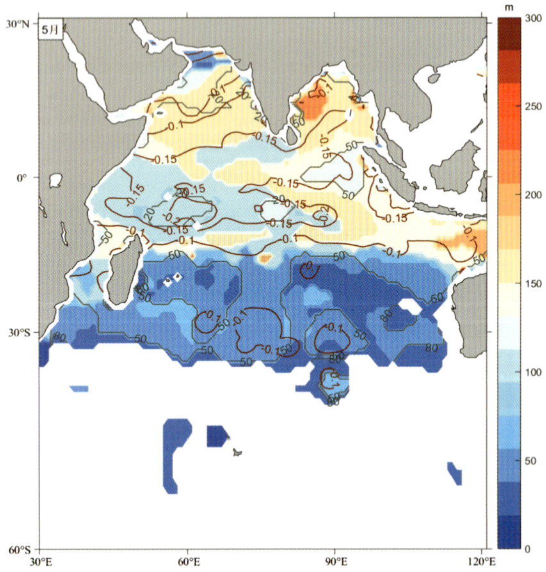
5月
30°N
0°
30°S
60°S
30°E
60°E
90°E
120°E
m
300
250
200
150
100
50
0

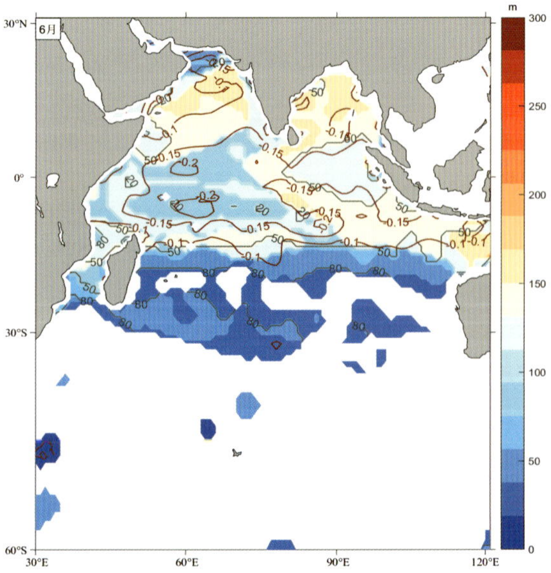
6月
30°N
0°
30°S
60°S
30°E
60°E
90°E
120°E
m
300
250
200
150
100
50
0

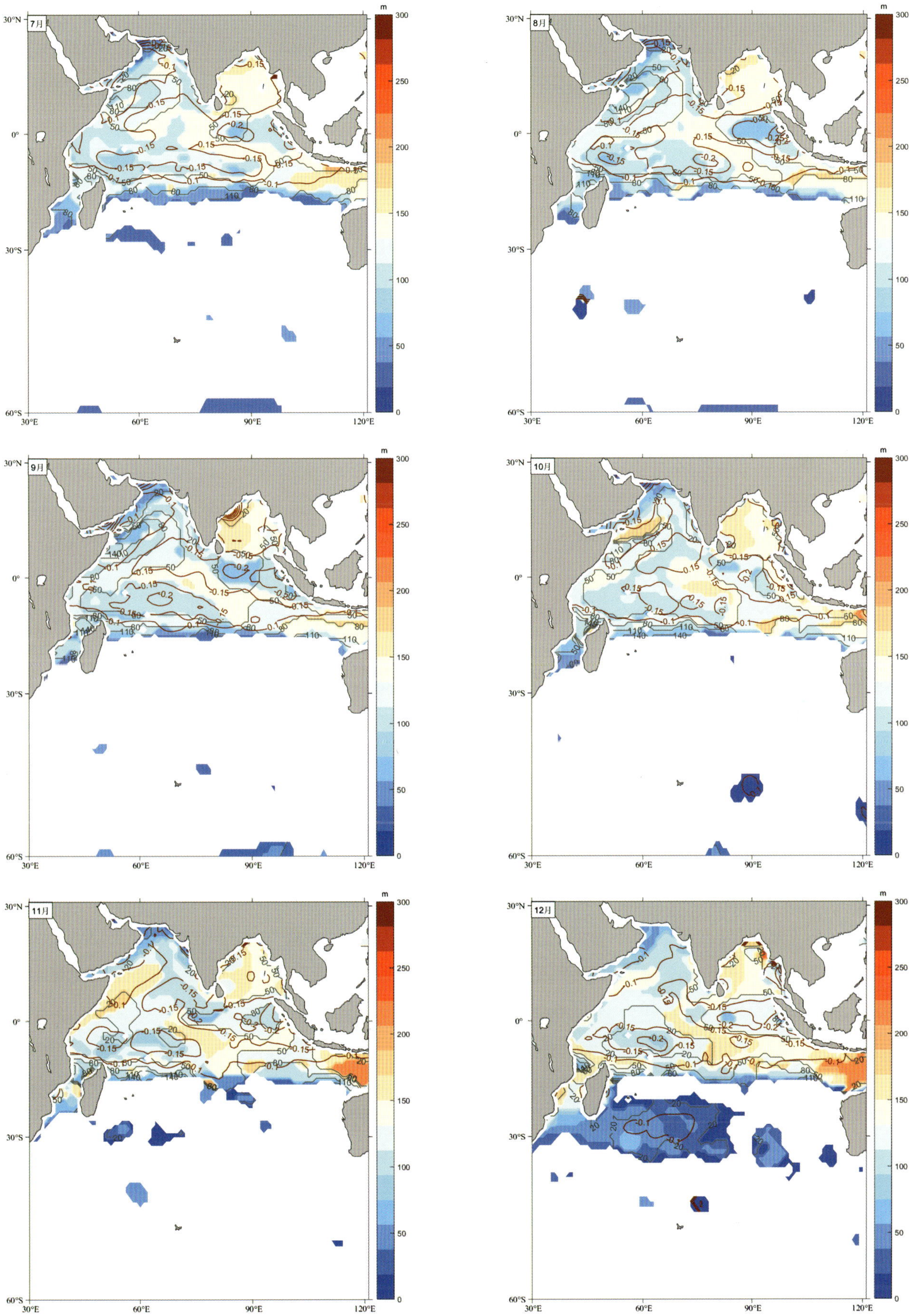

图 18　印度洋水温跃层特性（空白为无跃层区）：温跃层厚度（颜色填充图，单位：m）、强度（红色等值线，单位：°C/m）和上界深度（灰色等值线，单位：m）

三、印度洋盐度特征

（一）各层盐度平面分布

春季：在表层，盐度高值区位于阿拉伯海，一般在 36.0 以上，该高盐水南侵可达 5°S 附近。在非洲南部至澳大利亚一线洋区，盐度也较高，值大于 35.0。此盐度高值带东端靠近澳大利亚存在一个高值中心，值约 35.5。盐度低值区位于孟加拉湾和苏门答腊岛西侧海区，其中孟加拉湾东北部盐度较低，值小于 33.0；在 75 m 层，盐度高值区位于阿拉伯海，值大于 36.0。该高盐水往苏门答腊岛方向伸展。在 40°S 以北的盐度低值区范围缩小，仅位于孟加拉湾和澳大利亚西北侧小片海区；在 150 m 层，除了澳大利亚以北小片洋区，40°S 以北基本为盐度高值区，值约在 35.0 ~ 36.0 范围。到 400 m 层，40°S 以北基本为盐度高值区，值在 35.0 左右。在 40°S 以南，各层均为盐度低值区（值约 34.0），除了 400 m 水层在 50°S 以南还存在盐度高值带。

夏季：盐度各层分布较稳定，阿拉伯海仍是盐度高值区。在表层和 75m 层，阿拉伯海盐度值可达 36.0。该表层高盐水南侵，和赤道以南的盐度高值带相通。非洲南端至澳大利亚一线为高盐带，终年较为稳定。高值中心位于高盐带的东端，值可达 36.0。孟加拉湾北部盐度较低，表层盐度可低于 32.0。在 150 m 层，除了孟加拉湾和澳大利亚以北小片洋区，40°S 以北基本为盐度高值区，值在 35.0 ~ 35.5 范围。在 400 m 层，40°S 以北基本为盐度高值区，值在 35.0 左右，阿拉伯海为盐度高值区（值约 35.5）。在 40°S 以南，各层均为盐度低值区，值约 34.0，除了 400 m 层在 50°S 以南还存在盐度高值区。

秋季：与夏季类似。各层在非洲南端至澳大利亚一线的高盐带仍然存在，高盐中心在东端，值大于 35.0。表层，阿拉伯海盐度较高，值约 36.0，孟加拉湾海域为盐度低值区。在 75 m 层，阿拉伯海盐度同样较高，值约 36.0，盐度低值区位于两个区域：一部分在孟加拉湾；另一部分在苏门答腊岛和爪哇岛以南洋区，向西伸展呈舌状分布。在 150 m 和 400 m 层，洋区深层盐度变化甚小，阿拉伯海盐度约 35.5，在 40°S 以北基本为盐度高值区。在 40°S 以南，各层均为盐度低值区，值约 34.0，除了 400 m 层在 50°S 以南还存在盐度高值区。

冬季：洋区盐度分布比较稳定，阿拉伯海和非洲南部至澳大利亚一线盐度较高，可达 35.5。阿拉伯海的高盐水向东南伸展，由表向下分布范围逐渐扩大。表层低盐区在孟加拉湾和苏门答腊岛以西海区，值约 32.0。受东北季风影响，北赤道流强盛，在孟加拉湾形成的低盐水舌，可一直向西伸展到印度半岛西南部洋区。在 400 m 深度，40°S 以北基本为盐度高值区，值在 35.0 ~ 35.5 左右。40°S—50°S 范围存在一条盐度低值带，值约 34.5（详情请参见图 19 ~ 图 22）。

（二）各断面盐度垂直分布和盐度跃层上界深度

经向断面分布特征：（1）春季。在 55°E 和 67°E 断面均存在一条从海表到 500 m 深度的盐度高值带，位于 10°N—20°N 范围，高值中心位于 100 m 深度左右。该高值中心向南扩展，值约 36.0。该高盐带向东在 90°E 断面消失，变成一个海表盐度低值中心（＜ 33.0），深度可达 100 m。各断面在 20°S—30°S 范围，均存在盐度高值区，高值中心位于海表和 250 m 左右深度，值约 35.5。各断面在 20°S—0°S 范围，存在盐度低值区；（2）夏季。55°E 断面，10°N 附近的盐度高值带北抬，值约 35.5。67°E 断面，10°N 附近的盐度高值带强度增强，可达 36.5 左右。向东到 90°E 断面，10°N 附近海表为盐度低值中心，值约 33.0。各断面在 20°S—30°S 范围，存在盐度高值中心。该高值中心向东一直向海表偏移，盐度增大，最大值约 35.7；（3）秋季，基本上是夏季状态的延续；（4）冬季。55°E 断面，10°N 附近的海表高值中心强度增强范围变大，值可达 36.1 左右。67°E 断面，10°N 附近的海表高值中心值约 36。在 90°E 断面，10°N 附近为一个盐度低值中心，值约 33.0（详情请参见图 23 ～图 26）。

纬向断面分布特征：（1）春季。在 1.5°N—1.5°S 范围的断面，存在高盐水舌自西向东伸展，位于海表到 150 m 内水层，在 50°E—95°E 附近，最高值约 35.4。在 4°S 断面，该高盐水舌强度减弱范围变化甚小，值约 35.1。在 8°S 和 12°S 断面，高盐水舌强度显著减弱且范围变小。与此相反，1.5°N 断面东端的盐度低值中心，向南自 4°S 断面开始强度加强范围扩大，到 12°S 断面整个海表基本被低盐水占据，值约 34.5；（2）夏季。1.5°N 断面的高盐水舌同春季比较，向西偏移且范围缩小，高盐中心值约 35.4。此高盐水舌向南到 4°S 断面较稳定，到 8°S 和 12°S 断面强度变弱范围缩小。1.5°N 断面东端的盐度低值中心向南到 8°S 断面均分布较稳定，在 12°S 断面的盐度低值中心强度加强加深；（3）秋季。1.5°N 断面的高盐区强度较强范围较广，高值中心位于 60°E—70°E 范围，值大于 35.8。该高盐中心向南到 1.5°S 断面基本没有变化，自 4°S 断面开始向南强度变弱范围缩小，在 12°S 断面的高盐区消失。而在 1.5°N 断面位于 90°E 附近的盐度低值中心，该低值中心向南到 1.5°S 断面基本没有变化，自 4°S 断面开始范围向西扩展，向南到 12°S 断面的海表基本为盐度低值区；（4）冬季。1.5°N 断面的盐度高值区与秋季相比盐度减小。1.5°N 断面的高盐区向南到 1.5°S 断面基本没有变化，自 4°S 断面开始向南盐度减小范围缩小。在 12°S 断面，整个海表基本被低盐水占据，值约 34.5（详情请参见图 27 ～图 32）。

（三）盐度跃层特性

春季：和冬季出现的盐度跃层范围类似，较其他季节更广，主要分布在孟加拉湾、苏门答腊岛以西和印度半岛南部大片海域。洋区跃层强度普遍较弱，在孟加拉湾北部跃层强度约为 0.05m^{-1}，跃层上界深度约在 30 ～ 60 m，厚度在 100 m 左右。大部分洋区均无盐度跃层出现。

夏季：盐度跃层仅出现在洋区东北部，包括孟加拉湾、苏门答腊岛以西海域和印度半岛西侧海域，其他海域均无跃层出现。洋区跃层强度逐渐增强，在孟加拉湾跃层强度较强，可达 0.2m^{-1} 左右，上界深度约 30 m，厚度在 100 m 左右。

秋季：就整个洋区而言，盐度跃层范围比较小，与夏季类似，且广大洋区均无跃层出现。洋区东北部盐度跃层强度较强，尤其在孟加拉湾北部海区，可达约 0.2m^{-1}，上界深度约 30 m，厚度在 100 m 左右。

冬季：和春季情况类似，盐度跃层分布区域较广。跃层强度逐渐减弱，主要变化在孟加拉湾北部，跃层强度比较弱，约为 0.05m^{-1}，上界深度约 30 m，厚度在 75 m 左右（详情请参见图 33）。

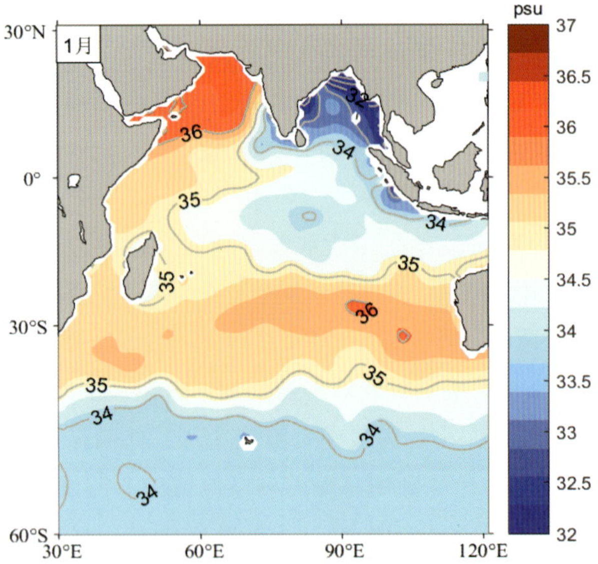
1月
psu
37
36.5
36
35.5
35
34.5
34
33.5
33
32.5
32
30°N
0°
30°S
60°S
30°E
60°E
90°E
120°E
32
34
36
35
35
35
36
35
35
34
34
34

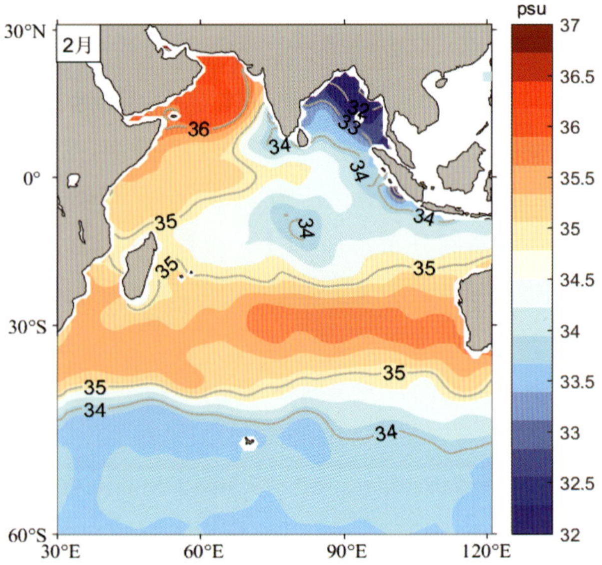
2月
psu
37
36.5
36
35.5
35
34.5
34
33.5
33
32.5
32
30°N
0°
30°S
60°S
30°E
60°E
90°E
120°E
36
34
33
34
34
34
35
35
35
35
35
34
34

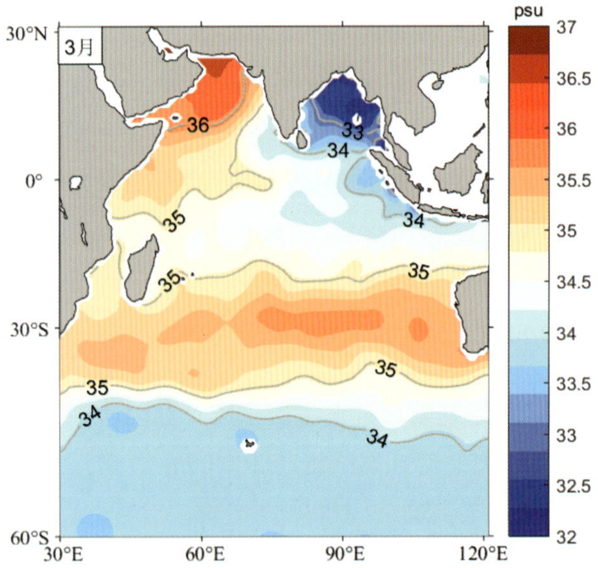
3月
psu
37
36.5
36
35.5
35
34.5
34
33.5
33
32.5
32
30°N
0°
30°S
60°S
30°E
60°E
90°E
120°E
36
33
34
35
34
35
35
35
35
34
34

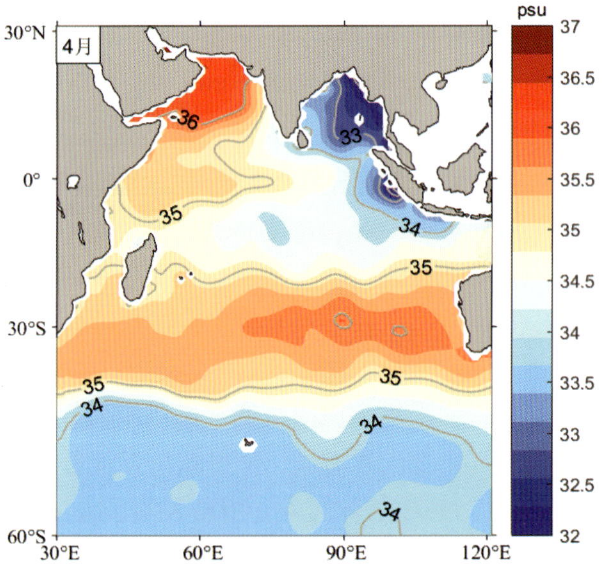
4月
psu
37
36.5
36
35.5
35
34.5
34
33.5
33
32.5
32
30°N
0°
30°S
60°S
30°E
60°E
90°E
120°E
36
33
35
34
35
35
35
34
34
34

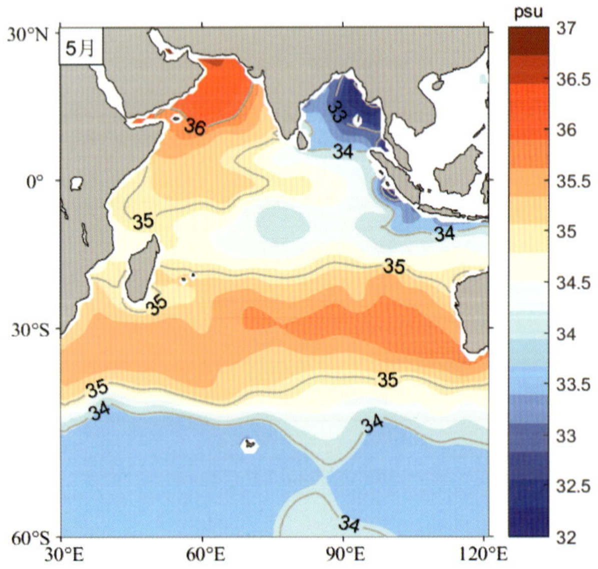
5月
psu
37
36.5
36
35.5
35
34.5
34
33.5
33
32.5
32
30°N
0°
30°S
60°S
30°E
60°E
90°E
120°E
33
36
34
35
34
35
35
35
35
34
34
34

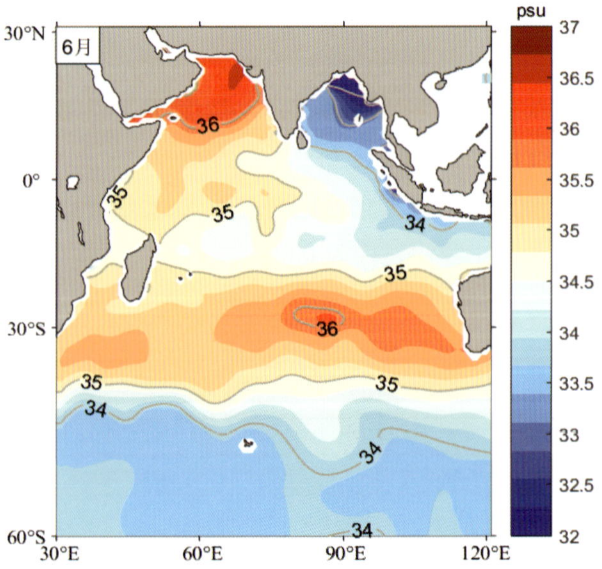
6月
psu
37
36.5
36
35.5
35
34.5
34
33.5
33
32.5
32
30°N
0°
30°S
60°S
30°E
60°E
90°E
120°E
36
35
35
34
35
36
35
35
34
34
34

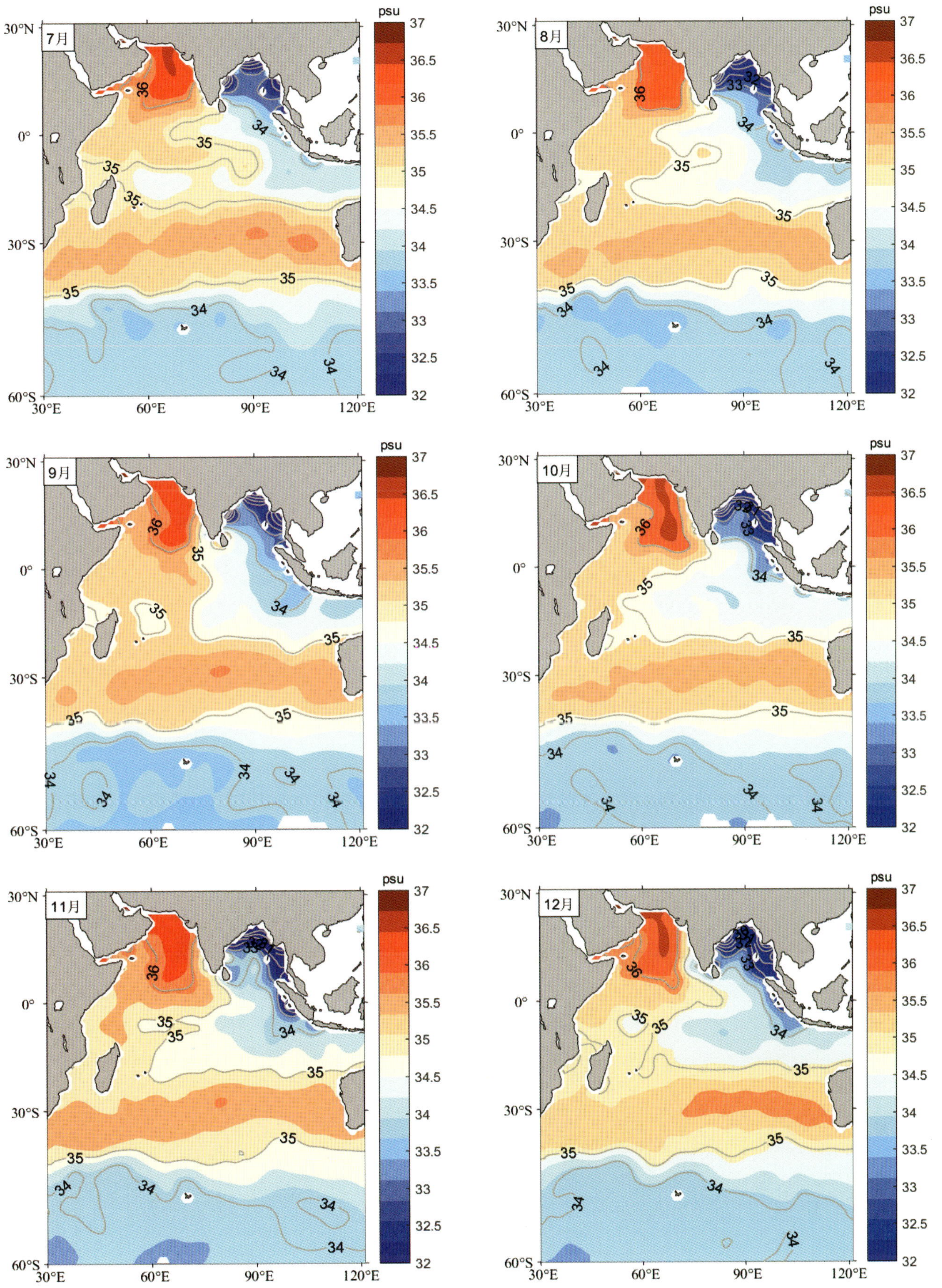

图 19 印度洋表层盐度（单位：psu）

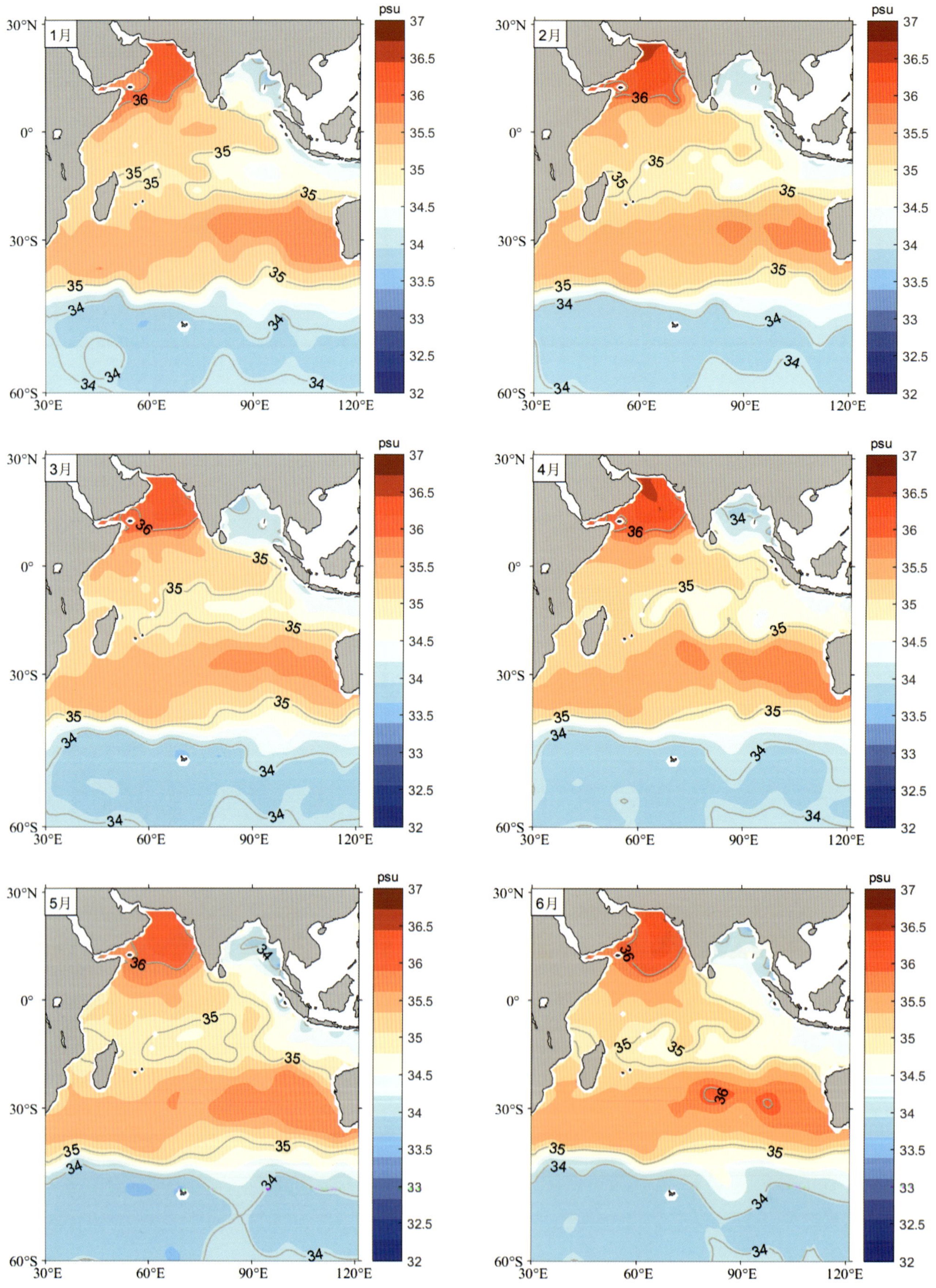
1月
2月
3月
4月
5月
6月
psu
37
36.5
36
35.5
35
34.5
34
33.5
33
32.5
32
30°N
0°
30°S
60°S
30°E
60°E
90°E
120°E
36
35
34

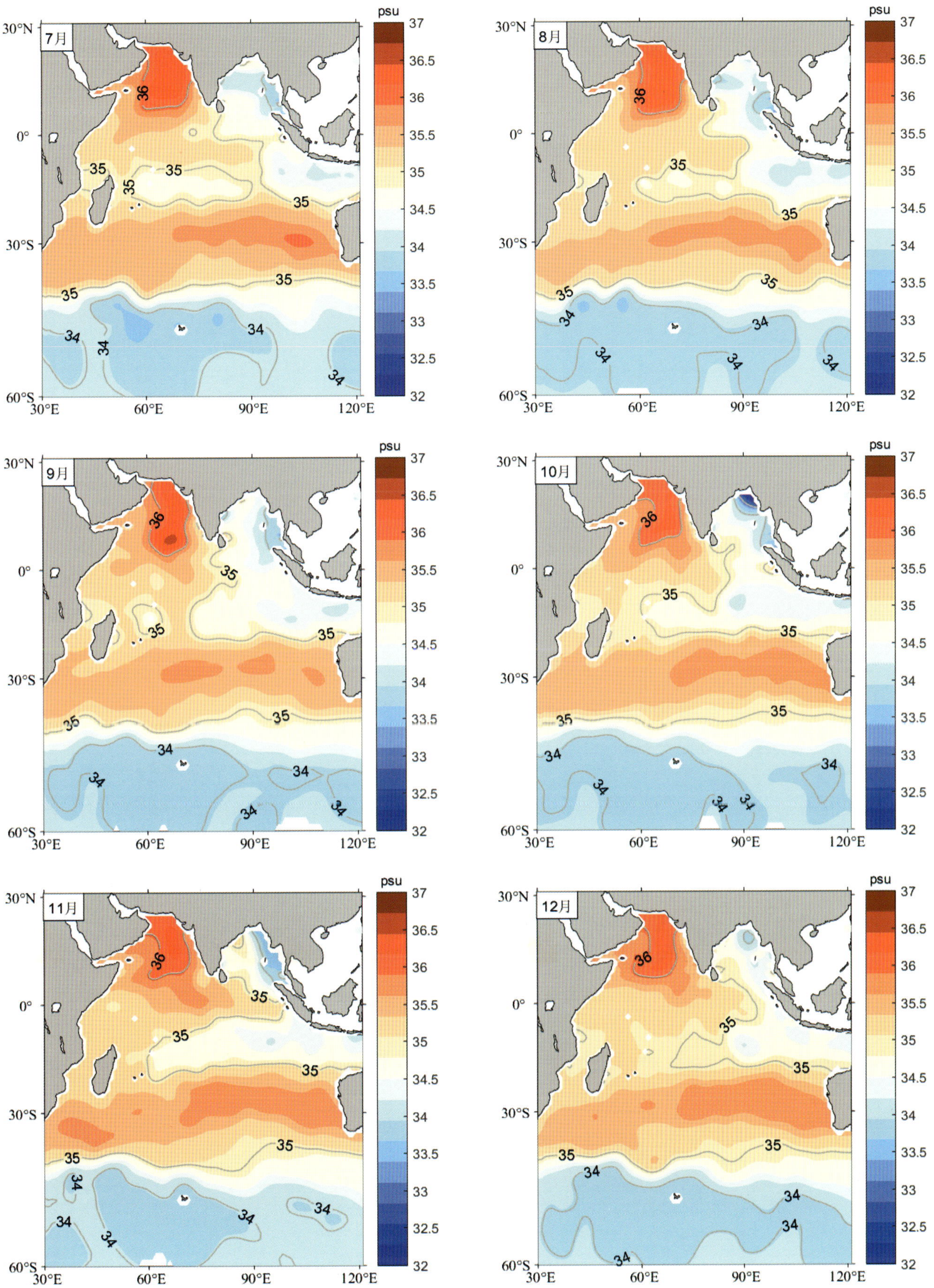

图 20　印度洋 75 m 层盐度（单位：psu）

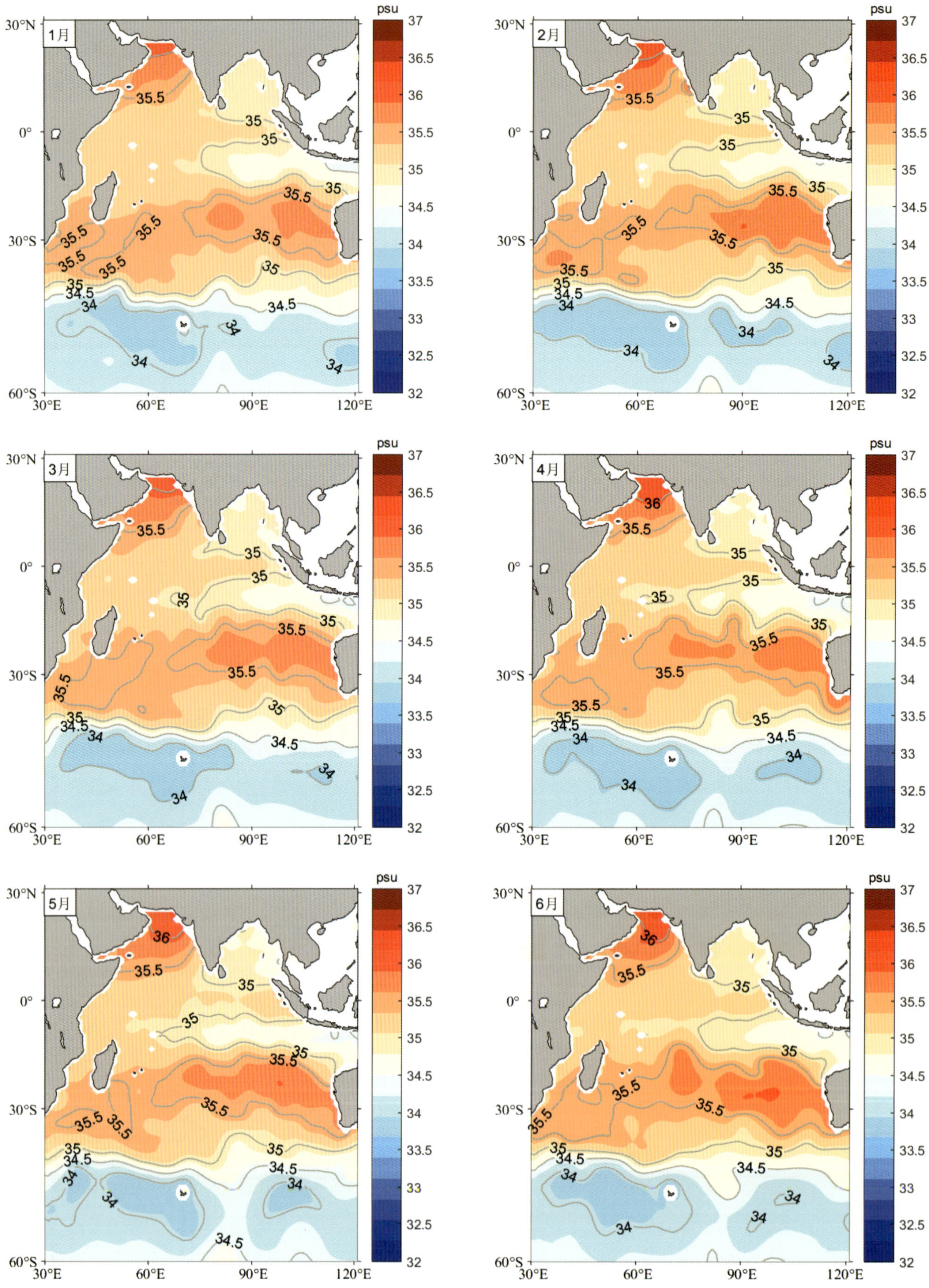
1月
2月
3月
4月
5月
6月
psu
37
36.5
36
35.5
35
34.5
34
33.5
33
32.5
32
30°N
0°
30°S
60°S
30°E
60°E
90°E
120°E

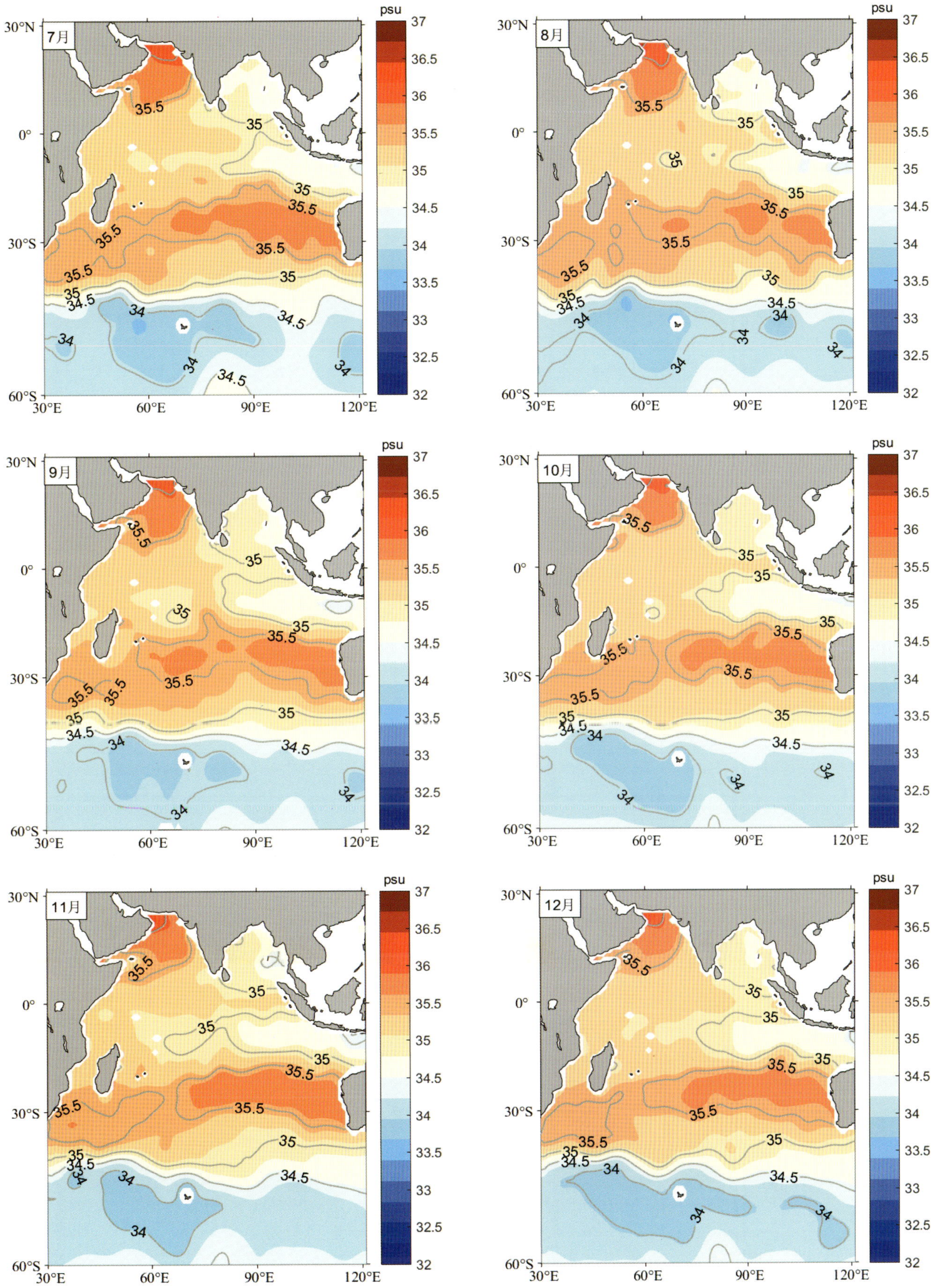

图 21　印度洋 150 m 层盐度（单位：psu）

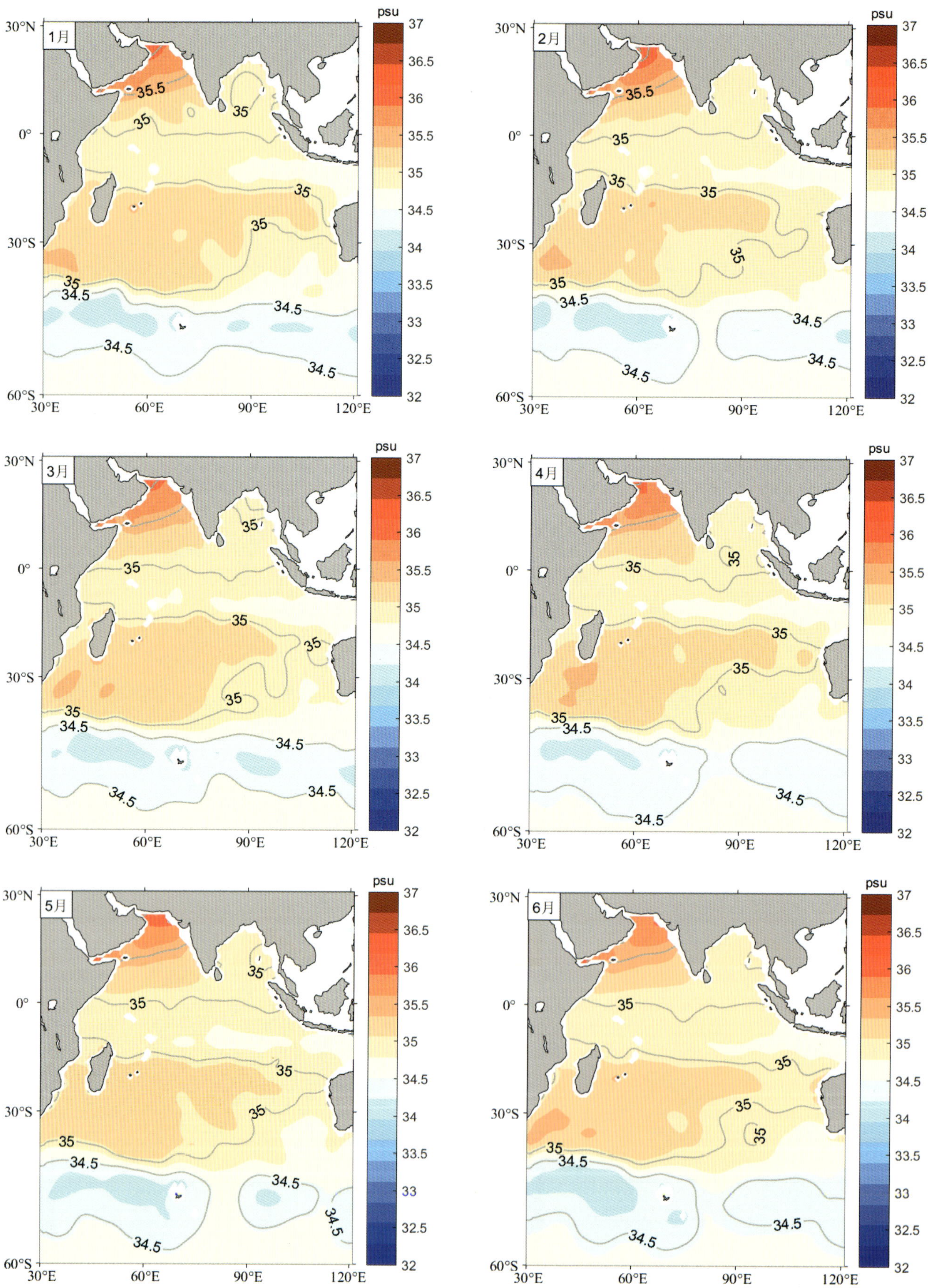
1月
2月
3月
4月
5月
6月
psu
37
36.5
36
35.5
35
34.5
34
33.5
33
32.5
32
30°N
0°
30°S
60°S
30°E
60°E
90°E
120°E
35.5
35
34.5

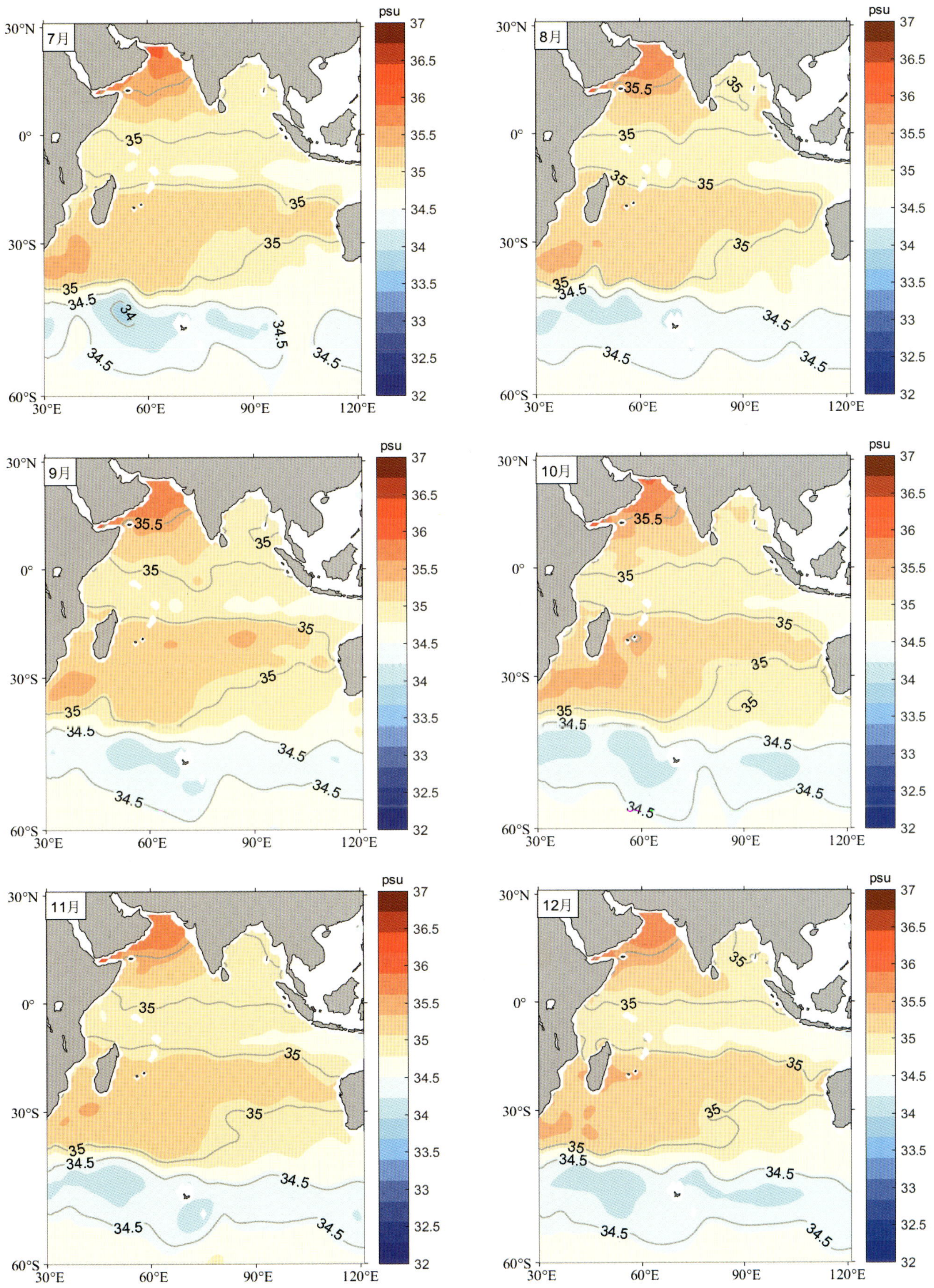

图 22　印度洋 400 m 层盐度（单位：psu）

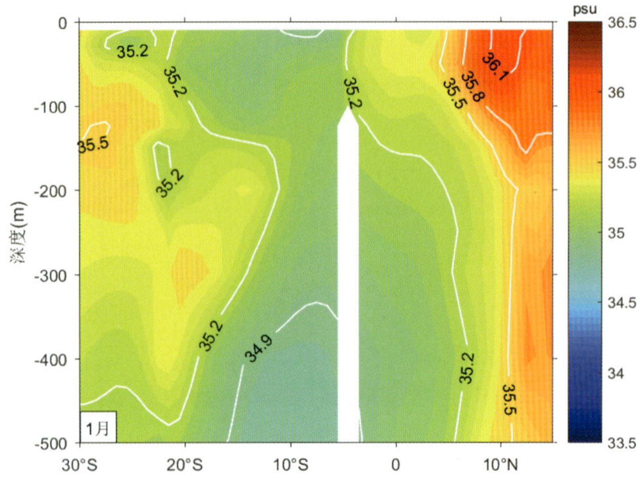
psu
深度(m)
1月
30°S
20°S
10°S
0
10°N

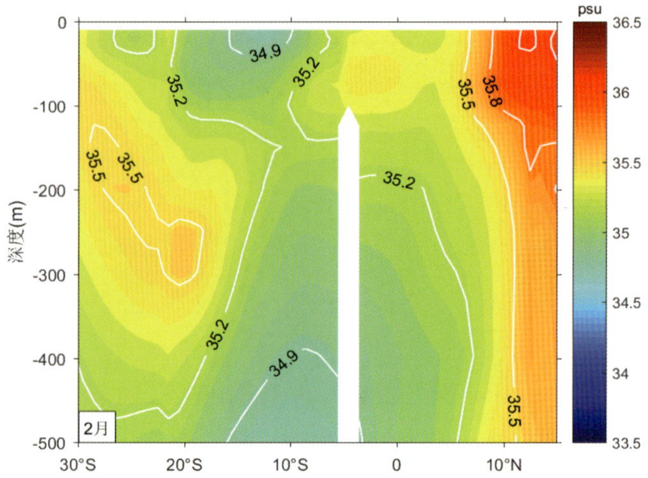
psu
深度(m)
2月
30°S
20°S
10°S
0
10°N

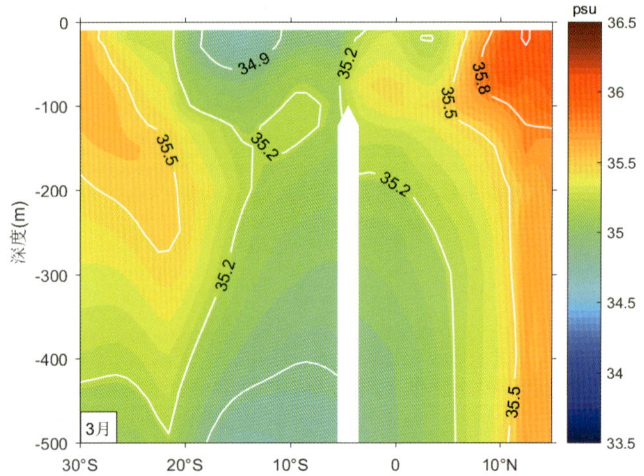
psu
深度(m)
3月
30°S
20°S
10°S
0
10°N

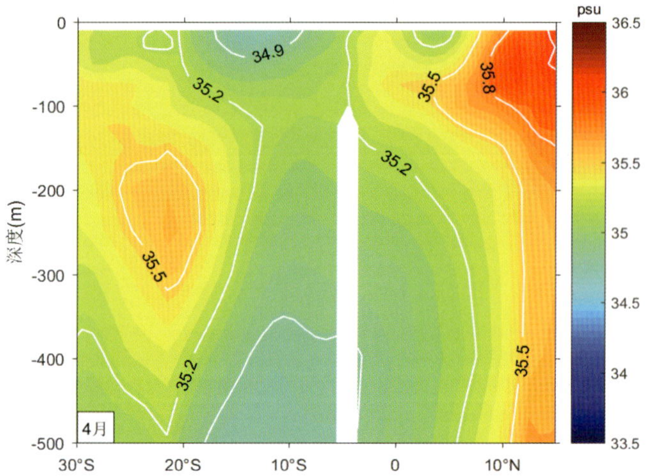
psu
深度(m)
4月
30°S
20°S
10°S
0
10°N

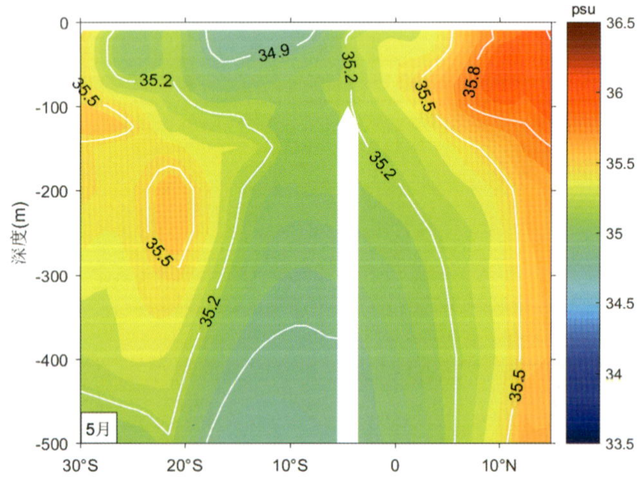
psu
深度(m)
5月
30°S
20°S
10°S
0
10°N

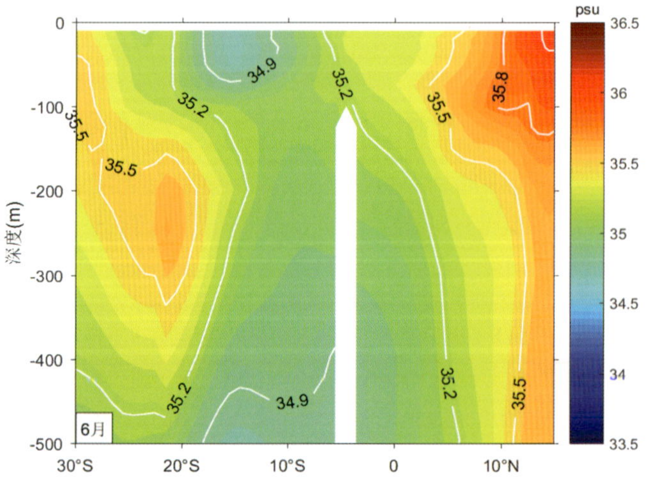
psu
深度(m)
6月
30°S
20°S
10°S
0
10°N

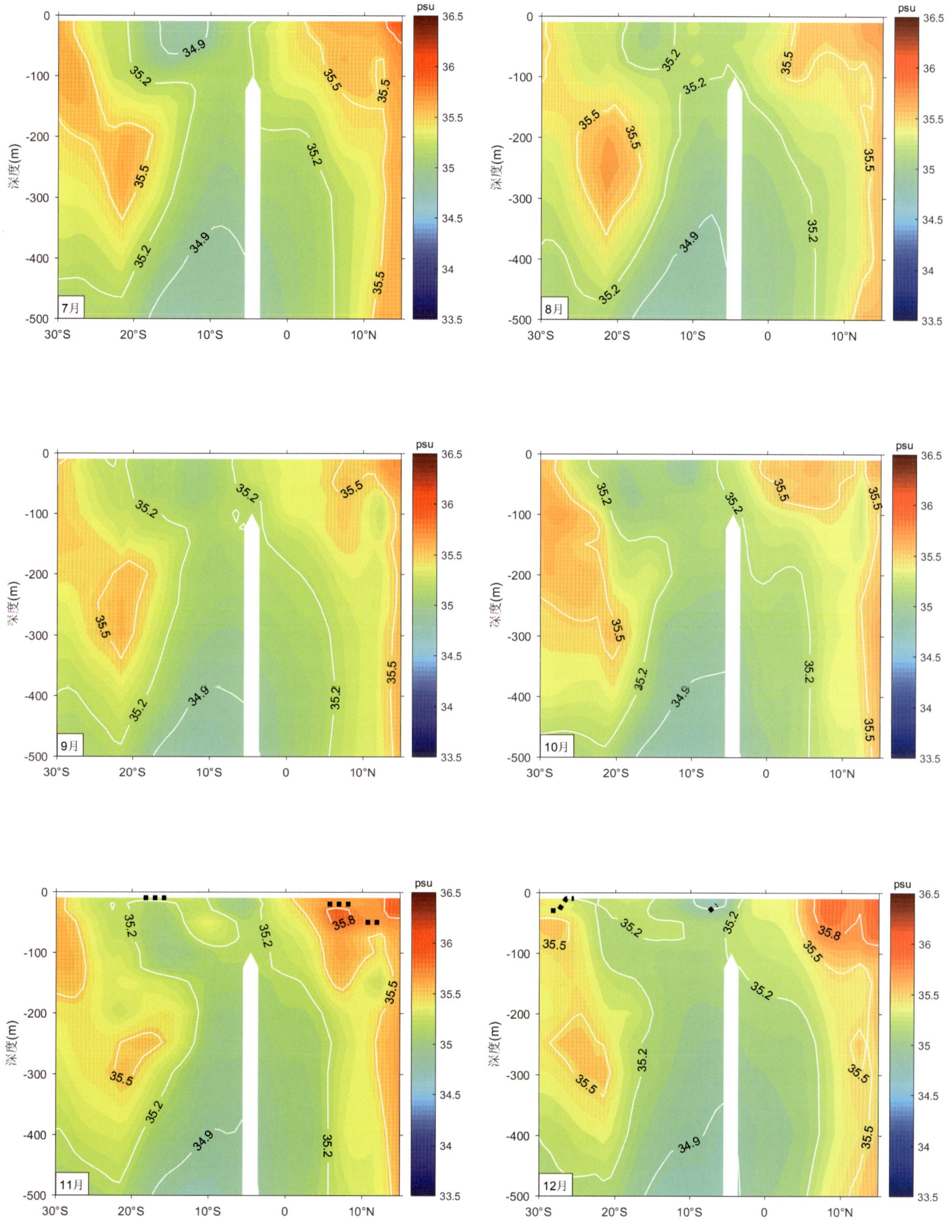

图 23　55°E 经向断面盐度垂直分布（颜色填充图和白色等值线，单位：psu）和盐度跃层上界深度（黑色粗虚线，单位：m）

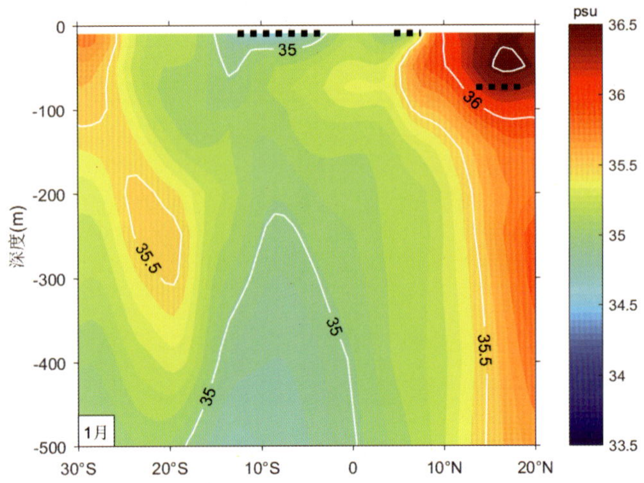
psu
36.5
36
35.5
35
34.5
34
33.5
0
-100
-200
-300
-400
-500
深度(m)
30°S
20°S
10°S
0
10°N
20°N
1月
35
35.5
36

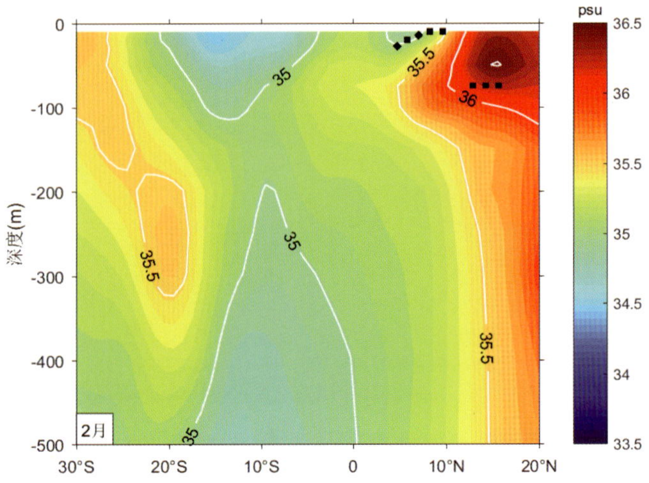
psu
36.5
36
35.5
35
34.5
34
33.5
0
-100
-200
-300
-400
-500
深度(m)
30°S
20°S
10°S
0
10°N
20°N
2月
35
35.5
36

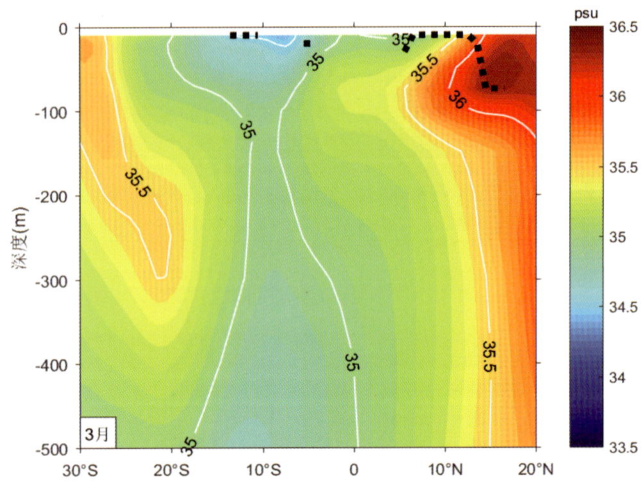
psu
36.5
36
35.5
35
34.5
34
33.5
0
-100
-200
-300
-400
-500
深度(m)
30°S
20°S
10°S
0
10°N
20°N
3月
35
35.5
36

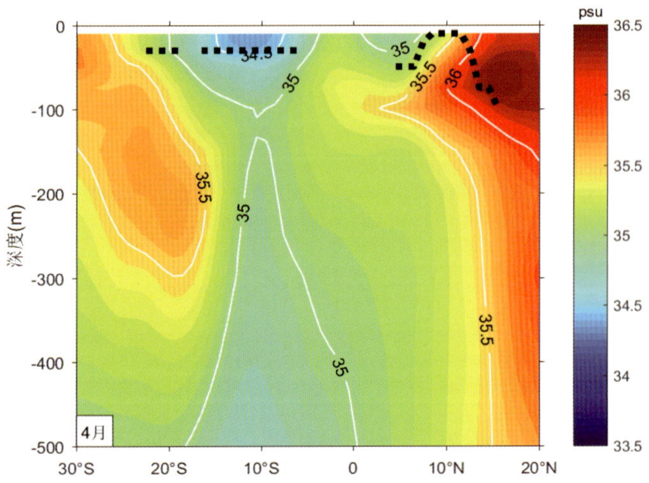
psu
36.5
36
35.5
35
34.5
34
33.5
0
-100
-200
-300
-400
-500
深度(m)
30°S
20°S
10°S
0
10°N
20°N
4月
34.5
35
35.5
36

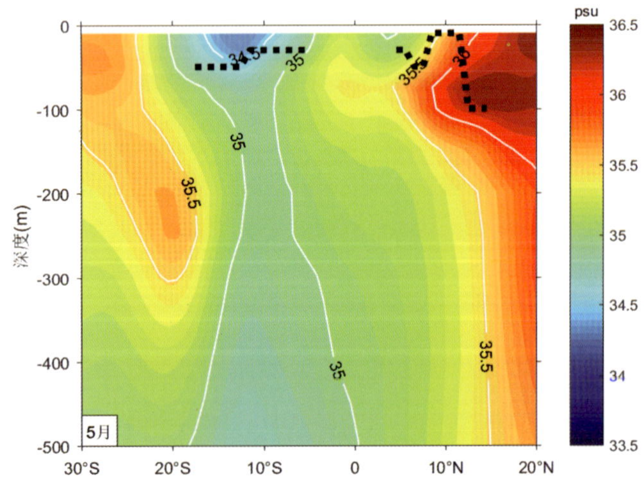
psu
36.5
36
35.5
35
34.5
34
33.5
0
-100
-200
-300
-400
-500
深度(m)
30°S
20°S
10°S
0
10°N
20°N
5月
34.5
35
35.5
36

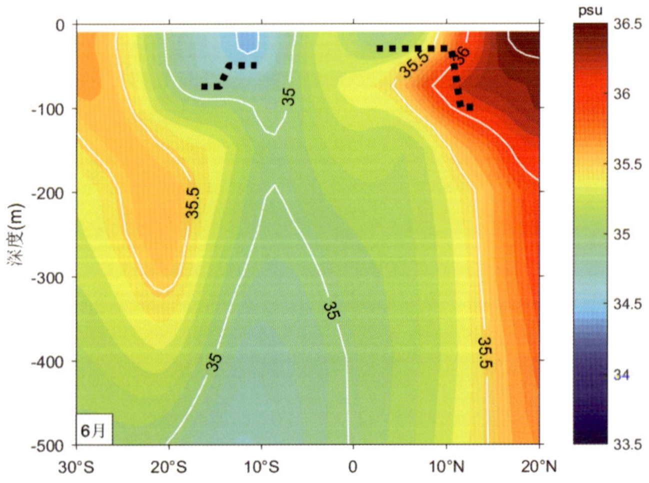
psu
36.5
36
35.5
35
34.5
34
33.5
0
-100
-200
-300
-400
-500
深度(m)
30°S
20°S
10°S
0
10°N
20°N
6月
35
35.5
36

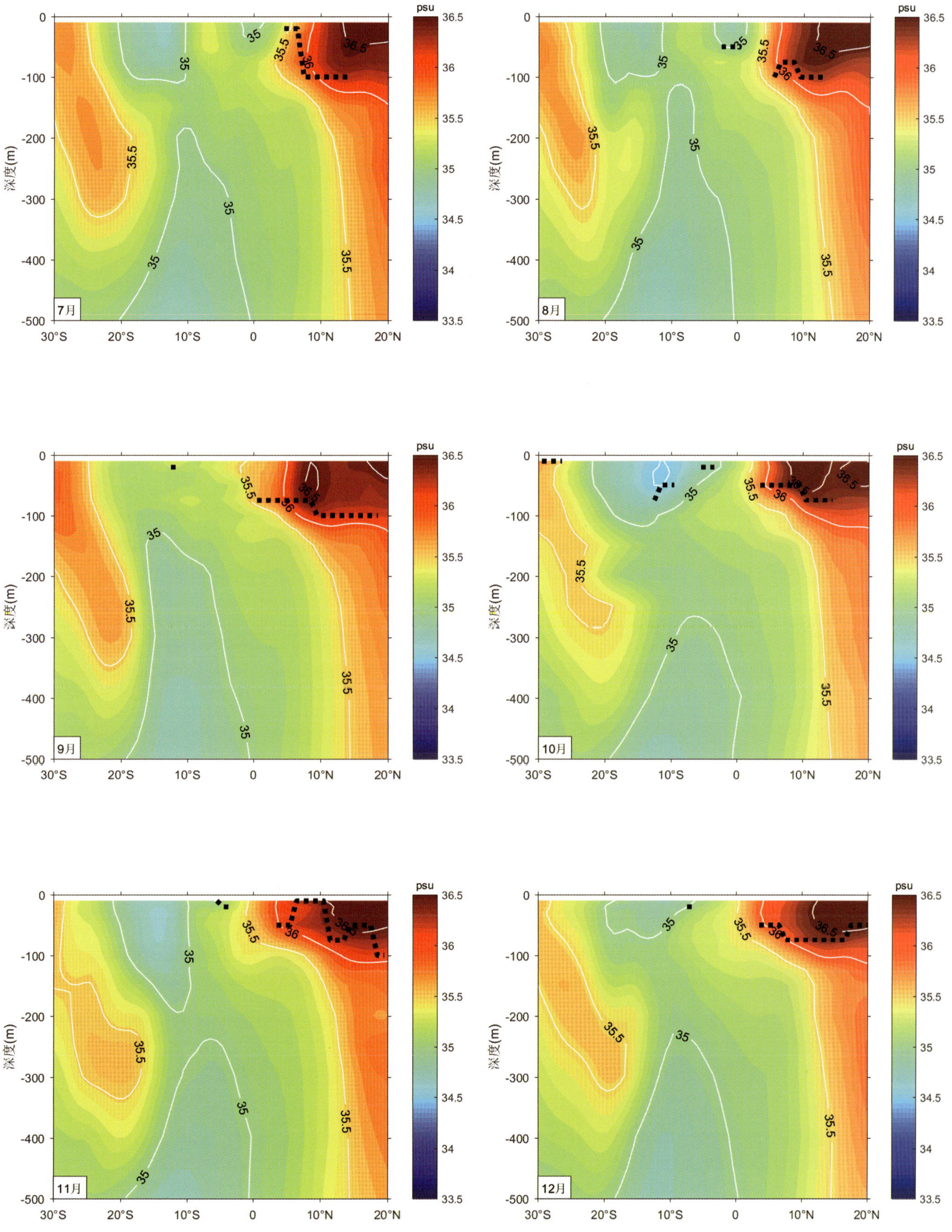

图 24 67°E 经向断面盐度垂直分布（颜色填充图和白色等值线，单位：psu）和盐度跃层上界深度（黑色粗虚线，单位：m）

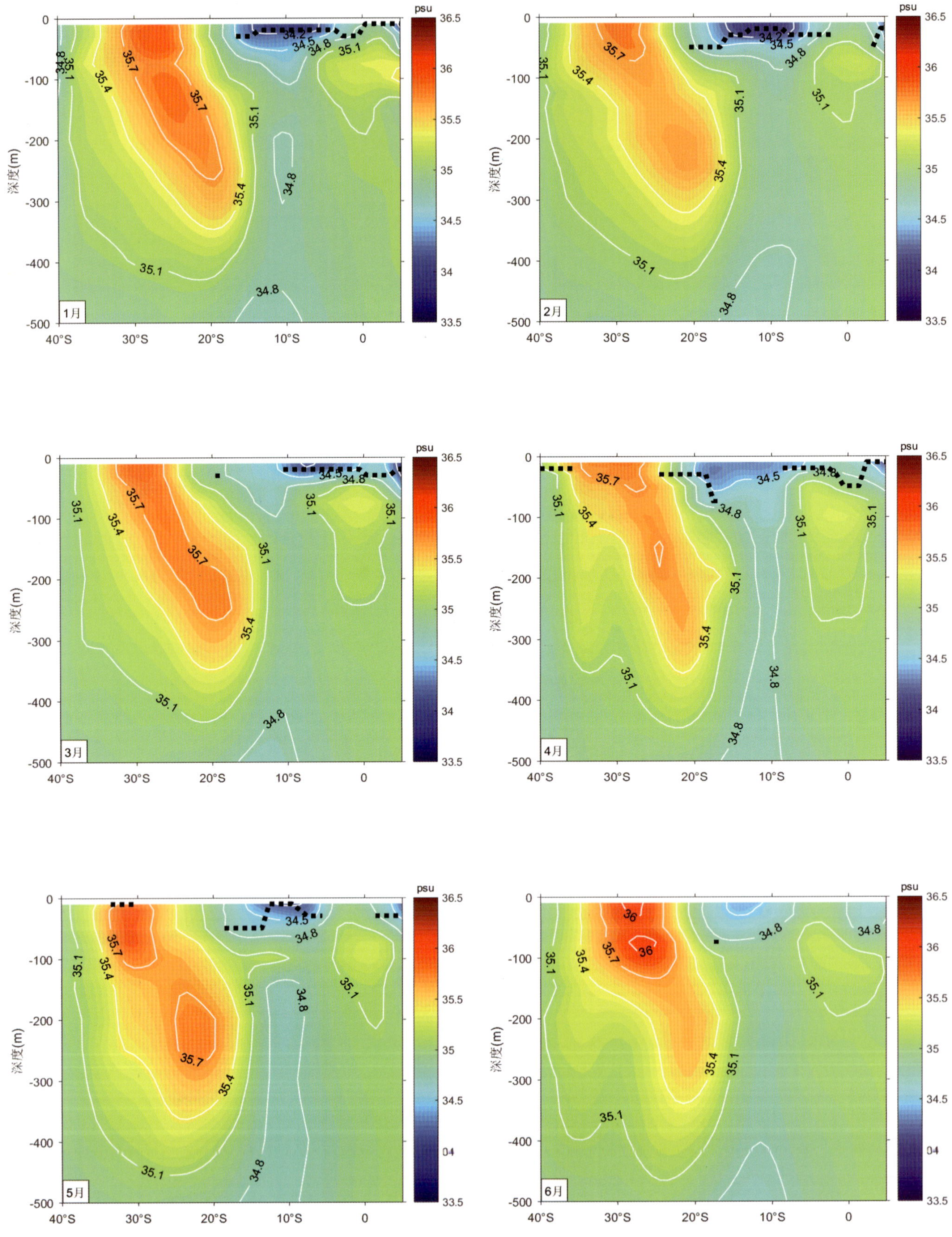
1月
2月
3月
4月
5月
6月
深度(m)
psu
40°S
30°S
20°S
10°S
0
35.1
35.4
35.7
34.8
34.5
34.2
36

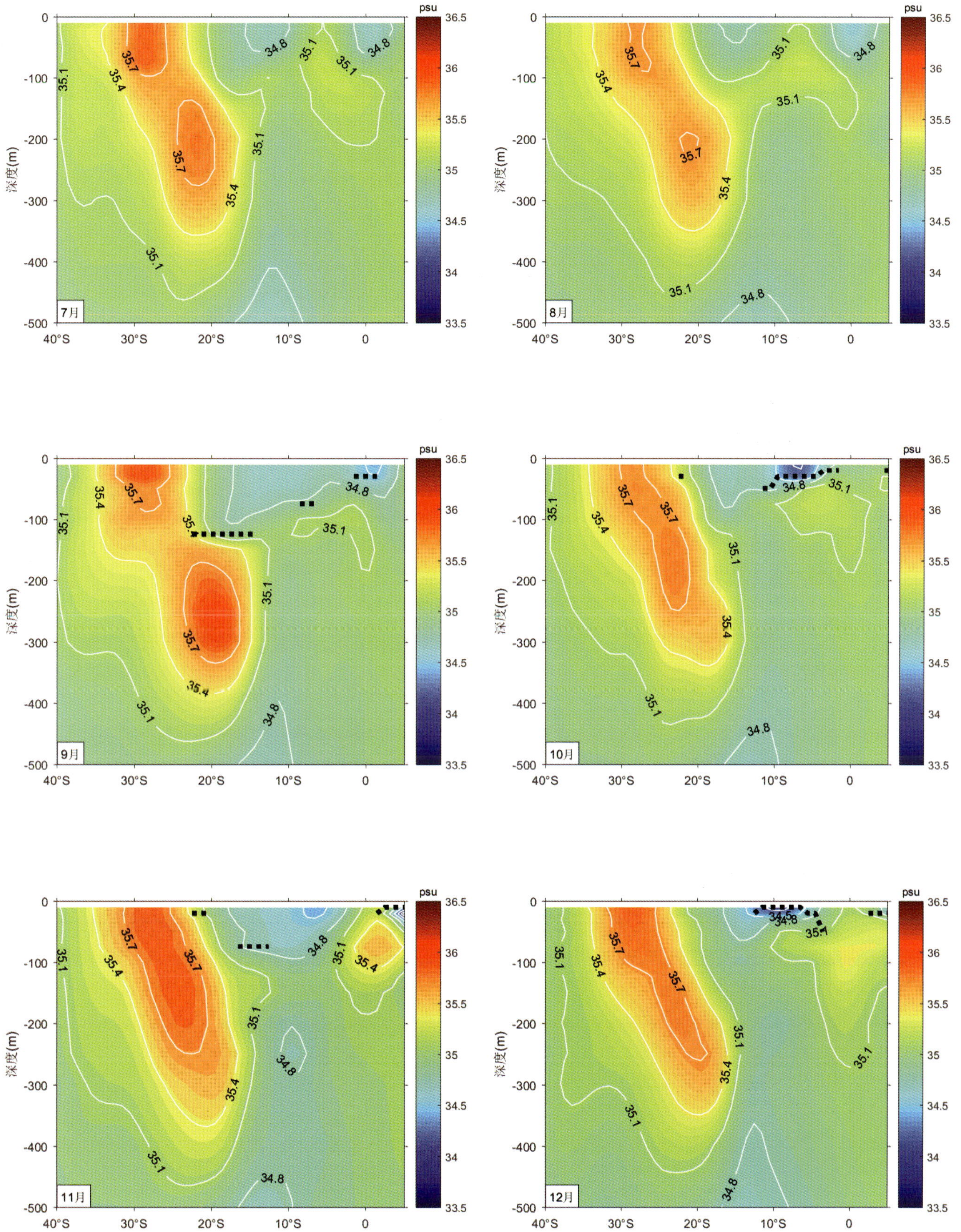

图 25　80.5°E 经向断面盐度垂直分布（颜色填充图和白色等值线，单位：psu）和盐度跃层上界深度（黑色粗虚线，单位：m）

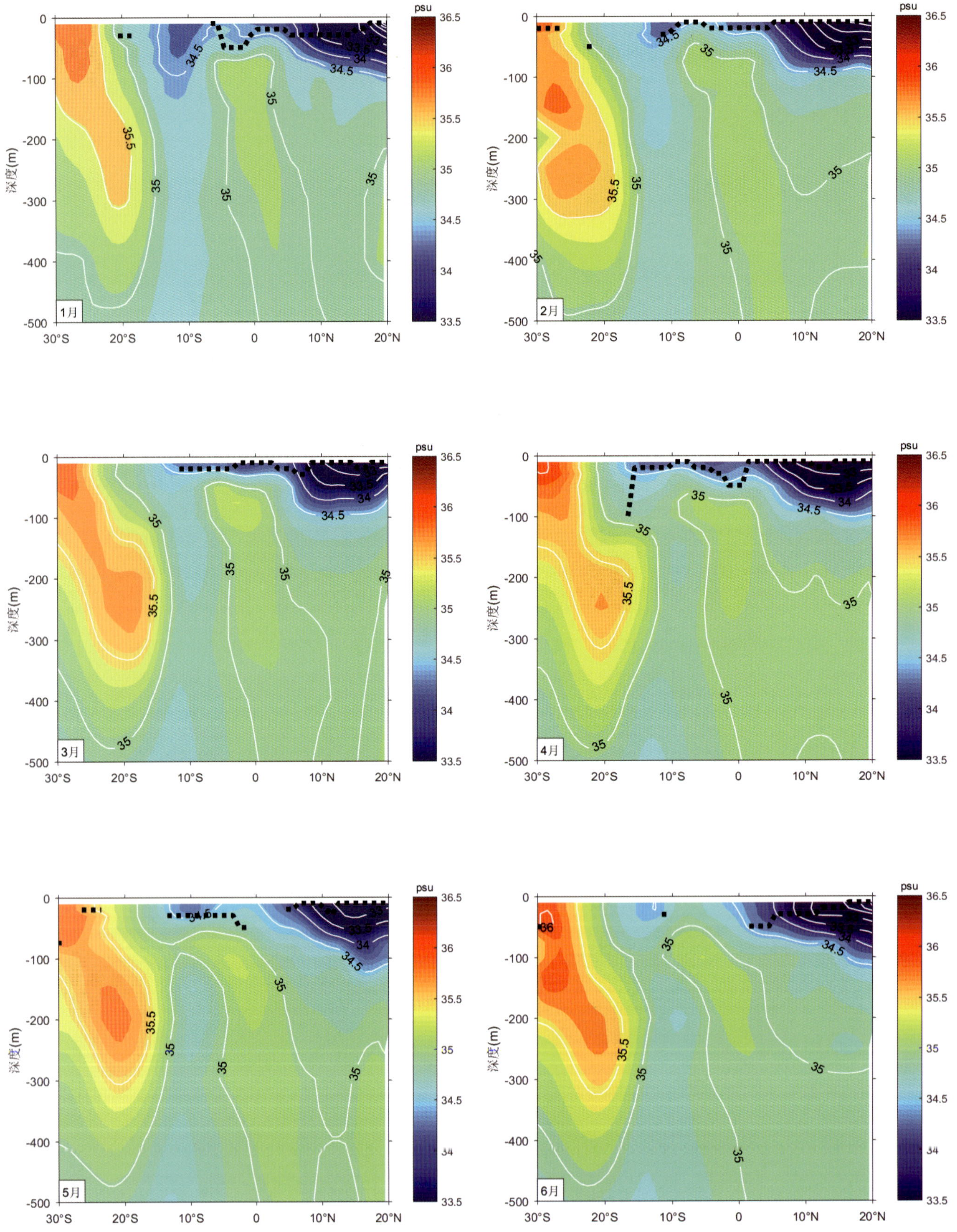
1月
2月
3月
4月
5月
6月
深度(m)
psu
0
-100
-200
-300
-400
-500
30°S
20°S
10°S
0
10°N
20°N
33.5
34
34.5
35
35.5
36
36.5

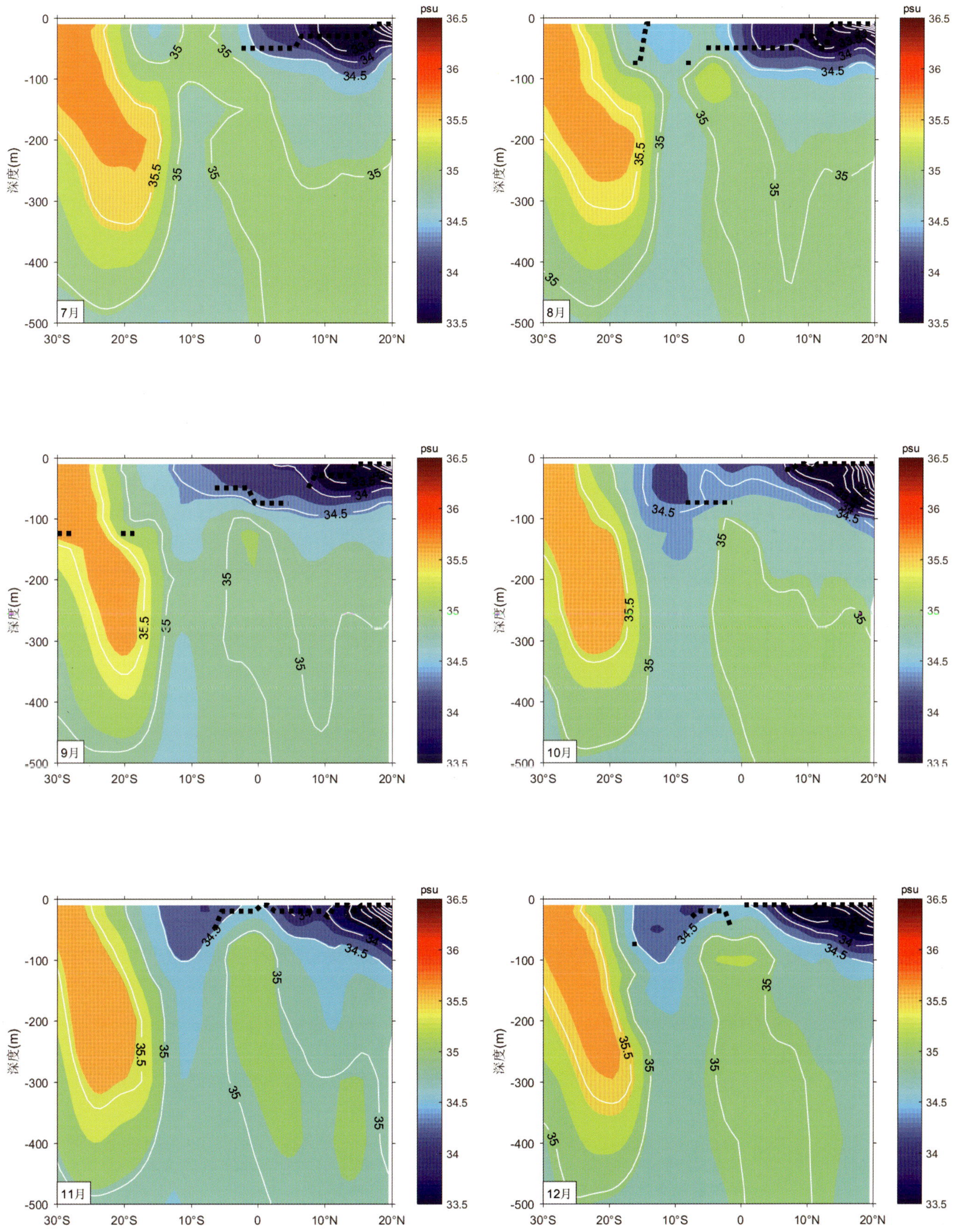

图 26　90°E 经向断面盐度垂直分布（颜色填充图和白色等值线，单位：psu）和盐度跃层上界深度（黑色粗虚线，单位：m）

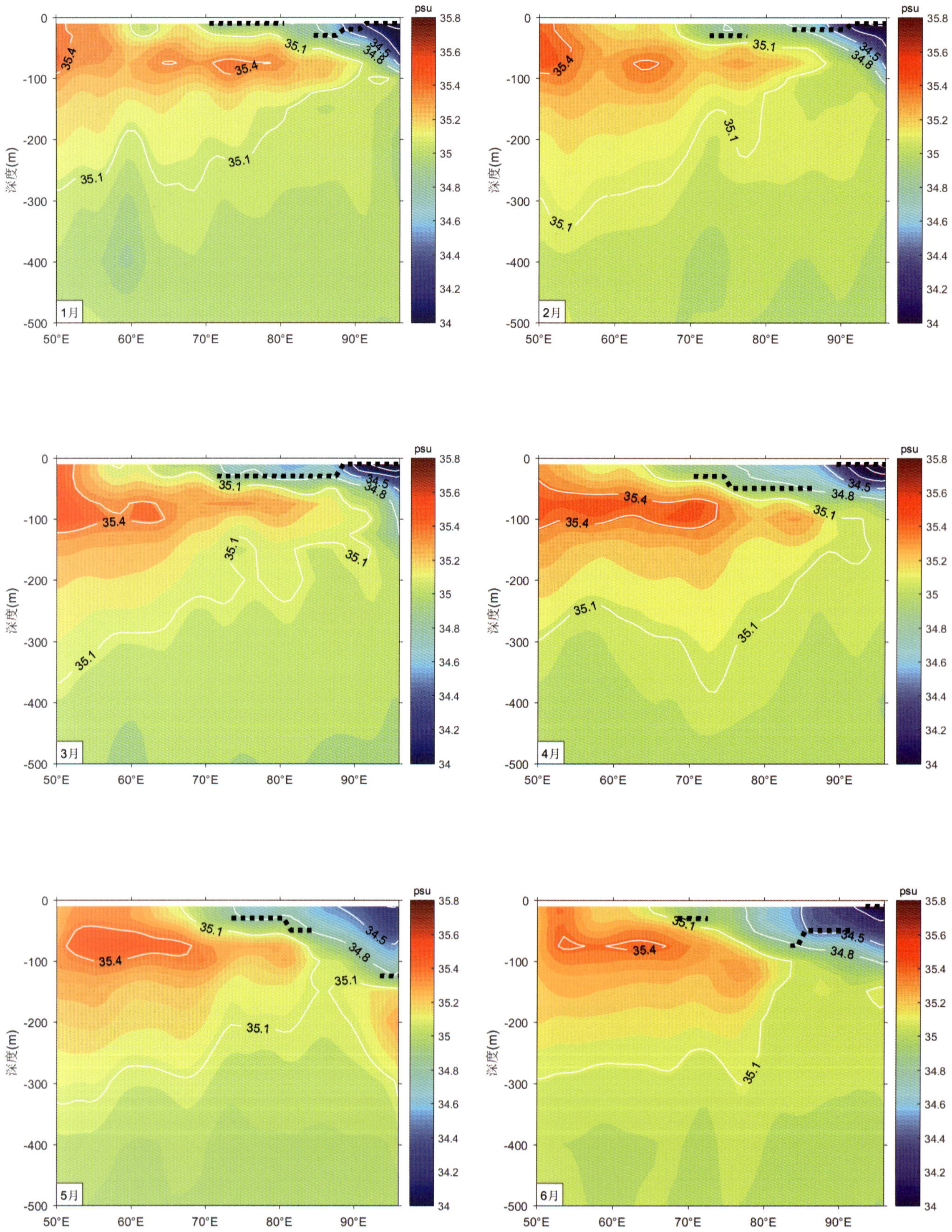
1月
2月
3月
4月
5月
6月
深度(m)
0
-100
-200
-300
-400
-500
50°E
60°E
70°E
80°E
90°E
psu
35.8
35.6
35.4
35.2
35
34.8
34.6
34.4
34.2
34
35.4
35.1
34.5
34.8

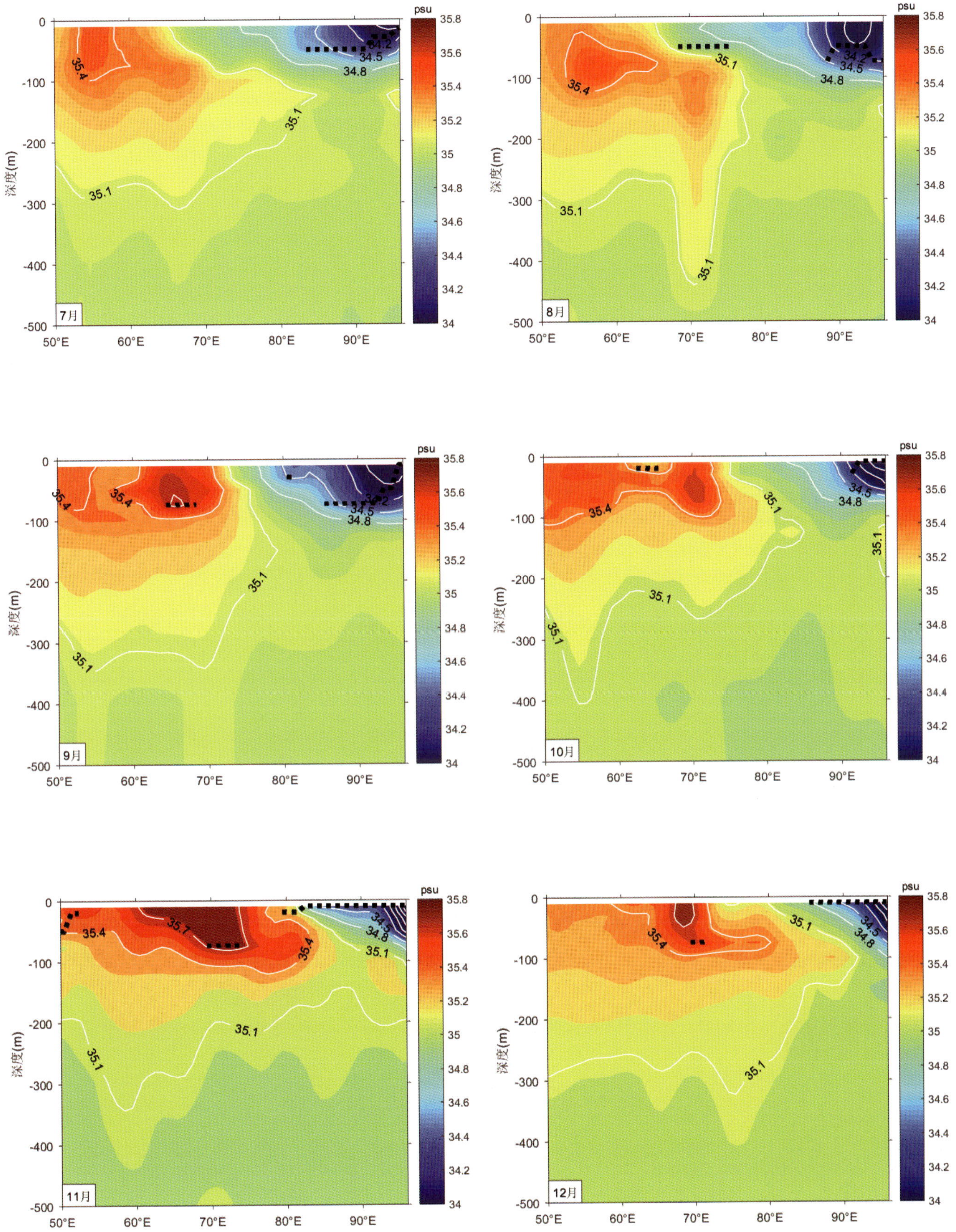

图 27 1.5°N 纬向断面盐度垂直分布（颜色填充图和白色等值线，单位：psu）和盐度跃层上界深度（黑色粗虚线，单位：m）

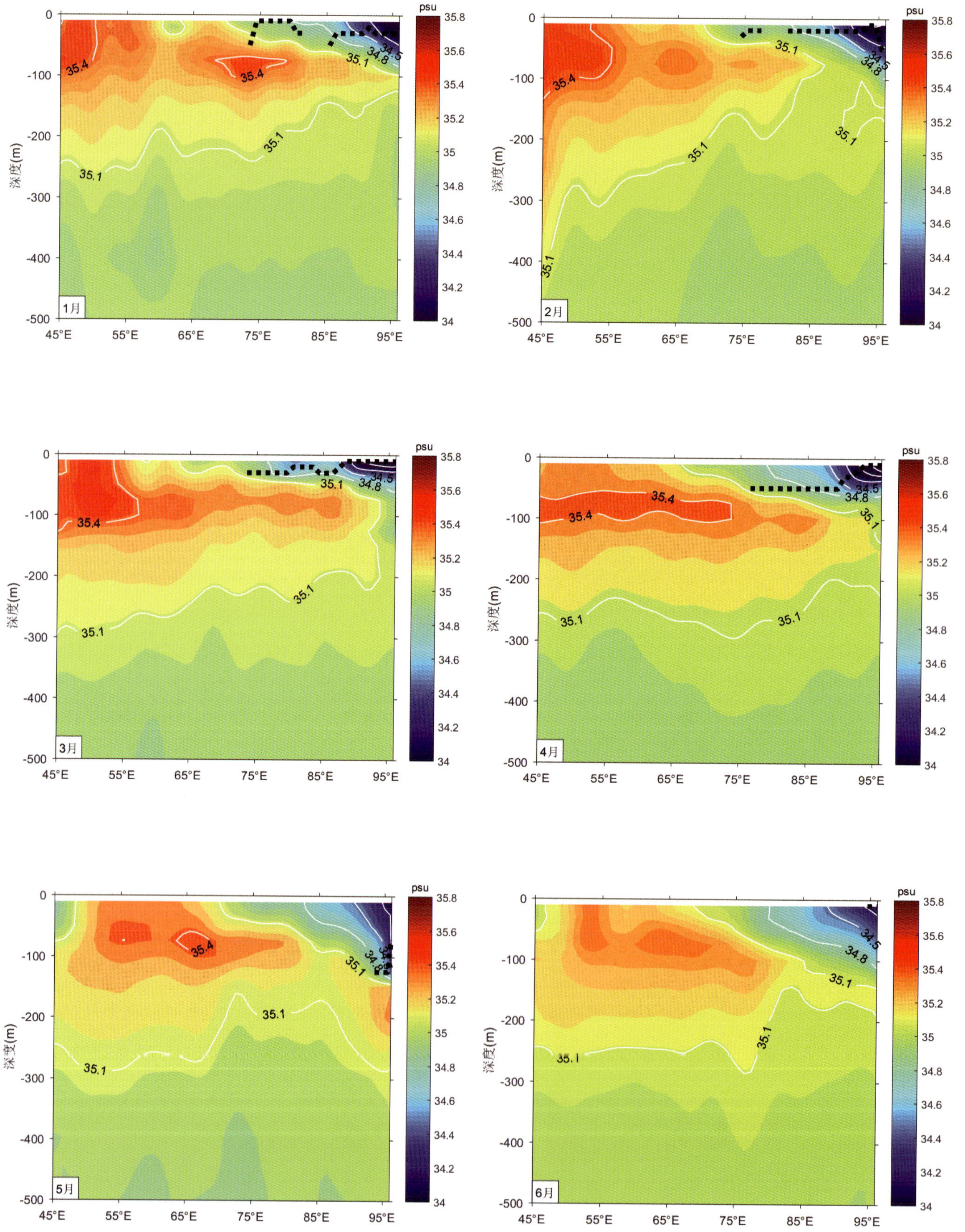
1月
2月
3月
4月
5月
6月
深度(m)
psu
0
-100
-200
-300
-400
-500
45°E
55°E
65°E
75°E
85°E
95°E
35.8
35.6
35.4
35.2
35
34.8
34.6
34.4
34.2
34
35.4
35.1
34.8
34.5

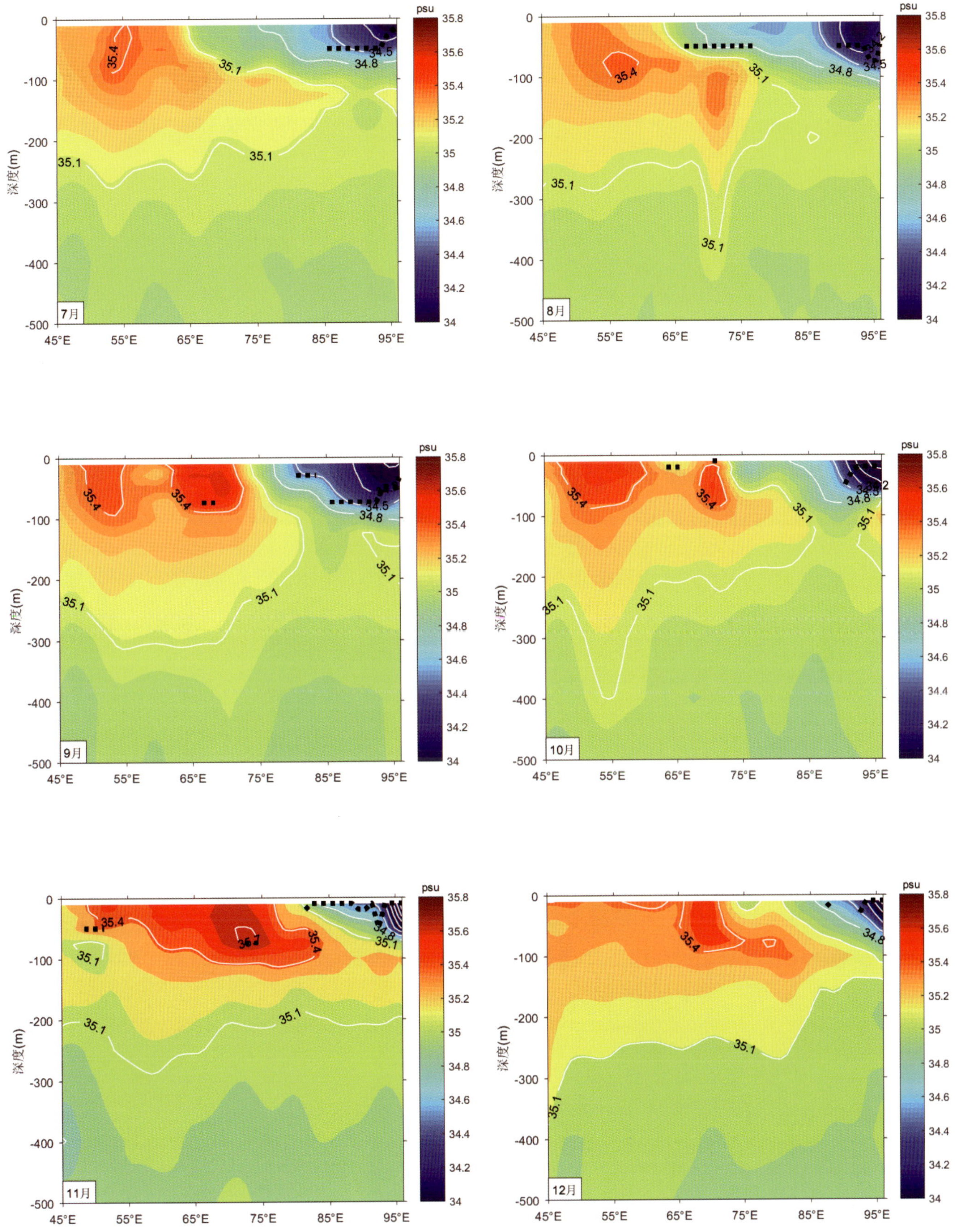

图 28　0° 纬向断面盐度垂直分布（颜色填充图和白色等值线，单位：psu）和盐度跃层上界深度（黑色粗虚线，单位：m）

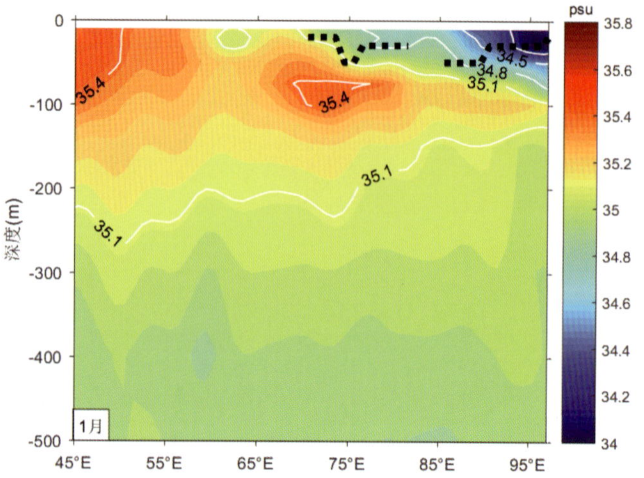
1月
psu
深度(m)
35.4
35.1
34.8
34.5
45°E
55°E
65°E
75°E
85°E
95°E

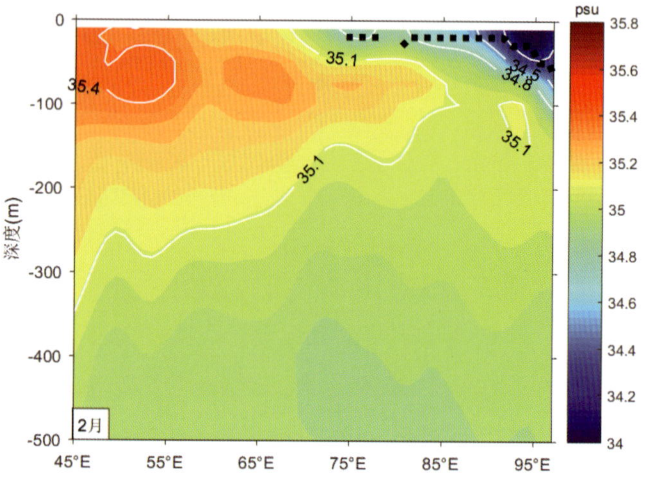
2月
psu
深度(m)
35.4
35.1
34.8
34.5
45°E
55°E
65°E
75°E
85°E
95°E

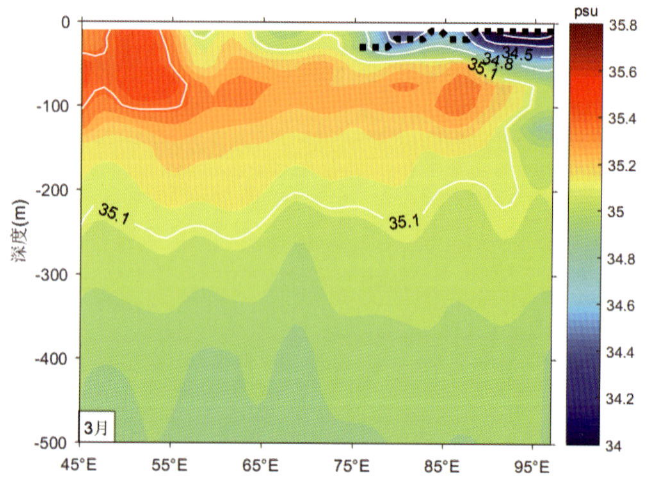
3月
psu
深度(m)
35.1
34.8
34.5
45°E
55°E
65°E
75°E
85°E
95°E

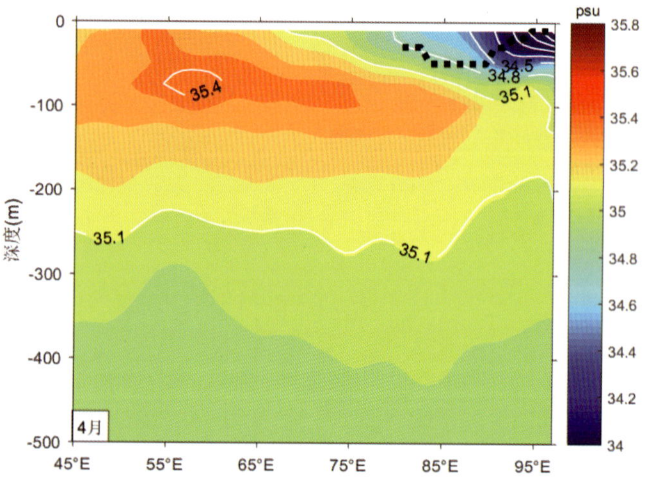
4月
psu
深度(m)
35.4
35.1
34.8
34.5
45°E
55°E
65°E
75°E
85°E
95°E

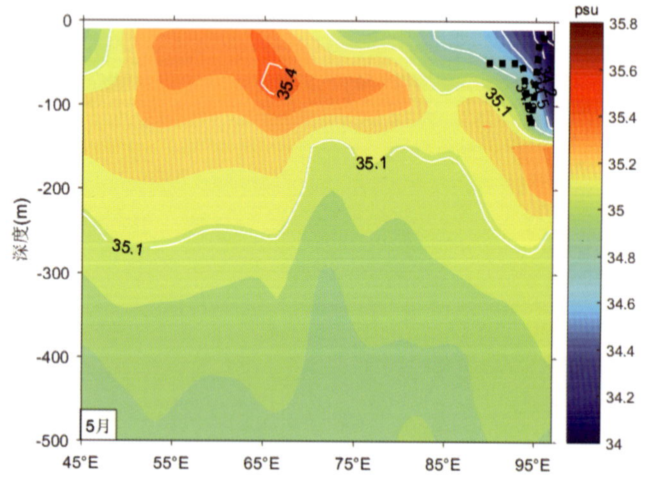
5月
psu
深度(m)
35.4
35.1
34.8
34.5
45°E
55°E
65°E
75°E
85°E
95°E

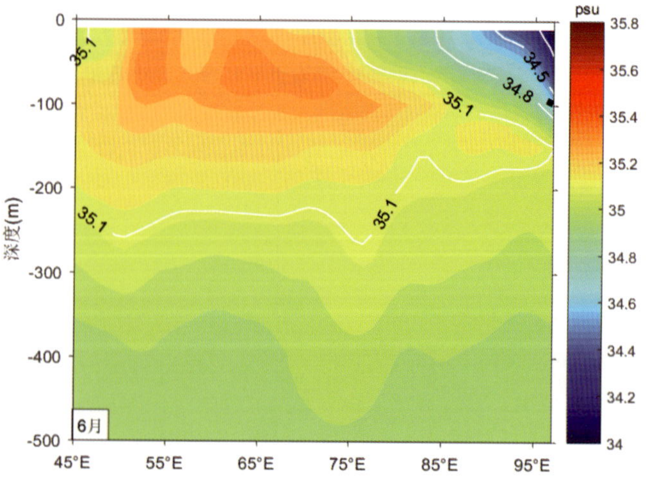
6月
psu
深度(m)
35.1
34.8
34.5
45°E
55°E
65°E
75°E
85°E
95°E

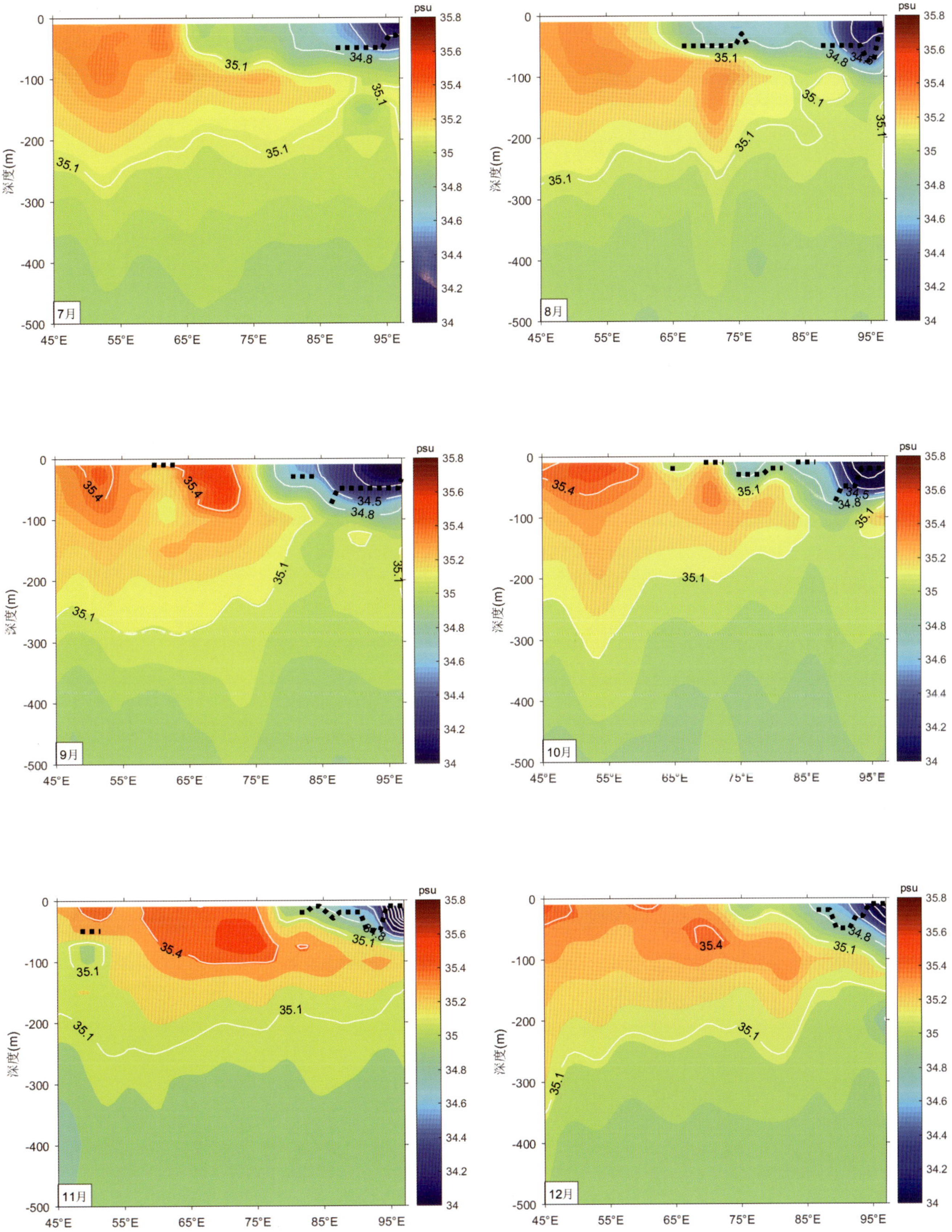

图 29　1.5°S 纬向断面盐度垂直分布（颜色填充图和白色等值线，单位：psu）和盐度跃层上界深度（黑色粗虚线，单位：m）

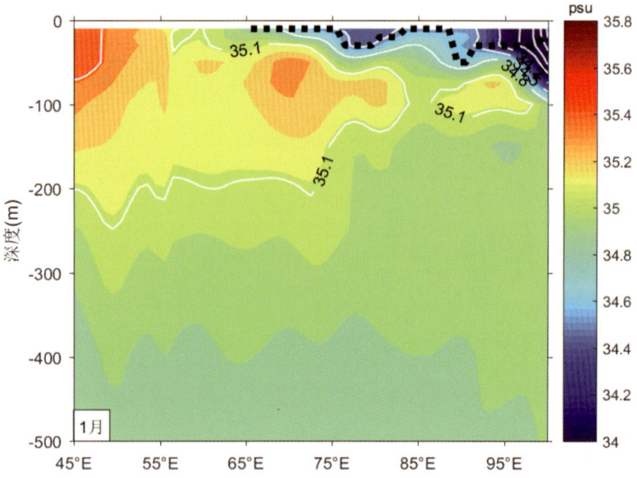
1月
深度(m)
0
-100
-200
-300
-400
-500
45°E
55°E
65°E
75°E
85°E
95°E
psu
35.8
35.6
35.4
35.2
35
34.8
34.6
34.4
34.2
34
35.1

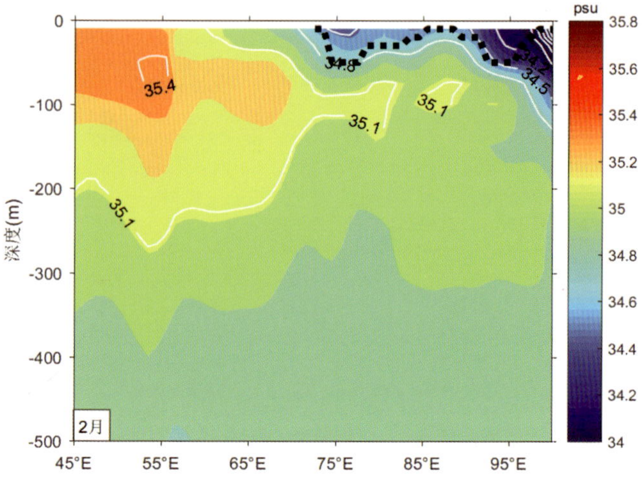
2月
深度(m)
0
-100
-200
-300
-400
-500
45°E
55°E
65°E
75°E
85°E
95°E
psu
35.8
35.6
35.4
35.2
35
34.8
34.6
34.4
34.2
34
35.4
35.1
34.5

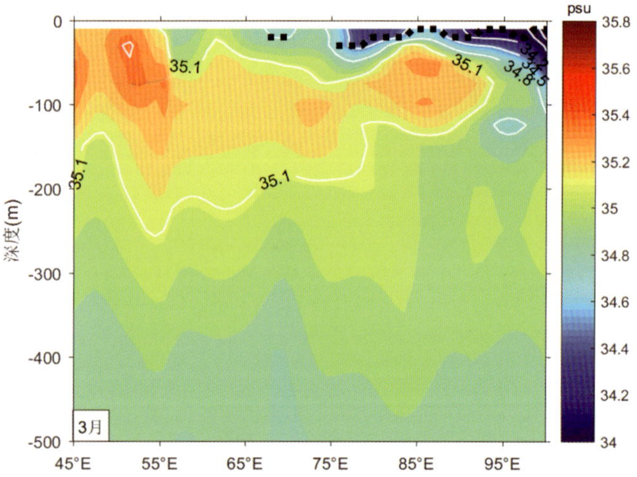
3月
深度(m)
0
-100
-200
-300
-400
-500
45°E
55°E
65°E
75°E
85°E
95°E
psu
35.8
35.6
35.4
35.2
35
34.8
34.6
34.4
34.2
34
35.1
34.8

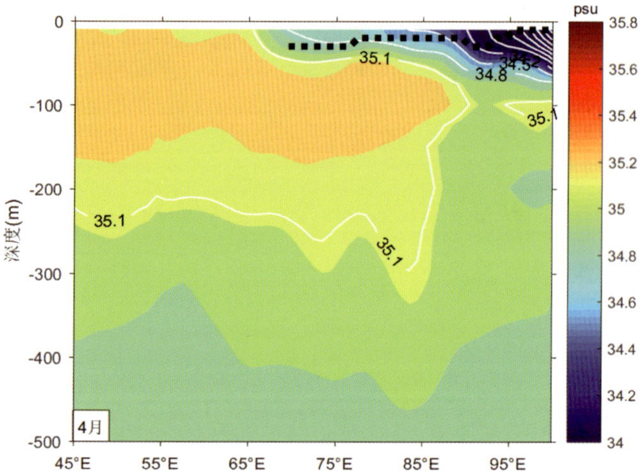
4月
深度(m)
0
-100
-200
-300
-400
-500
45°E
55°E
65°E
75°E
85°E
95°E
psu
35.8
35.6
35.4
35.2
35
34.8
34.6
34.4
34.2
34
35.1
34.8

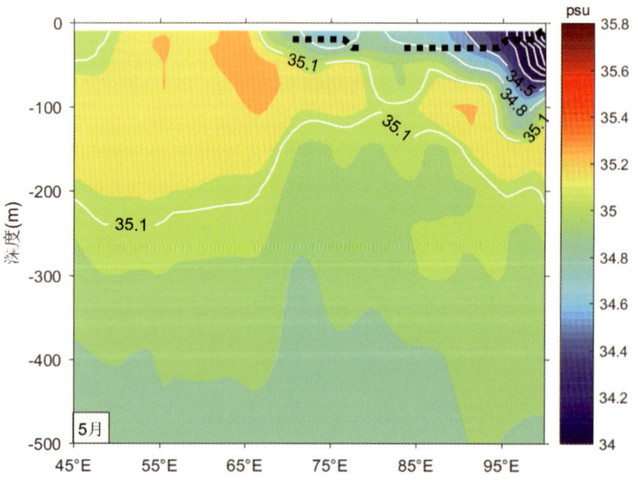
5月
深度(m)
0
-100
-200
-300
-400
-500
45°E
55°E
65°E
75°E
85°E
95°E
psu
35.8
35.6
35.4
35.2
35
34.8
34.6
34.4
34.2
34
35.1
34.5
34.8

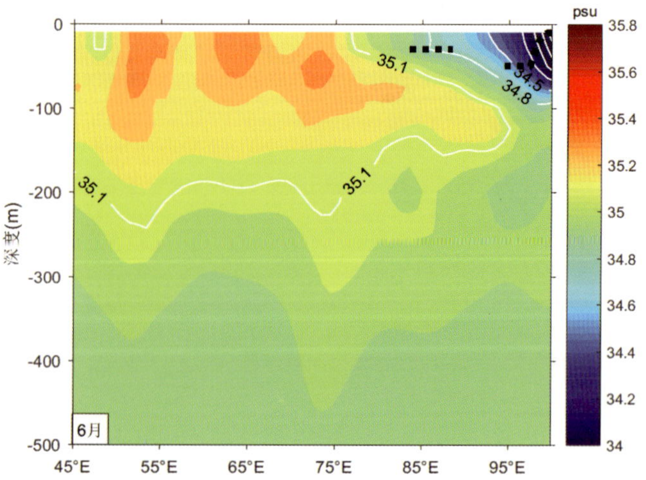
6月
深度(m)
0
-100
-200
-300
-400
-500
45°E
55°E
65°E
75°E
85°E
95°E
psu
35.8
35.6
35.4
35.2
35
34.8
34.6
34.4
34.2
34
35.1
34.5
34.8

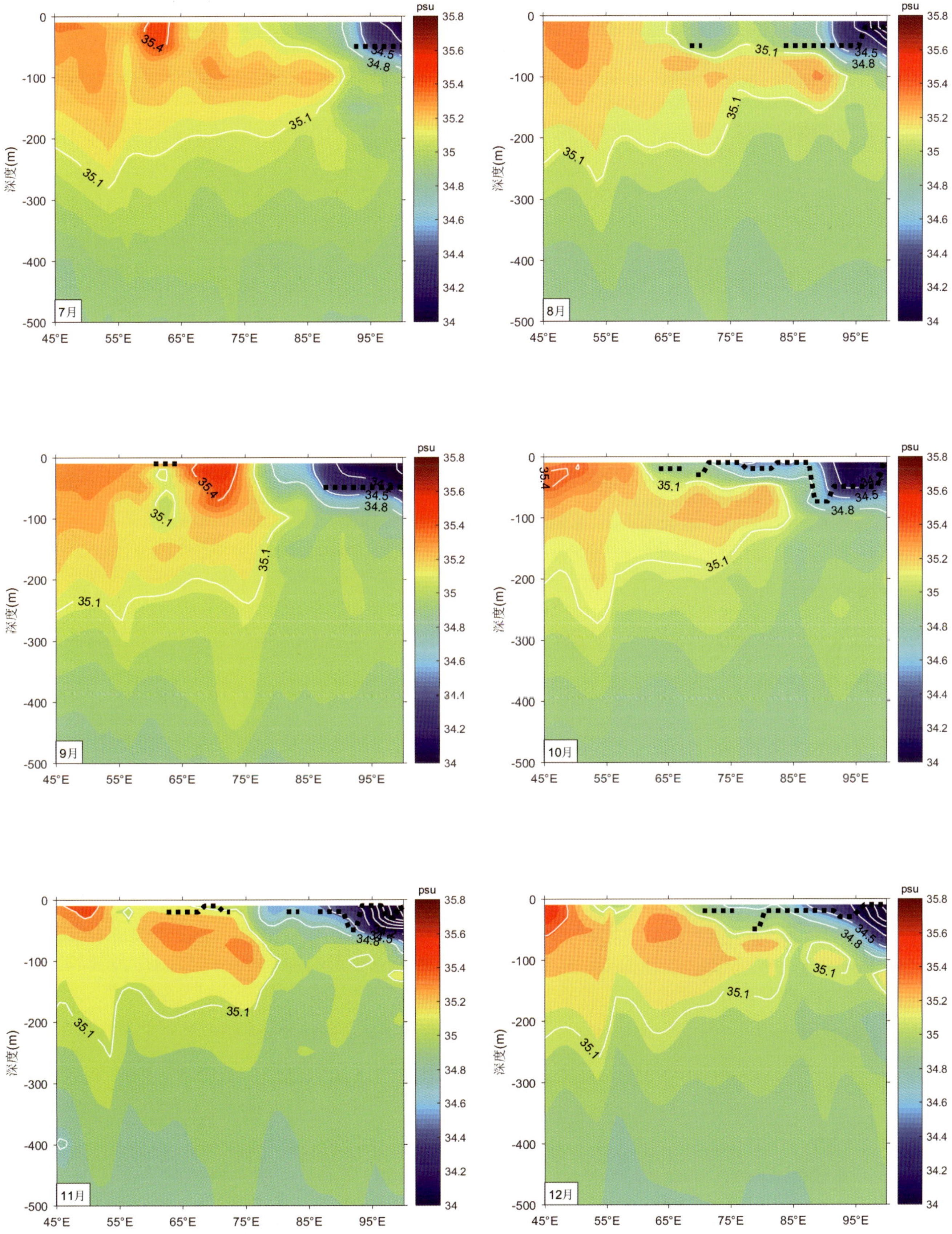

图 30 4°S 纬向断面盐度垂直分布（颜色填充图和白色等值线，单位：psu）和盐度跃层上界深度（黑色粗虚线，单位：m）

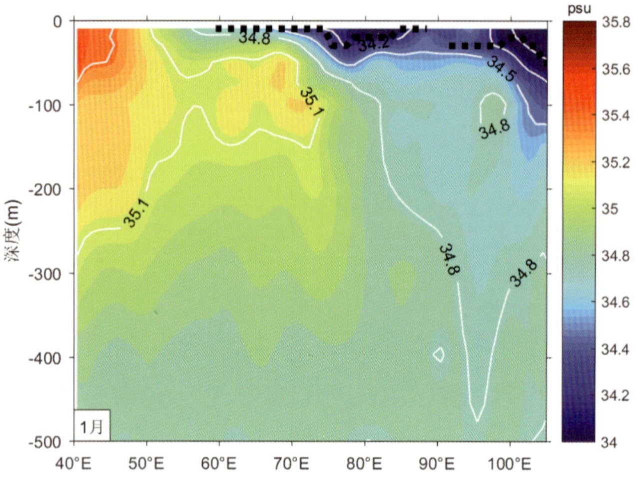
1月
深度(m)
0
-100
-200
-300
-400
-500
40°E 50°E 60°E 70°E 80°E 90°E 100°E
psu
35.8 35.6 35.4 35.2 35 34.8 34.6 34.4 34.2 34
34.8
34.2
34.5
35.1
34.8
35.1
34.8
34.8

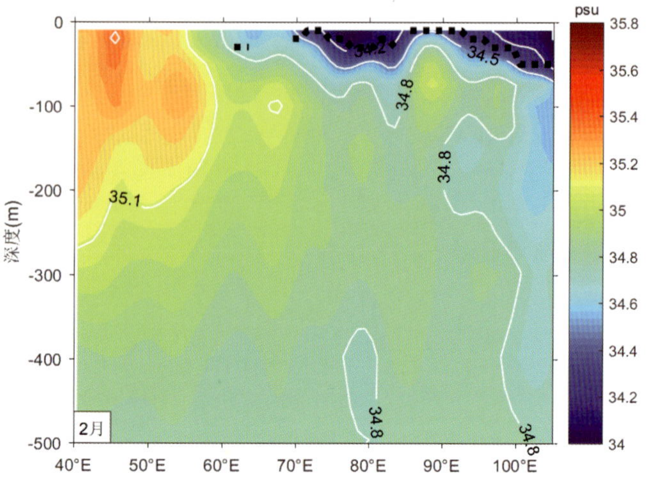
2月
深度(m)
0
-100
-200
-300
-400
-500
40°E 50°E 60°E 70°E 80°E 90°E 100°E
psu
35.8 35.6 35.4 35.2 35 34.8 34.6 34.4 34.2 34
34.2
34.5
34.8
34.8
35.1
34.8
34.8

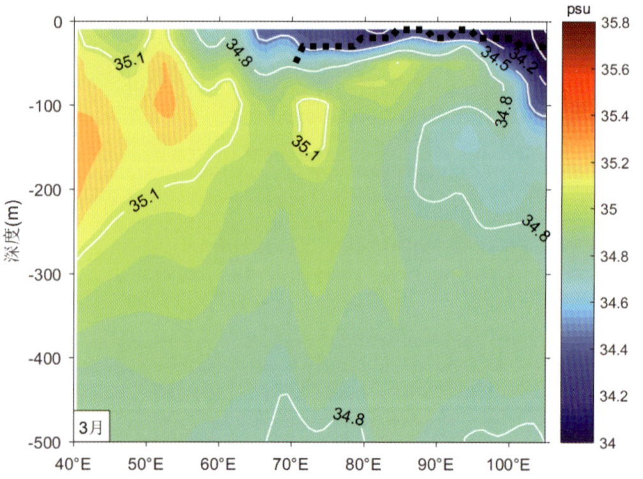
3月
深度(m)
0
-100
-200
-300
-400
-500
40°E 50°E 60°E 70°E 80°E 90°E 100°E
psu
35.8 35.6 35.4 35.2 35 34.8 34.6 34.4 34.2 34
35.1
34.8
34.5
34.2
34.8
35.1
35.1
34.8
34.8

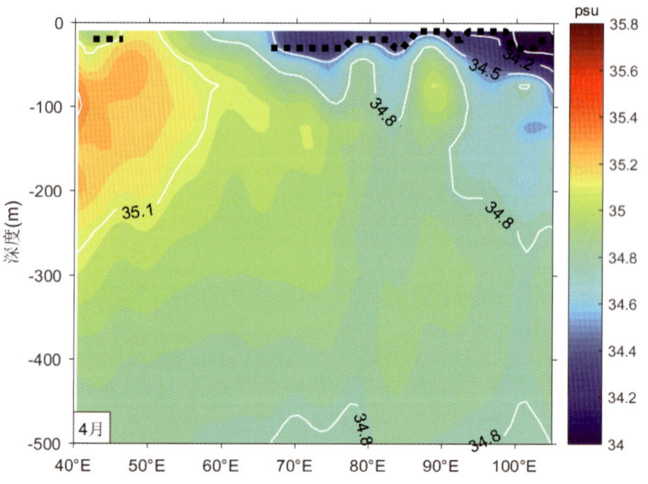
4月
深度(m)
0
-100
-200
-300
-400
-500
40°E 50°E 60°E 70°E 80°E 90°E 100°E
psu
35.8 35.6 35.4 35.2 35 34.8 34.6 34.4 34.2 34
34.2
34.5
34.8
35.1
34.8
34.8
34.8

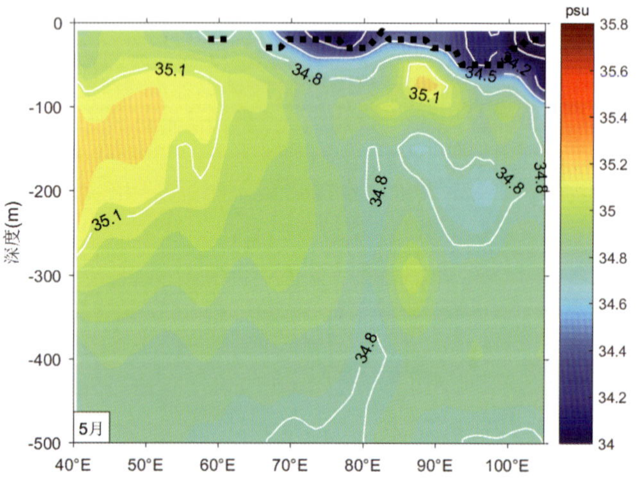
5月
深度(m)
0
-100
-200
-300
-400
-500
40°E 50°E 60°E 70°E 80°E 90°E 100°E
psu
35.8 35.6 35.4 35.2 35 34.8 34.6 34.4 34.2 34
35.1
34.8
34.5
34.2
35.1
34.8
34.8
34.8
35.1
34.8

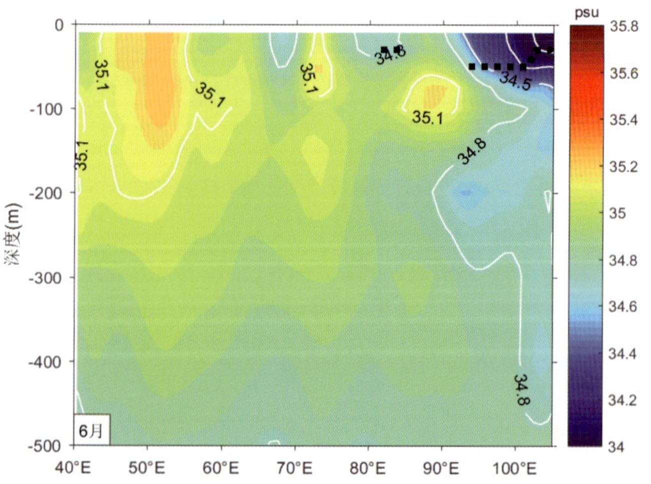
6月
深度(m)
0
-100
-200
-300
-400
-500
40°E 50°E 60°E 70°E 80°E 90°E 100°E
psu
35.8 35.6 35.4 35.2 35 34.8 34.6 34.4 34.2 34
35.1
35.1
35.1
34.8
34.5
35.1
34.8
35.1
34.8

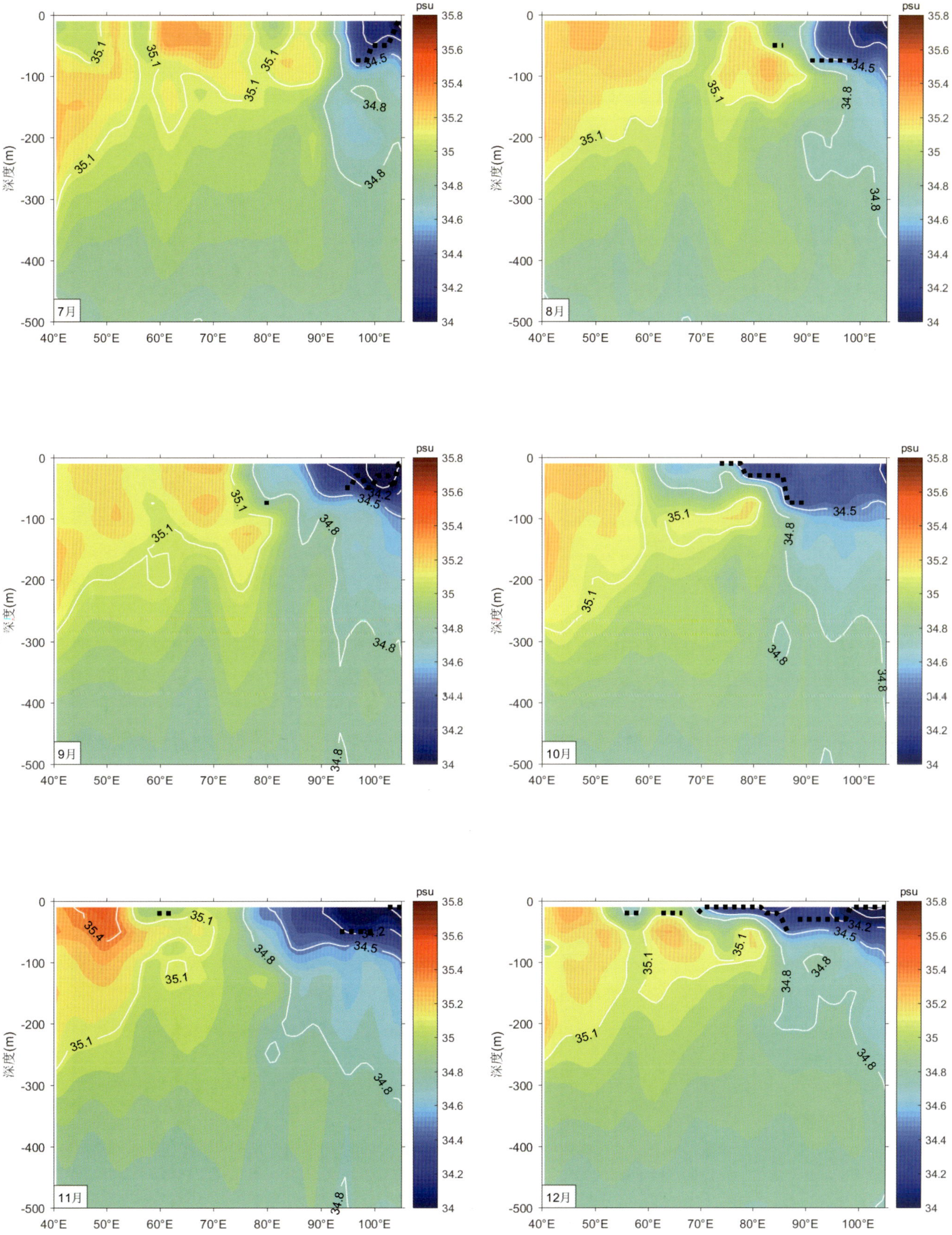

图 31 8°S 纬向断面盐度垂直分布（颜色填充图和白色等值线，单位：psu）和盐度跃层上界深度（黑色粗虚线，单位：m）

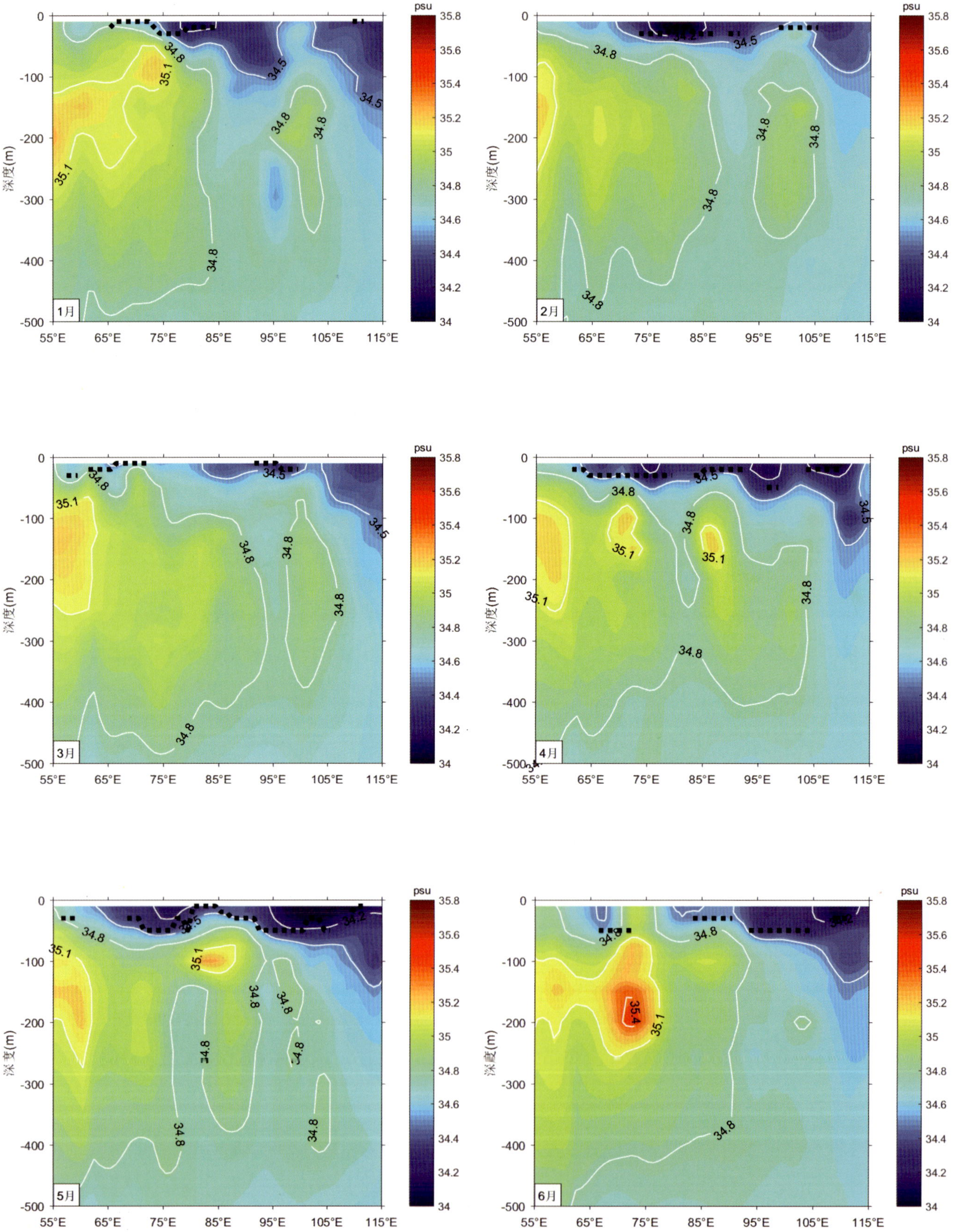
1月
2月
3月
4月
5月
6月
深度(m)
psu
0
-100
-200
-300
-400
-500
55°E
65°E
75°E
85°E
95°E
105°E
115°E
35.8
35.6
35.4
35.2
35
34.8
34.6
34.4
34.2
34
34.5
34.8
35.1
35.4
34.2

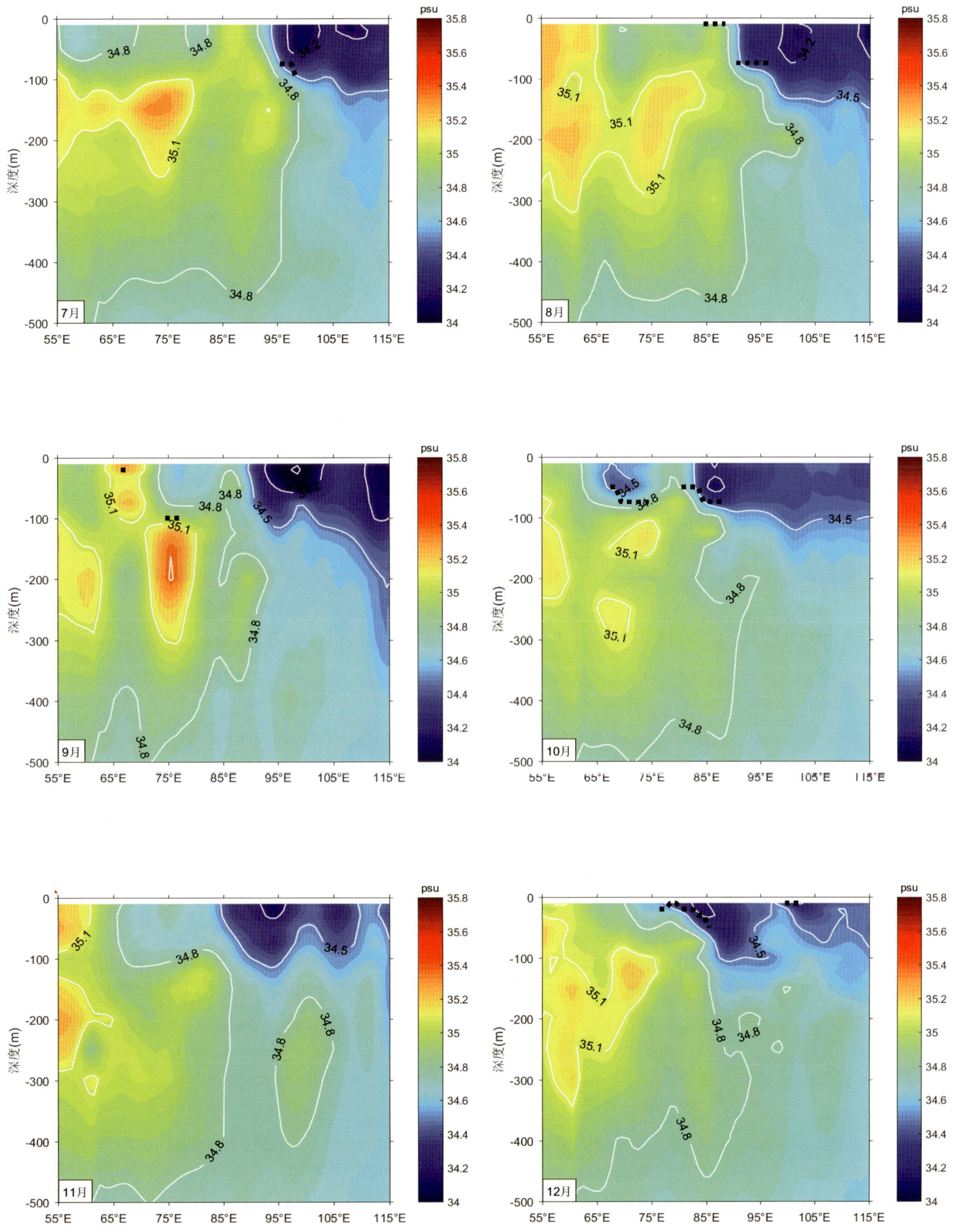

图 32　12°S 纬向断面盐度垂直分布（颜色填充图和白色等值线，单位：psu）和盐度跃层上界深度（黑色粗虚线，单位：m）

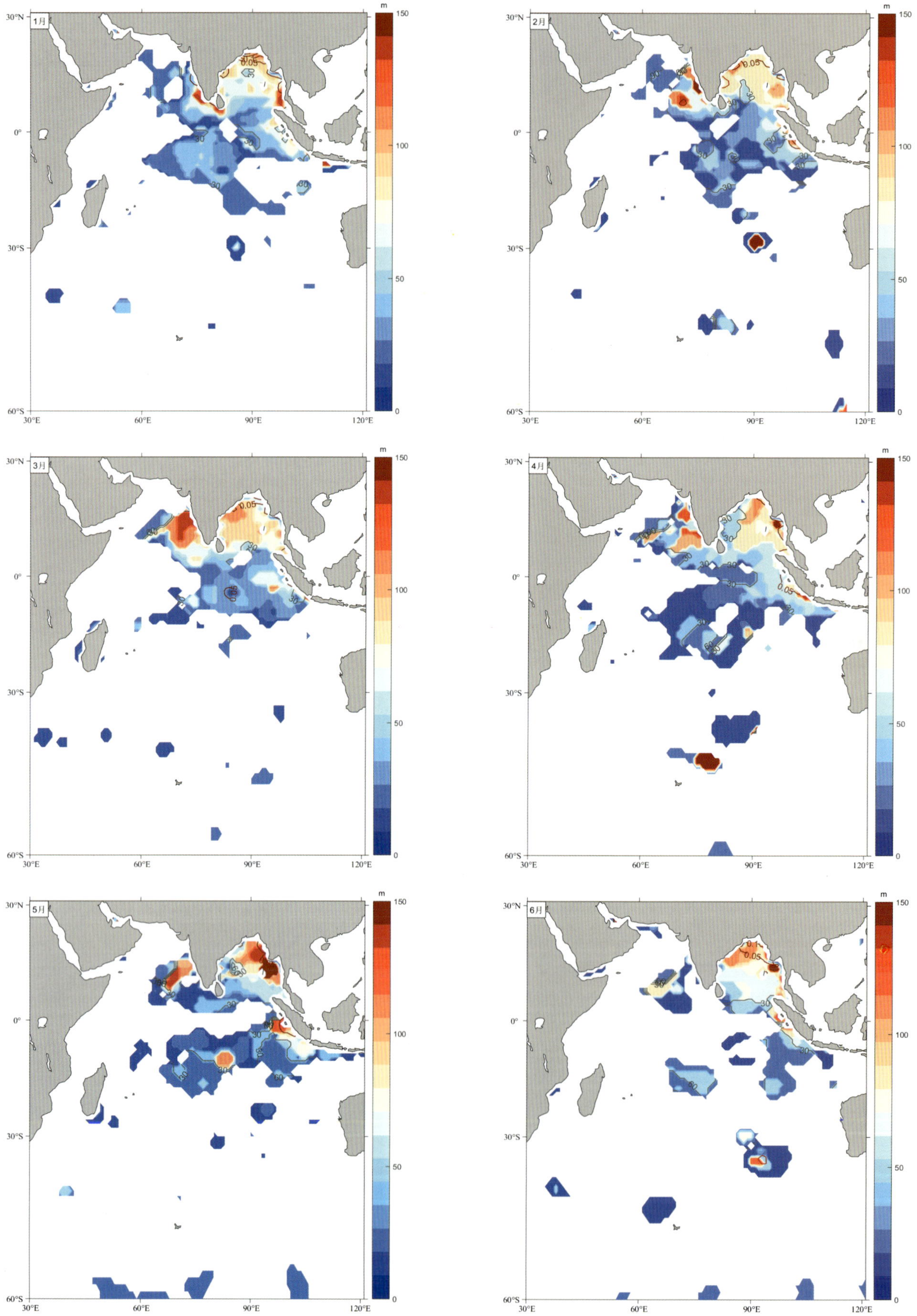
1月
2月
3月
4月
5月
6月
30°N
0°
30°S
60°S
30°E
60°E
90°E
120°E
m
150
100
50
0
0.05
30
60

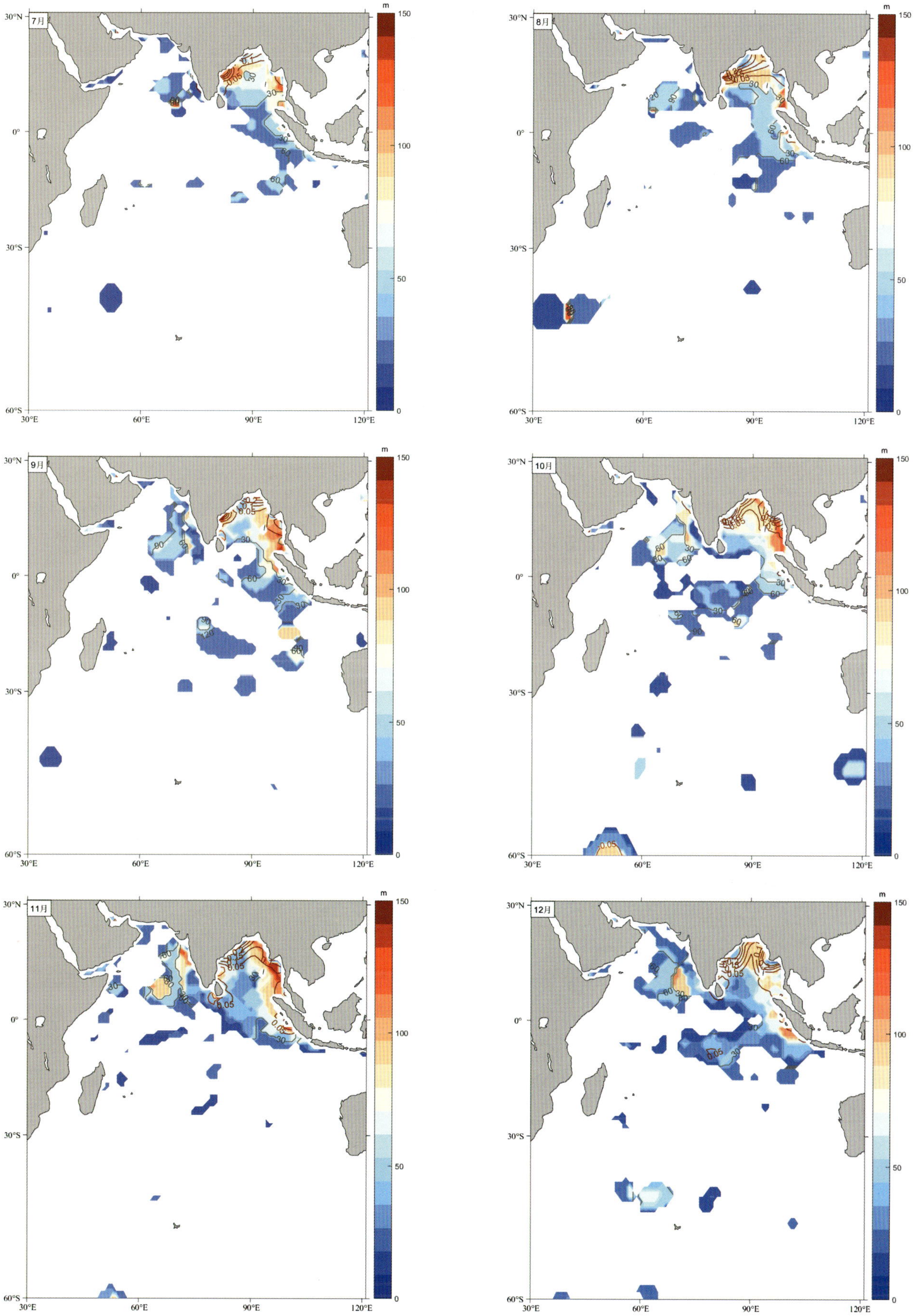

图 33　印度洋盐度跃层特性（空白为无跃层区）：盐度跃层厚度（颜色填充图，单位：m）、强度（红色等值线，单位：psu/m）和上界深度（灰色等值线，单位：m）

四、印度洋密度特征

（一）各层密度平面分布

春季：（1）大洋北部（30°S 以北）。表层密度低值中心位于孟加拉湾海域，值约 21 kg/m^3。该低密水往西南方向拓展的范围较远，密度低值中心强度较强。在 75 m 层，密度低值中心位于孟加拉湾和苏门答腊岛以西洋区，值约 23 kg/m^3。密度高值中心位于阿拉伯海北部和马达加斯加岛东北部海区，值约 24 kg/m^3。在 150 m 层，马达加斯加岛东侧到澳大利亚北部一线，出现了一个低值带，值约 25 kg/m^3。在 400 m 层，密度随深度加深显著变大，密度低值中心位于马达加斯加岛南侧，值约 26.5 kg/m^3；（2）大洋南部（30°S 以南），各层密度等值线基本呈纬向带状分布，自北向南密度递增。表层和 75 m 层的密度最高值约 27 kg/m^3，在 150 m 层密度最高值约 27.5 kg/m^3，在 400 m 层密度最高值大于 27.7 kg/m^3。

夏季：（1）大洋北部（30°S 以北）。表层，孟加拉湾往西南方向拓展的低密度水舌逐渐北抬并向东偏移，低值中心值约 20 kg/m^3。在 75 m 层，密度低值区位于孟加拉湾和苏门答腊岛以西洋区，其中密度低值中心在苏门答腊岛以西海域，值约 22 kg/m^3。密度高值中心位于阿拉伯海北部海区（值约 25 kg/m^3）和马达加斯加岛东北部海区（值约 24kg/m^3）。在 150 m 层，阿拉伯海西北部海区转变为密度低值中心（值约 25kg/m^3），且马达加斯加岛到澳大利亚北部一线，为密度低值带，最小值约 24.5 kg/m^3。密度高值中心位于马达加斯加岛东北部海区，值约 26kg/m^3。在 400 m 深度，密度低值中心位于马达加斯加岛南部，值约 26.5kg/m^3；（2）大洋南部（30°S 以南），季节变化很小，与春季类似。

秋季：夏季状态的延续，各层密度的分布形态与夏季基本类似。

冬季：（1）大洋北部（30°S 以北）。表层与春季一样，孟加拉湾低盐水扩展范围较远，高值中心位于阿拉伯海北部海区，值大于 24 kg/m^3。在 75m 层，密度低值区位于孟加拉湾和苏门答腊岛以西大片洋区，值约 23 kg/m^3。密度高值中心位于马达加斯岛东北部，值约 25 kg/m^3。在 150 m 层，孟加拉湾为密度低值中心，在马达加斯加岛到澳大利亚北部一带为密度低值带，值约 25 kg/m^3。在马达加斯岛东北部到苏门答腊岛以西海域一带为密度高值带，值约 26 kg/m^3。在 400 m 层，密度分布季节变化很小，与其他季节类似；（2）大洋南部（30°S 以南），季节变化很小（详情请参见图 34 ~ 图 37）。

（二）各断面密度垂直分布和密度跃层上界深度

经向断面特征：（1）春季。各断面在海表到 100 m 深度内水层，基本为密度低值区，最小值约 22 kg/m^3。密度等值线在赤道以南存在大槽大脊，在赤道以北较平直。在 10°S—30°S 范围存在低密水舌，由海表向海底方向入侵。密度跃层上界深度分布基本南深北浅，最深约 50 m；（2）夏季。在 90°E 断面，海表密度低值区基本没有季节变化。其他各断面的海表密度低值区强度减弱，范围缩小至赤道附近，值约 23 kg/m^3。在 55°E 断面，密度等值线呈“W”形状分布，存在两个自海表向海底方向伸展的低密水舌，其中赤道以南的低密水舌向东到 90°E 断面仍然存在，而赤道以北的低密水舌向东到 67°E 断面就消失了。跃层上界深度在 55°E 断面也呈明显“W”形状分布，最深可达约 120 m。其中赤道以南的上界深度向东逐渐加深，到 67°E 断面最深可达 150 m。在 80.5°E 和 90°E 断面，20°S 以南为无跃层区。赤道以北的上界深度是自 67°E 断面开始向东基本与纬线平行，深度约 50 m；（3）秋季。各断面特征与夏季类似。55°E

断面的海表密度低值区（10°S—10°N 范围），向东逐渐密度减小范围加深，在 90°E 断面的海表密度低值区强度较强。在 90°E 断面，20°S—20°N 范围的海表到 100 m 深度内水层基本为密度低值区，最小值约 20 kg/m^3。各断面跃层上界深度基本为南深北浅，在 55°E 断面 20°S 附近最深约 150 m，在 67°E 断面 20°S 附近最深可达约 200 m，在 80.5°E 和 90°E 断面 20°S—30°S 范围无跃层出现；（4）冬季。55°E 断面，海表密度低值区密度减小范围变大，值小于 23kg/m^3。该密度低值区向东强度比较稳定，到 90°E 断面密度低值区强度较强，在 20°S—20°N 范围，海表到 100 m 内水层基本是密度低值区。跃层上界深度基本为南浅北深，最深约 50 m（详情请参见图 38 ～图 41）。

纬向断面特征：各断面分布形态类似，从海表到 500 m 深度，等密度线基本与经线平行，随深度增加密度增大，值变化范围约为 21 ～ 27 kg/m^3。除了海表的密度低值中心存在季节性东西摆动，各断面的密度垂直分布季节变化不明显。各断面的海表密度低值中心范围在春季较大，值约 22 kg/m^3，会向西伸展至 55°E 附近，自夏季开始向东偏移，范围变小，冬季只在 90°E 附近存在。跃层上界深度基本与经线平行，值小于 100 m（详情请参见图 42 ～图 47）。

（三）密度跃层特性

一般密度跃层伴随水温跃层出现，密度跃层与水温跃层情况有点类似。

春季：密度跃层现象与冬季相似。即除赤道附近以及印度半岛周边海区终年出现的跃层区域外，在非洲南部到澳大利亚一线冬季出现的强跃区仍然存在，范围与冬季差不多（40°S 以北）。赤道附近的强跃区呈东西向带状分布，强度与冬季类似，季节变化不大，值约 0.06 kg/m^4，跃层厚度在 125m 左右。密度跃层上界深度一般在 20 ～ 40 m 左右，但在赤道附近非洲沿岸有最大值可达 80 m。非洲南部至澳大利亚一线中部的跃层区域，跃层强度约为 0.03 kg/m^4，上界深度在 20 ～ 60 m 左右，厚度较薄（＜ 50 m）。密度跃层在孟加拉湾也较强，强度约 0.06 kg/m^4，上界深度约 20 m，厚度在 180 m 左右。自赤道强跃区向北，在阿拉伯海跃层强度是逐渐减弱，最小值小于 0.03 kg/m^4。

夏季：在赤道附近、孟加拉湾以及苏门答腊岛以西洋区的跃层强度较强，但位于非洲南部至澳大利亚一线的跃层区域自 6 月开始范围缩小，甚至消失。跃层分布范围较春季小很多，约 25°S 以北。洋区南部跃层季节性变化明显，而洋区北部和赤道附近季节性变化不明显。密度跃层在赤道附近、孟加拉湾以及苏门答腊岛以西海区强度较强，值约 0.06 kg/m^4，上界深度在 20 ～ 40 m，厚度在 150 m 左右。

秋季：与夏季类似，位于非洲南部至澳大利亚一线的强跃层区消失，跃层范围较小。密度跃层在孟加拉湾和苏门答腊岛以西洋区较强：在孟加拉湾跃层强度最大值约 0.1 kg/m^4，上界深度较浅约 20 m，厚度约 175 m；苏门答腊岛以西海区跃层强度约为 0.06 kg/m^4，上界深度在 20 ～ 50 m，厚度约 150 m 左右。

冬季：密度跃层现象明显，在赤道附近及印度半岛周围洋区存在跃层区域，此外，在非洲南部至澳大利亚一线洋区也出现显著跃层区域，跃层分布范围较大（约 40°S 以北）。同各季比较，洋区南部跃层现象的季节性变化较明显，而北部赤道附近季节性变化不甚明显。存在三个强跃区：一个在孟加拉湾，跃层强度约 0.06 kg/m^4，上界深度约 20 ～ 40 m，厚度约 150 m；一个在苏门答腊岛以西洋区，跃层强度约 0.06 kg/m^4，上界深度约 20 m，厚度约 100 m；另一个在马达加斯加岛东北部洋区，强度约 0.06 kg/m^4，上界深度约 20 m，厚度约 100 m。非洲南部至澳大利亚一线的跃层区域，跃层强度弱些，约 0.03 kg/m^4，上界深度在 20 ～ 40 m，厚度约 50 ～ 100 m（详情请参见图 48）。

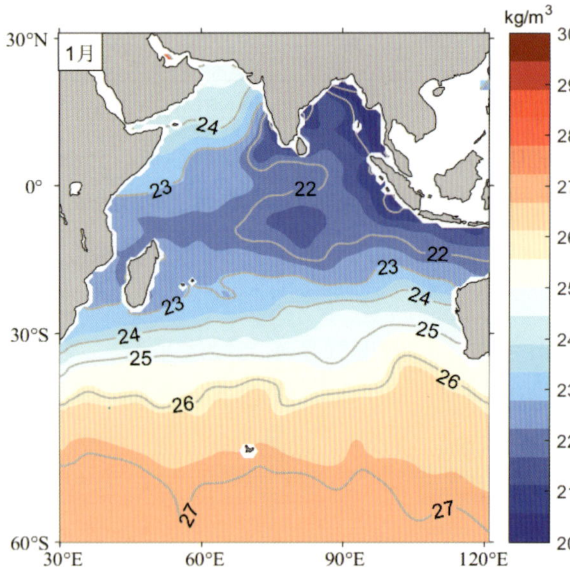
1月
kg/m3
30°N
0°
30°S
60°S
30°E
60°E
90°E
120°E
20 21 22 23 24 25 26 27 28 29 30
22 23 24 25 26 27

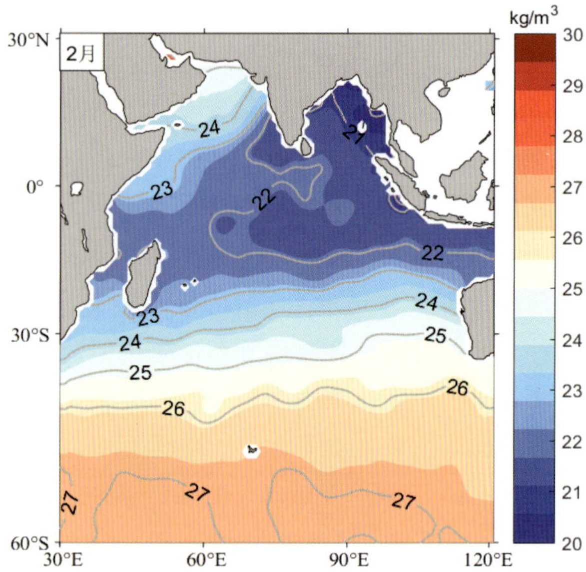
2月
kg/m3
30°N
0°
30°S
60°S
30°E
60°E
90°E
120°E
20 21 22 23 24 25 26 27 28 29 30
21 22 23 24 25 26 27

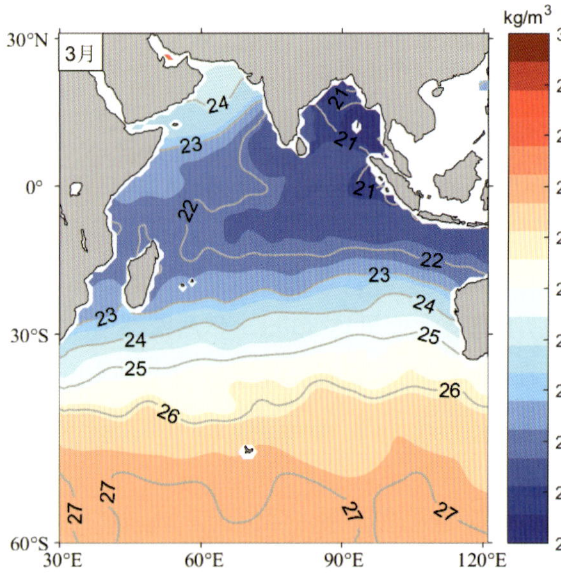
3月
kg/m3
30°N
0°
30°S
60°S
30°E
60°E
90°E
120°E
20 21 22 23 24 25 26 27 28 29 30
21 22 23 24 25 26 27

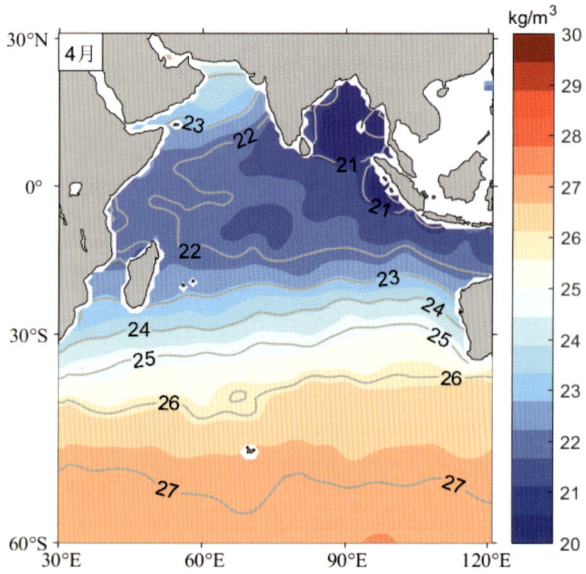
4月
kg/m3
30°N
0°
30°S
60°S
30°E
60°E
90°E
120°E
20 21 22 23 24 25 26 27 28 29 30
21 22 23 24 25 26 27

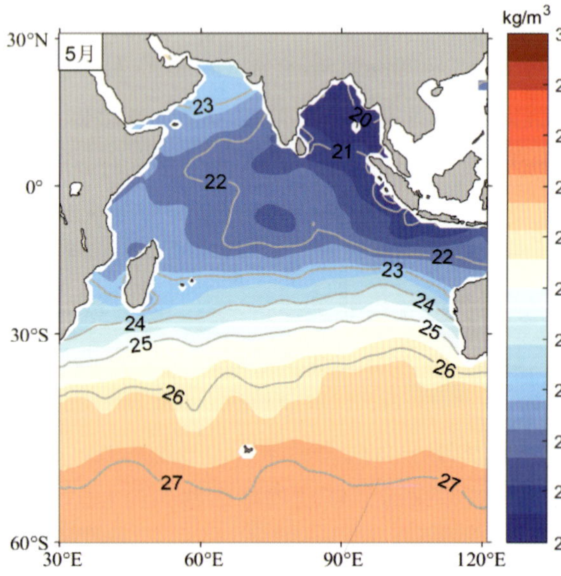
5月
kg/m3
30°N
0°
30°S
60°S
30°E
60°E
90°E
120°E
20 21 22 23 24 25 26 27 28 29 30
20 21 22 23 24 25 26 27

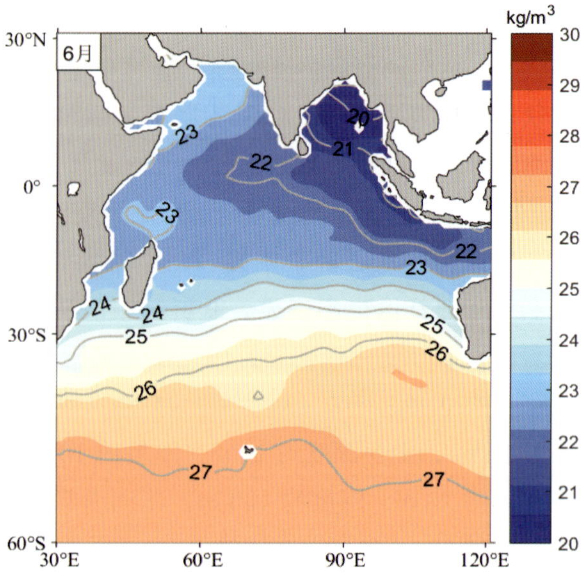
6月
kg/m3
30°N
0°
30°S
60°S
30°E
60°E
90°E
120°E
20 21 22 23 24 25 26 27 28 29 30
20 21 22 23 24 25 26 27

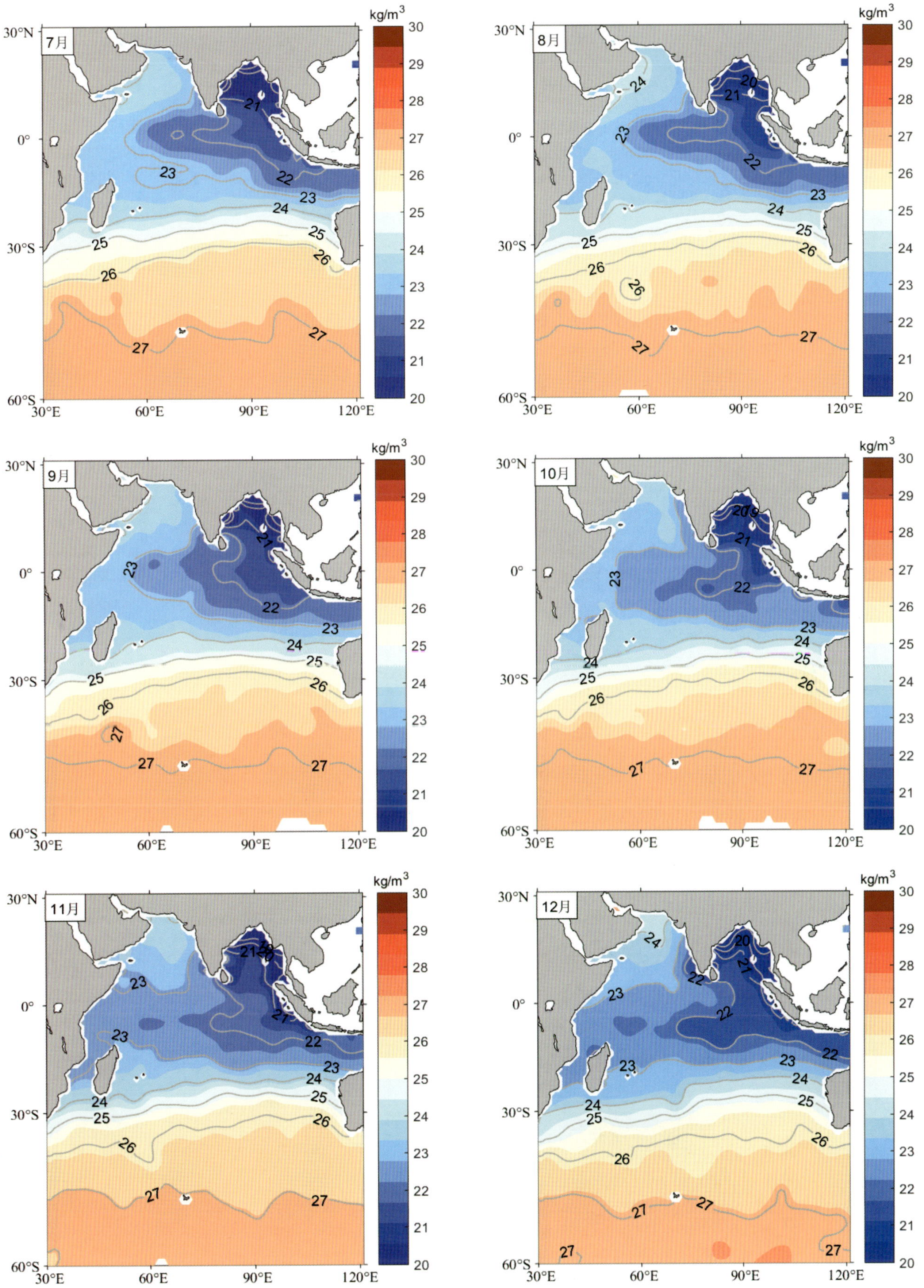

图 34 印度洋表层密度（单位：kg/m^3）

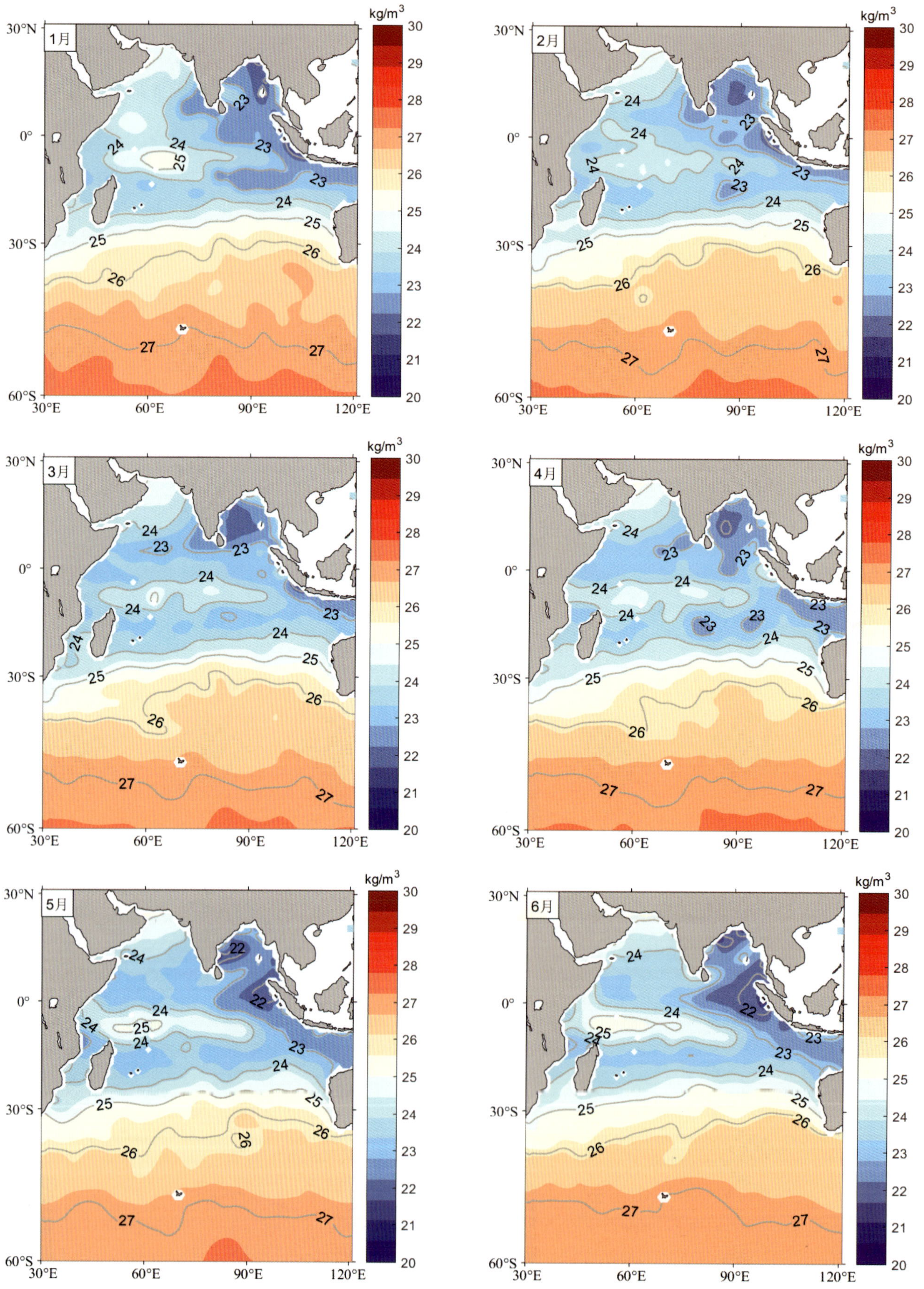
1月
2月
3月
4月
5月
6月
kg/m3
30°N
0°
30°S
60°S
30°E
60°E
90°E
120°E
20
21
22
23
24
25
26
27
28
29
30

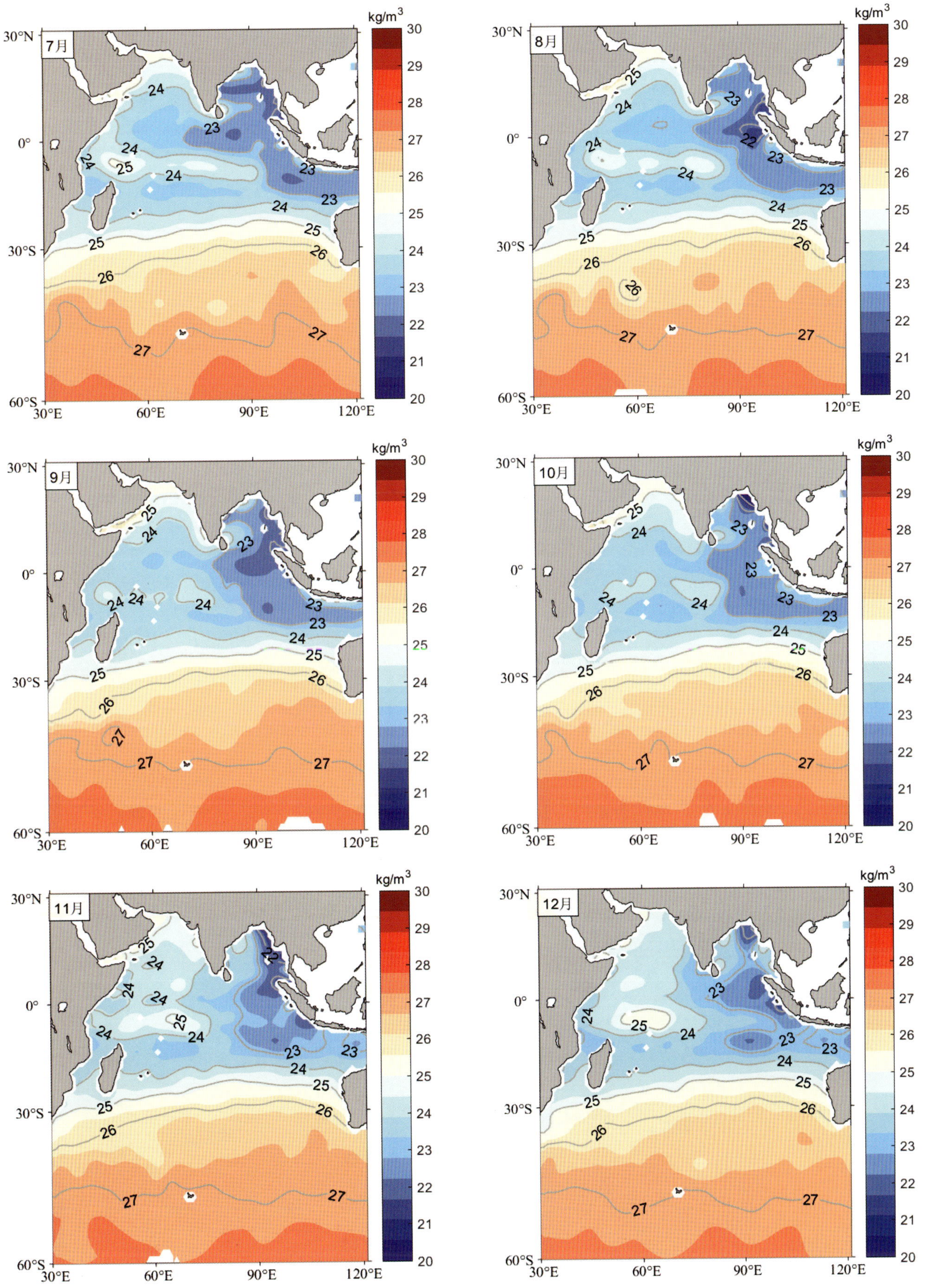

图 35 印度洋 75 m 层密度（单位：kg/m^3）

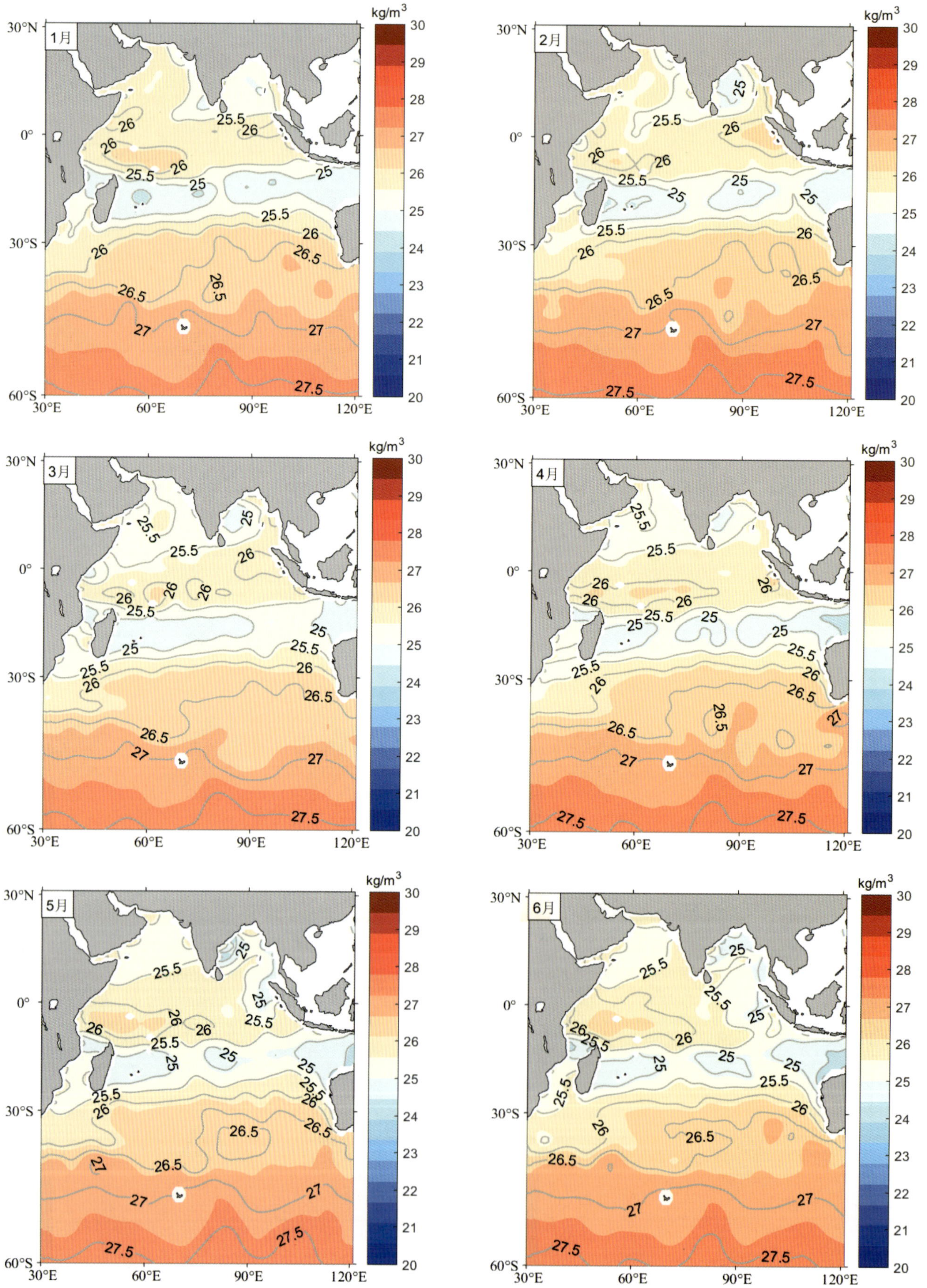
1月
2月
3月
4月
5月
6月
kg/m3
30
29
28
27
26
25
24
23
22
21
20
30°N
0°
30°S
60°S
30°E
60°E
90°E
120°E
25
25.5
26
26.5
27
27.5

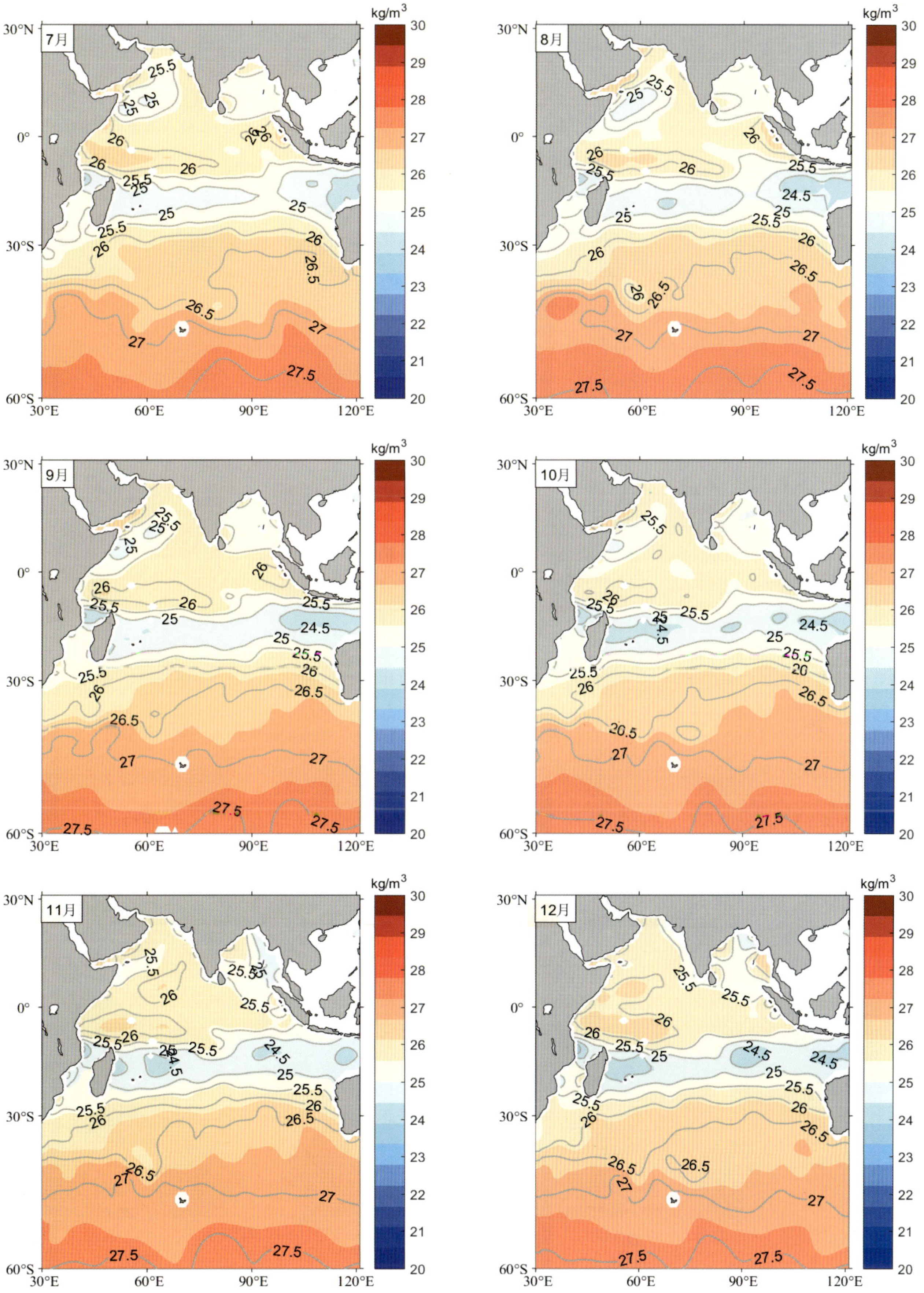

图 36　印度洋 150 m 层密度（单位：kg/m^3）

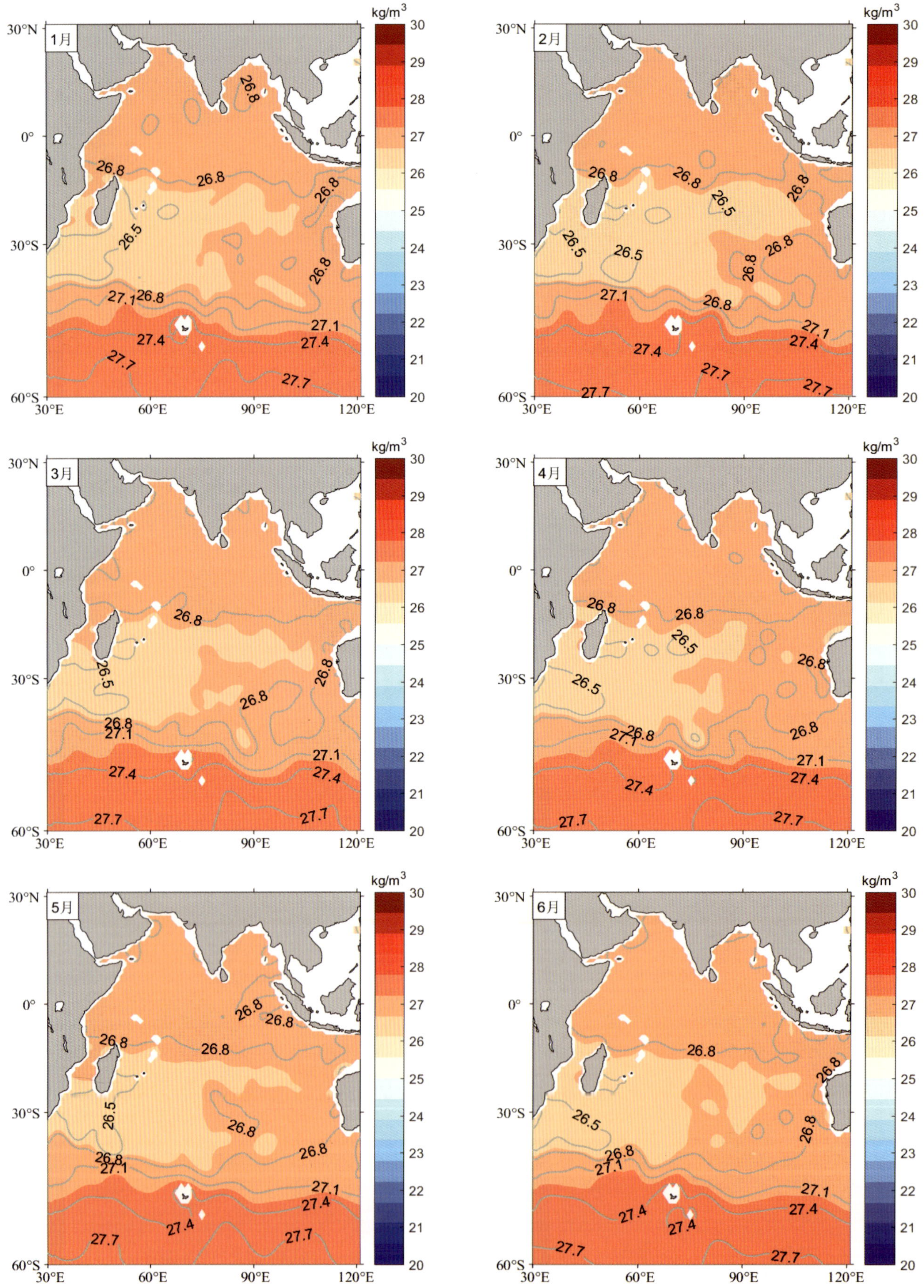
1月
2月
3月
4月
5月
6月
kg/m3
30°N
0°
30°S
60°S
30°E
60°E
90°E
120°E

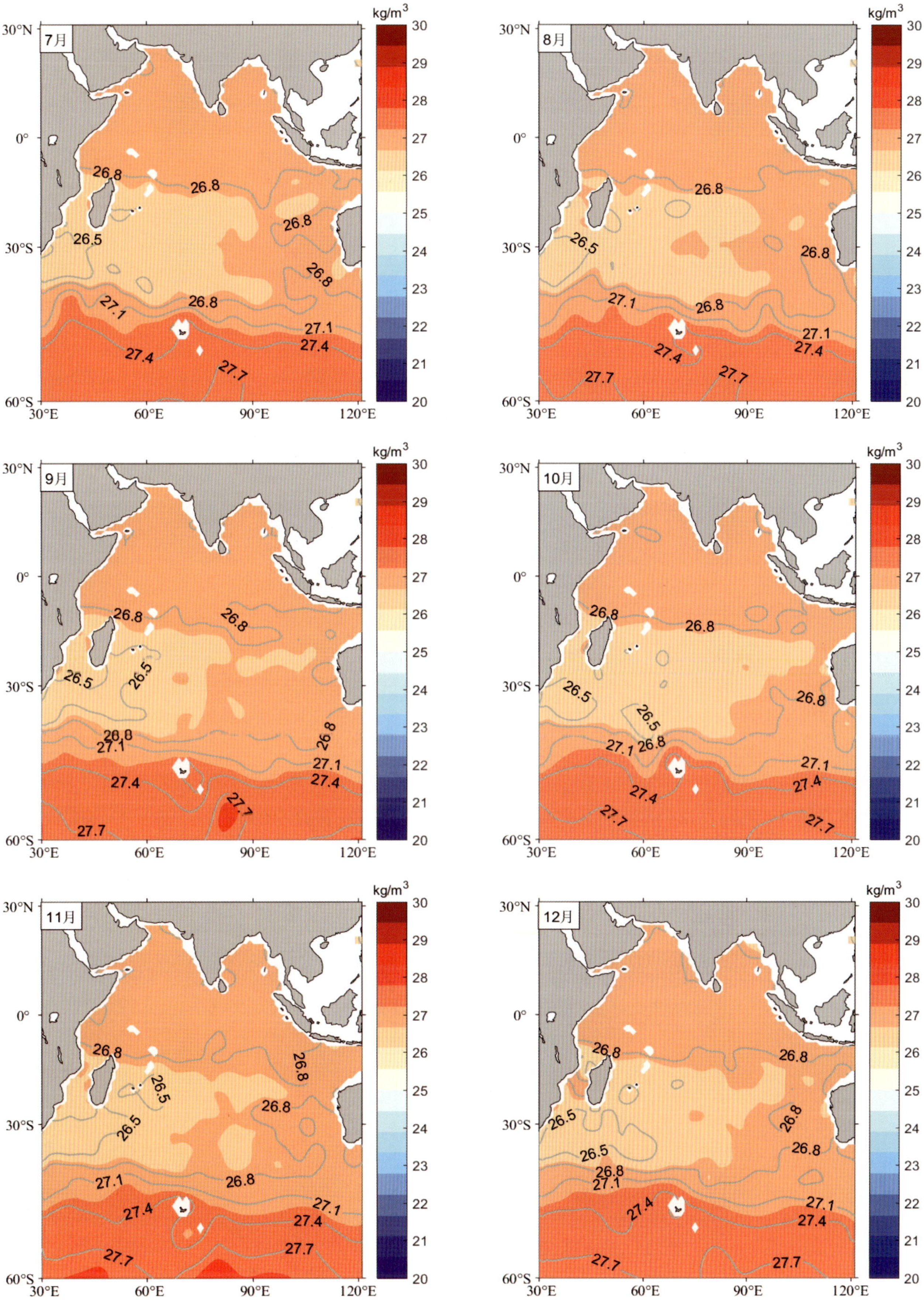

图 37　印度洋 400 m 层密度（单位：kg/m^3）

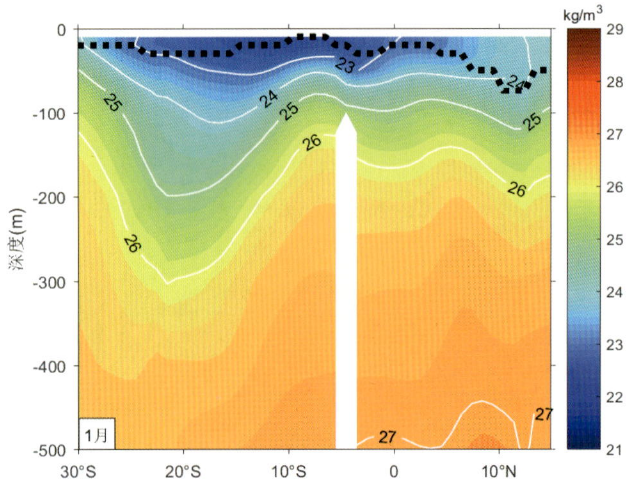
1月
深度(m)
kg/m3
30°S 20°S 10°S 0 10°N

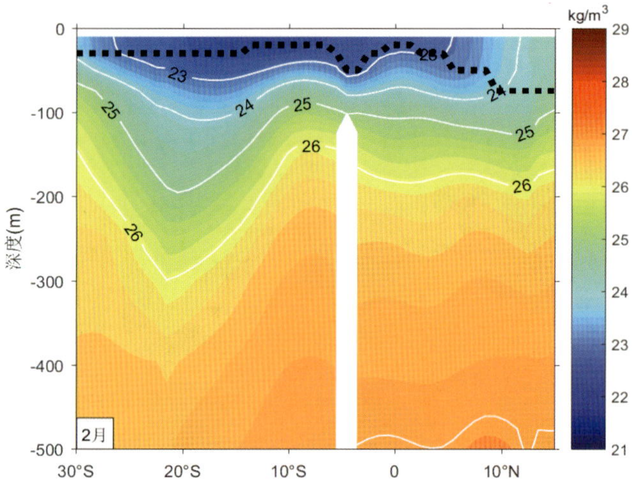
2月
深度(m)
kg/m3
30°S 20°S 10°S 0 10°N

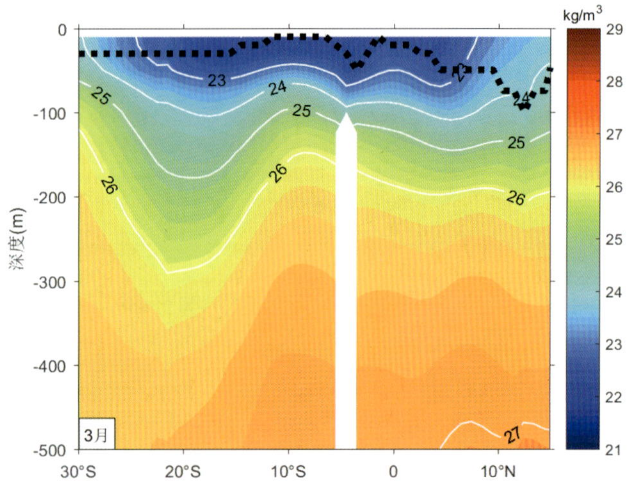
3月
深度(m)
kg/m3
30°S 20°S 10°S 0 10°N

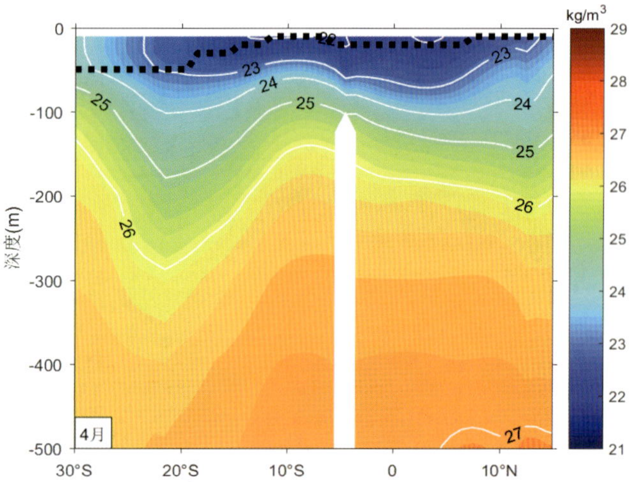
4月
深度(m)
kg/m3
30°S 20°S 10°S 0 10°N

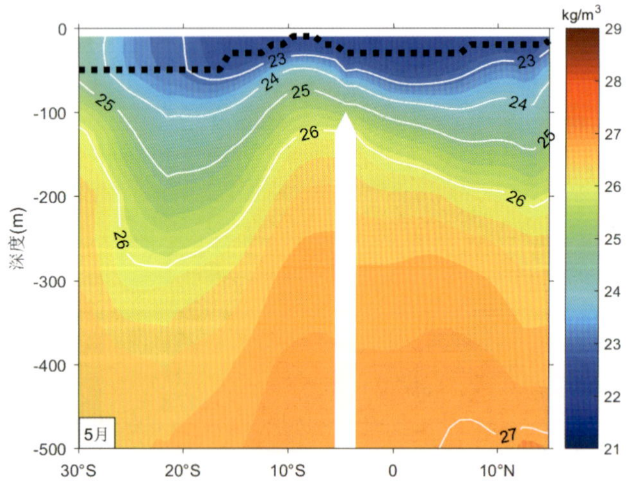
5月
深度(m)
kg/m3
30°S 20°S 10°S 0 10°N

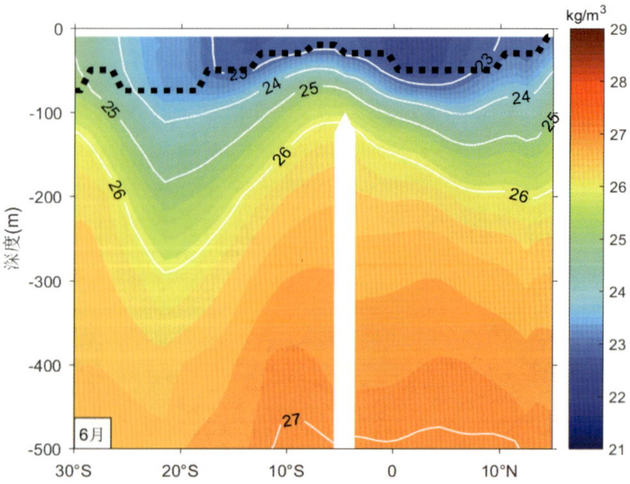
6月
深度(m)
kg/m3
30°S 20°S 10°S 0 10°N

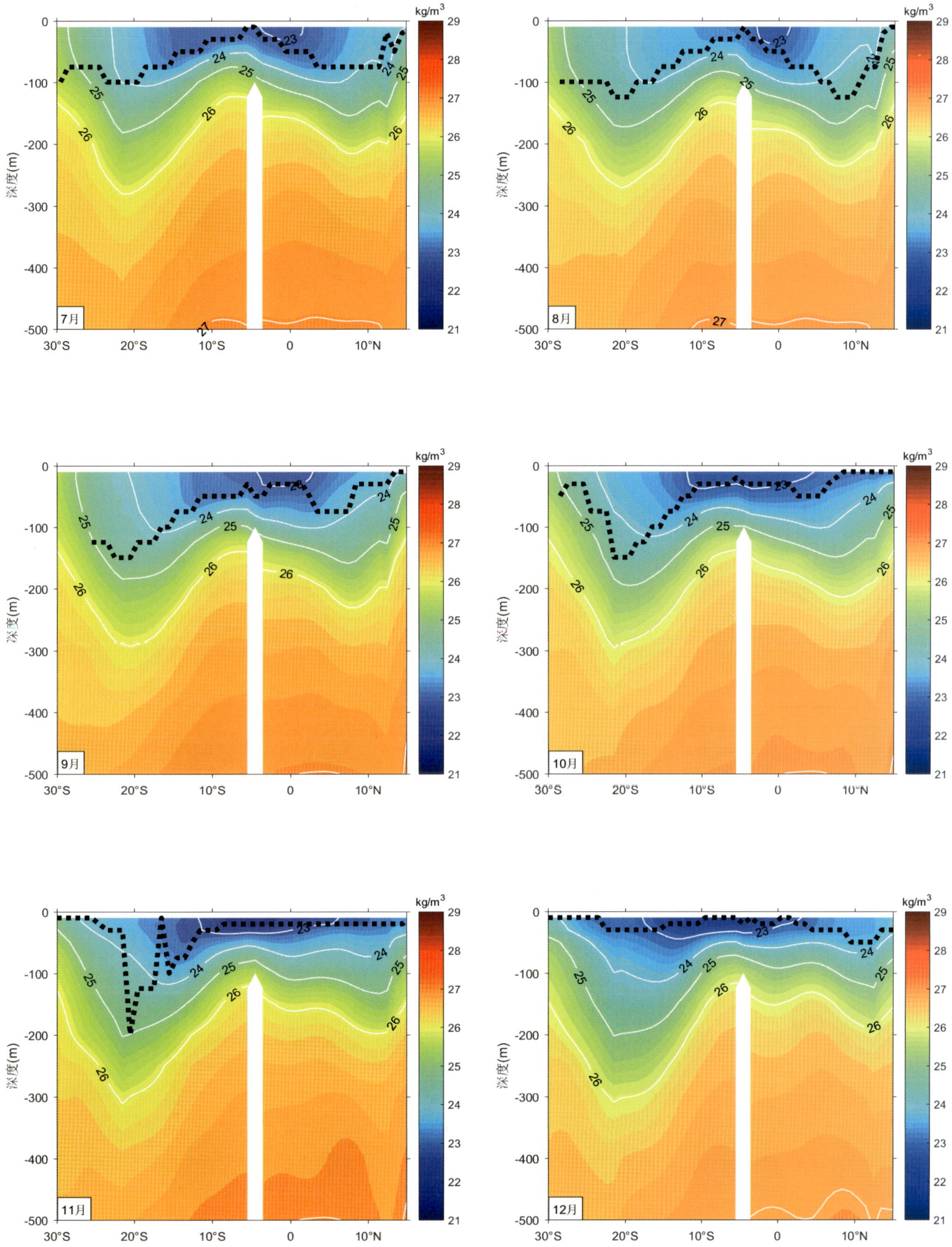

图 38　55°E 经向断面密度垂直分布（颜色填充图和白色等值线，单位：kg/m^3）和密度跃层上界深度（黑色粗虚线，单位：m）

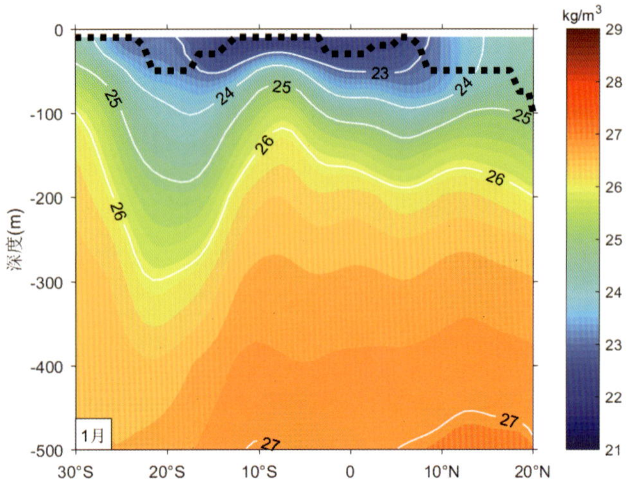
1月
深度(m)
kg/m³
0
-100
-200
-300
-400
-500
30°S
20°S
10°S
0
10°N
20°N
29
28
27
26
25
24
23
22
21

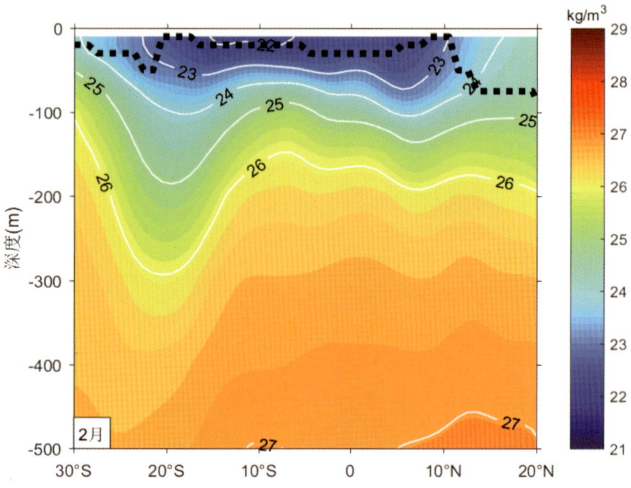
2月
深度(m)
kg/m³
0
-100
-200
-300
-400
-500
30°S
20°S
10°S
0
10°N
20°N
29
28
27
26
25
24
23
22
21

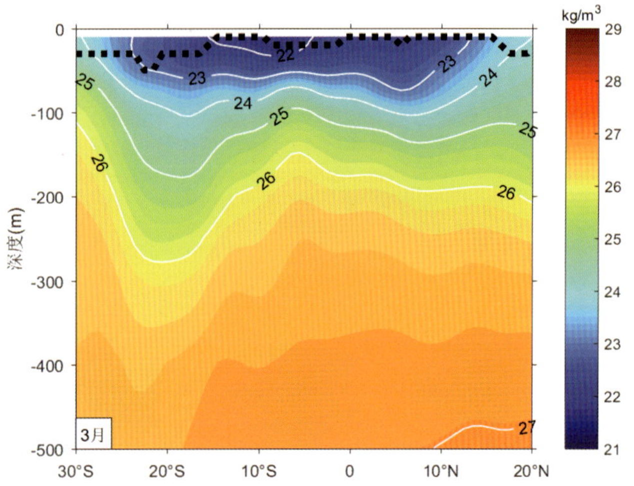
3月
深度(m)
kg/m³
0
-100
-200
-300
-400
-500
30°S
20°S
10°S
0
10°N
20°N
29
28
27
26
25
24
23
22
21

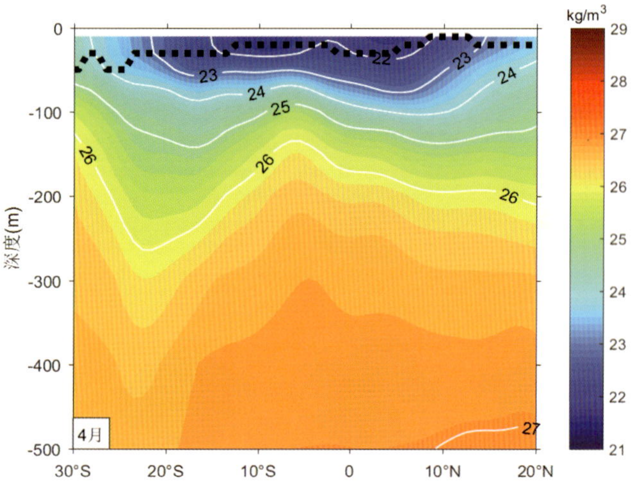
4月
深度(m)
kg/m³
0
-100
-200
-300
-400
-500
30°S
20°S
10°S
0
10°N
20°N
29
28
27
26
25
24
23
22
21

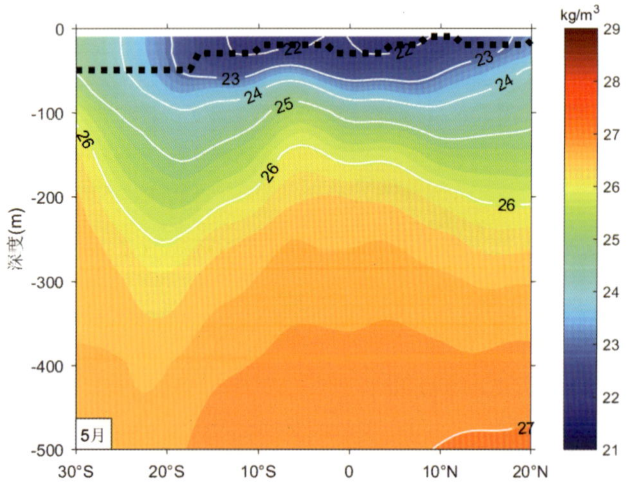
5月
深度(m)
kg/m³
0
-100
-200
-300
-400
-500
30°S
20°S
10°S
0
10°N
20°N
29
28
27
26
25
24
23
22
21

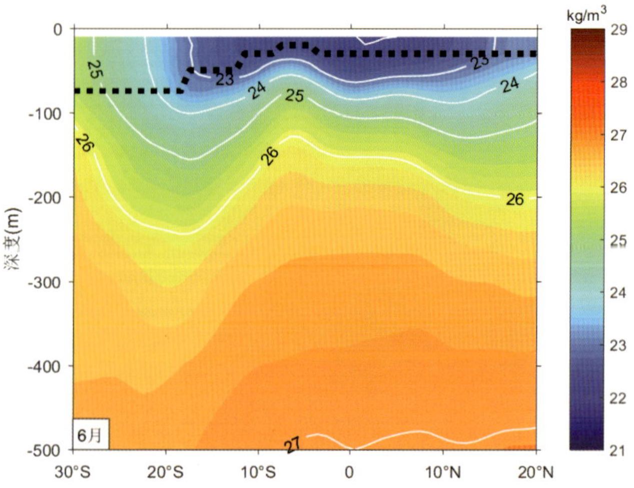
6月
深度(m)
kg/m³
0
-100
-200
-300
-400
-500
30°S
20°S
10°S
0
10°N
20°N
29
28
27
26
25
24
23
22
21

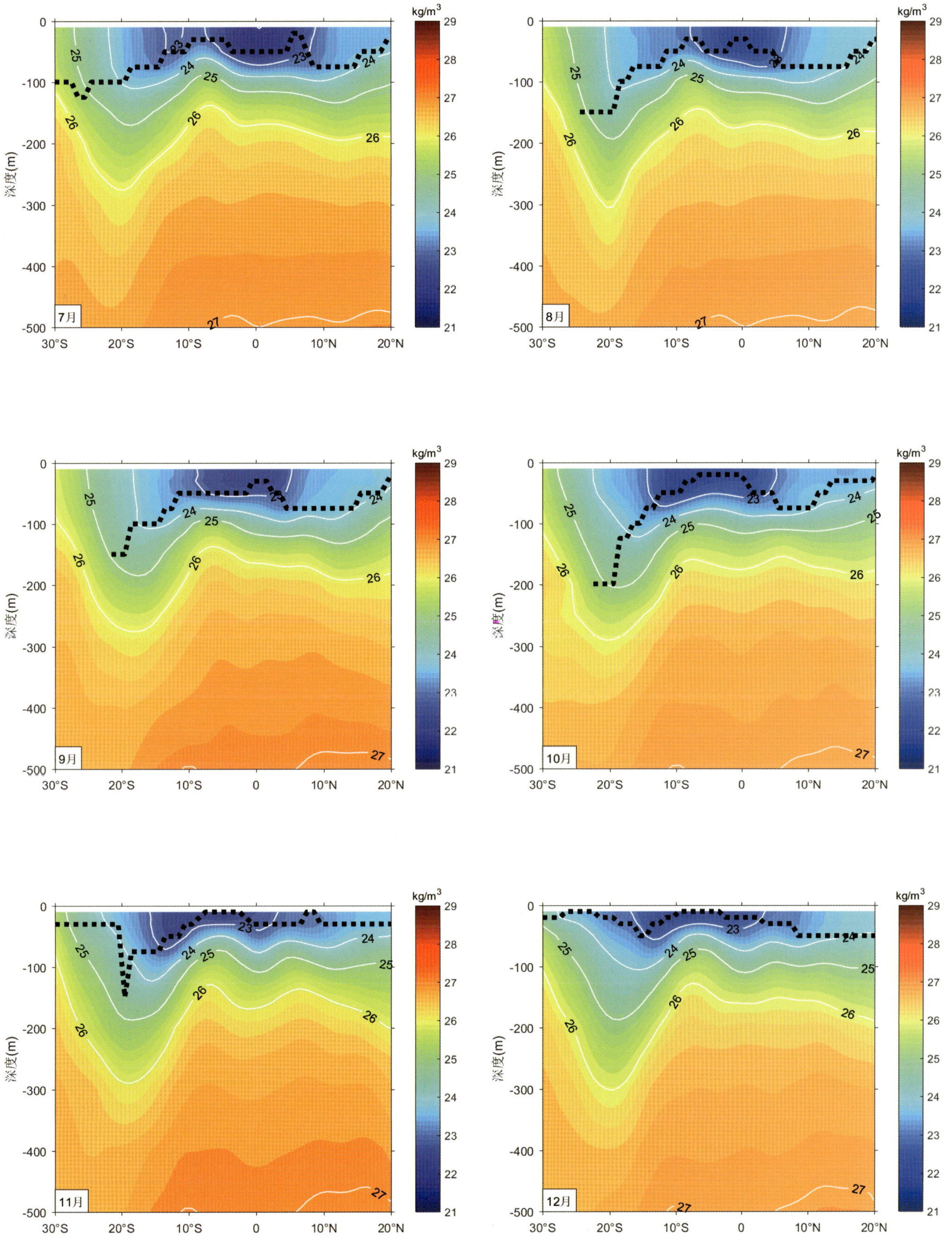

图 39　67°E 经向断面密度垂直分布（颜色填充图和白色等值线，单位：kg/m^3）和密度跃层上界深度（黑色粗虚线，单位：m）

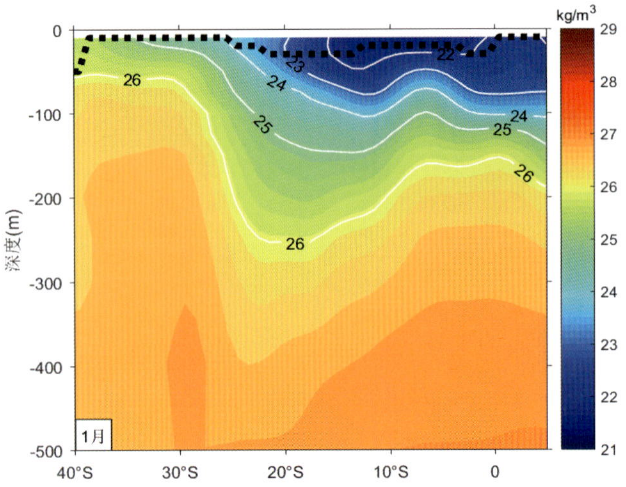
kg/m3
深度(m)
1月
0
-100
-200
-300
-400
-500
40°S
30°S
20°S
10°S
0

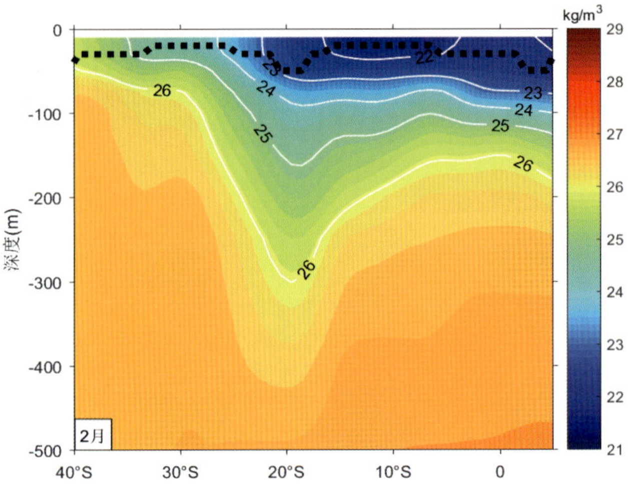
kg/m3
深度(m)
2月
0
-100
-200
-300
-400
-500
40°S
30°S
20°S
10°S
0

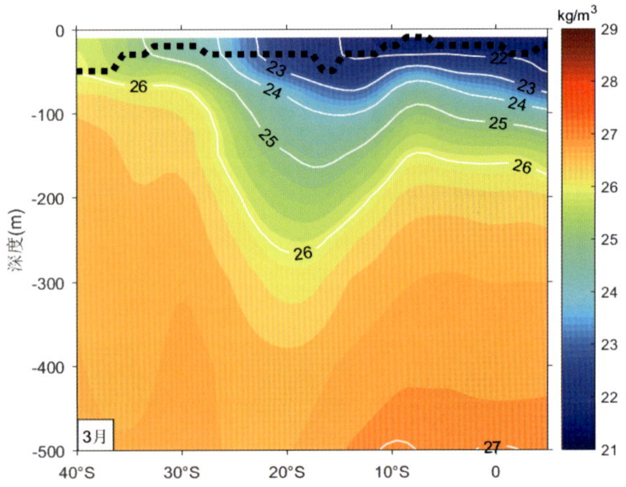
kg/m3
深度(m)
3月
0
-100
-200
-300
-400
-500
40°S
30°S
20°S
10°S
0

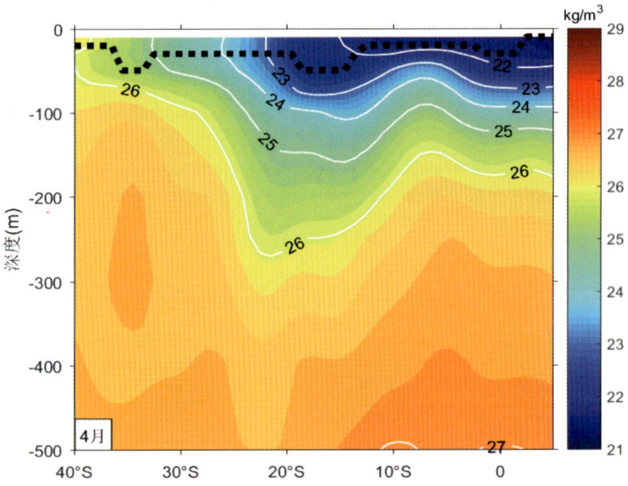
kg/m3
深度(m)
4月
0
-100
-200
-300
-400
-500
40°S
30°S
20°S
10°S
0

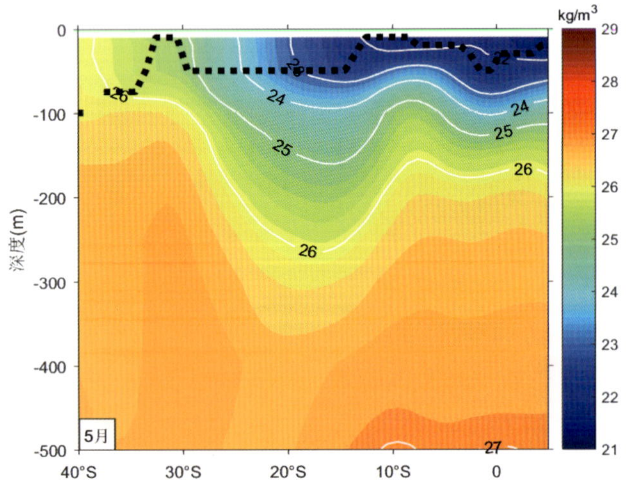
kg/m3
深度(m)
5月
0
-100
-200
-300
-400
-500
40°S
30°S
20°S
10°S
0

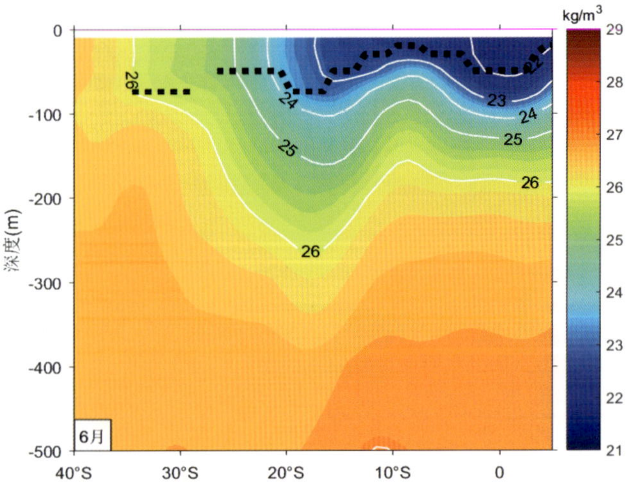
kg/m3
深度(m)
6月
0
-100
-200
-300
-400
-500
40°S
30°S
20°S
10°S
0

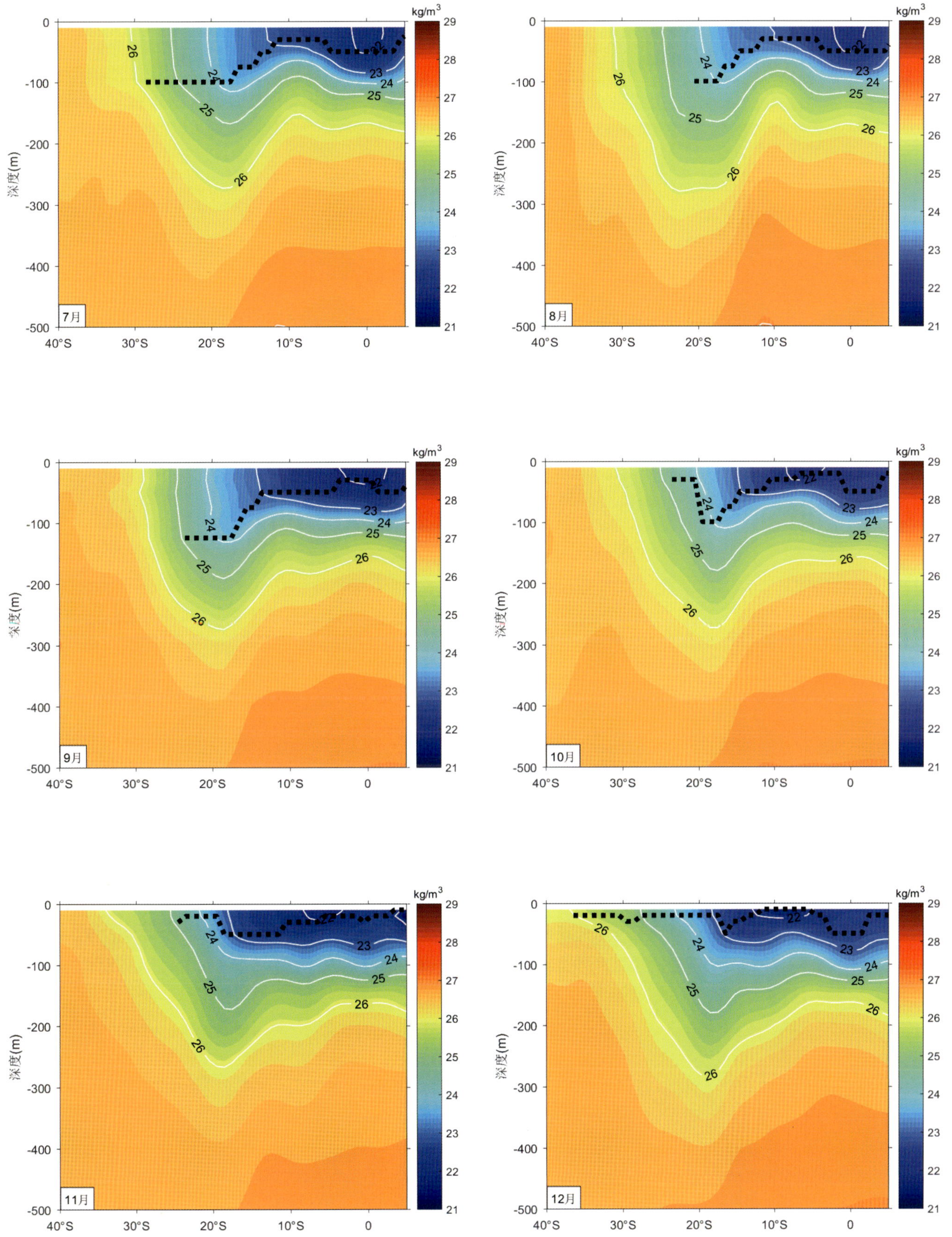

图 40 80.5°E 经向断面密度垂直分布（颜色填充图和白色等值线，单位：kg/m^3）和密度跃层上界深度（黑色粗虚线，单位：m）

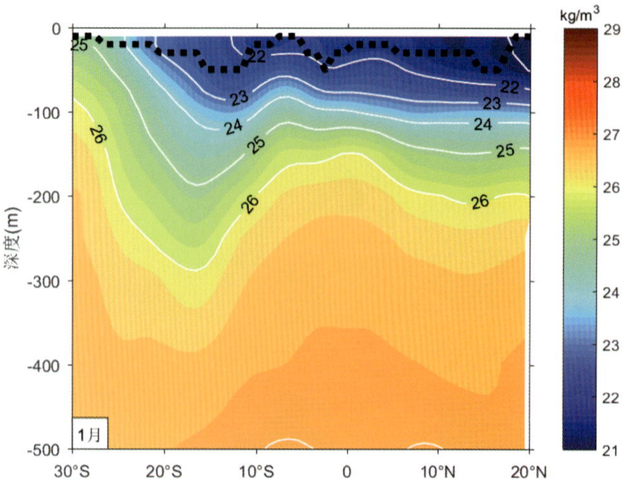
kg/m^3
深度(m)
0
-100
-200
-300
-400
-500
30°S 20°S 10°S 0 10°N 20°N
21 22 23 24 25 26 27 28 29
1月

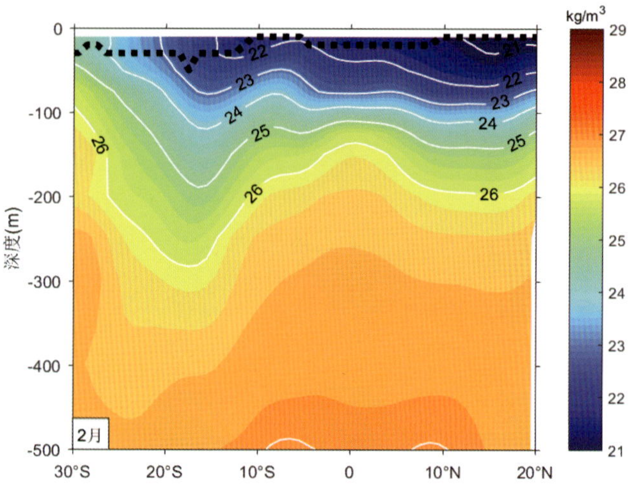
kg/m^3
深度(m)
0
-100
-200
-300
-400
-500
30°S 20°S 10°S 0 10°N 20°N
21 22 23 24 25 26 27 28 29
2月

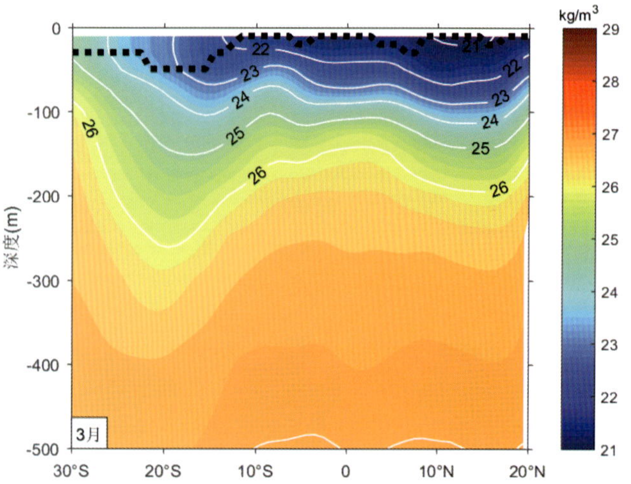
kg/m^3
深度(m)
0
-100
-200
-300
-400
-500
30°S 20°S 10°S 0 10°N 20°N
21 22 23 24 25 26 27 28 29
3月

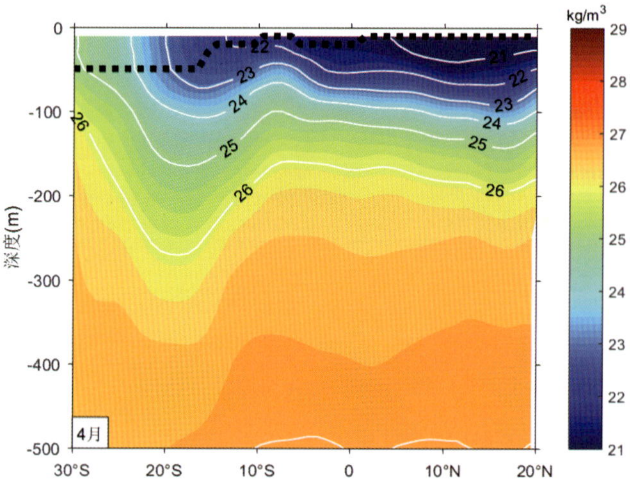
kg/m^3
深度(m)
0
-100
-200
-300
-400
-500
30°S 20°S 10°S 0 10°N 20°N
21 22 23 24 25 26 27 28 29
4月

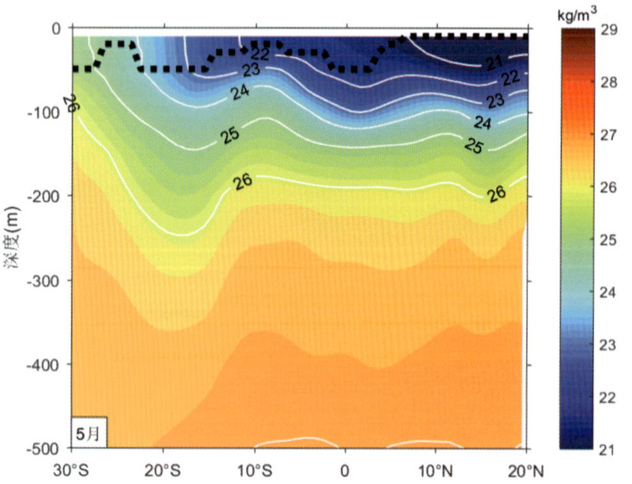
kg/m^3
深度(m)
0
-100
-200
-300
-400
-500
30°S 20°S 10°S 0 10°N 20°N
21 22 23 24 25 26 27 28 29
5月

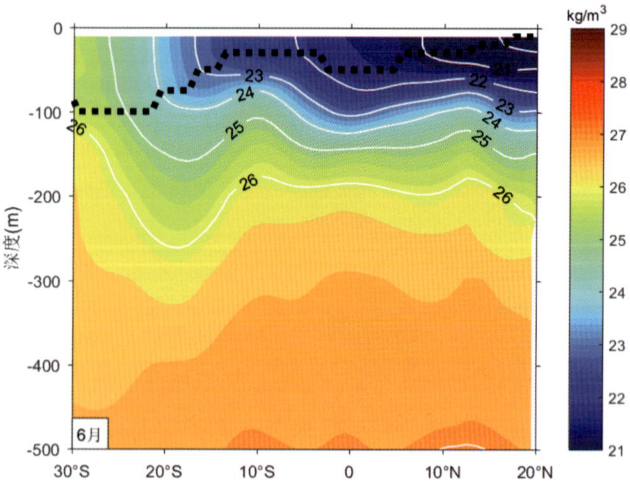
kg/m^3
深度(m)
0
-100
-200
-300
-400
-500
30°S 20°S 10°S 0 10°N 20°N
21 22 23 24 25 26 27 28 29
6月

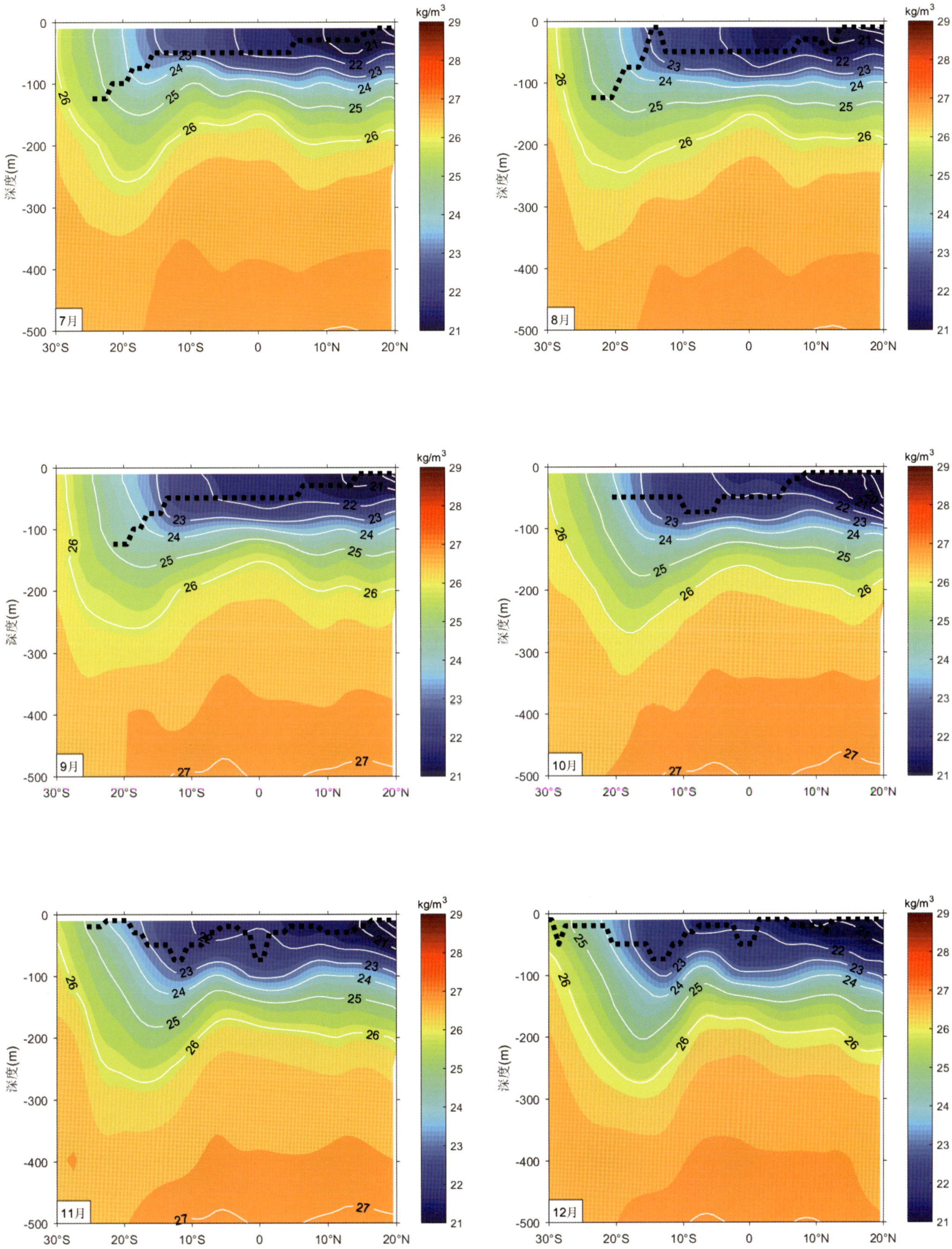

图41 90°E 经向断面密度垂直分布（颜色填充图和白色等值线，单位：kg/m^3）和密度跃层上界深度（黑色粗虚线，单位：m）

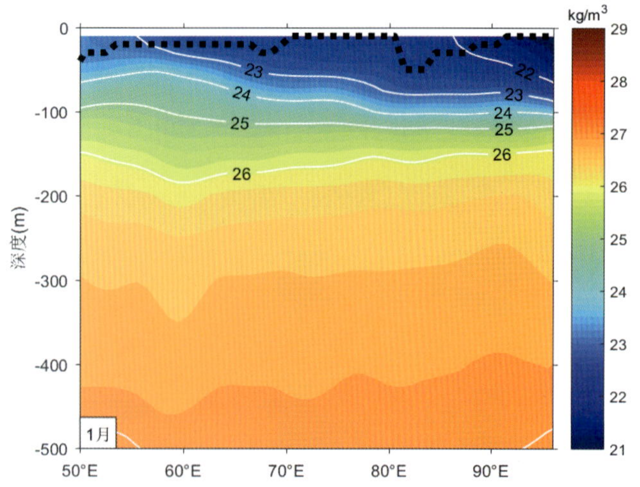
1月
深度(m)
kg/m3
50°E 60°E 70°E 80°E 90°E

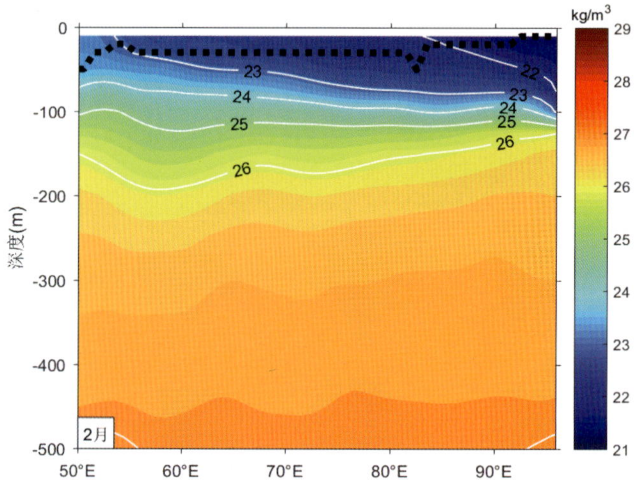
2月
深度(m)
kg/m3
50°E 60°E 70°E 80°E 90°E

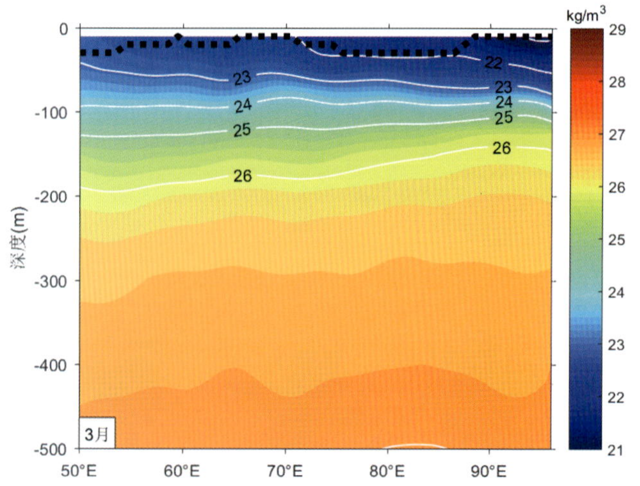
3月
深度(m)
kg/m3
50°E 60°E 70°E 80°E 90°E

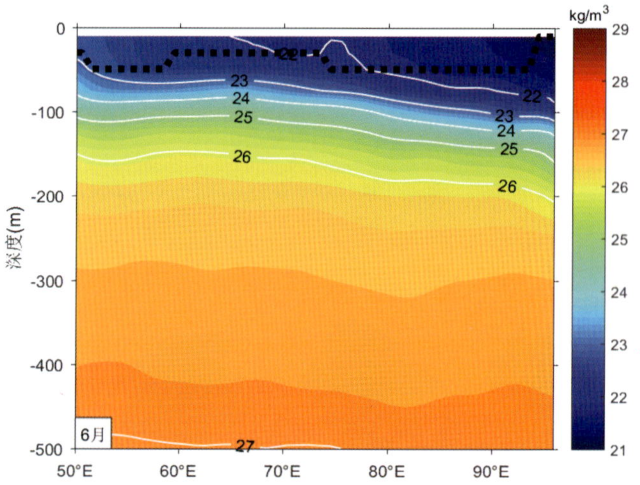
6月
深度(m)
kg/m3
50°E 60°E 70°E 80°E 90°E

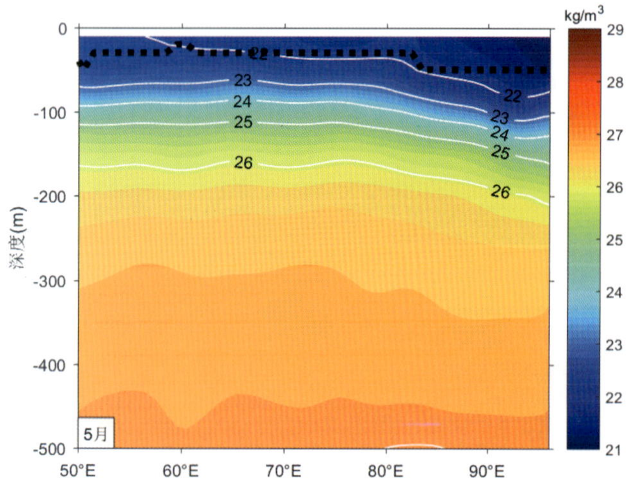
5月
深度(m)
kg/m3
50°E 60°E 70°E 80°E 90°E

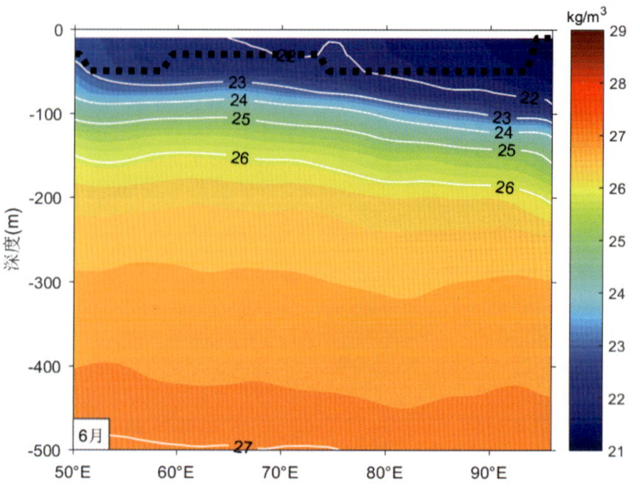
6月
深度(m)
kg/m3
50°E 60°E 70°E 80°E 90°E

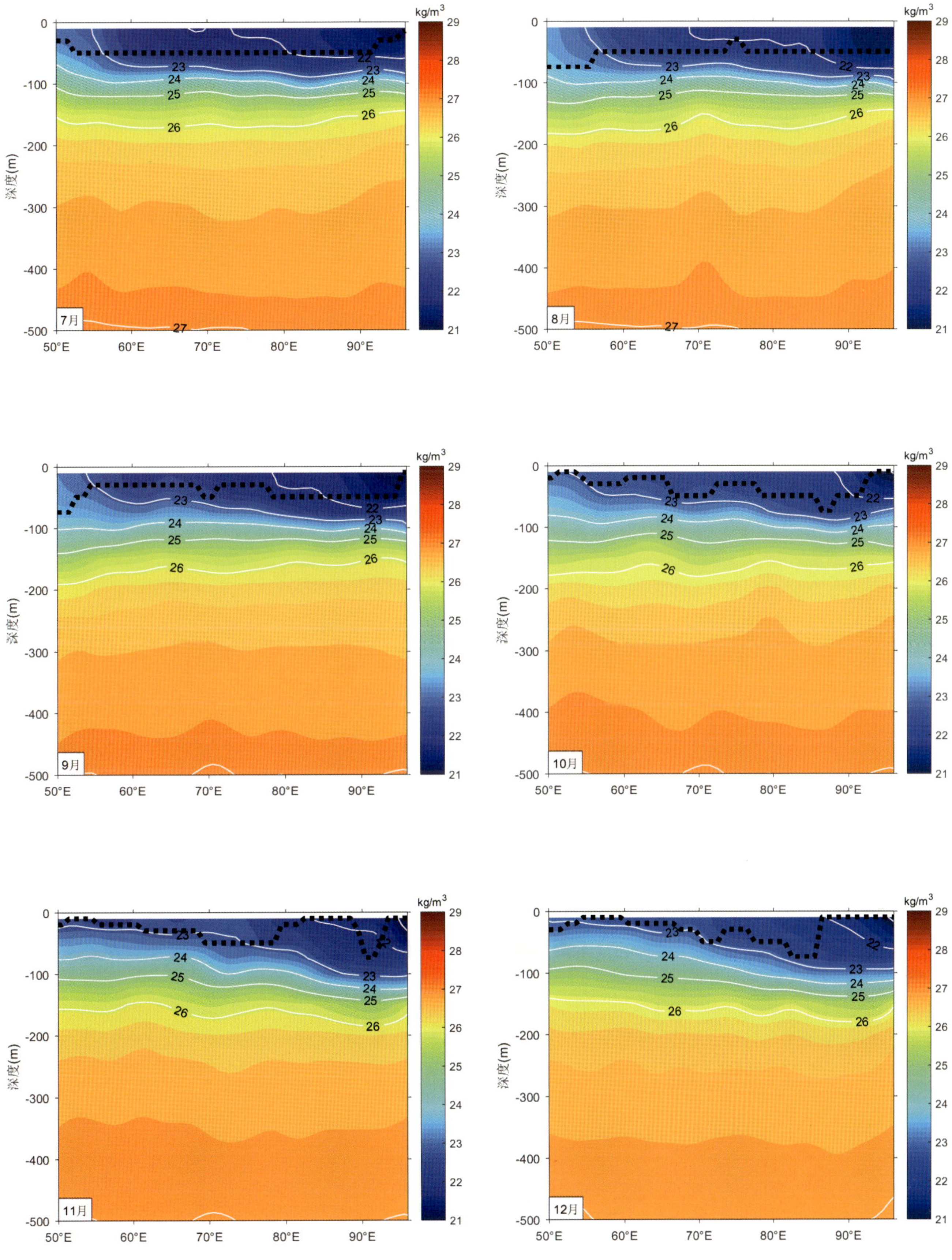

图 42　1.5°N 纬向断面密度垂直分布（颜色填充图和白色等值线，单位：kg/m^3）和密度跃层上界深度（黑色粗虚线，单位：m）

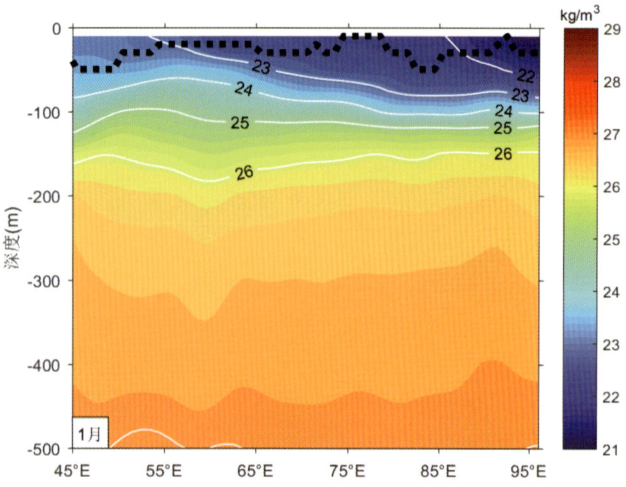
1月
深度(m)
kg/m3
0
-100
-200
-300
-400
-500
45°E 55°E 65°E 75°E 85°E 95°E
22 23 24 25 26
21 22 23 24 25 26 27 28 29

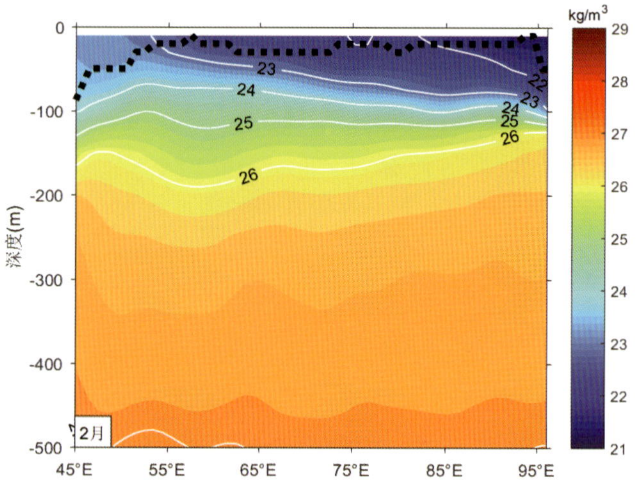
2月
深度(m)
kg/m3
0
-100
-200
-300
-400
-500
45°E 55°E 65°E 75°E 85°E 95°E
22 23 24 25 26
21 22 23 24 25 26 27 28 29

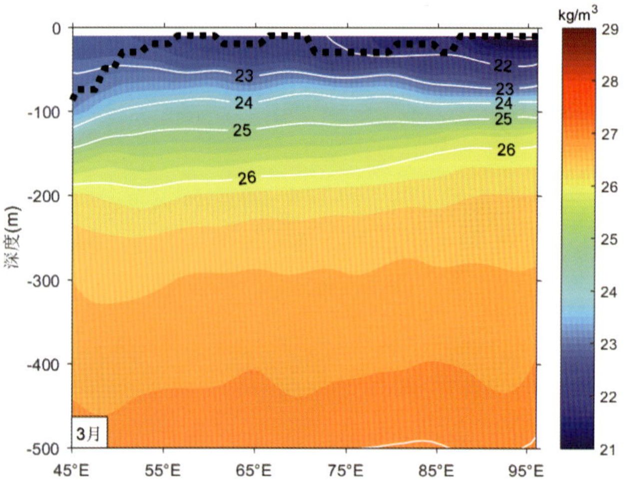
3月
深度(m)
kg/m3
0
-100
-200
-300
-400
-500
45°E 55°E 65°E 75°E 85°E 95°E
22 23 24 25 26
21 22 23 24 25 26 27 28 29

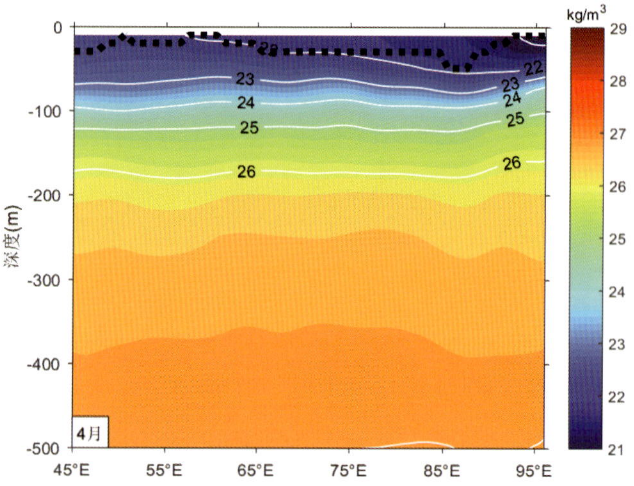
4月
深度(m)
kg/m3
0
-100
-200
-300
-400
-500
45°E 55°E 65°E 75°E 85°E 95°E
22 23 24 25 26
21 22 23 24 25 26 27 28 29

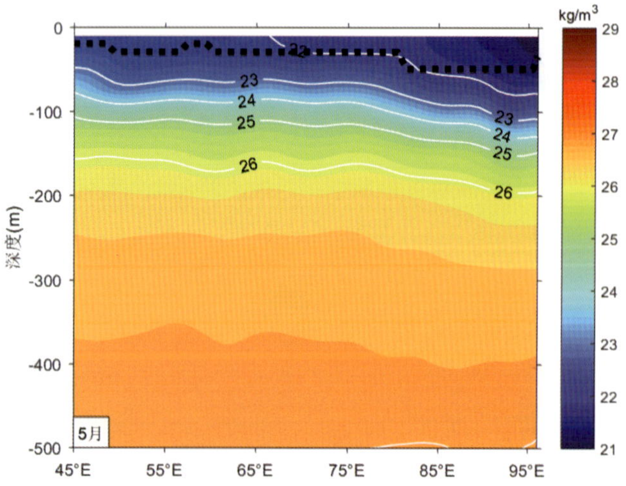
5月
深度(m)
kg/m3
0
-100
-200
-300
-400
-500
45°E 55°E 65°E 75°E 85°E 95°E
22 23 24 25 26
21 22 23 24 25 26 27 28 29

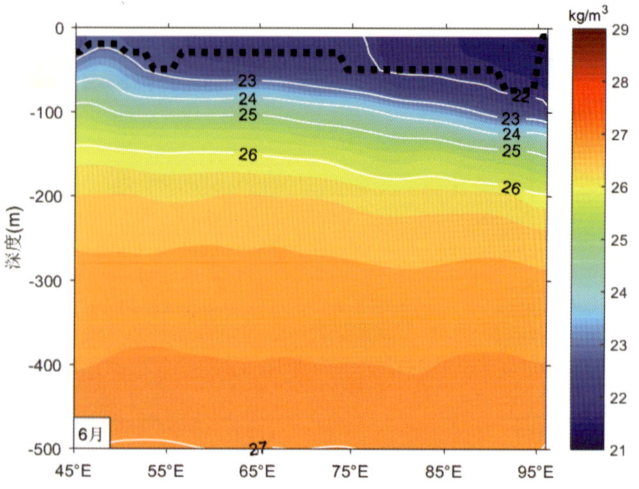
6月
深度(m)
kg/m3
0
-100
-200
-300
-400
-500
45°E 55°E 65°E 75°E 85°E 95°E
22 23 24 25 26 27
21 22 23 24 25 26 27 28 29

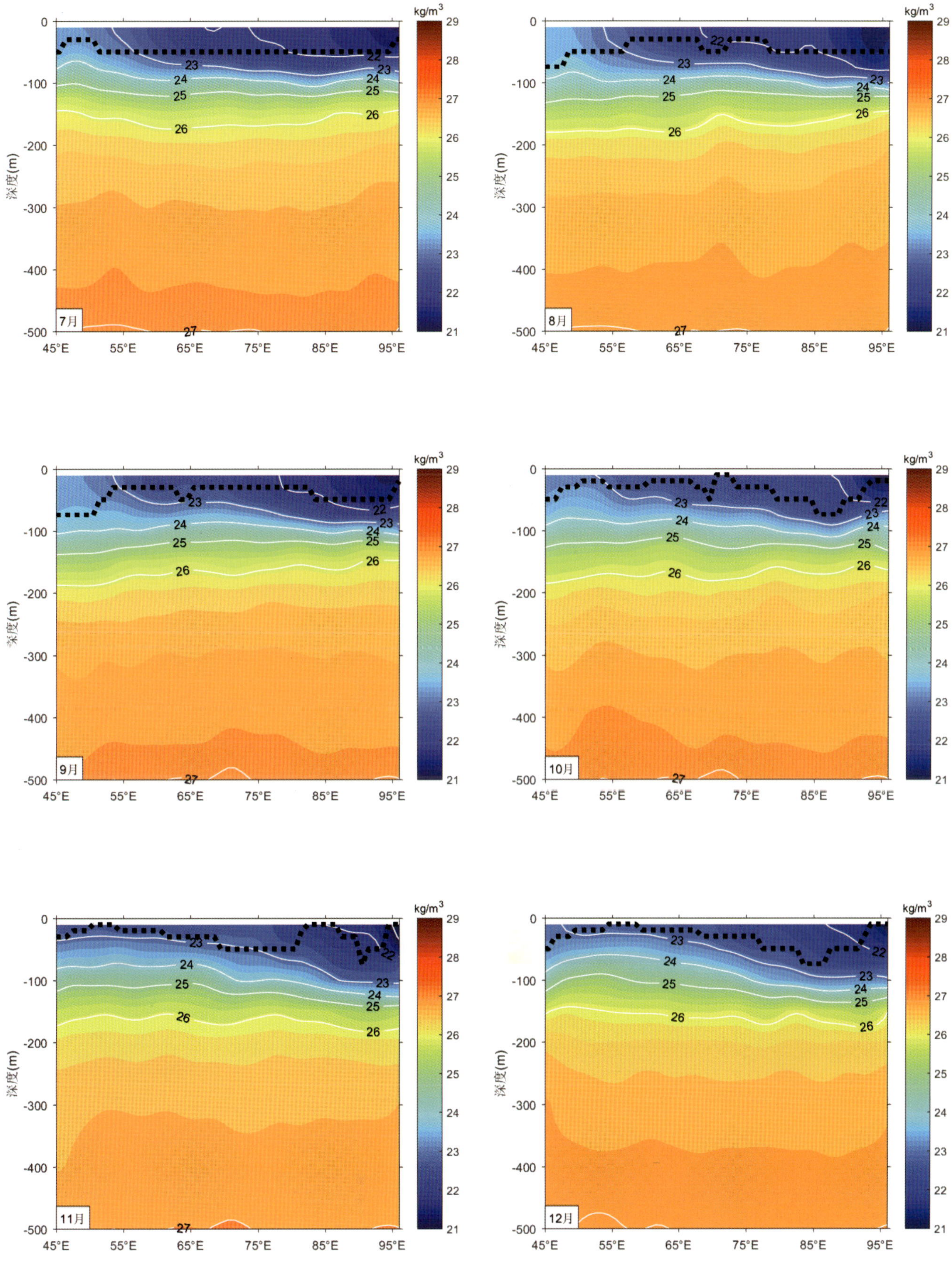

图 43　0° 纬向断面密度垂直分布（颜色填充图和白色等值线，单位：kg/m^3）和密度跃层上界深度（黑色粗虚线，单位：m）

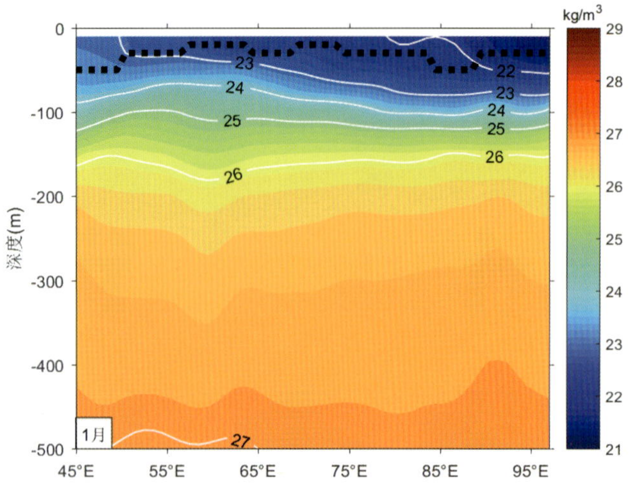
kg/m3
深度(m)
0
-100
-200
-300
-400
-500
45°E
55°E
65°E
75°E
85°E
95°E
22
23
24
25
26
27
1月
21
22
23
24
25
26
27
28
29

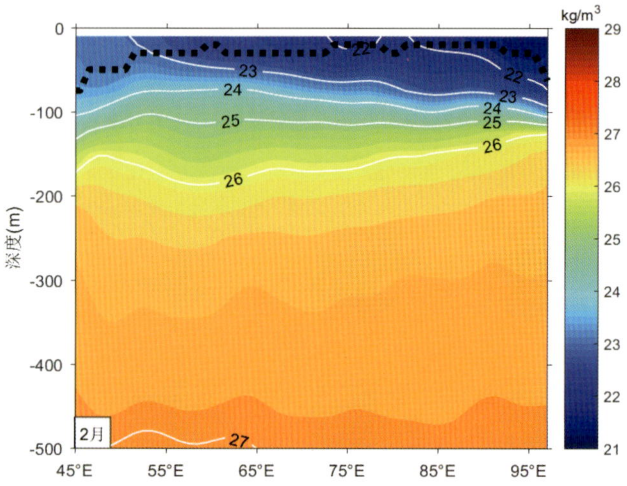
kg/m3
深度(m)
0
-100
-200
-300
-400
-500
45°E
55°E
65°E
75°E
85°E
95°E
22
23
24
25
26
27
2月
21
22
23
24
25
26
27
28
29

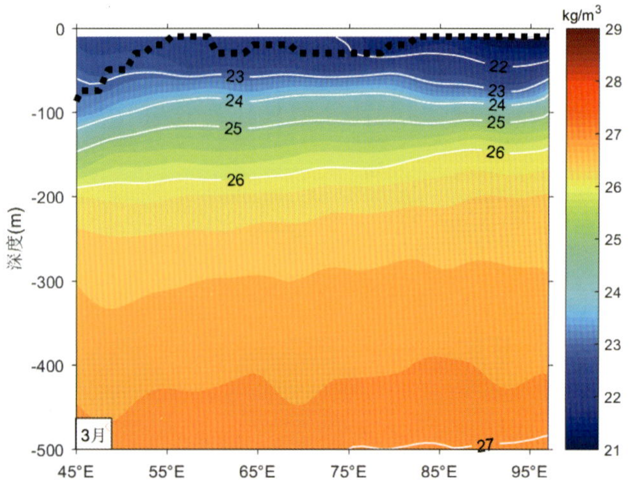
kg/m3
深度(m)
0
-100
-200
-300
-400
-500
45°E
55°E
65°E
75°E
85°E
95°E
22
23
24
25
26
27
3月
21
22
23
24
25
26
27
28
29

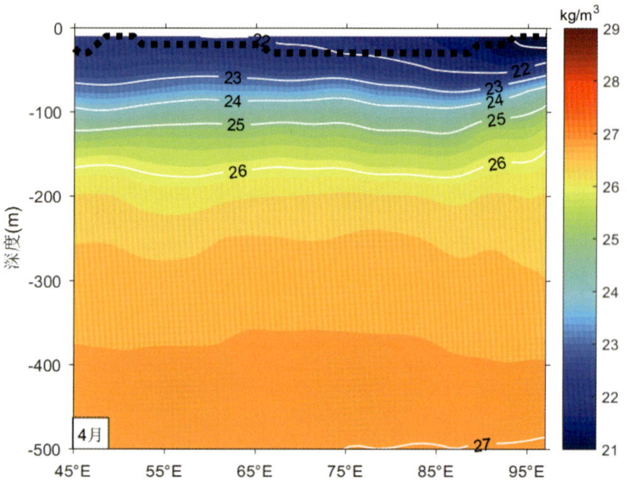
kg/m3
深度(m)
0
-100
-200
-300
-400
-500
45°E
55°E
65°E
75°E
85°E
95°E
22
23
24
25
26
27
4月
21
22
23
24
25
26
27
28
29

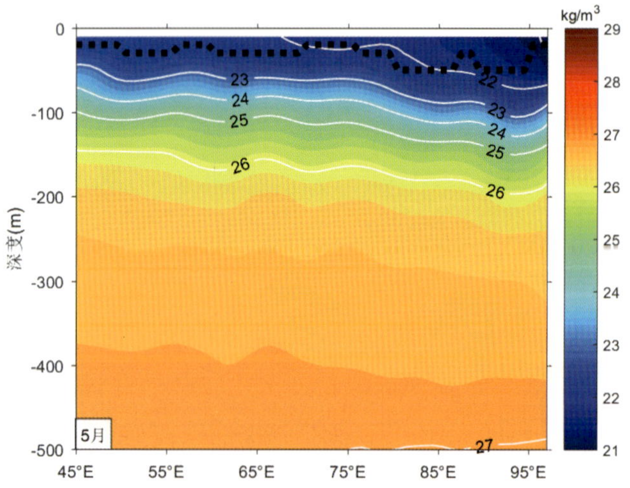
kg/m3
深度(m)
0
-100
-200
-300
-400
-500
45°E
55°E
65°E
75°E
85°E
95°E
22
23
24
25
26
27
5月
21
22
23
24
25
26
27
28
29

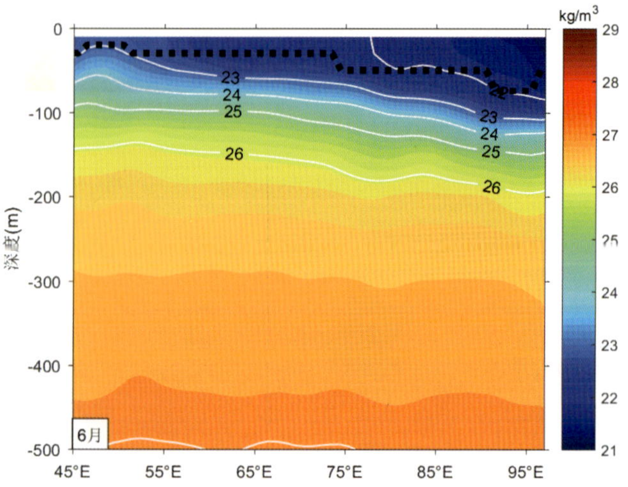
kg/m3
深度(m)
0
-100
-200
-300
-400
-500
45°E
55°E
65°E
75°E
85°E
95°E
22
23
24
25
26
6月
21
22
23
24
25
26
27
28
29

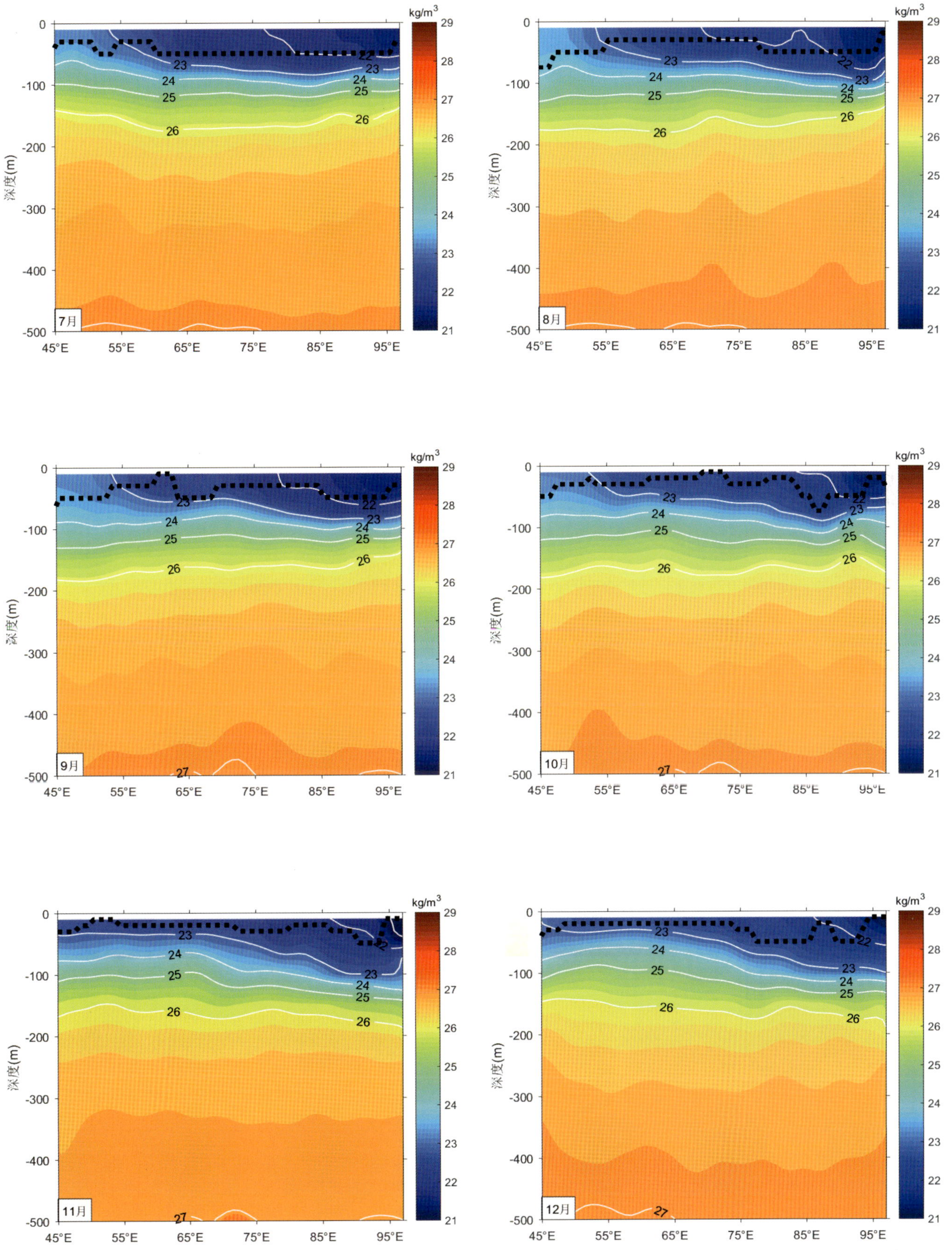

图 44　1.5°S 纬向断面密度垂直分布（颜色填充图和白色等值线，单位：kg/m³）和密度跃层上界深度（黑色粗虚线，单位：m）

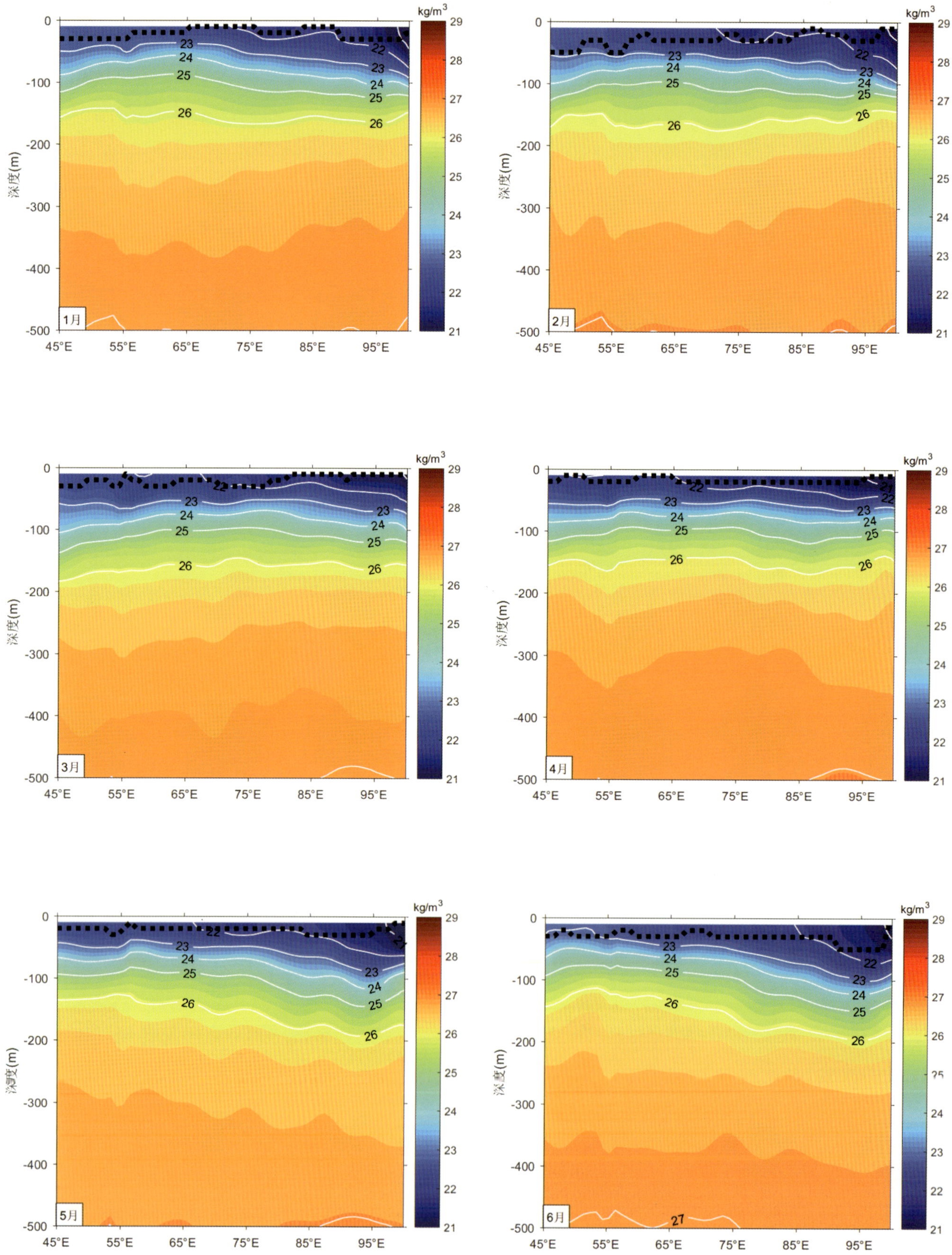
1月
2月
3月
4月
5月
6月
深度(m)
kg/m3
0
-100
-200
-300
-400
-500
45°E
55°E
65°E
75°E
85°E
95°E
21
22
23
24
25
26
27
28
29

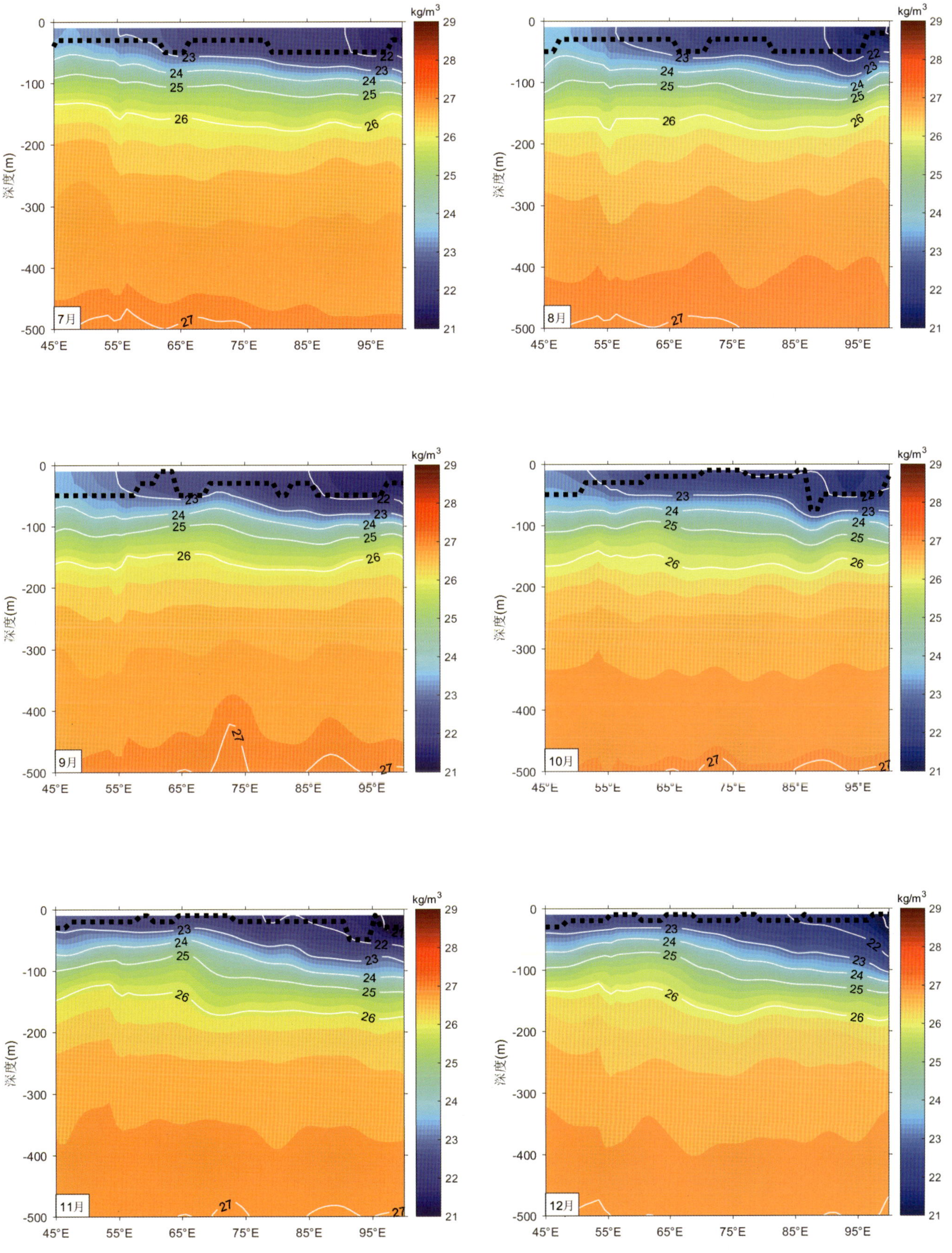

图 45　4°S 纬向断面密度垂直分布（颜色填充图和白色等值线，单位：kg/m^3）和密度跃层上界深度（黑色粗虚线，单位：m）

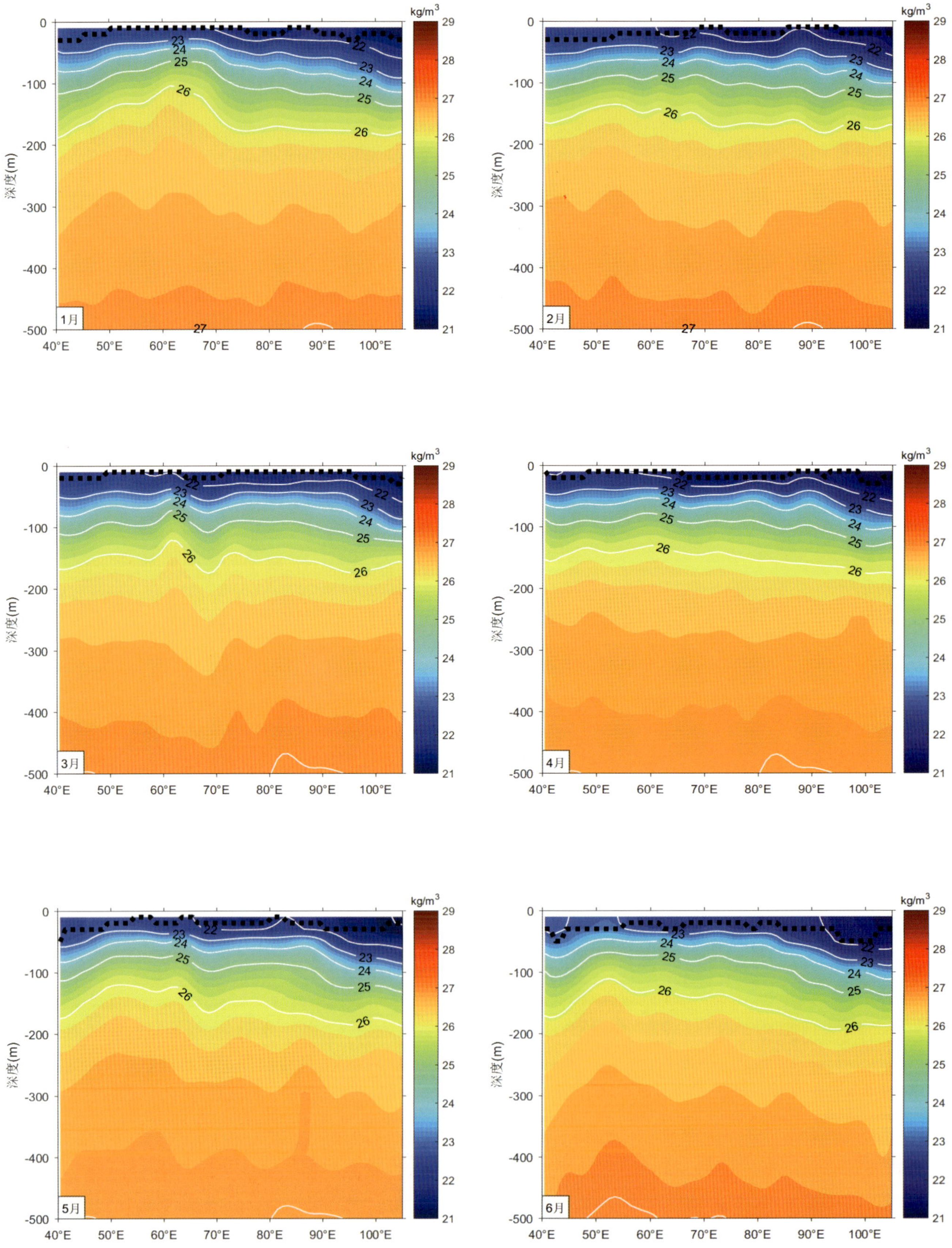
kg/m3
深度(m)
0
-100
-200
-300
-400
-500
40°E 50°E 60°E 70°E 80°E 90°E 100°E
21 22 23 24 25 26 27 28 29
1月
2月
3月
4月
5月
6月

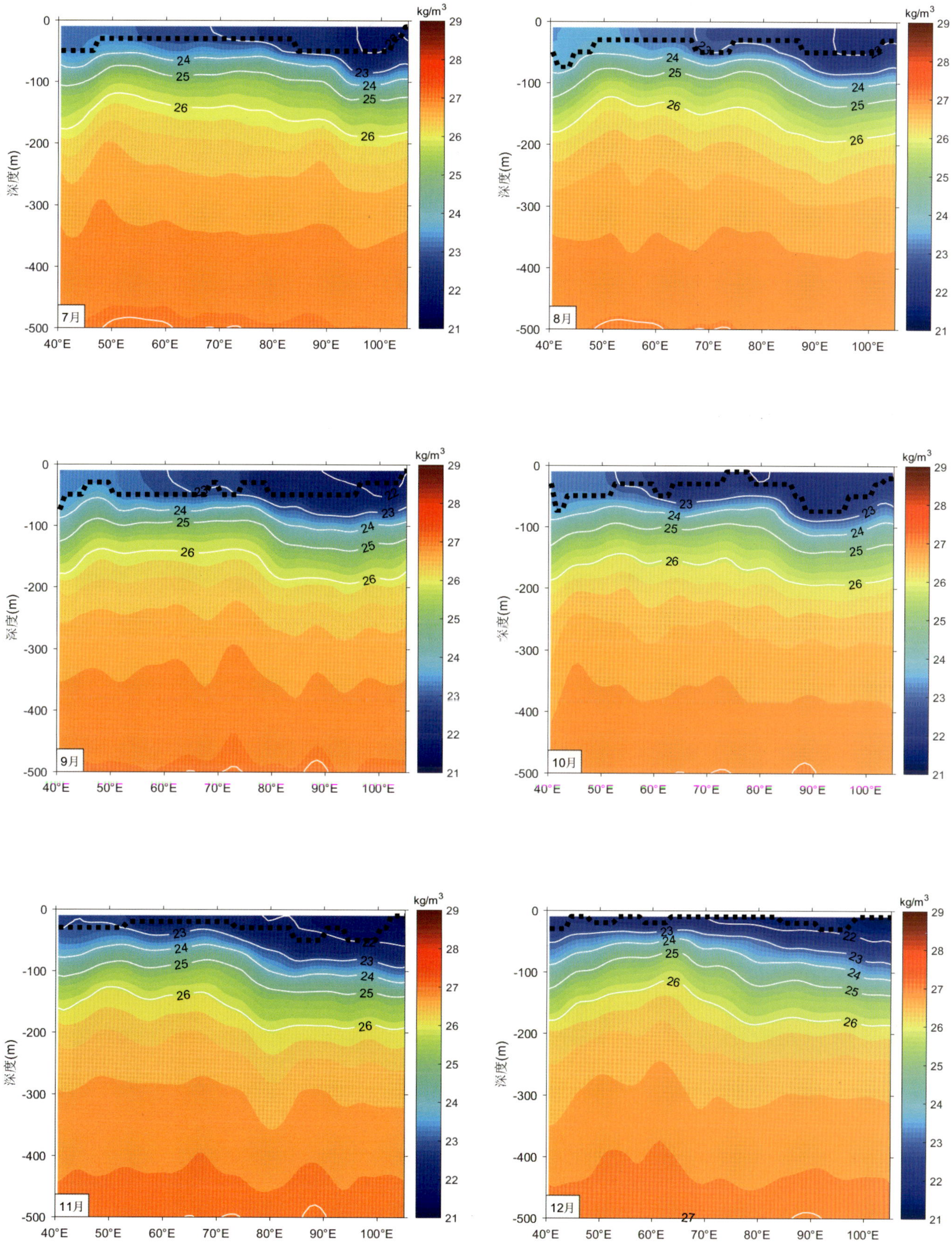

图 46　8°S 纬向断面密度垂直分布（颜色填充图和白色等值线，单位：kg/m^3）和密度跃层上界深度（黑色粗虚线，单位：m）

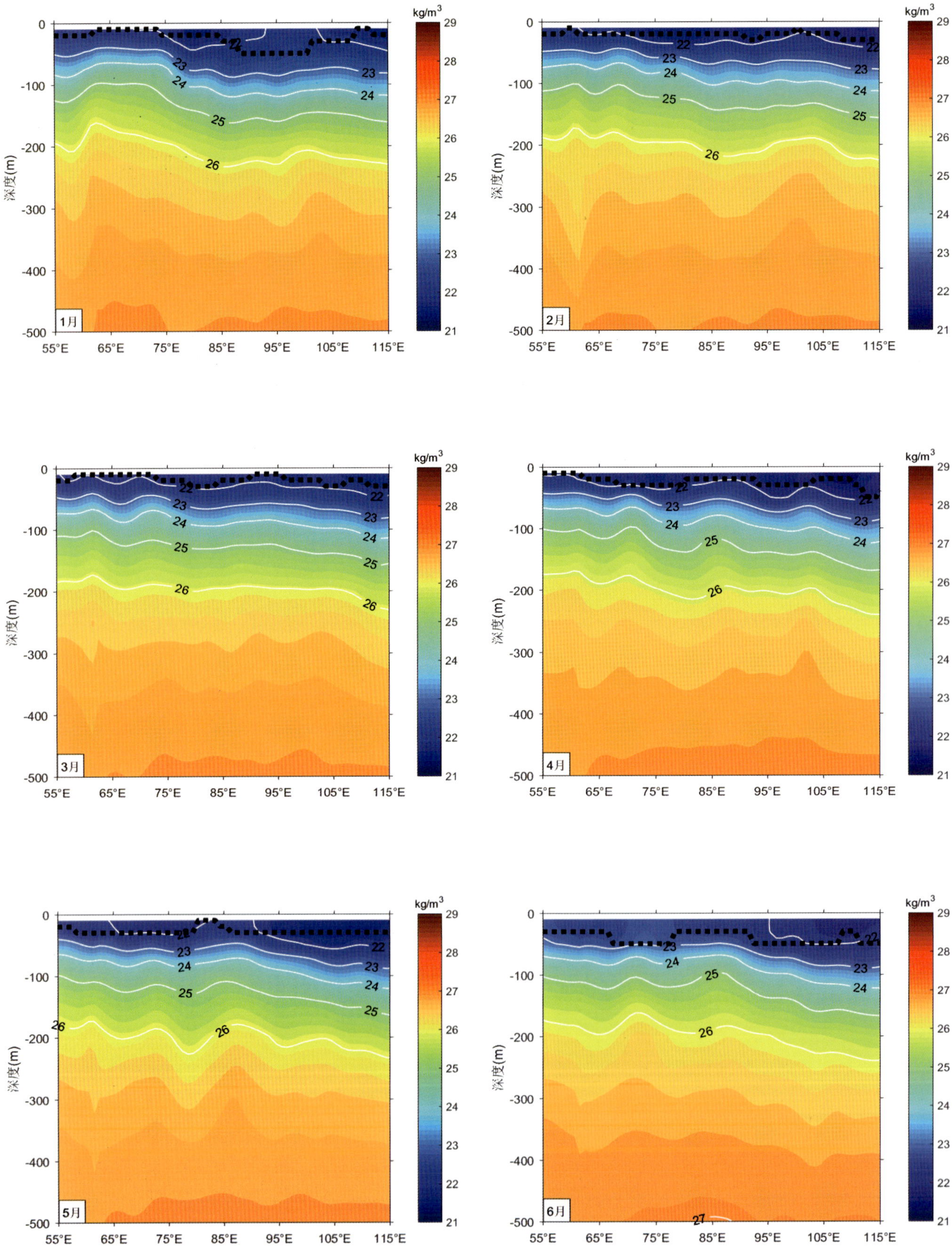
kg/m³
深度(m)
0
-100
-200
-300
-400
-500
55°E
65°E
75°E
85°E
95°E
105°E
115°E
21
22
23
24
25
26
27
28
29
1月
2月
3月
4月
5月
6月

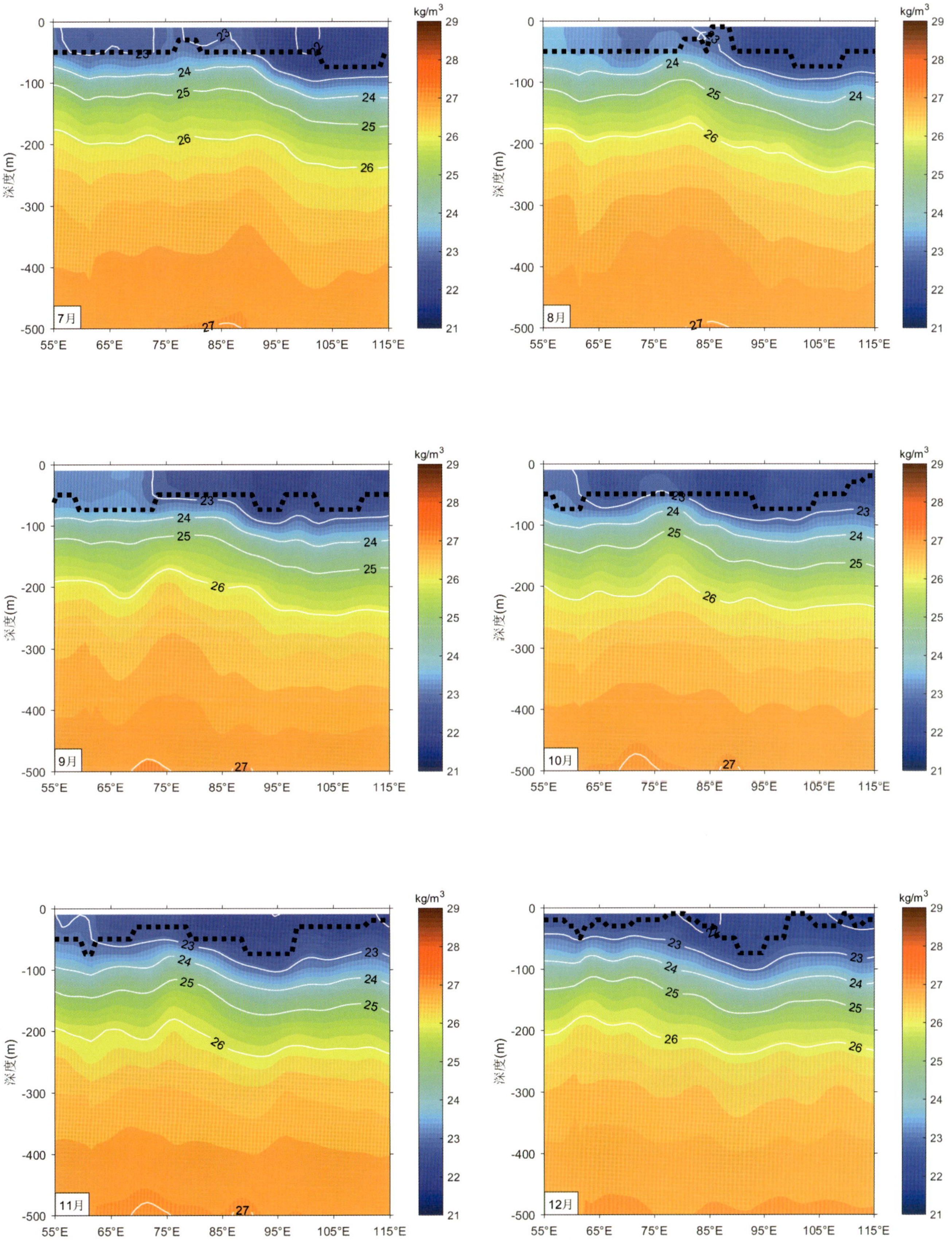

图 47　12°S 纬向断面密度垂直分布（颜色填充图和白色等值线，单位：kg/m^3）和密度跃层上界深度（黑色粗虚线，单位：m）

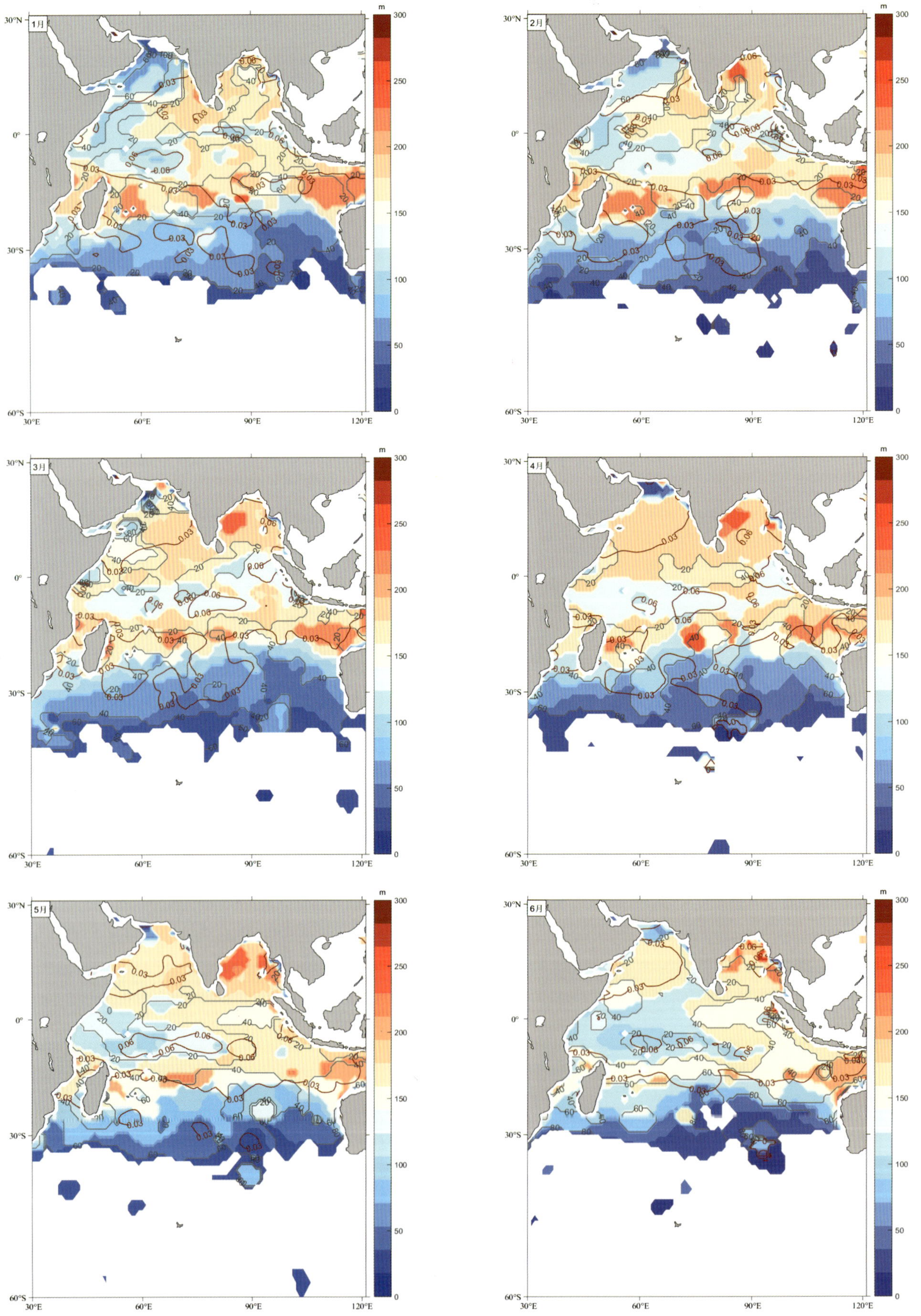
1月
2月
3月
4月
5月
6月
30°N
0°
30°S
60°S
30°E
60°E
90°E
120°E
m
300
250
200
150
100
50
0

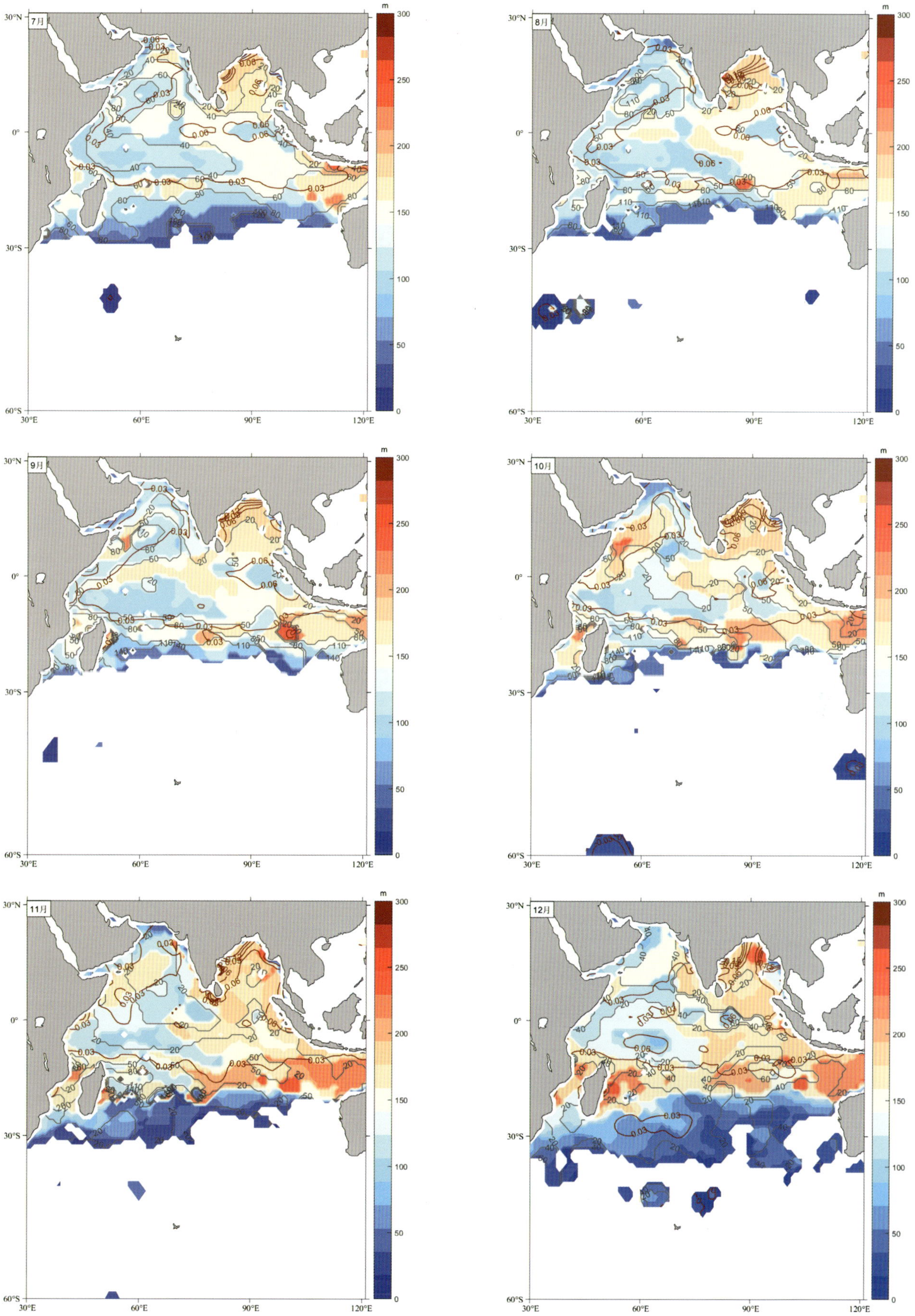

图 48　印度洋密度跃层特性（空白为无跃层区）：密度跃层厚度（颜色填充图，单位：m）、强度（红色等值线，单位：kg/m^4）和上界深度（灰色等值线，单位：m）

五、印度洋声速特征

（一）各层声速平面分布

春季：在大洋北部。表层，20°S 以北被均匀的高声速水所占据，值大于 1540 m/s。在 75 m 层，高声速水范围明显缩小，仅在阿拉伯海南部、苏门答腊岛以西海区附近出现，值大于 1540 m/s。在马达加斯加岛东北洋区，在 75 m 层出现一个声速低值中心（值约 1525 m/s），至 150 m 层该低值中心急剧扩大，形成一个横贯赤道南侧的低声速带，值约 1510 m/s；在 400 m 层，横贯赤道南侧的低声速带仍然存在，孟加拉湾也是声速低值区，值小于 1500 m/s。声速高值中心位于马达加斯加岛南部，值约 1510 m/s。在大洋南部（30°S 以南），各层声速等值线几乎与纬线平行，声速自北向南逐渐递减。水平梯度较大，在非洲大陆以南洋区尤为显著。

夏季：在大洋北部。表层，10°S 以北存在高声速区，值大于 1540 m/s，与春季相比，该高值区向东偏移，范围逐渐缩小。由于受索马里寒流和盛行西南风的影响，在阿拉伯半岛东南沿岸和非洲东岸洋区的声速与春季相比减小。在 75 m 层，声速高值中心位于印度半岛西南侧和苏门答腊岛以西洋区，值大于 1540 m/s。在马达加斯加岛东北洋区，在 75 m 层形成一个声速低值中心，值约 1525 m/s，到 150 m 层该低值中心急剧扩展为横贯赤道南侧的低声速带，值约 1510 m/s。在 150 m 层，马达加斯加岛到澳大利亚北部一带，以及孟加拉湾海区均为声速高值区，值大于 1520 m/s。在 400 m 水层，声速分布季节性变化很小，与春季类似。此外，在 30°S 以南开阔洋区，各层等声速线基本与纬线平行，自北向南声速逐渐减小。尤其在非洲大陆以南洋区，由于几种流系交汇的结果，形成了较大水平梯度。

秋季：在大洋北部。表层，高声速水出现在 10°S 以北，高值中心范围逐渐向西扩展，一直延伸到非洲沿岸，值大于 1540 m/s。在 75 m 层，声速高值中心位于苏门答腊岛以西洋区，值大于 1540 m/s，而低值中心位于马达加斯加岛东北部洋区，值约 1525 m/s。在 150 m 层，出现一条横贯赤道南侧的声速低值带，值约 1510 m/s，马达加斯加岛到澳大利亚北部一带，以及孟加拉湾为声速高值区，值大于 1520 m/s。在 30°S 以南，各层的水平分布状况比较稳定，但水平梯度较大，尤以非洲大陆以南洋区比较突出。

冬季：在大洋北部。表层，等声速线分布大体与纬线平行，在洋区北部（20°S 以北），除了阿拉伯海北部和孟加拉湾北部，基本为均匀的高声速区，值大于 1540 m/s，位置较夏季向南偏移。在 75 m 层，声速高值区仅分布在印度半岛西南侧和苏门答腊岛以西海区，值大于 1540 m/s。在马达加斯加岛东北部洋区出现低声速中心，值小于 1525 m/s，此低值中心随着深度增加逐渐向东扩展，到 150 m 层扩展到苏门答腊岛沿岸，形成一个横贯赤道南侧的低声速带，值约 1510 m/s。从 20°S 向南各层声速逐渐减小，在 35°S 以南水平梯度较大，尤其是非洲大陆以南洋区（详情请参见图 49 ～图 52）。

（二）各断面声速垂直分布和声速跃层上界深度

经向断面特征：（1）春季。55°E 断面，海表到 100 m 深度内水层基本为声速高值区，值大于 1540 m/s，声速等值线呈“W”形状分布，存在两个自海表往海底方向伸展的高声速水舌：赤道以南的高声速水舌中心在 20°S 附近，强度比较稳定，向东到 90°E 断面仍然存在；赤道以北的高声速水舌，强度较弱，向东到 67°E 断面即消失，使赤道以北声速等值线基本与纬线平行。跃层上界深度基本是南浅北深，最深可达约

120 m。各层在 15°S—25°S 范围基本无跃层；（2）夏季。55°E 断面，海表声速高值中心减弱，值约 1530 m/s，声速等值线呈“W”形状分布。赤道以南的高声速水舌向东到 90°E 断面仍然存在，强度稳定，声速值约 1540 m/s；赤道以北的高声速水舌向东到 67°E 断面即消失，声速等值线与纬线基本平行。在 15°S 以南范围基本无跃层，其他地区跃层上界深度基本与纬线平行，值小于 100 m；（3）秋季，与夏季情况类似；（4）冬季。各断面的声速等值线在赤道以南存在大槽大脊，在赤道以北基本与纬线平行。跃层上界深度在 55°E 断面是南浅北深，最深可达约 120 m，在其他各断面基本与纬线平行，值小于 100 m（详情请参见图 53 ~ 图 56）。

纬向断面特征：（1）春季。海表声速较强，覆盖经度范围较广。在 1.5°N—1.5°S 范围内断面，海表到 75 m 深度内水层，基本为均匀的声速高值区，值大于 1540 m/s。该声速高值区向南逐渐上抬变浅，在 4°S 断面的深度小于 50 m，到 12°S 断面的深度约 25 m。各断面的声速等值线基本与经线平行，随深度增加声速减小，到 500 m 深度声速约 1500 m/s。跃层上界深度，在 1.5°N—1.5°S 范围内断面基本为西深东浅，向南到 8°S 断面转变为西浅东深，最大值小于 100 m；（2）夏季。在 1.5°N—1.5°S 范围内断面，海表声速高值区（ > 1540 m/s）与春季相比向东偏移范围变小，该高值区向南逐渐范围缩小，在 8°S 断面只在 90°E 附近存在，在 12°S 断面消失。跃层上界深度基本与经线平行；（3）秋季。与夏季分布形态类似；（4）冬季。在 1.5°N—1.5°S 范围内断面，海表声速高值区位于 50°E 以东的海面至 75 m 内水层，值大于 1540 m/s。该海表声速高值区向南会逐渐向西扩展，范围变大，同时上抬变浅，在 12°S 断面的高值区深度约 25 m。跃层上界深度一般为东深西浅，最深可达 100 m（详情请参见图 57 ~ 图 62）。

（三）声道特性

在大洋深处，由于温度、盐度量值变化甚小，声速的变化主要决定于海水的压力。故在大洋中均有水下声道现象出现，这一特征之差异只在于出现的范围、声道轴深度及声道效应的强弱等有所不同而已。

春季：在 10°S 以北，声道轴深度自南向北逐渐递增，最大深度出现在阿拉伯海，可达 1750 m 左右，在孟加拉湾约 1500 m。在 10°S—30°S 范围，在苏门答腊岛以南和澳大利亚西北部洋区，存在一片声道轴深度低值区（约 1000 m），向西可一直扩展到马达加斯加岛东部。在 30°S 以南，声道轴深度逐渐递减，水平梯度较大。声道轴深度最小在 50°S 以南，值小于 250 m。声道轴处的声速是自北向南逐渐递减，其值在 10°S 以北海域大于 1490 m/s，而在 10°S 以南开阔洋区一般范围为 1445 ~ 1490 m/s。

夏季：在 10°S 以北，声道轴深度自南向北逐渐递增，在阿拉伯海东北部最深，可达 1750 m 左右。在 10°S—30°S 范围，在苏门答腊岛以南和澳大利亚西北侧洋区，存在一片声道轴深度低值区（约 1000 m），可一直扩展到马达加斯加岛东部。在 30°S 往南，声道轴深度逐渐递减，水平梯度较大。最小深度出现在 50°S 以南，值小于 250 m。声道轴处的声速是自北向南逐渐递减，其值分布在 10°S 以北大于 1490 m/s，而在 10°S 以南一般为 1440 ~ 1490 m/s。

秋季：在 10°S 以北，声道轴深度自南向北逐渐递增，最大值位于阿拉伯海和孟加拉湾海区，值约 1500 m。在 10°S—30°S 范围，苏门答腊岛以南和澳大利亚西北侧的低值区仍然存在，值约 1000 m。自 30°S 往南，声道轴深度逐渐递减，水平梯度大。声道轴最小深度出现在 50°S 以南，小于 250 m。声道轴处的声速是自北向南逐渐递减，分布在 10°S 以北，其值大于 1490 m/s；而在 10°S 以南的开阔洋区声速一般为 1440 ~ 1490 m/s。

冬季：与春季情况类似。声道轴深度在印度洋自北向南呈“高—低—高—低”分布，最大值位于阿拉伯海，约 1750 m。最小深度位于 50°S 以南，小于 250 m。声道轴处的声速是自北向南逐渐递减，分布在 10°S 以北，其值大于 1490 m/s；而在 10°S 以南的开阔洋区声速一般为 1445 ~ 1490 m/s（详情请参见图 63）。

（四）声速跃层特性

春季：声速跃层分布和冬季类似。即除赤道附近及印度半岛周边洋区终年出现的跃层区域外，在非洲南部至澳大利亚一线冬季出现的跃层区域仍然存在。在阿拉伯海北部、马达加斯加岛到澳大利亚以西一带和 40°S 以南大片洋区，基本为无跃层区。赤道附近及以北洋区的跃层强度约为 -0.3s^{-1}，跃层厚度在 80 m 左右。跃层上界深度一般在 20 ~ 80 m 左右，在阿拉伯岛东南沿岸存在最大值可达 120 m 左右。非洲南部至澳大利亚一线中部的跃层区域，跃层强度约为 |-0.3|s^{-1}，上界深度约 40 ~ 60 m，厚度较薄（约 20 ~ 40 m）。

夏季：洋区南部的声速跃层季节性变化明显，而洋区北部大片洋区跃层的季节性变化不明显。位于非洲南部至澳大利亚以西一线的跃层区域消失。跃层分布范围较春季小很多（约 15°S 以北）。赤道及以北海区，跃层强度约为 -0.3 s^{-1}，跃层厚度约 80 m。上界深度约 50 ~ 80 m，发现在阿拉伯海南部有最大值可达 110 m 左右。在阿拉伯半岛东南沿岸小片海区和 15°S 以南广阔的海域均是无跃层区。

秋季：是夏季的延续，又是夏季向冬季的过渡，其延续性较过渡性更为明显。

冬季：在赤道附近及印度半岛周围洋区终年存在着一个跃层区域，此外，在非洲南部至澳大利亚一线也出现了显著跃层区域。在阿拉伯海北部、马达加斯加岛到澳大利亚西侧一带和 40°S 以南大片洋区，基本为无跃层区。跃层分布范围较夏季大（约 40°S 以北）。同各季比较，洋区南部跃层现象的季节性变化较明显，而赤道及以北区域跃层的季节性变化不明显。在印度半岛南侧、苏门答腊岛以西海区的跃层强度较强，值大于 |-0.6|s^{-1}。赤道附近海域上界深度一般在 40 ~ 60 m，厚度在 70 ~ 100 m 左右。非洲南部至澳大利亚一线的洋区，跃层强度约为 -0.3s^{-1}，上界深度较浅在 20 ~ 40 m 左右，厚度也比较薄，约 50 m（详情请参见图 64）。

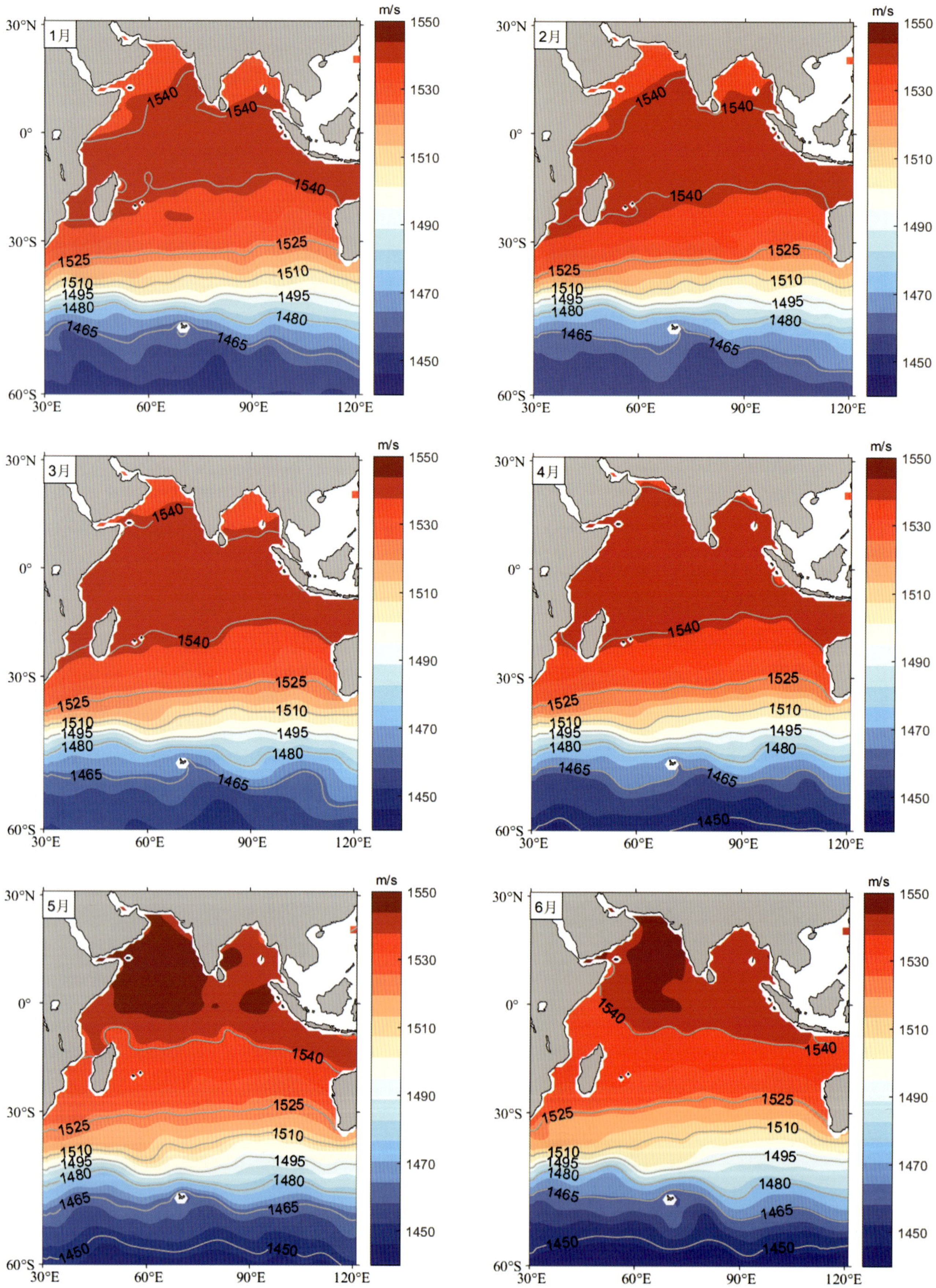
1月
2月
3月
4月
5月
6月
m/s
1550
1530
1510
1490
1470
1450
1540
1525
1510
1495
1480
1465
1450
30°N
0°
30°S
60°S
30°E
60°E
90°E
120°E

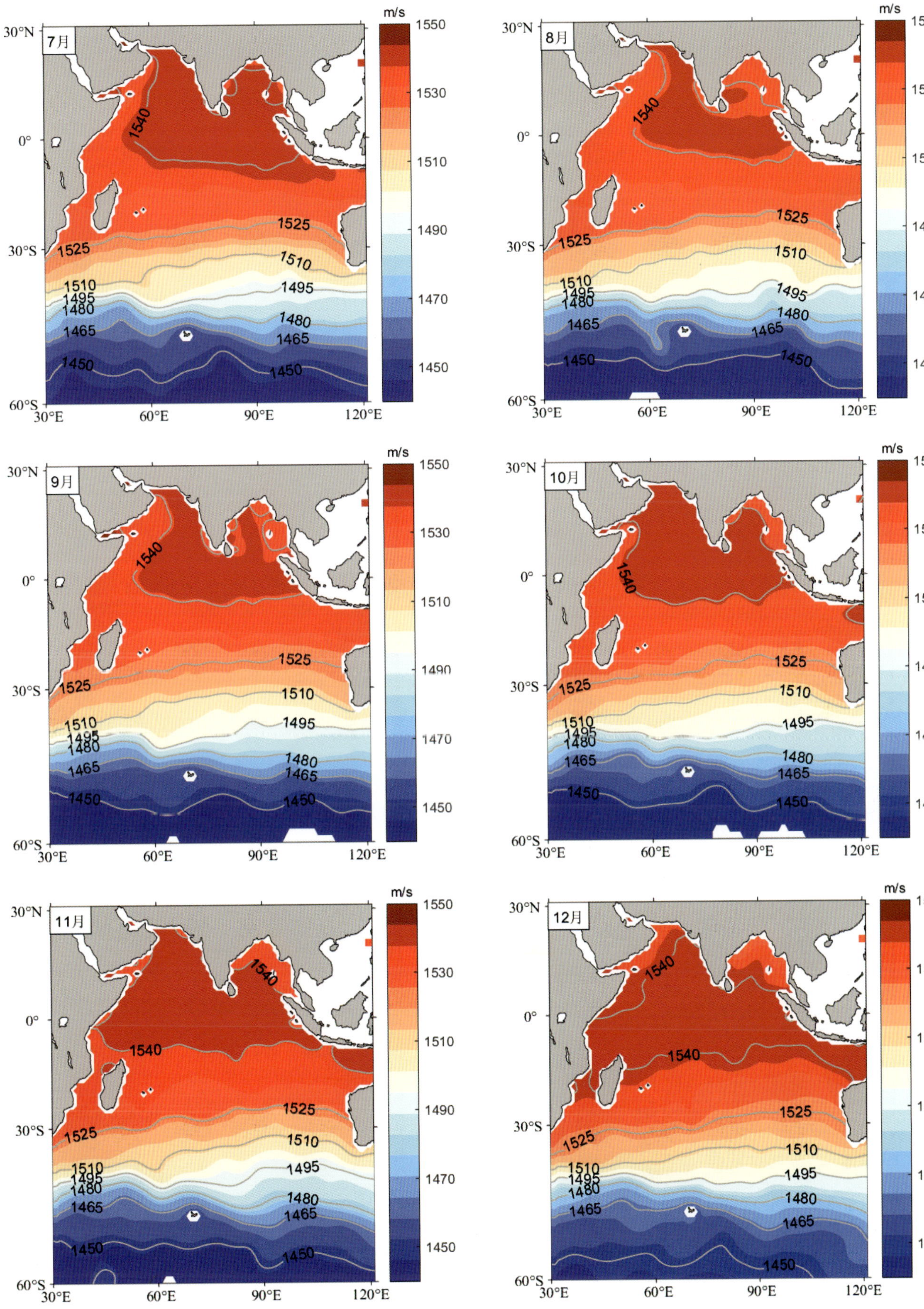

图 49　印度洋表层声速（单位：m/s）

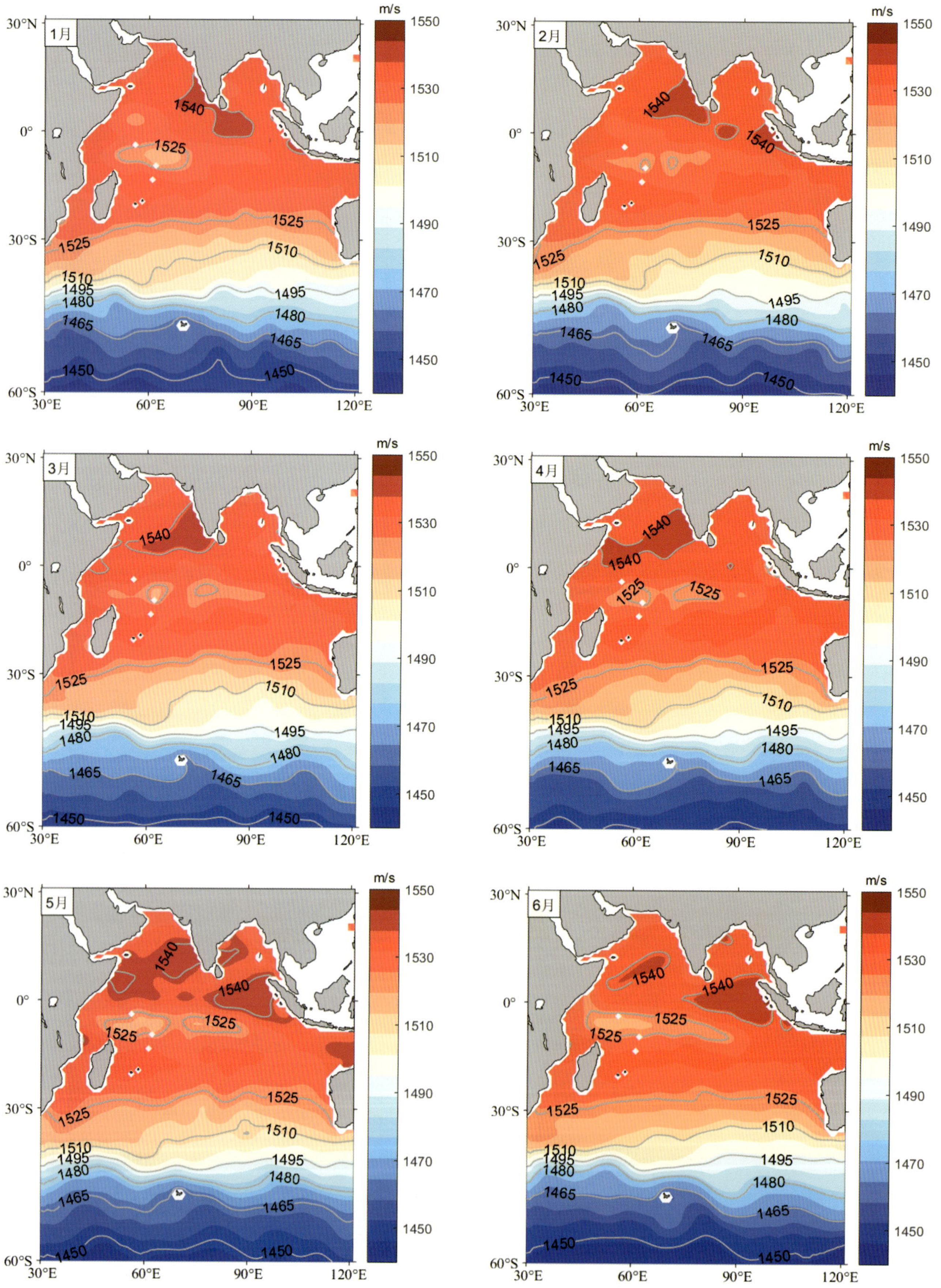
1月
2月
3月
4月
5月
6月
m/s
1550
1530
1510
1490
1470
1450
1540
1525
1510
1495
1480
1465
1450
30°N
0°
30°S
60°S
30°E
60°E
90°E
120°E

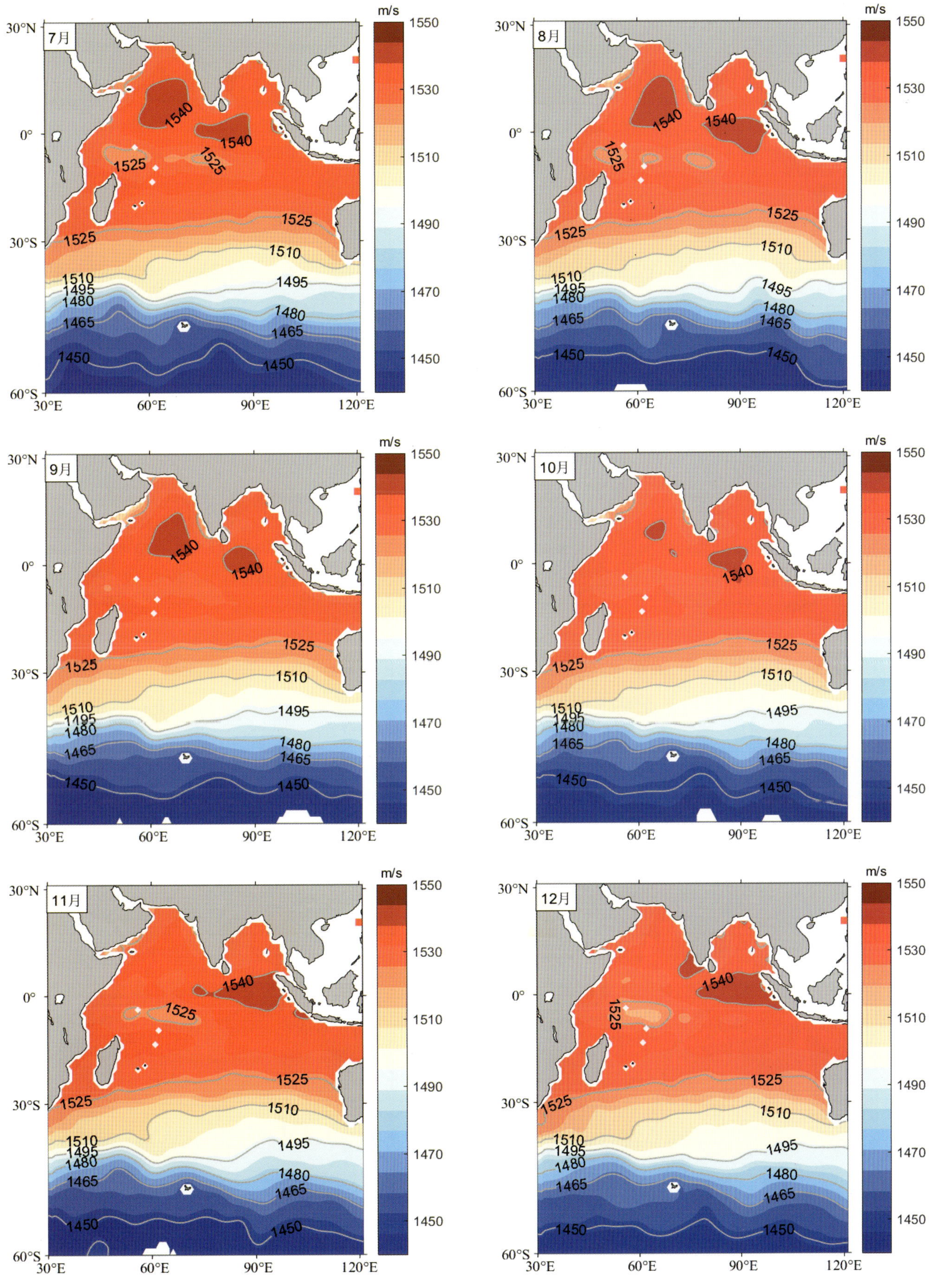

图 50 印度洋 75 m 层声速（单位：m/s）

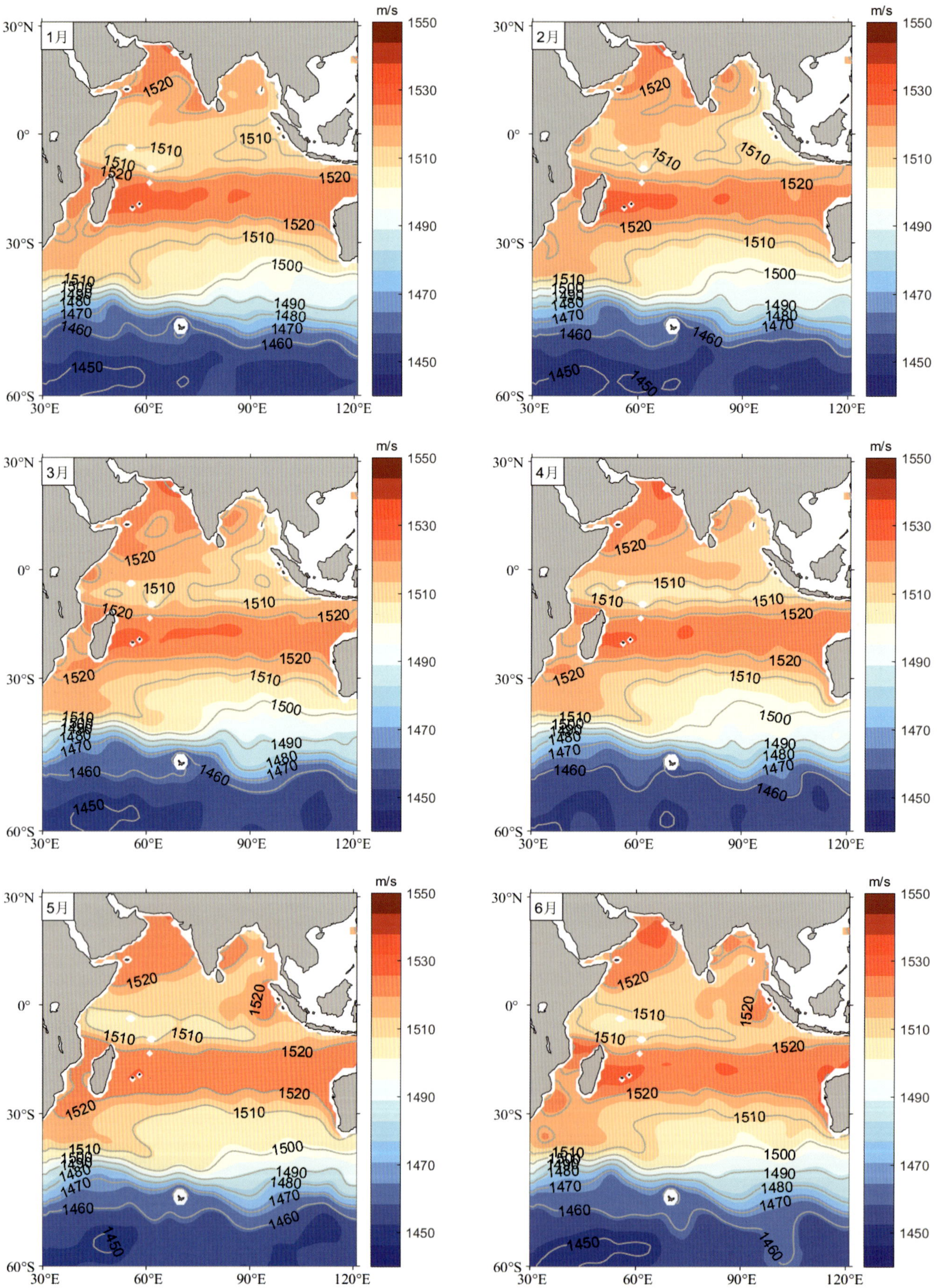
1月
2月
3月
4月
5月
6月
m/s
1550
1530
1510
1490
1470
1450
30°N
0°
30°S
60°S
30°E
60°E
90°E
120°E

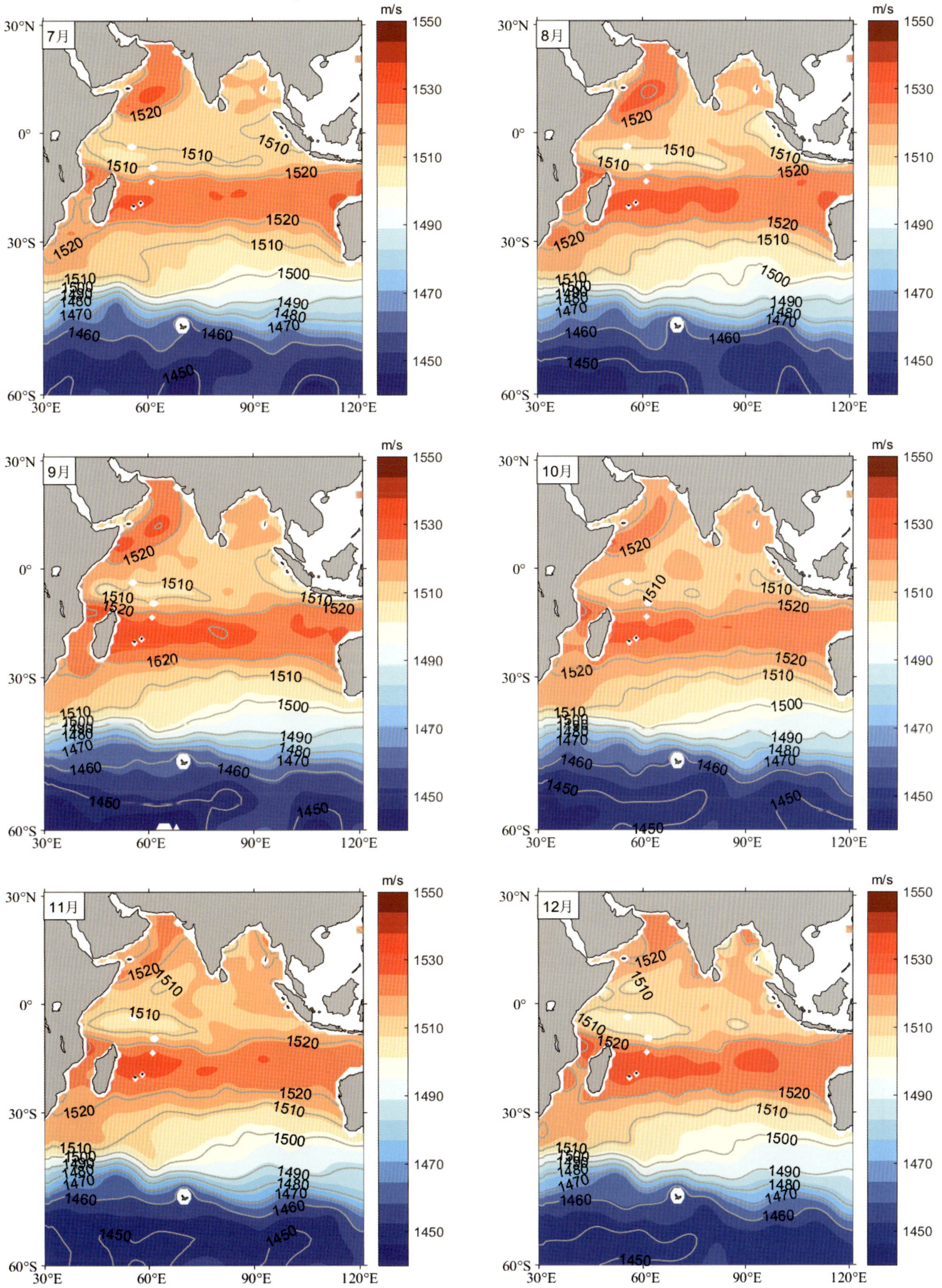

图 51　印度洋 150 m 层声速（单位：m/s）

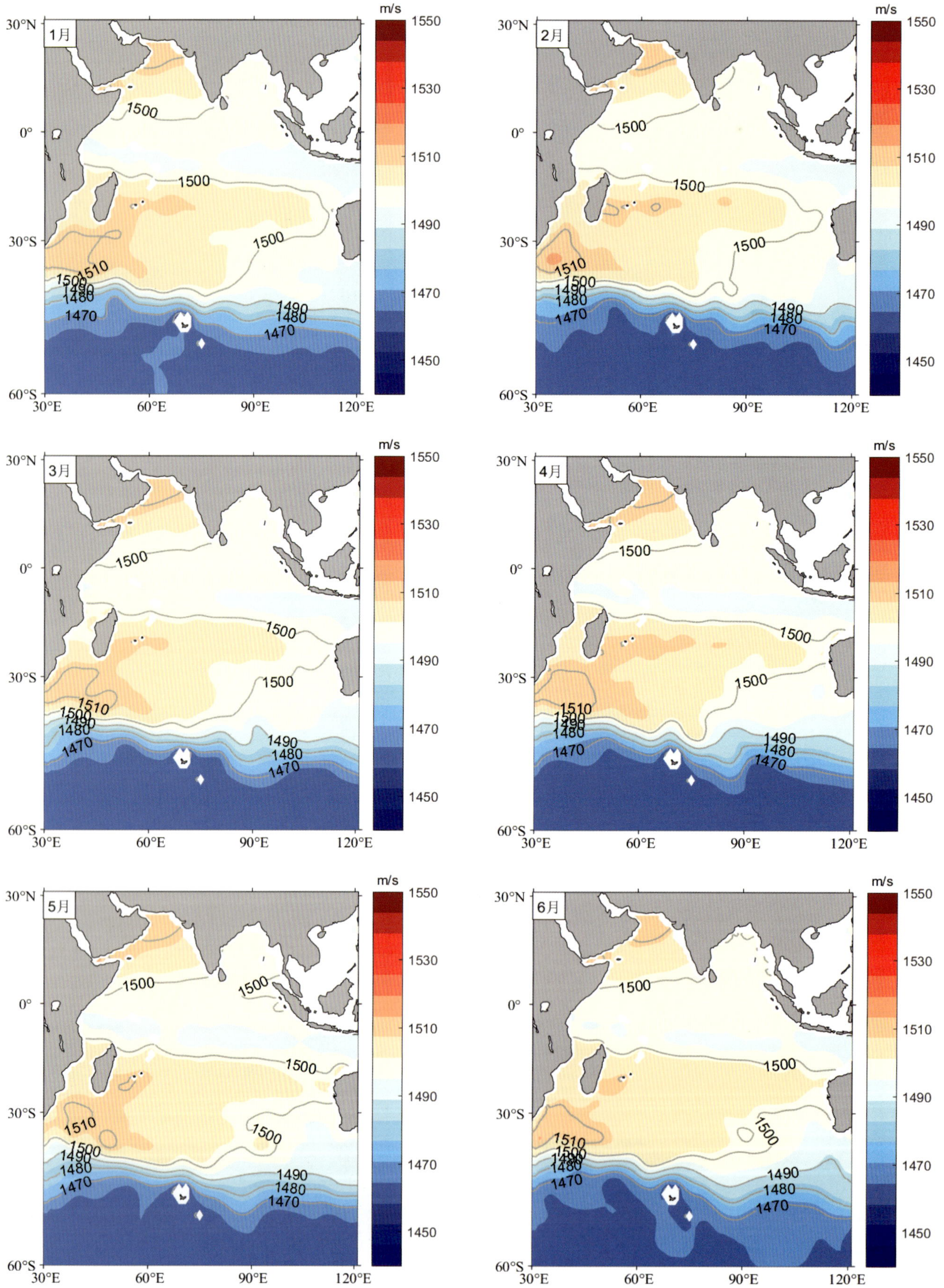
1月
2月
3月
4月
5月
6月
m/s
1550
1530
1510
1490
1470
1450
30°N
0°
30°S
60°S
30°E
60°E
90°E
120°E
1500
1510
1490
1480
1470

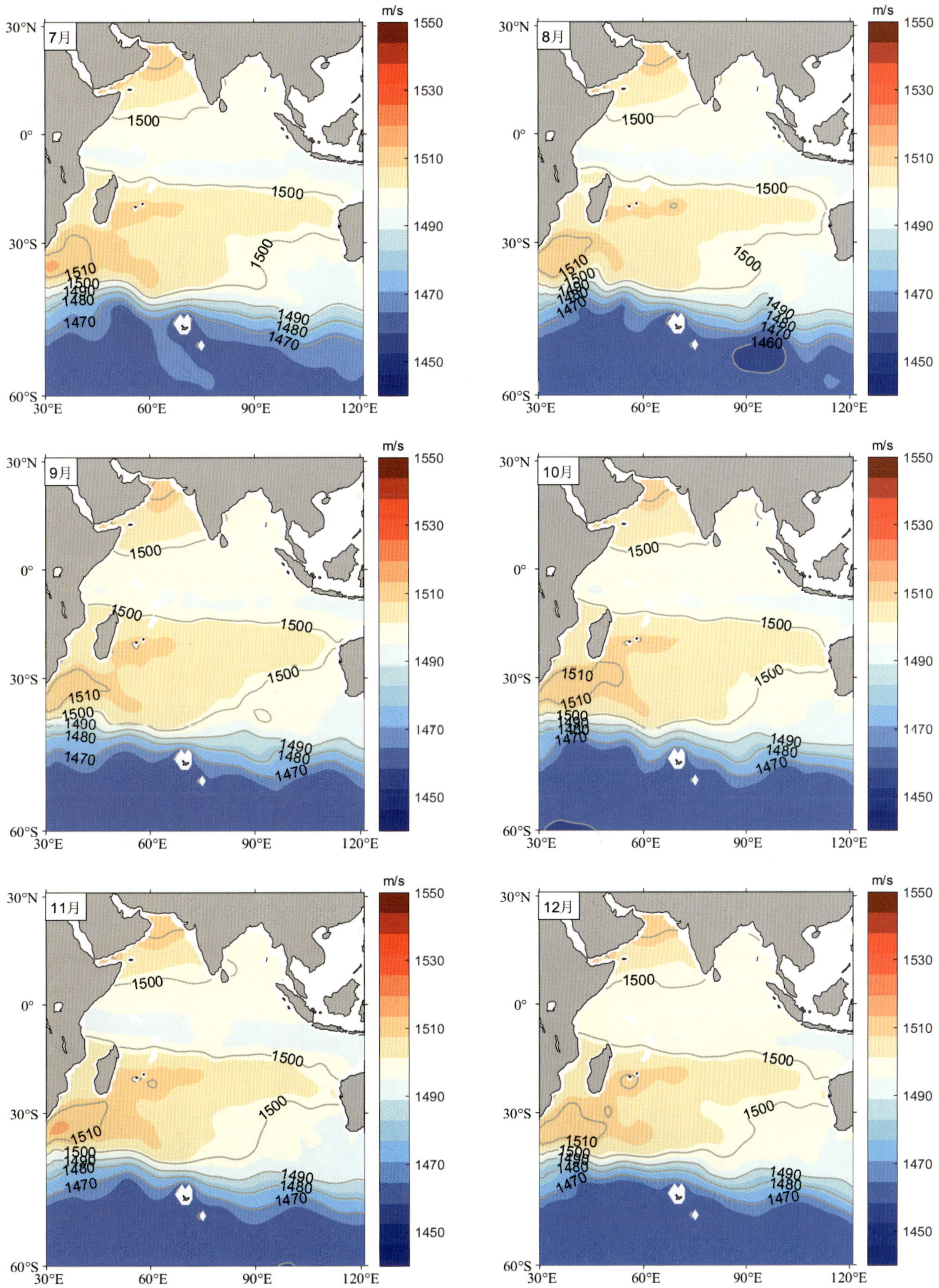

图 52 印度洋 400 m 层声速（单位：m/s）

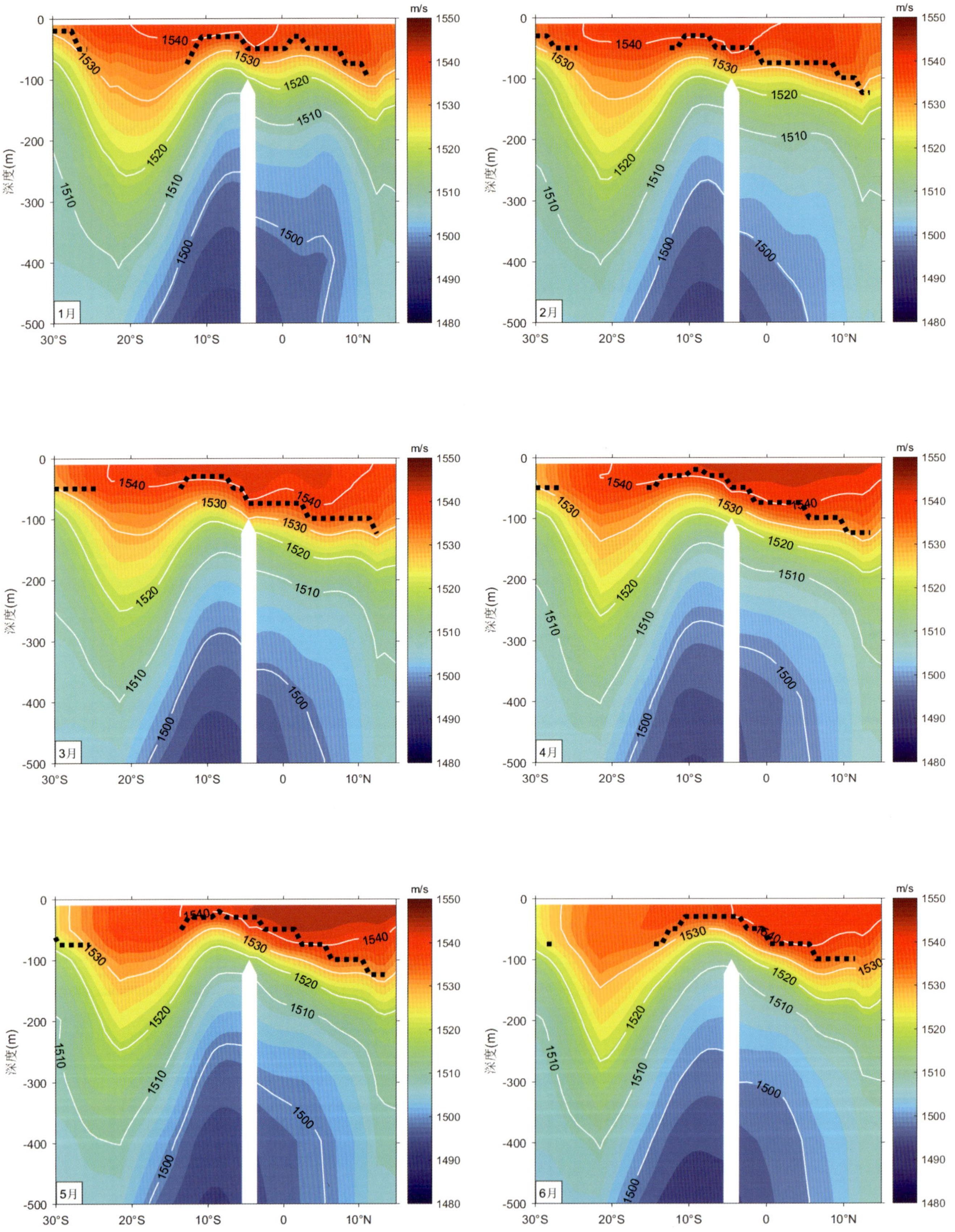
1月
2月
3月
4月
5月
6月
深度(m)
m/s
1550
1540
1530
1520
1510
1500
1490
1480
0
-100
-200
-300
-400
-500
30°S
20°S
10°S
0
10°N

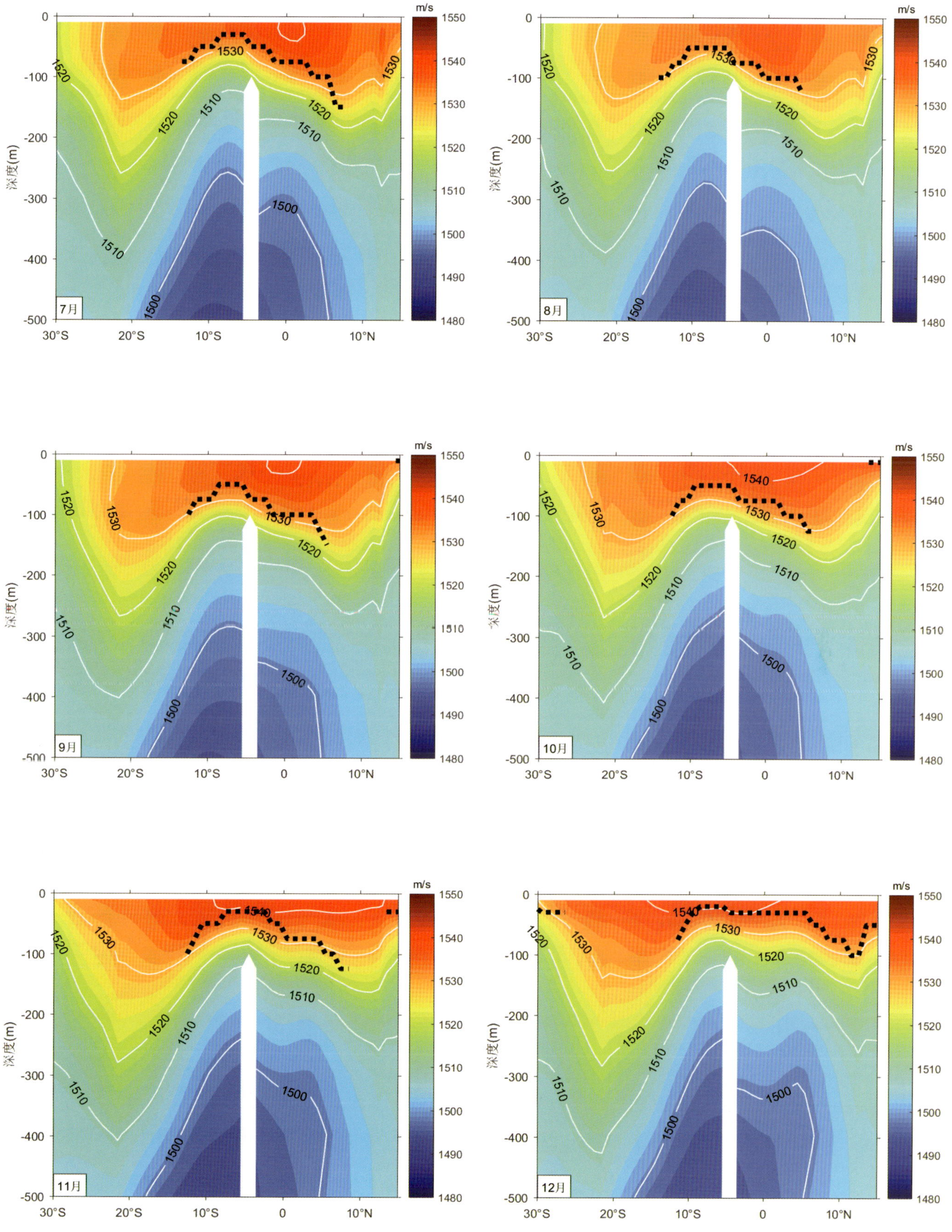

图 53　55°E 经向断面声速垂直分布（颜色填充图和白色等值线，单位：m/s）和声速跃层上界深度（黑色粗虚线，单位：m）

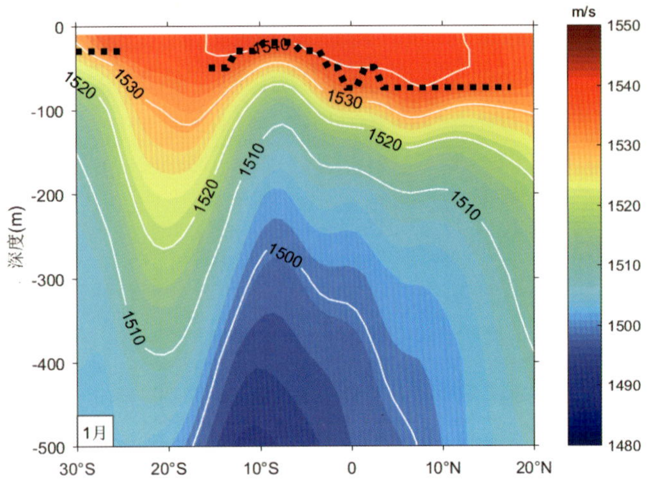
1月
深度(m)
0
-100
-200
-300
-400
-500
30°S
20°S
10°S
0
10°N
20°N
1540
1530
1520
1510
1500
m/s
1550
1540
1530
1520
1510
1500
1490
1480

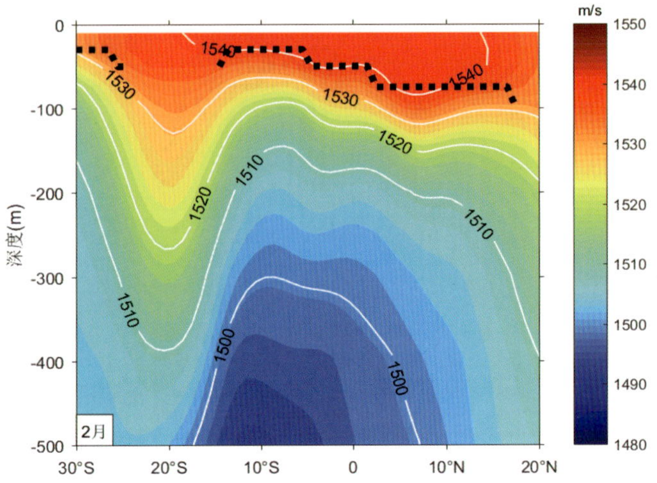
2月
深度(m)
0
-100
-200
-300
-400
-500
30°S
20°S
10°S
0
10°N
20°N
1540
1530
1520
1510
1500
m/s
1550
1540
1530
1520
1510
1500
1490
1480

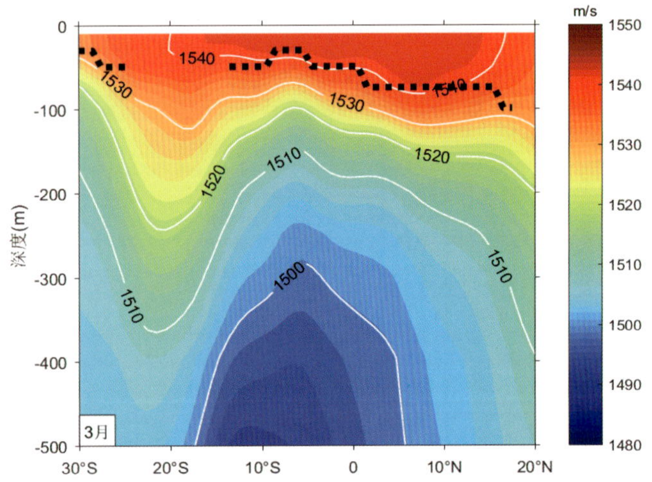
3月
深度(m)
0
-100
-200
-300
-400
-500
30°S
20°S
10°S
0
10°N
20°N
1540
1530
1520
1510
1500
m/s
1550
1540
1530
1520
1510
1500
1490
1480

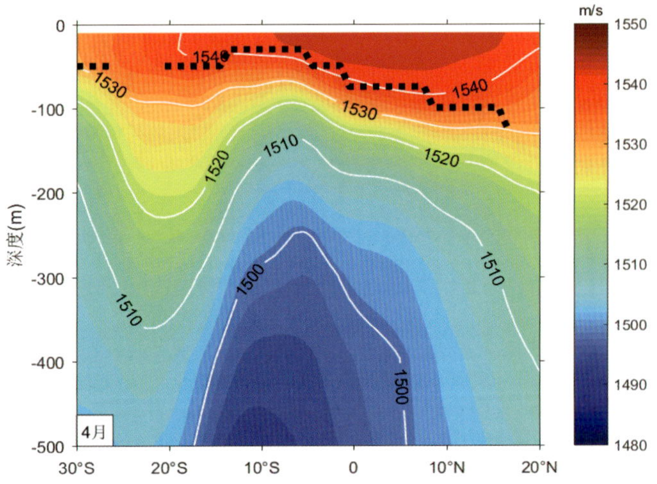
4月
深度(m)
0
-100
-200
-300
-400
-500
30°S
20°S
10°S
0
10°N
20°N
1540
1530
1520
1510
1500
m/s
1550
1540
1530
1520
1510
1500
1490
1480

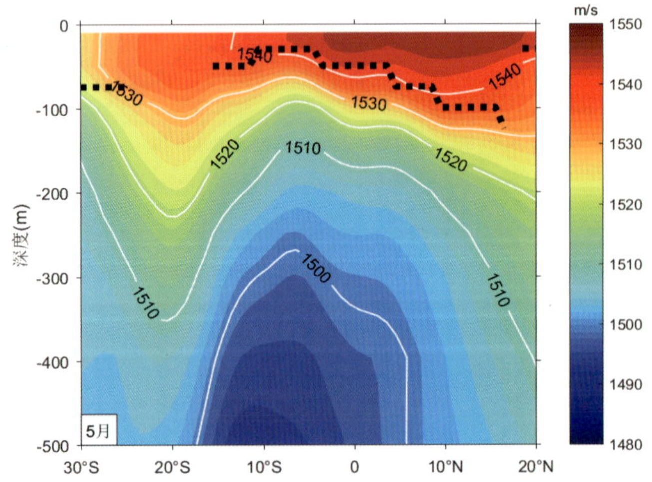
5月
深度(m)
0
-100
-200
-300
-400
-500
30°S
20°S
10°S
0
10°N
20°N
1540
1530
1520
1510
1500
m/s
1550
1540
1530
1520
1510
1500
1490
1480

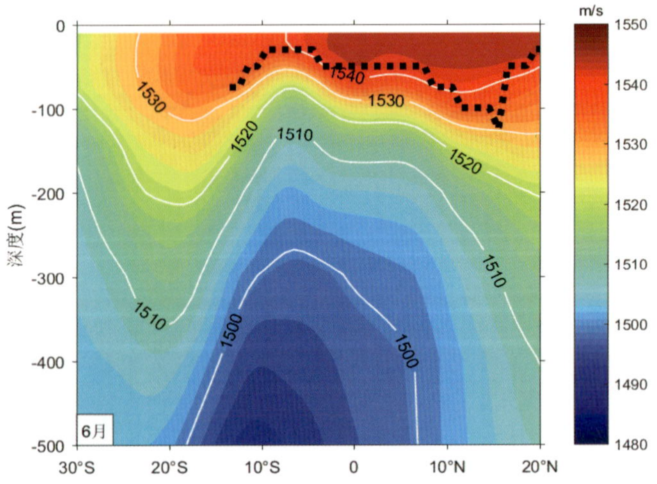
6月
深度(m)
0
-100
-200
-300
-400
-500
30°S
20°S
10°S
0
10°N
20°N
1540
1530
1520
1510
1500
m/s
1550
1540
1530
1520
1510
1500
1490
1480

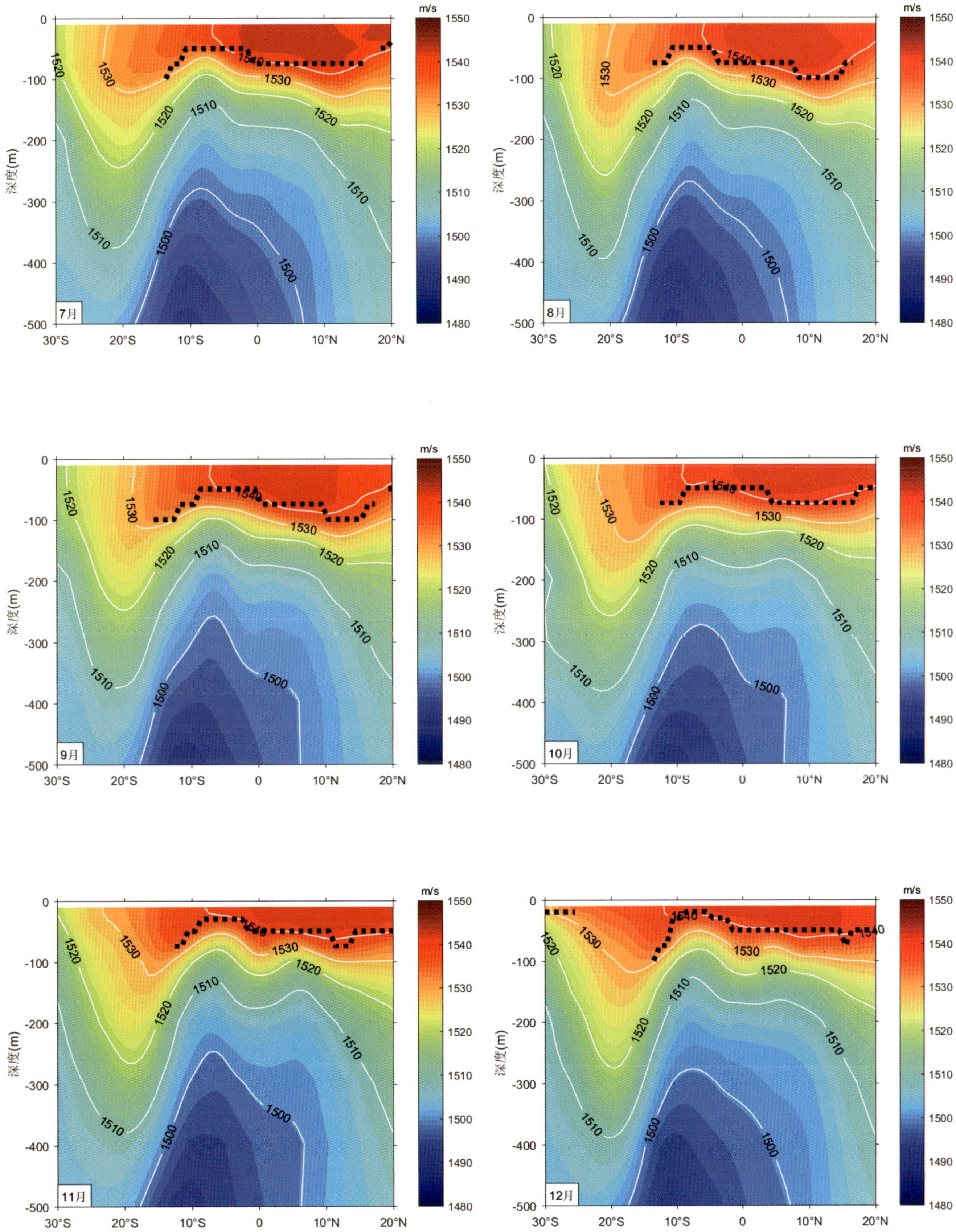

图 54　67°E 经向断面声速垂直分布（颜色填充图和白色等值线，单位：m/s）和声速跃层上界深度（黑色粗虚线，单位：m）

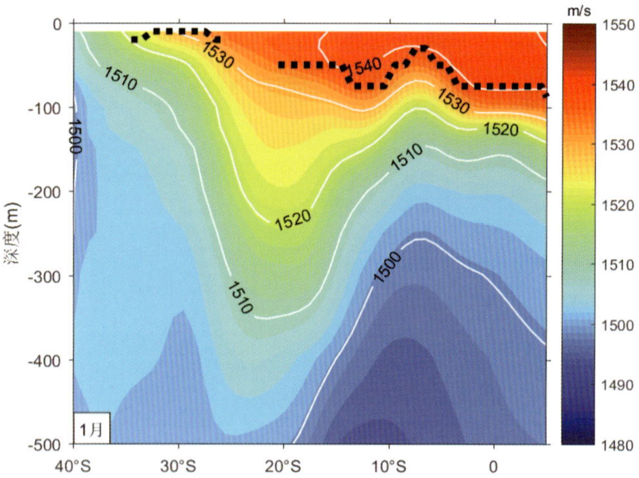
1月
深度(m)
m/s
0
-100
-200
-300
-400
-500
40°S
30°S
20°S
10°S
0
1550
1540
1530
1520
1510
1500
1490
1480

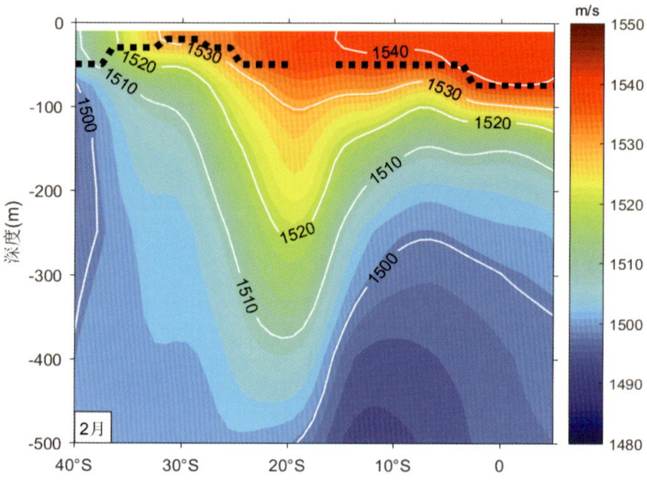
2月
深度(m)
m/s
0
-100
-200
-300
-400
-500
40°S
30°S
20°S
10°S
0
1550
1540
1530
1520
1510
1500
1490
1480

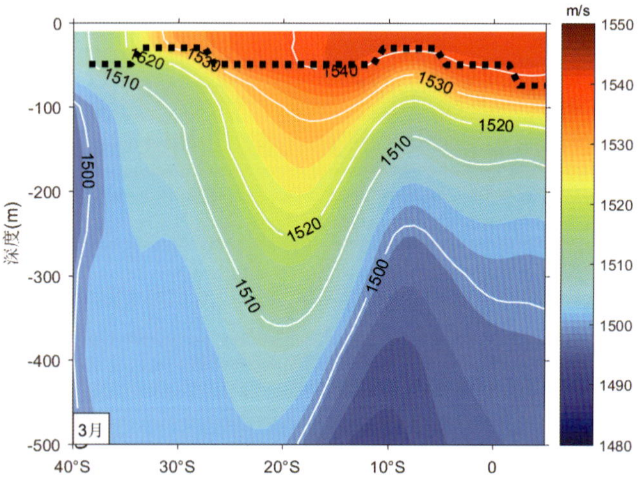
3月
深度(m)
m/s
0
-100
-200
-300
-400
-500
40°S
30°S
20°S
10°S
0
1550
1540
1530
1520
1510
1500
1490
1480

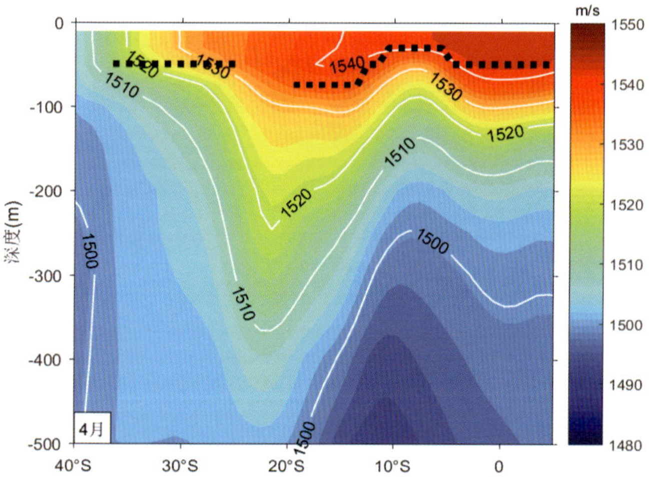
4月
深度(m)
m/s
0
-100
-200
-300
-400
-500
40°S
30°S
20°S
10°S
0
1550
1540
1530
1520
1510
1500
1490
1480

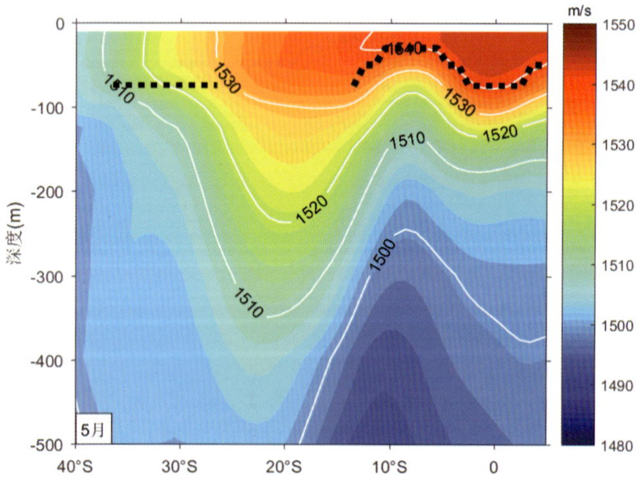
5月
深度(m)
m/s
0
-100
-200
-300
-400
-500
40°S
30°S
20°S
10°S
0
1550
1540
1530
1520
1510
1500
1490
1480

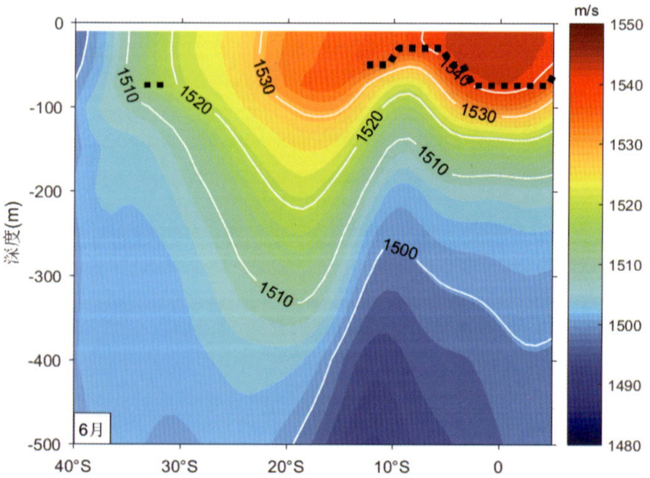
6月
深度(m)
m/s
0
-100
-200
-300
-400
-500
40°S
30°S
20°S
10°S
0
1550
1540
1530
1520
1510
1500
1490
1480

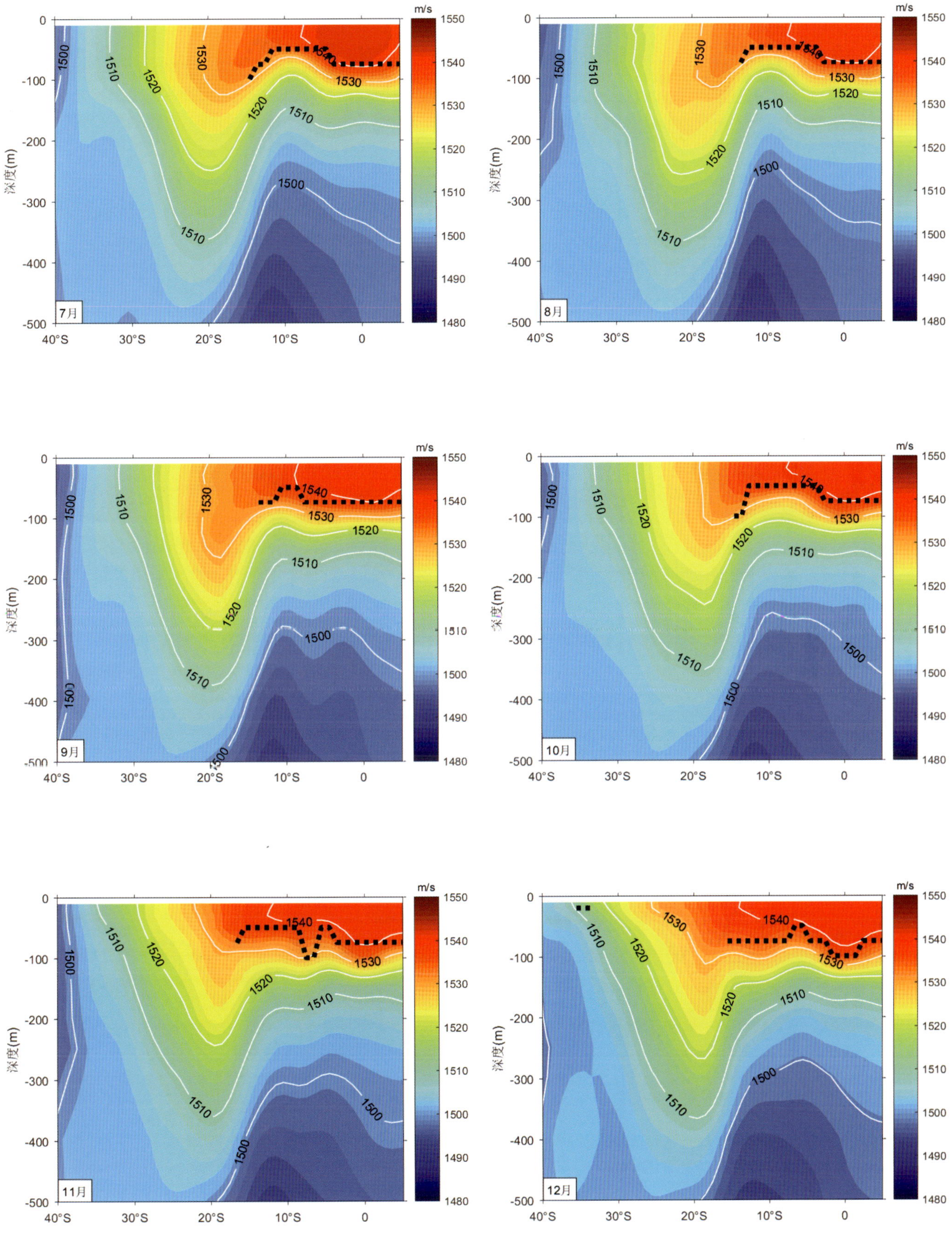

图 55 80.5°E 经向断面声速垂直分布（颜色填充图和白色等值线，单位：m/s）和声速跃层上界深度（黑色粗虚线，单位：m）

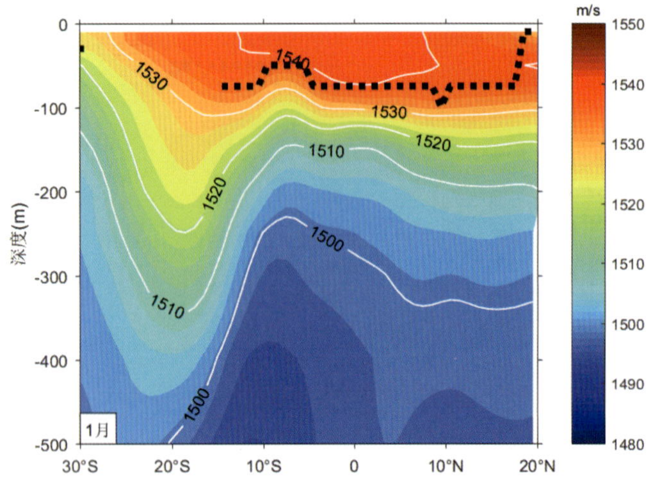
m/s
1550
1540
1530
1520
1510
1500
1490
1480
深度(m)
0
-100
-200
-300
-400
-500
30°S
20°S
10°S
0
10°N
20°N
1530
1520
1510
1500
1月

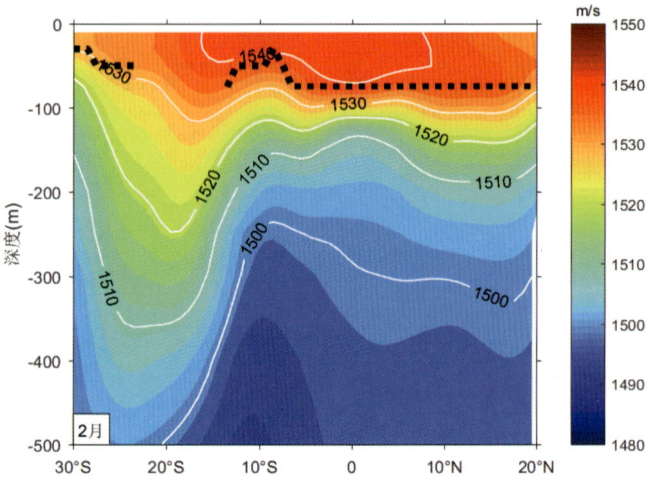
m/s
1550
1540
1530
1520
1510
1500
1490
1480
深度(m)
0
-100
-200
-300
-400
-500
30°S
20°S
10°S
0
10°N
20°N
1530
1520
1510
1500
2月

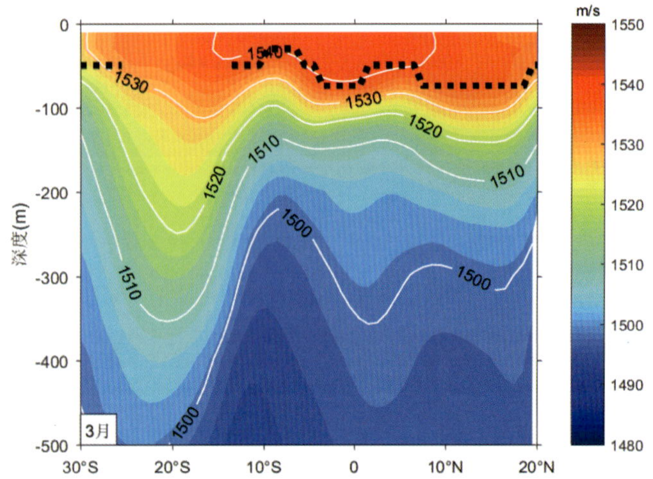
m/s
1550
1540
1530
1520
1510
1500
1490
1480
深度(m)
0
-100
-200
-300
-400
-500
30°S
20°S
10°S
0
10°N
20°N
1530
1520
1510
1500
3月

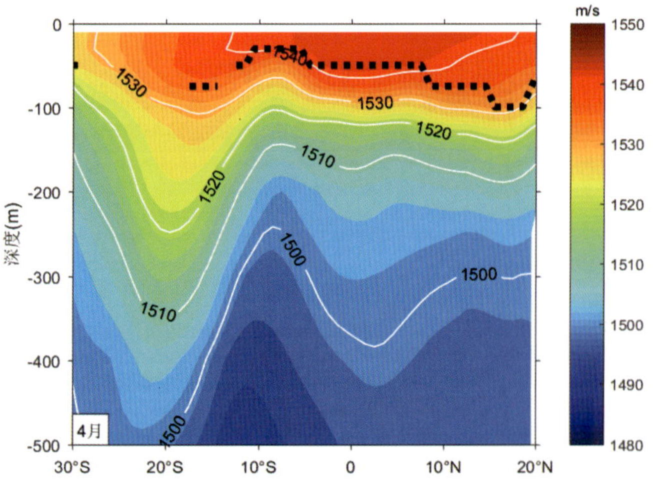
m/s
1550
1540
1530
1520
1510
1500
1490
1480
深度(m)
0
-100
-200
-300
-400
-500
30°S
20°S
10°S
0
10°N
20°N
1530
1520
1510
1500
4月

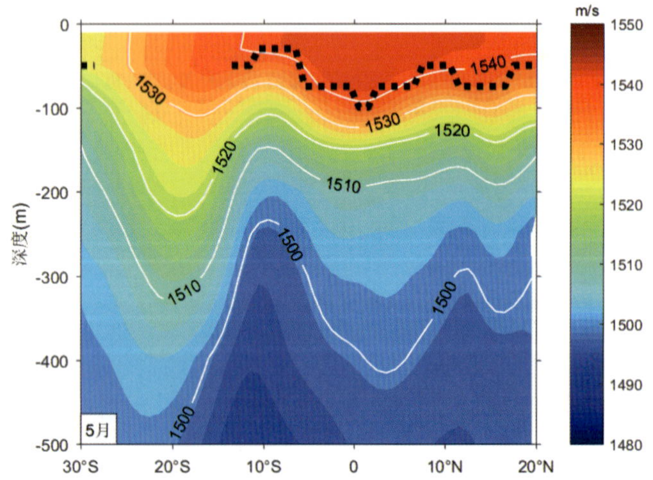
m/s
1550
1540
1530
1520
1510
1500
1490
1480
深度(m)
0
-100
-200
-300
-400
-500
30°S
20°S
10°S
0
10°N
20°N
1540
1530
1520
1510
1500
5月

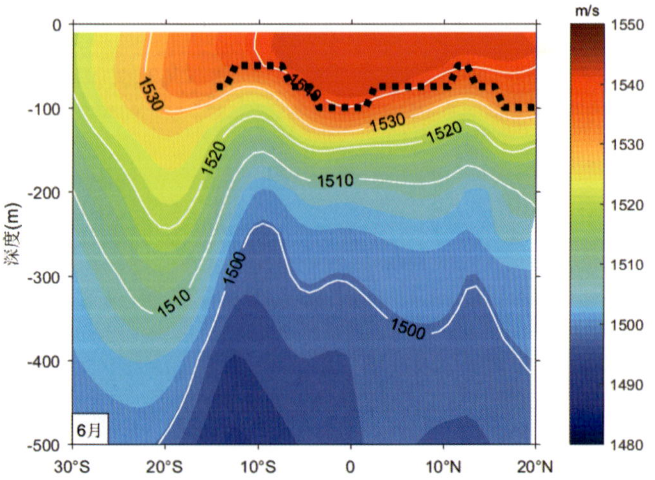
m/s
1550
1540
1530
1520
1510
1500
1490
1480
深度(m)
0
-100
-200
-300
-400
-500
30°S
20°S
10°S
0
10°N
20°N
1530
1520
1510
1500
6月

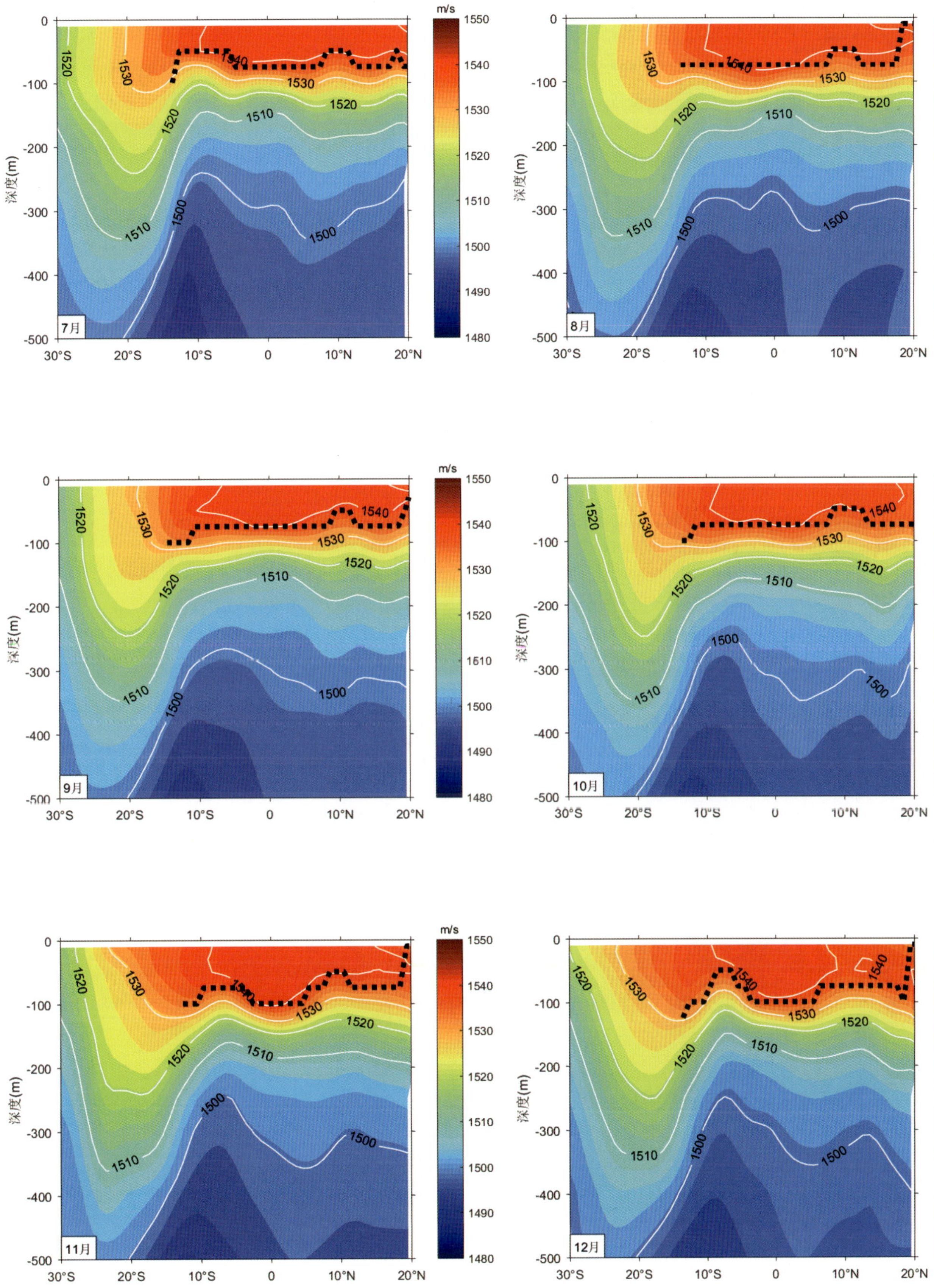

图 56　90°E 经向断面声速垂直分布（颜色填充图和白色等值线，单位：m/s）和声速跃层上界深度（黑色粗虚线，单位：m）

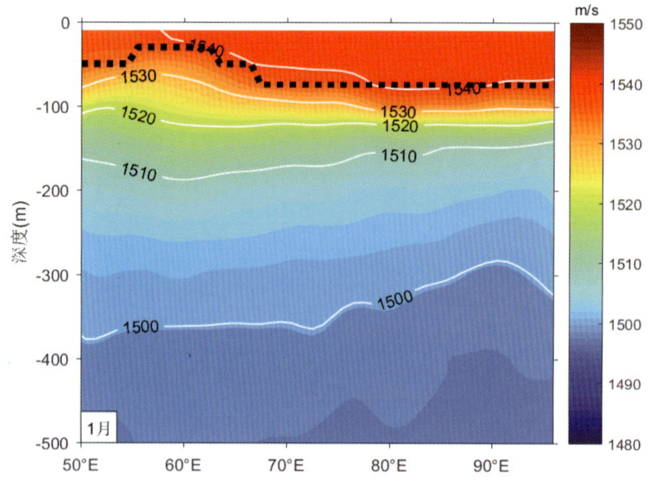
1月
深度(m)
m/s
0
-100
-200
-300
-400
-500
50°E
60°E
70°E
80°E
90°E
1540
1530
1520
1510
1500
1550
1490
1480

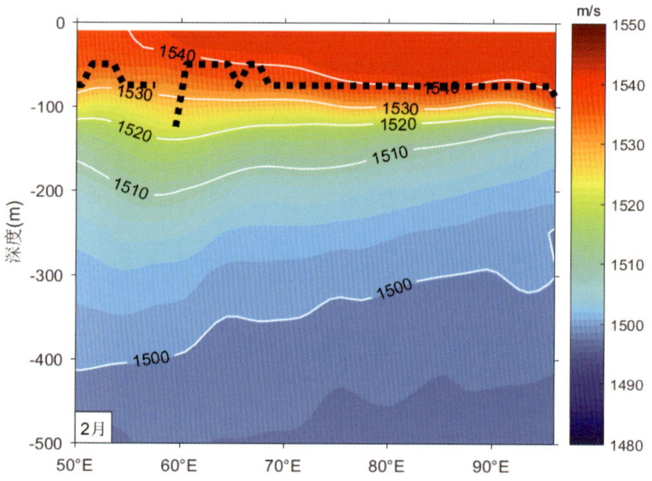
2月
深度(m)
m/s
0
-100
-200
-300
-400
-500
50°E
60°E
70°E
80°E
90°E
1540
1530
1520
1510
1500
1550
1490
1480

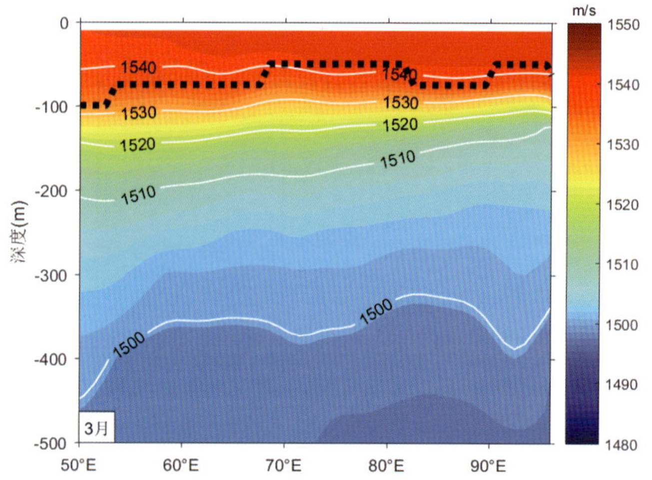
3月
深度(m)
m/s
0
-100
-200
-300
-400
-500
50°E
60°E
70°E
80°E
90°E
1540
1530
1520
1510
1500
1550
1490
1480

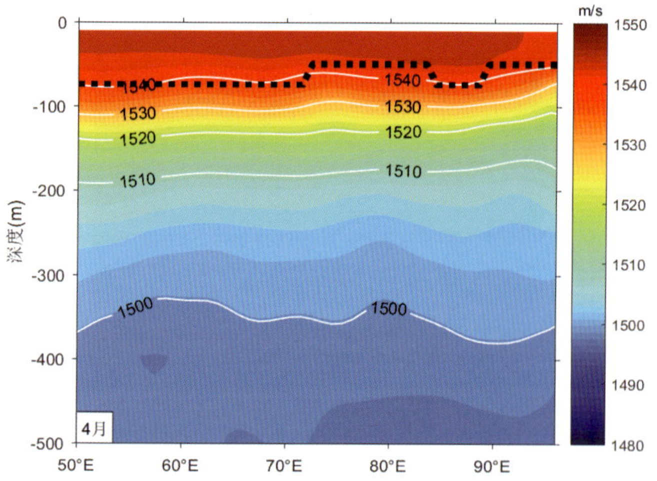
4月
深度(m)
m/s
0
-100
-200
-300
-400
-500
50°E
60°E
70°E
80°E
90°E
1540
1530
1520
1510
1500
1550
1490
1480

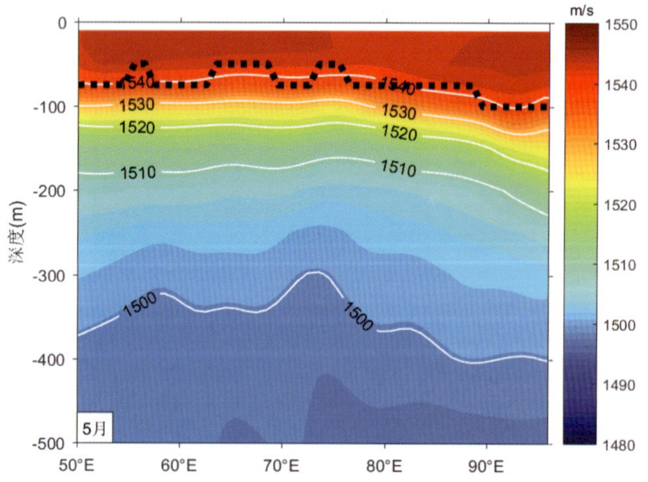
5月
深度(m)
m/s
0
-100
-200
-300
-400
-500
50°E
60°E
70°E
80°E
90°E
1540
1530
1520
1510
1500
1550
1490
1480

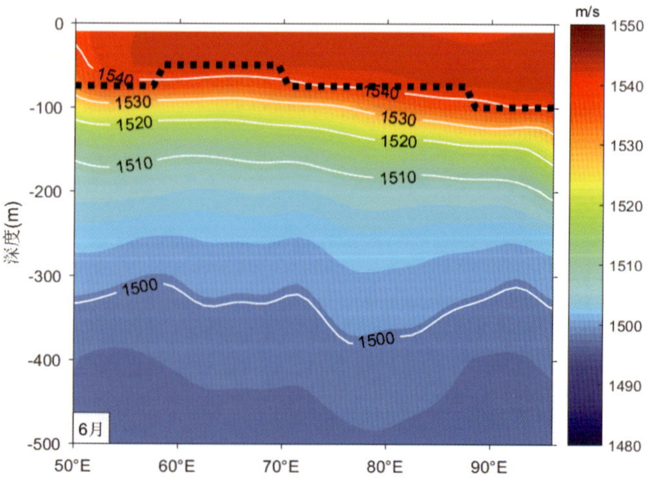
6月
深度(m)
m/s
0
-100
-200
-300
-400
-500
50°E
60°E
70°E
80°E
90°E
1540
1530
1520
1510
1500
1550
1490
1480

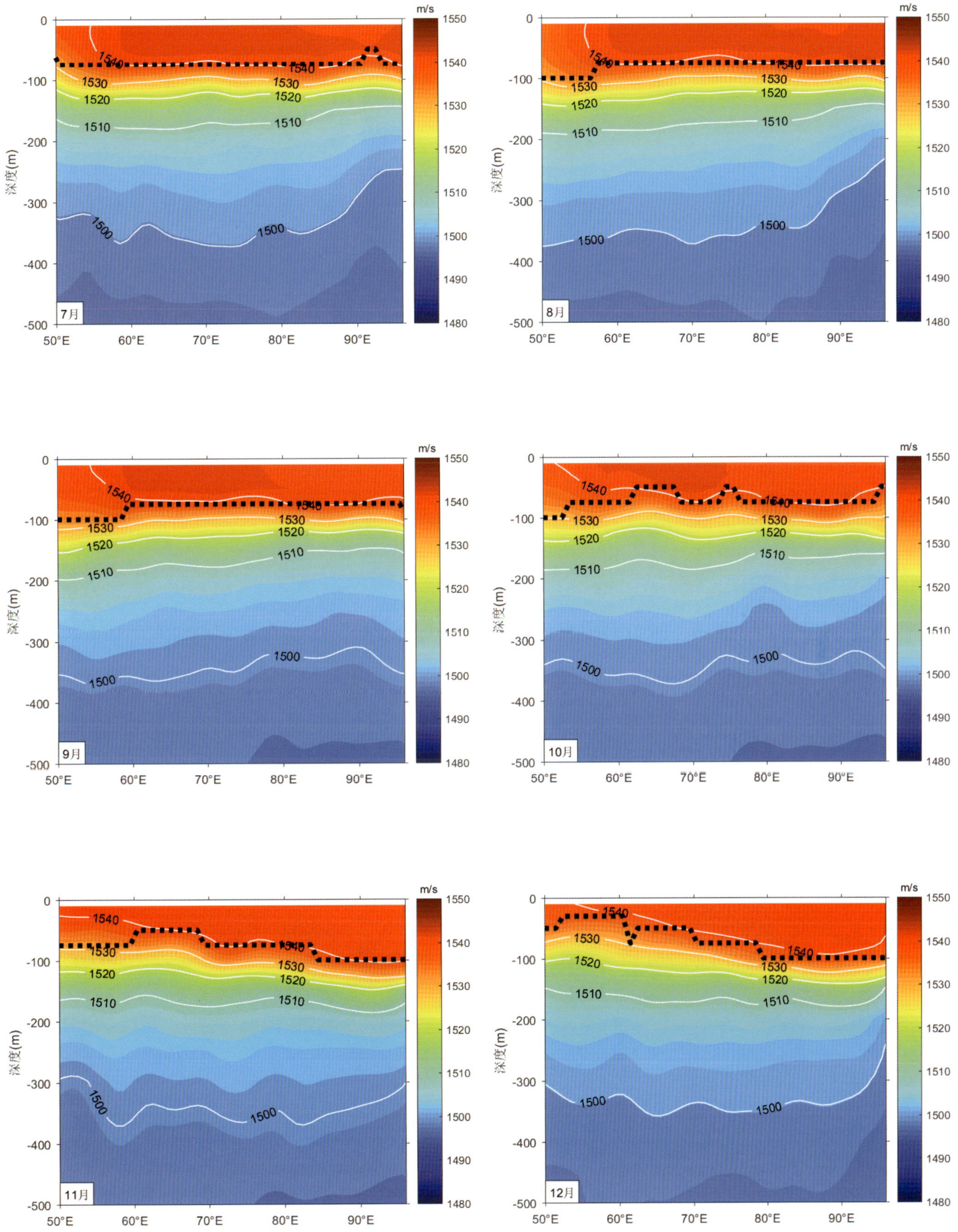

图 57　1.5°N 纬向断面声速垂直分布（颜色填充图和白色等值线，单位：m/s）和声速跃层上界深度（黑色粗虚线，单位：m）

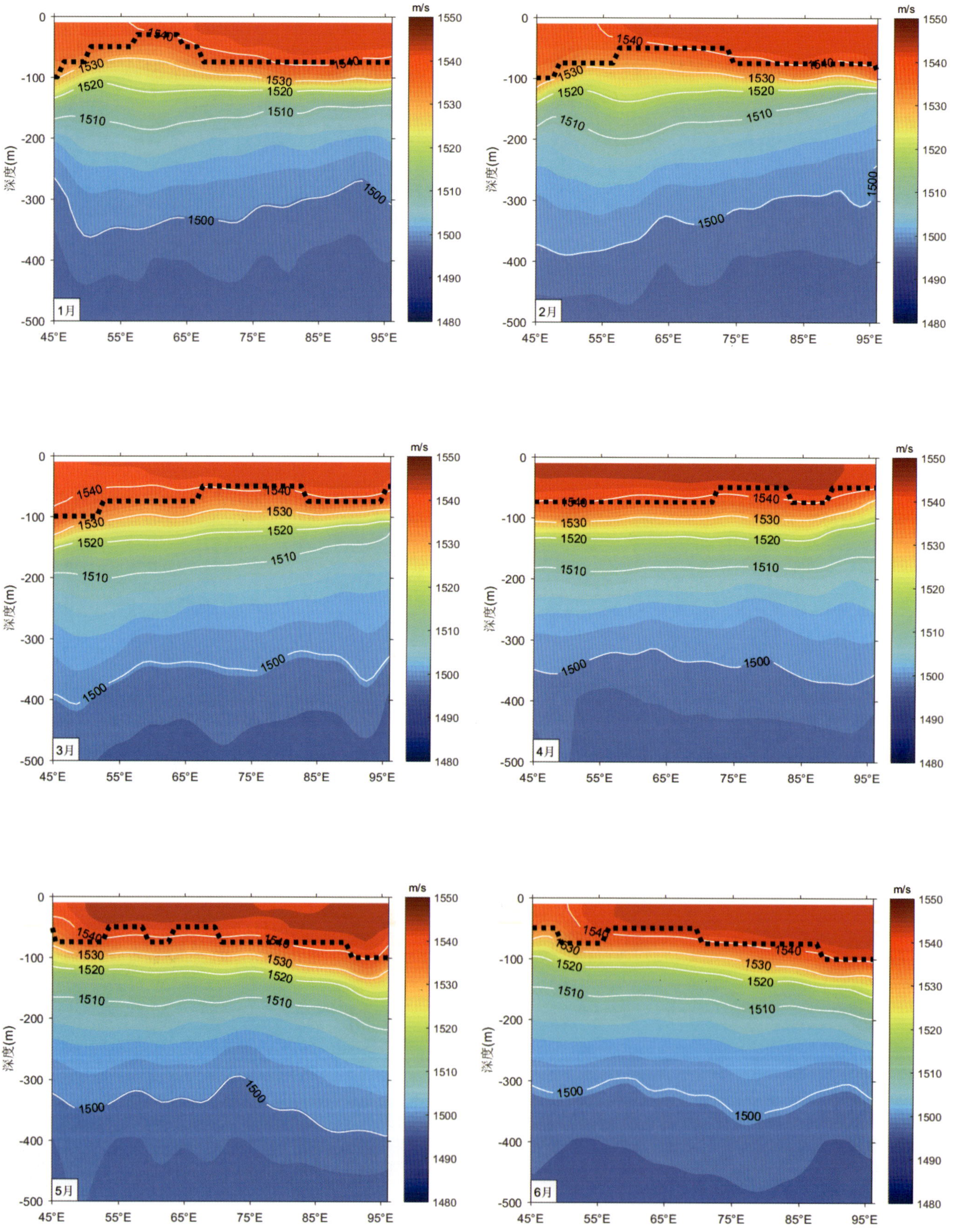
1月
2月
3月
4月
5月
6月
深度(m)
m/s
0
-100
-200
-300
-400
-500
45°E 55°E 65°E 75°E 85°E 95°E
1480 1490 1500 1510 1520 1530 1540 1550

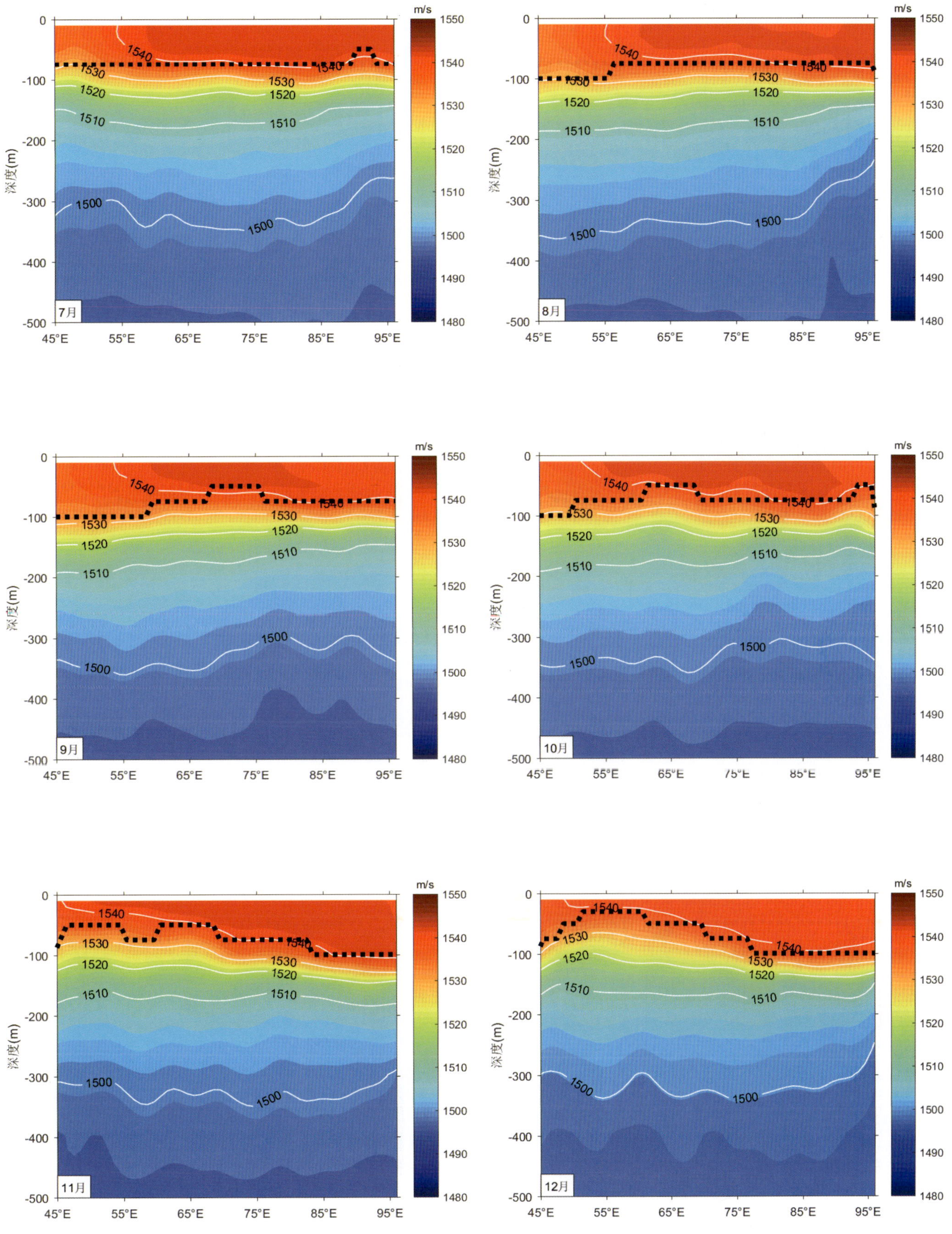

图 58 0° 纬向断面声速垂直分布（颜色填充图和白色等值线，单位：m/s）和声速跃层上界深度（黑色粗虚线，单位：m）

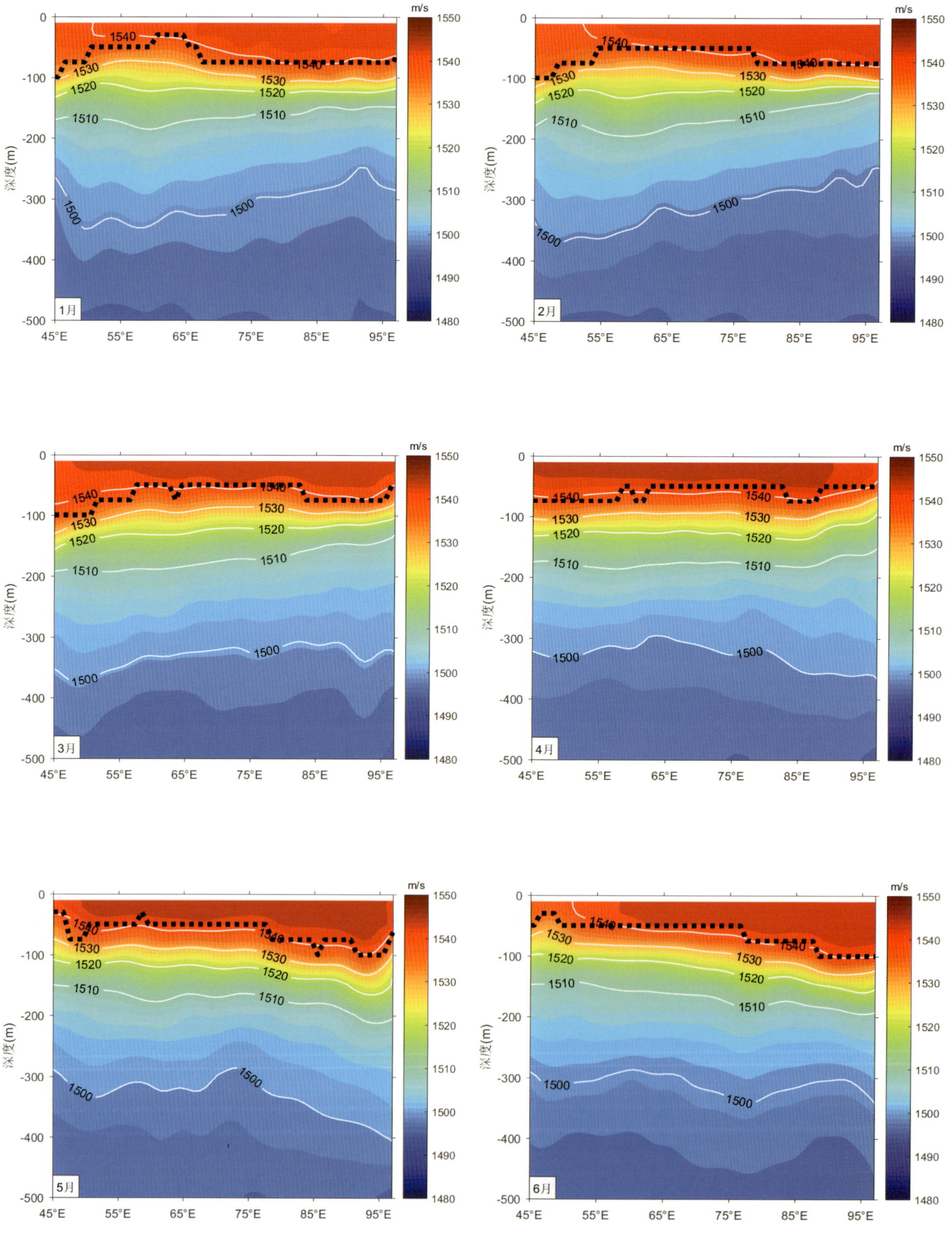
1月
2月
3月
4月
5月
6月
深度(m)
m/s
0
-100
-200
-300
-400
-500
45°E
55°E
65°E
75°E
85°E
95°E
1480
1490
1500
1510
1520
1530
1540
1550

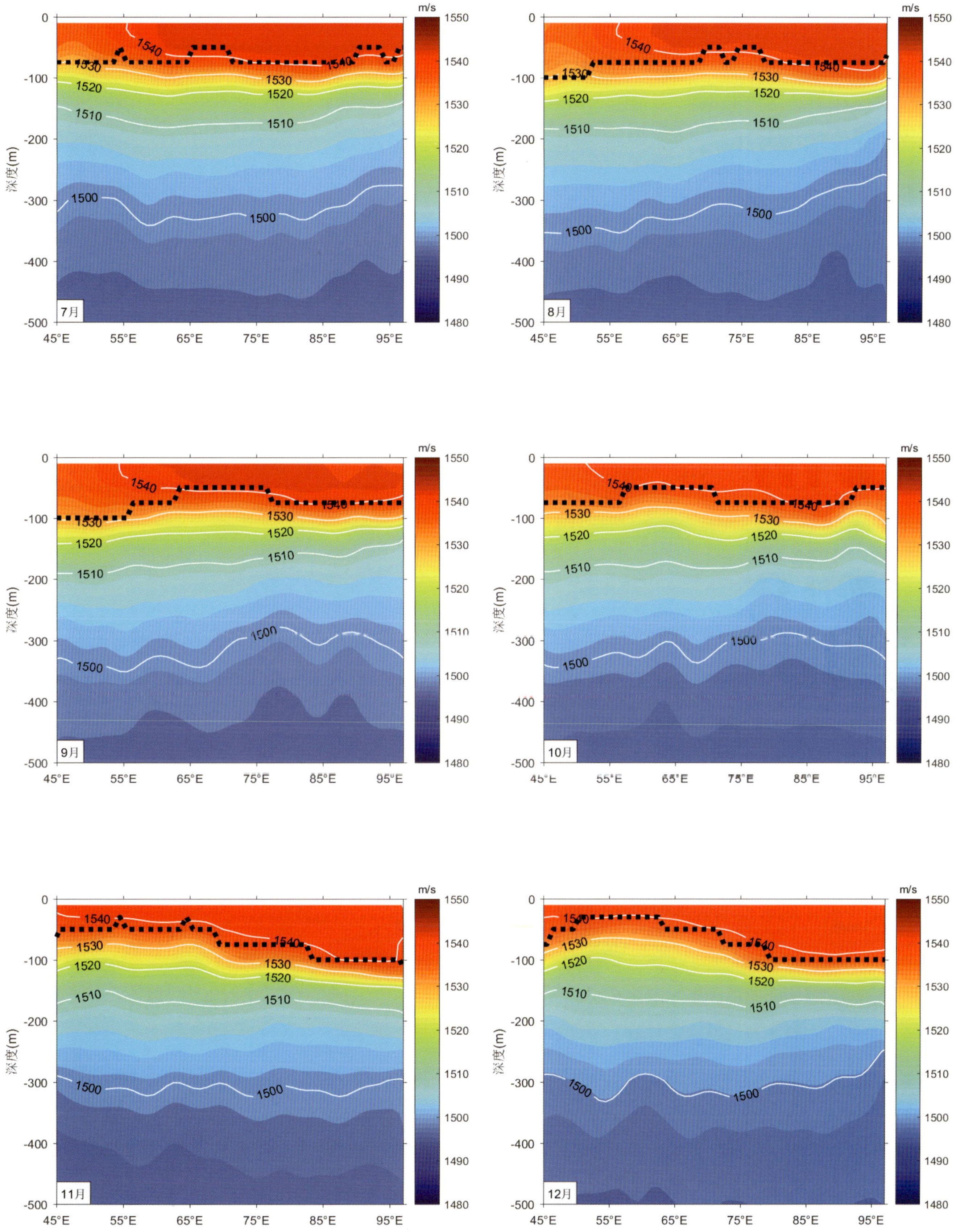

图 59　1.5°S 纬向断面声速垂直分布（颜色填充图和白色等值线，单位：m/s）和声速跃层上界深度（黑色粗虚线，单位：m）

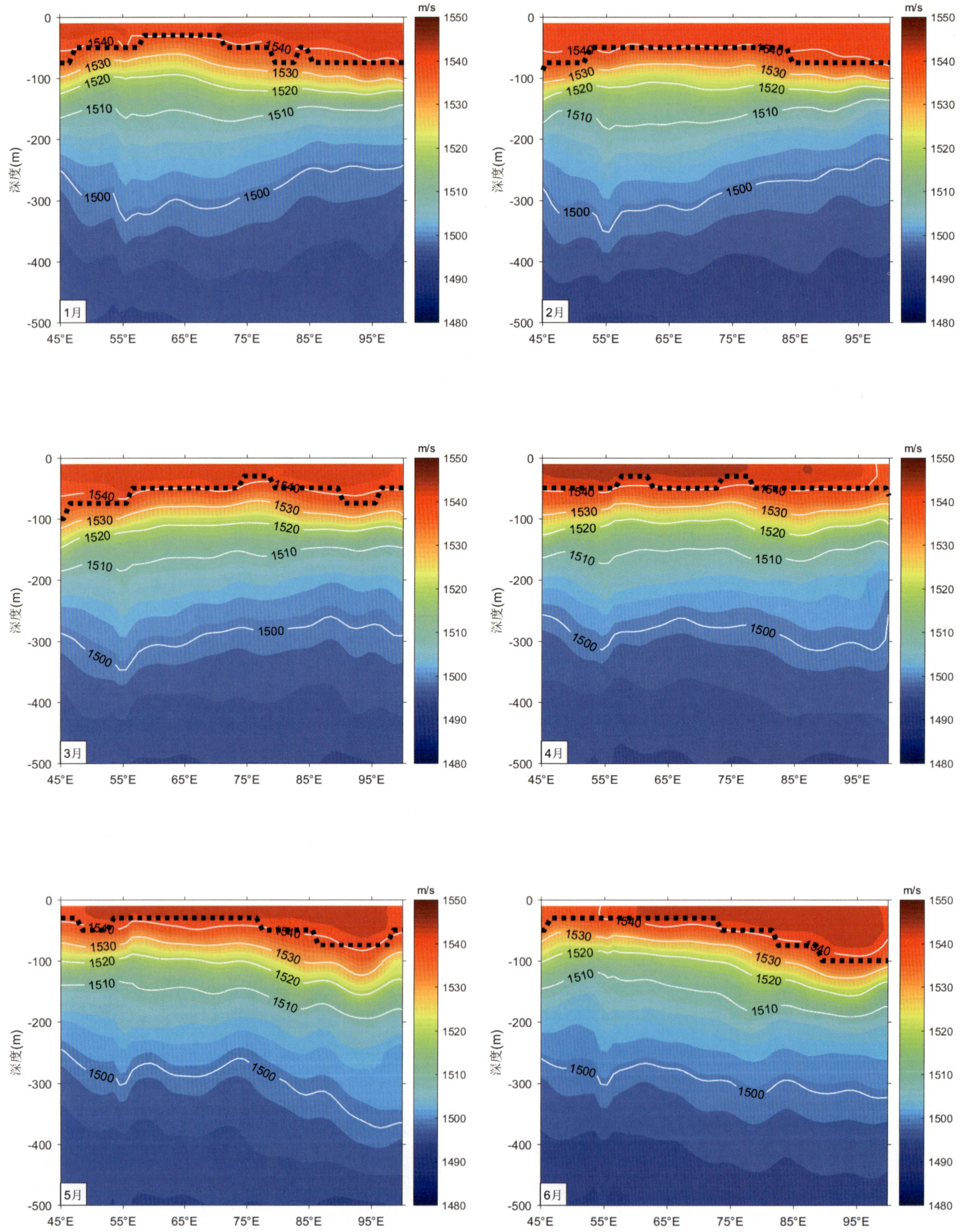

m/s
1550
1540
1530
1520
1510
1500
1490
1480
深度(m)
0
-100
-200
-300
-400
-500
45°E
55°E
65°E
75°E
85°E
95°E
1540
1530
1520
1510
1500
1月
2月
3月
4月
5月
6月

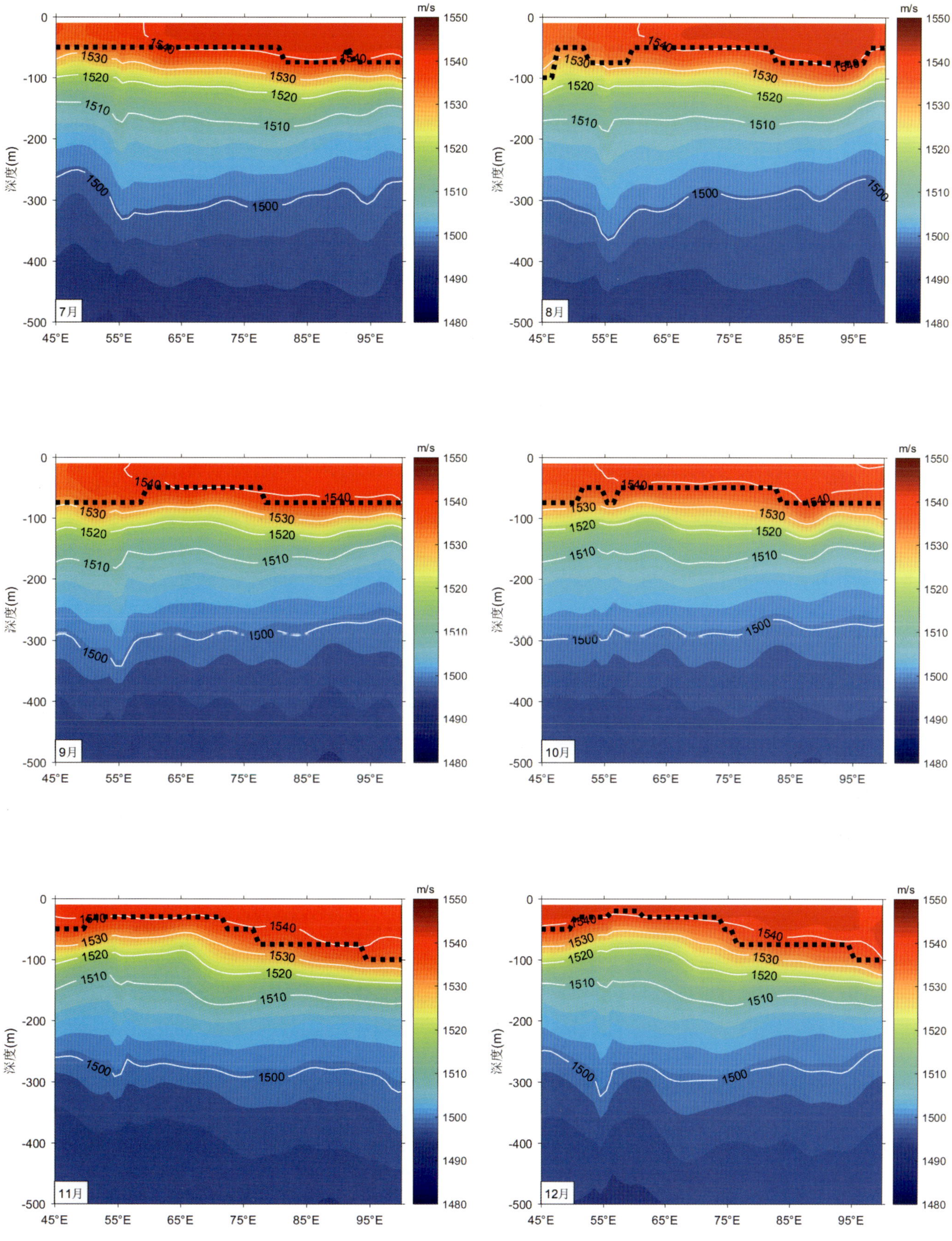

图 60 4°S 纬向断面声速垂直分布（颜色填充图和白色等值线，单位：m/s）和声速跃层上界深度（黑色粗虚线，单位：m）

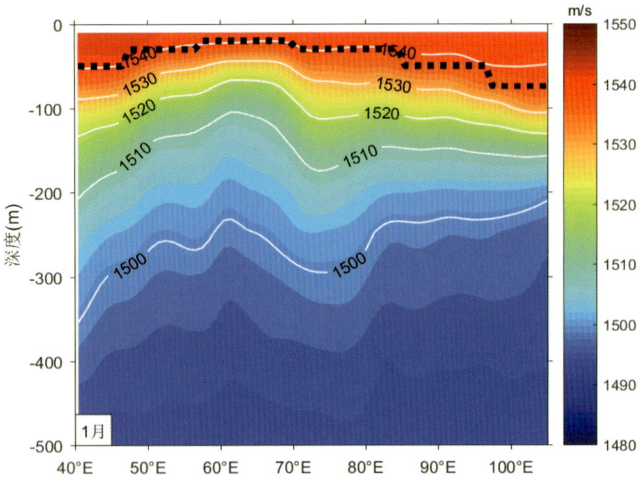
1月
深度(m)
m/s
1540
1530
1520
1510
1500
0
-100
-200
-300
-400
-500
40°E 50°E 60°E 70°E 80°E 90°E 100°E
1550 1540 1530 1520 1510 1500 1490 1480

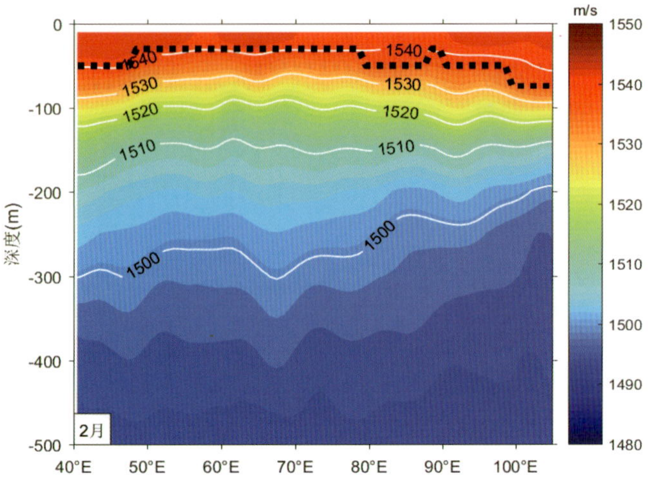
2月
深度(m)
m/s
1540
1530
1520
1510
1500
0
-100
-200
-300
-400
-500
40°E 50°E 60°E 70°E 80°E 90°E 100°E
1550 1540 1530 1520 1510 1500 1490 1480

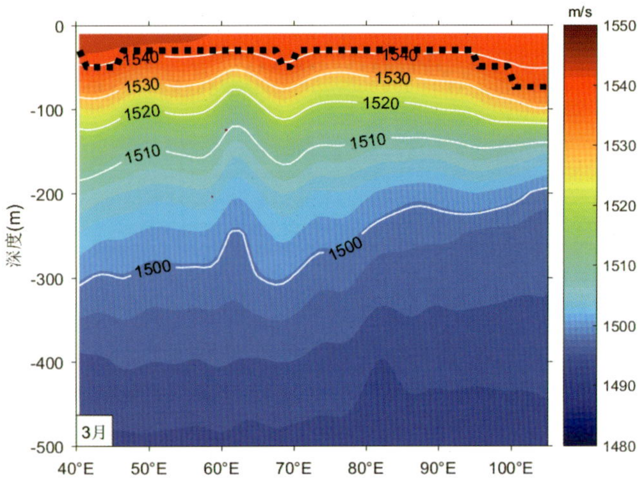
3月
深度(m)
m/s
1540
1530
1520
1510
1500
0
-100
-200
-300
-400
-500
40°E 50°E 60°E 70°E 80°E 90°E 100°E
1550 1540 1530 1520 1510 1500 1490 1480

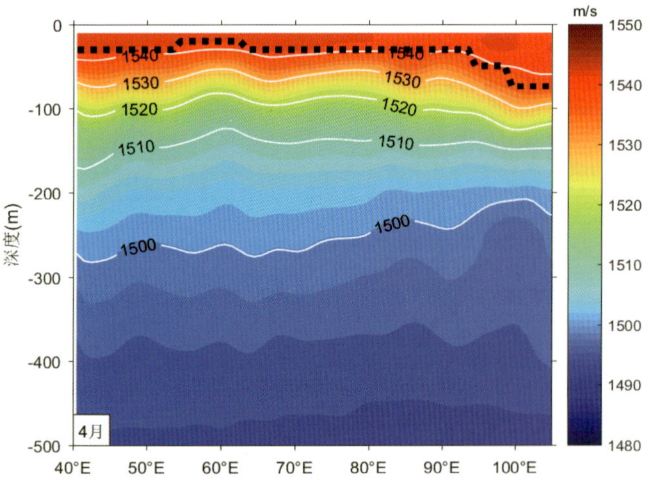
4月
深度(m)
m/s
1540
1530
1520
1510
1500
0
-100
-200
-300
-400
-500
40°E 50°E 60°E 70°E 80°E 90°E 100°E
1550 1540 1530 1520 1510 1500 1490 1480

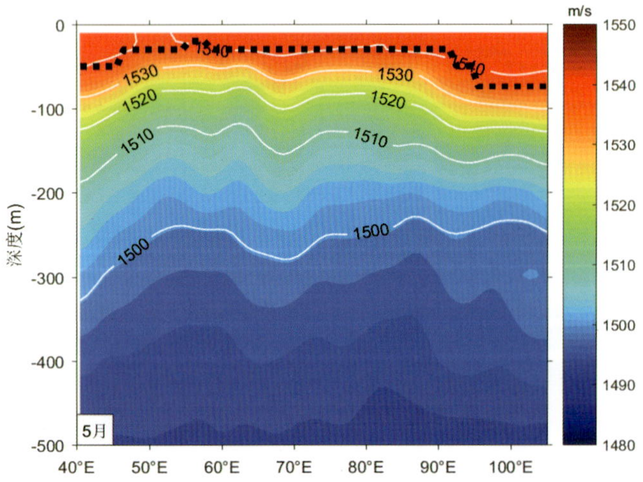
5月
深度(m)
m/s
1540
1530
1520
1510
1500
0
-100
-200
-300
-400
-500
40°E 50°E 60°E 70°E 80°E 90°E 100°E
1550 1540 1530 1520 1510 1500 1490 1480

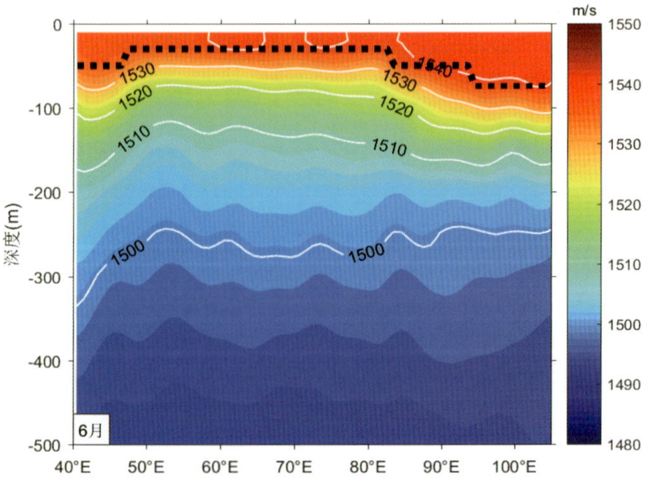
6月
深度(m)
m/s
1540
1530
1520
1510
1500
0
-100
-200
-300
-400
-500
40°E 50°E 60°E 70°E 80°E 90°E 100°E
1550 1540 1530 1520 1510 1500 1490 1480

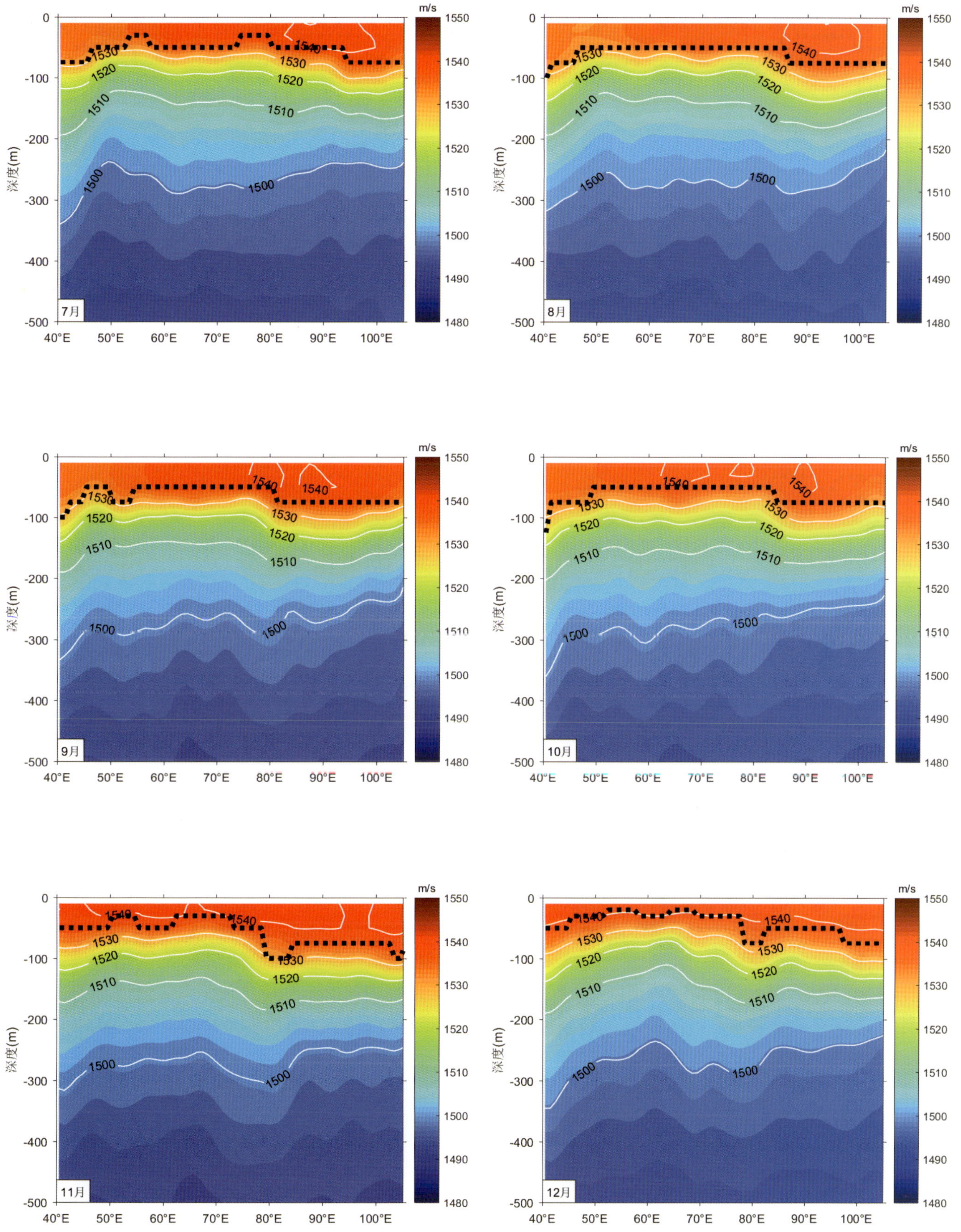

图 61　8°S 纬向断面声速垂直分布（颜色填充图和白色等值线，单位：m/s）和声速跃层上界深度（黑色粗虚线，单位：m）

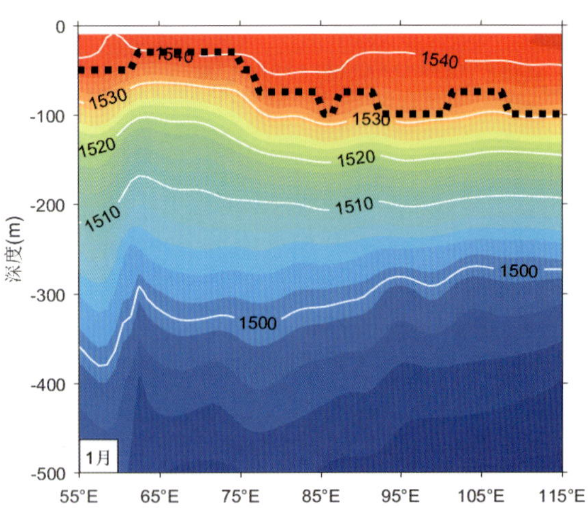
1月
深度(m)
0
-100
-200
-300
-400
-500
55°E 65°E 75°E 85°E 95°E 105°E 115°E
m/s
1550 1540 1530 1520 1510 1500 1490 1480
1540
1530
1520
1510
1500

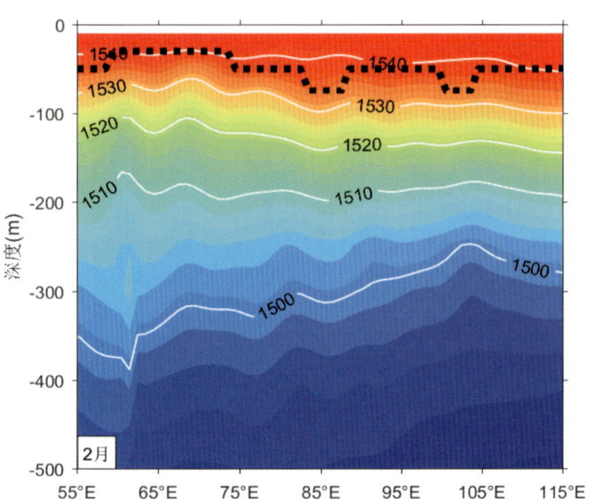
2月
深度(m)
0
-100
-200
-300
-400
-500
55°E 65°E 75°E 85°E 95°E 105°E 115°E
m/s
1550 1540 1530 1520 1510 1500 1490 1480
1540
1530
1520
1510
1500

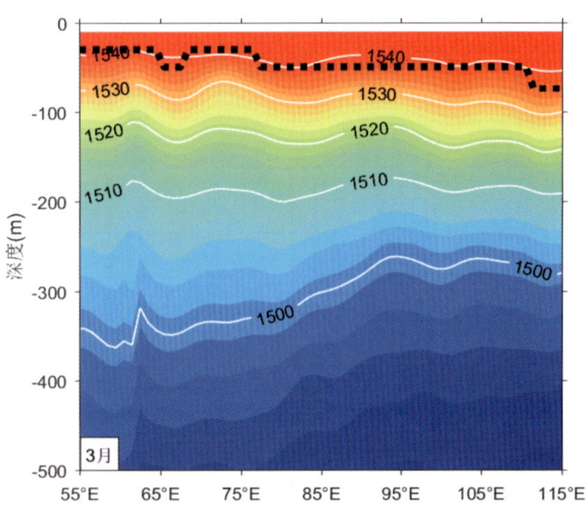
3月
深度(m)
0
-100
-200
-300
-400
-500
55°E 65°E 75°E 85°E 95°E 105°E 115°E
m/s
1550 1540 1530 1520 1510 1500 1490 1480
1540
1530
1520
1510
1500

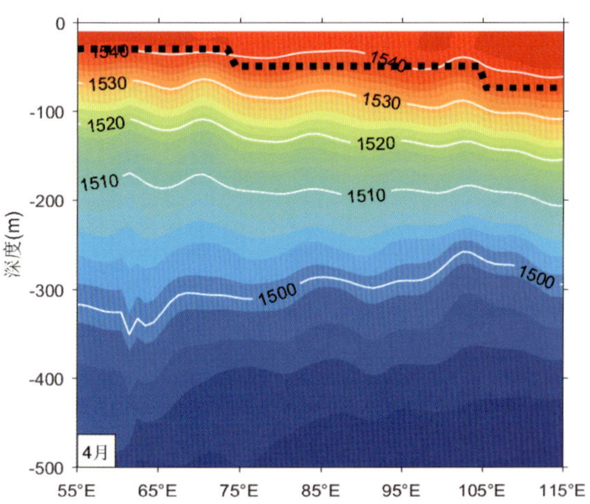
4月
深度(m)
0
-100
-200
-300
-400
-500
55°E 65°E 75°E 85°E 95°E 105°E 115°E
m/s
1550 1540 1530 1520 1510 1500 1490 1480
1540
1530
1520
1510
1500

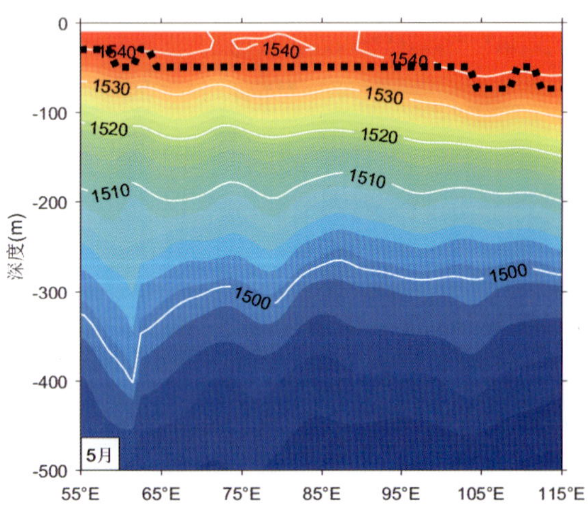
5月
深度(m)
0
-100
-200
-300
-400
-500
55°E 65°E 75°E 85°E 95°E 105°E 115°E
m/s
1550 1540 1530 1520 1510 1500 1490 1480
1540
1530
1520
1510
1500

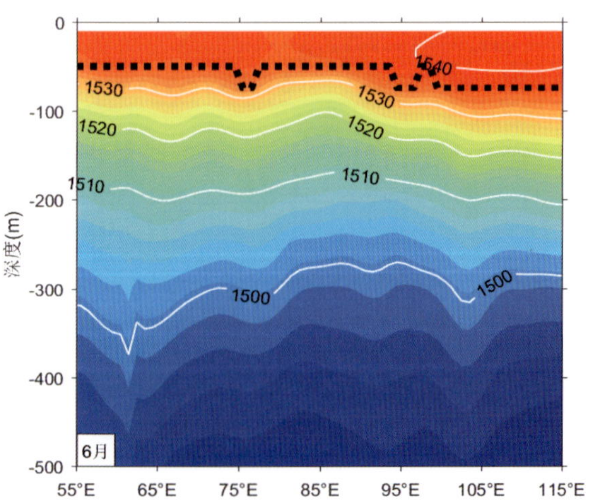
6月
深度(m)
0
-100
-200
-300
-400
-500
55°E 65°E 75°E 85°E 95°E 105°E 115°E
m/s
1550 1540 1530 1520 1510 1500 1490 1480
1540
1530
1520
1510
1500

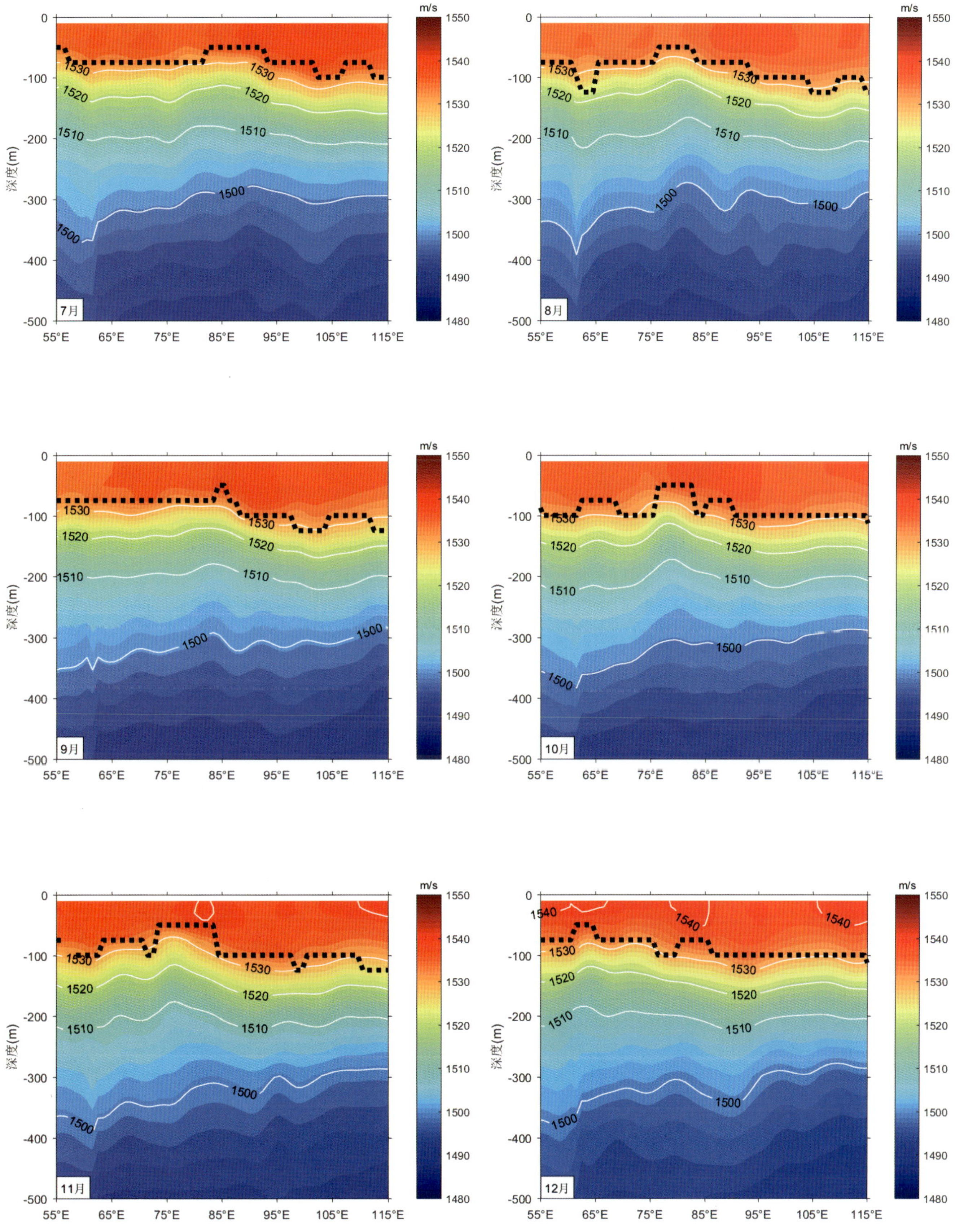

图 62　12°S 纬向断面声速垂直分布（颜色填充图和白色等值线，单位：m/s）和声速跃层上界深度（黑色粗虚线，单位：m）

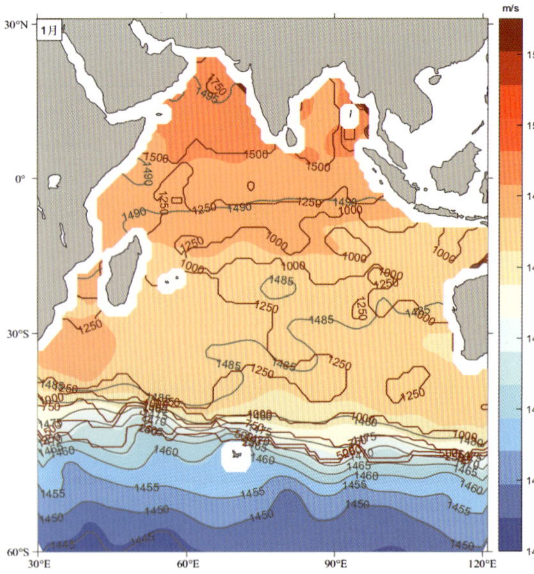
1月
m/s
1510
1500
1490
1480
1470
1460
1450
1440
30°N
0°
30°S
60°S
30°E
60°E
90°E
120°E

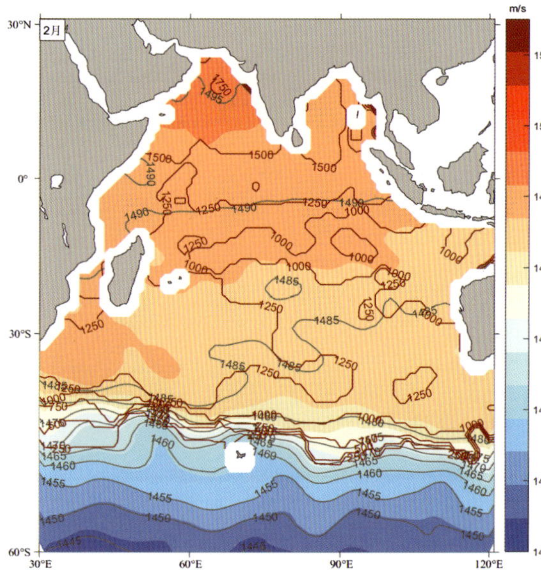
2月
m/s
1510
1500
1490
1480
1470
1460
1450
1440
30°N
0°
30°S
60°S
30°E
60°E
90°E
120°E

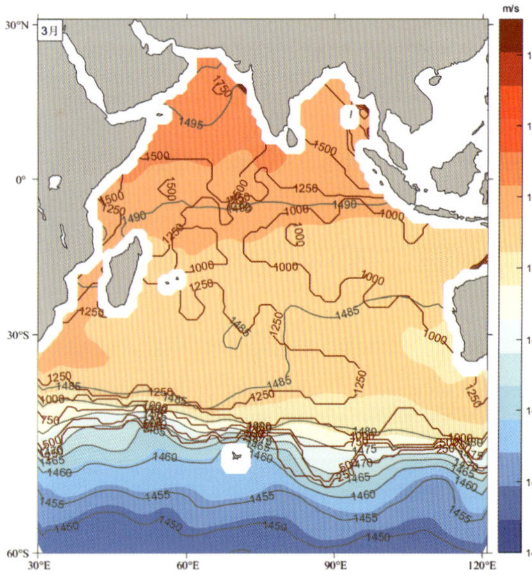
3月
m/s
1510
1500
1490
1480
1470
1460
1450
1440
30°N
0°
30°S
60°S
30°E
60°E
90°E
120°E

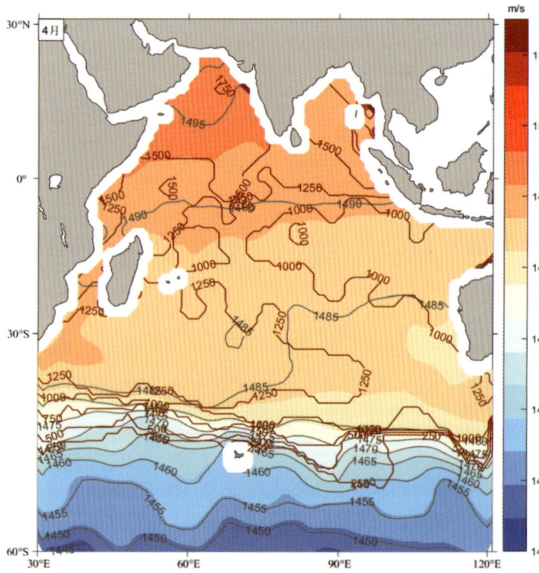
4月
m/s
1510
1500
1490
1480
1470
1460
1450
1440
30°N
0°
30°S
60°S
30°E
60°E
90°E
120°E

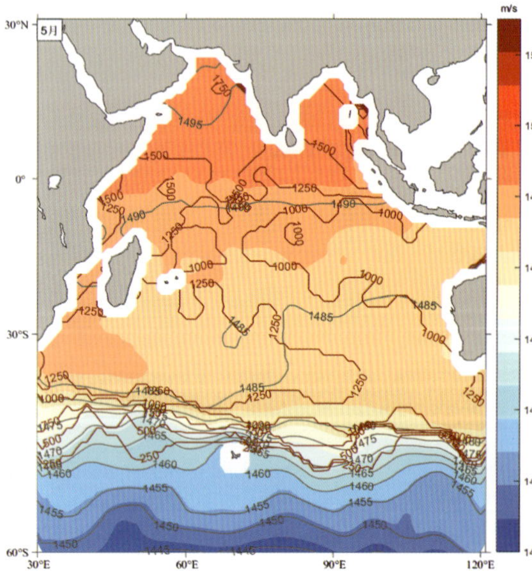
5月
m/s
1510
1500
1490
1480
1470
1460
1450
1440
30°N
0°
30°S
60°S
30°E
60°E
90°E
120°E

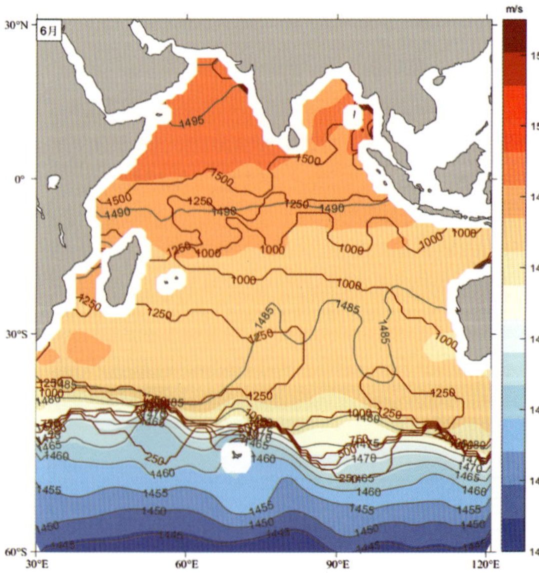
6月
m/s
1510
1500
1490
1480
1470
1460
1450
1440
30°N
0°
30°S
60°S
30°E
60°E
90°E
120°E

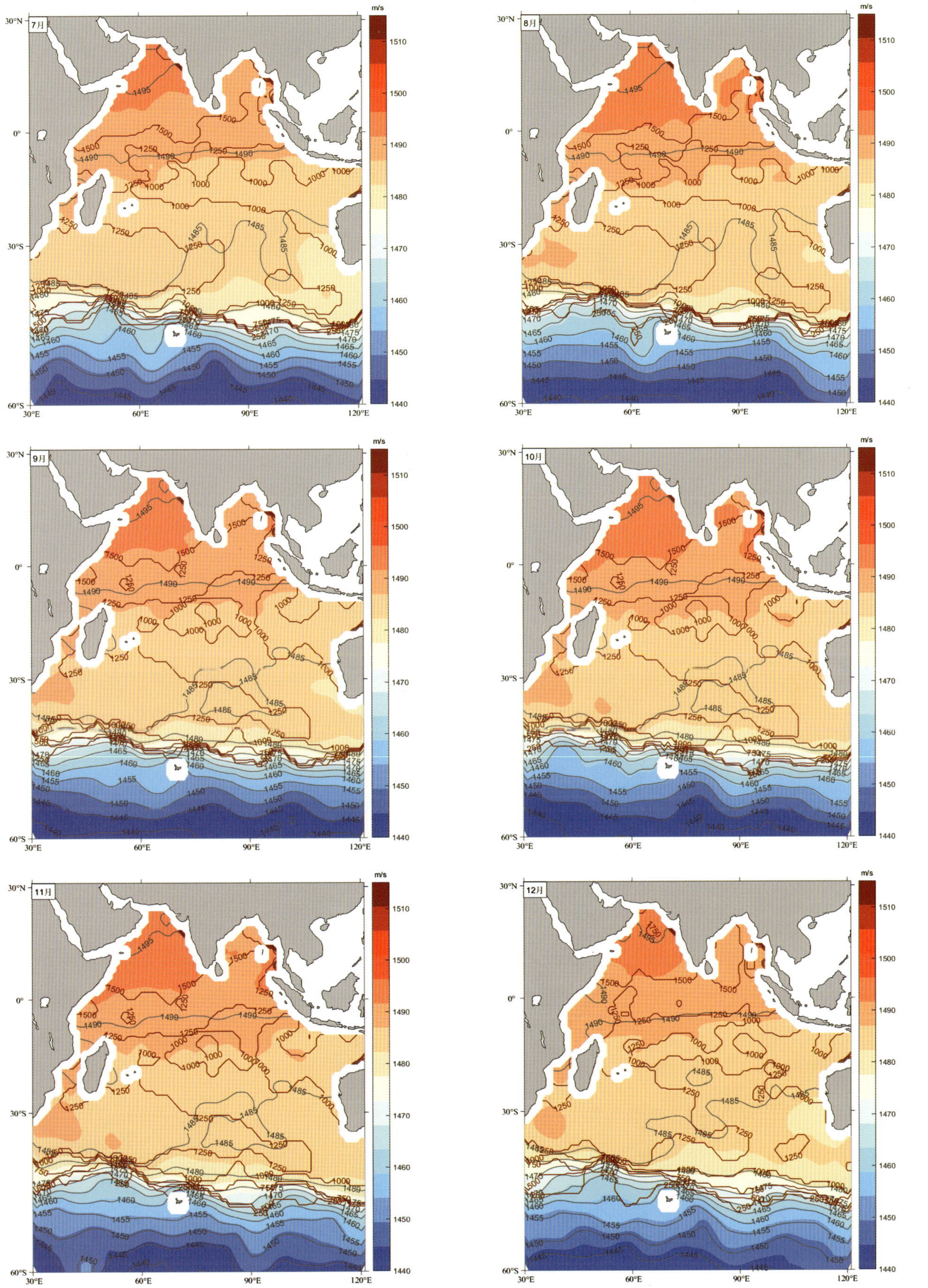

图 63　印度洋声道特性：声道轴处声速（颜色填充图和灰色等值线，单位：m/s）和声道轴深度（红色等值线，单位：m）

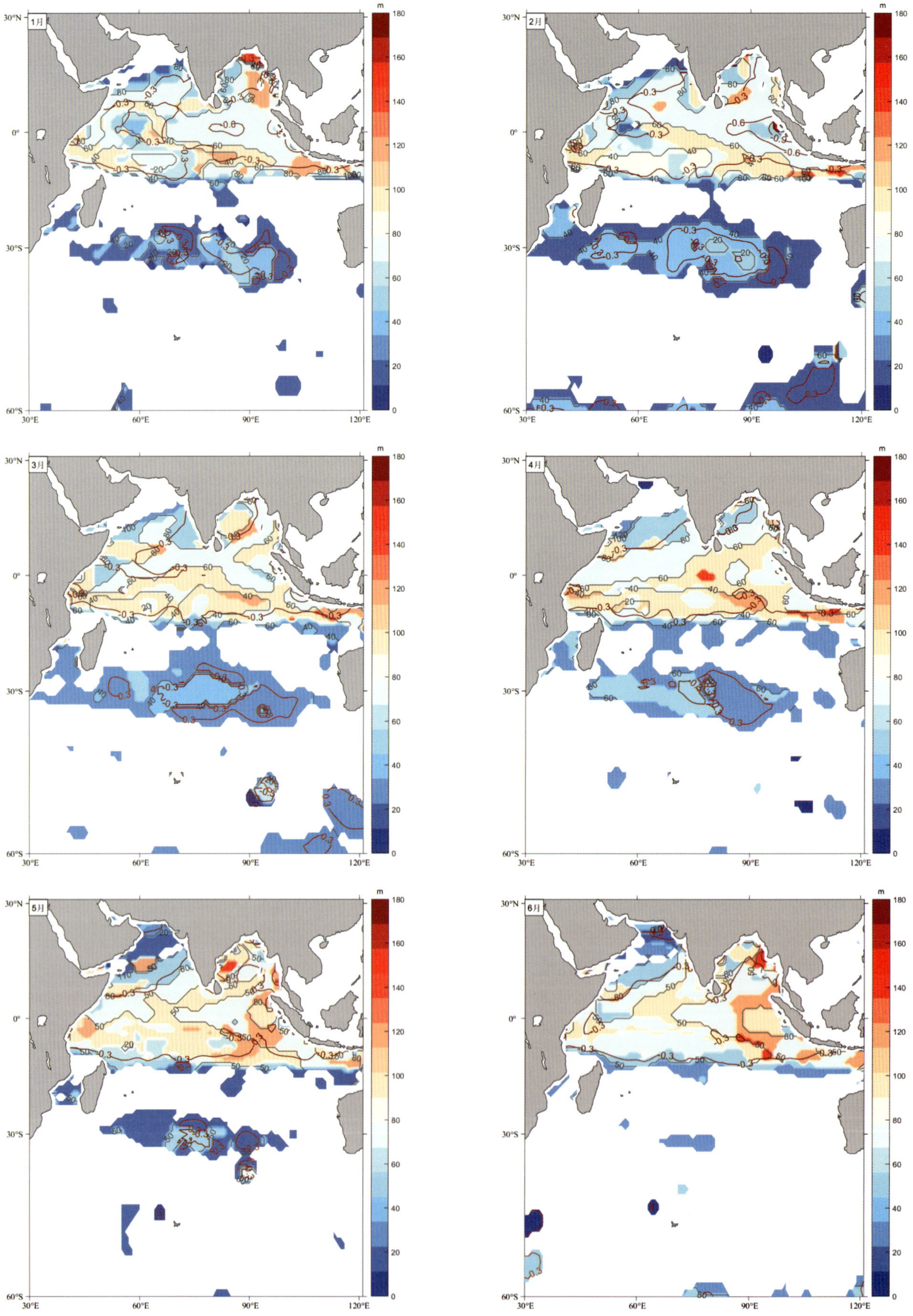
1月
2月
3月
4月
5月
6月
30°N
0°
30°S
60°S
30°E
60°E
90°E
120°E
m
180
160
140
120
100
80
60
40
20
0

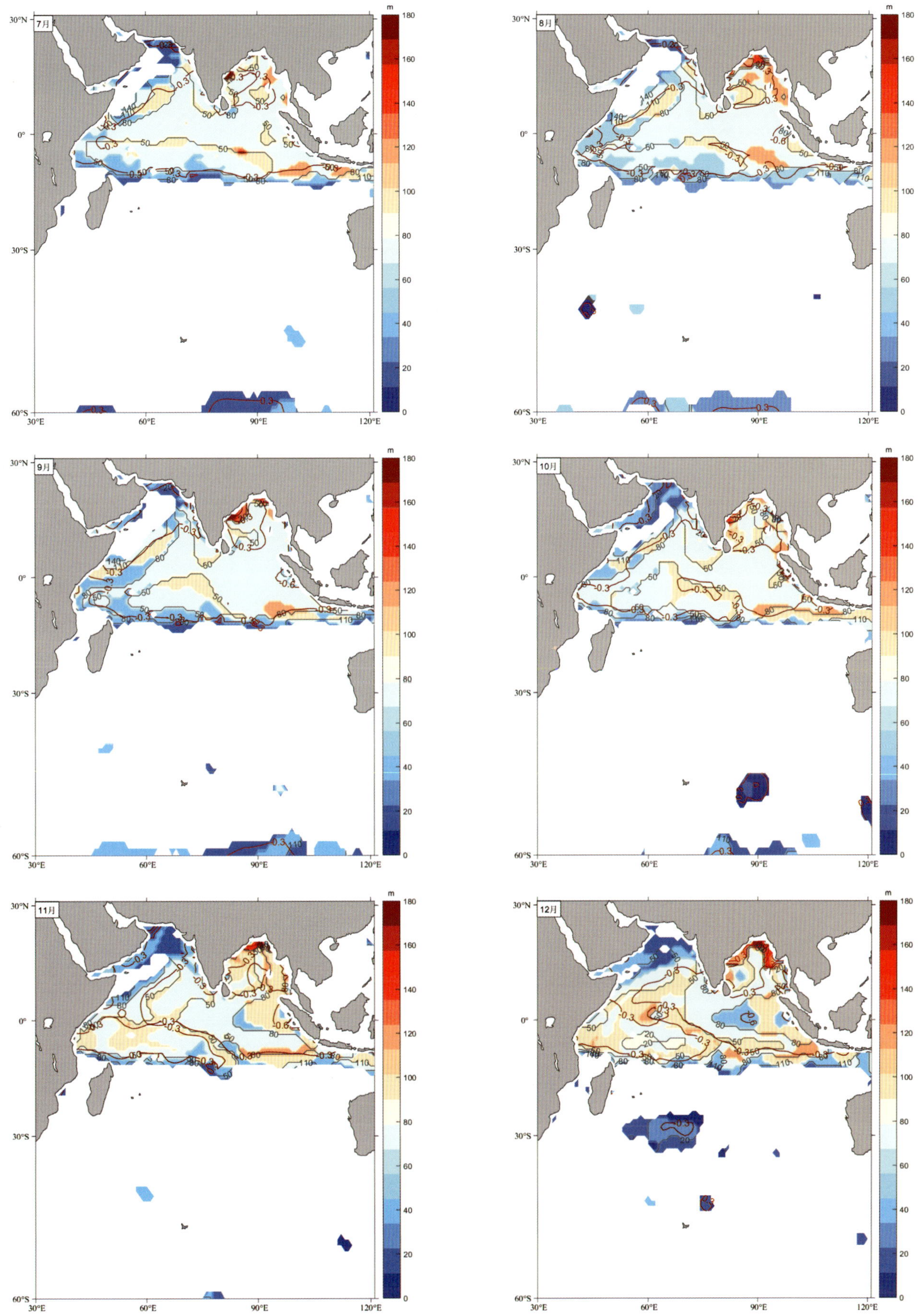

图 64　印度洋声速跃层特性（空白为无跃层区）：声速跃层厚度（颜色填充图，单位：m）、强度（红色等值线，单位：s^{-1}）和上界深度（灰色等值线，单位：m）

六、印度洋混合层特征

（一）混合层深度

印度洋混合层深度存在显著季节变化，在北半球夏、秋季时较深，春、冬季时较浅。

春季：约 15°S 以北，混合层深度均较浅（ < 50 m）；15°S—40°S，混合层深度平均约 50 m；而在 40°S—60°S 范围，是混合层深度高值区，呈带状分布，高值中心位于 90°E 附近，深度约 100 ~ 150 m。

夏季：约 30°S 以北，混合层深度一般约 50 m，除了阿拉伯海北部和孟加拉湾北部的混合层深度较小，约 25 m。在 30°S—60°S，非洲南部到澳大利亚南部一线是混合层深度高值区，呈带状分布，高值中心位于澳大利亚西南侧一带海区（60°E 以东），最大值大于 300 m。

秋季：在 30°S 以北，混合层深度较浅，一般为 25 ~ 50 m；在 30°S—60°S，与夏季比，混合层深度显著加深范围变大，尤其是 10 月，在 40°E—120°E 范围形成一条高值中心带，最大值大于 300 m。

冬季：与春季类似。在 40°S 以北，混合层深度大部分均较浅，一般在 25 ~ 50 m 左右，在阿拉伯海西北部海区存在高值中心，值约 75 m；在 40°S—60°S，混合层深度一般在 50 ~ 100 m 左右，在澳大利亚西南侧海区存在高值中心，深度大于 100 m（详情请参见图 65）。

（二）障碍层厚度

印度洋障碍层厚度同样具有显著的季节变化，在北半球夏、秋季时较厚，春、冬季时较薄。

春季：障碍层厚度大值区主要集中在 40°S—50°S 范围，大值中心位于 90°E 附近，值大于 100 m。

夏季：障碍层厚度大值区主要集中在 40°S—50°S 范围，在 30°E—120°E 范围形成一条高值带，高值中心更多范围更大，障碍层厚度值也更大，最大值大于 300 m。

秋季：与夏季情况类似。障碍层厚度同样在 40°S—50°S 范围形成一条高值带，最大值大于 300 m。

冬季：与春季情况类似。在孟加拉湾和印度半岛西南侧海域也存在高值中心，值约 50 m。障碍层厚度高值区主要在 40°S—50°S 范围，存在几个高值中心，最大值可达 100 m（详情请参见图 66）。

（三）各断面混合层深度和温度距平

经向断面特征：（1）春季。各断面的混合层深度均南深北浅，一般最深可达 25 m，除了 80.5°E 断面的混合层深度在 40°S 附近深度可达约 100 m。温度距平显示，55°E 断面的春季增温较显著，在海表到 100 m 深度内水层基本为增温区，高值中心位于 10°N 附近 100 m 深度，值约 3°C。在 67°E 断面，增温中心位于 30°S 附近，赤道以北存在弱的增温。在 80.5°E 断面，同样增温中心位于 30°S 附近，值约 3°C，赤道以北变成降温；（2）夏季。各断面混合层深度分布基本上南深北浅，一般深度小于 100 m，除了 80.5°E 断面的混合层深度在 40°S 附近最深可达 500 m 左右。温度距平显示，一般赤道以北为弱增温，赤道以南为弱降温；（3）秋季。各断面的混合层深度分布基本上南深北浅，一般深度小于 50 m，除了 80.5°E 断面的混合层深度在 40°S 附近最深可达约 400 m。温度距平显示，在 55°E 断面，分别在 10°N 和 10°S 附近存在增温中心，增温约 1.5°C。在 67°E 断面，10°S 附近的增温中心加强为 3.5°C 左右，赤道以北转变为降温。

在 80.5°E 断面海表 30°S 附近的降温比较明显。在 90°E 断面 10°S 附近的增温中心显著，值约 3.5°C;（4）冬季。混合层深度等值线基本上南浅北深，一般深度小于 100 m。温度距平显示，冬季降温较显著，尤其在 55°E 和 67°E 断面，降温中心值约 -4°C（详情请参见图 67 ～图 70）。

纬向断面特征:（1）各断面的混合层深度在东西方向变化很小，值一般小于 50 m，季节变化不明显;（2）温度距平。在 1.5°N—4°S 范围内各断面，温度距平分布较类似，增温较强在 5—6 月，增温中心位于 90°E 附近 100 m 内水层，可达 4°C 左右。降温较强在冬季，降温中心在 55°E 附近 100 m 深度，最大降温达 4°C。在 8°S 断面：增温较强在秋季，存在两个增温中心分别位于 60°E 和 90°E 附近的 75 m 水深，最大增温约 3°C。降温较强在冬季，在 65°E 附近 50 m 深度，最大降温达 4°C。在 12°S 断面：增温较强在秋季，增温中心位于 90°E 附近 100 m 水深，最大增温约 3°C。降温较强在 6 月，降温中心位于 90°E 附近 100 m 深度，最大降温达 3°C（详情请参见图 71 ～图 76）。

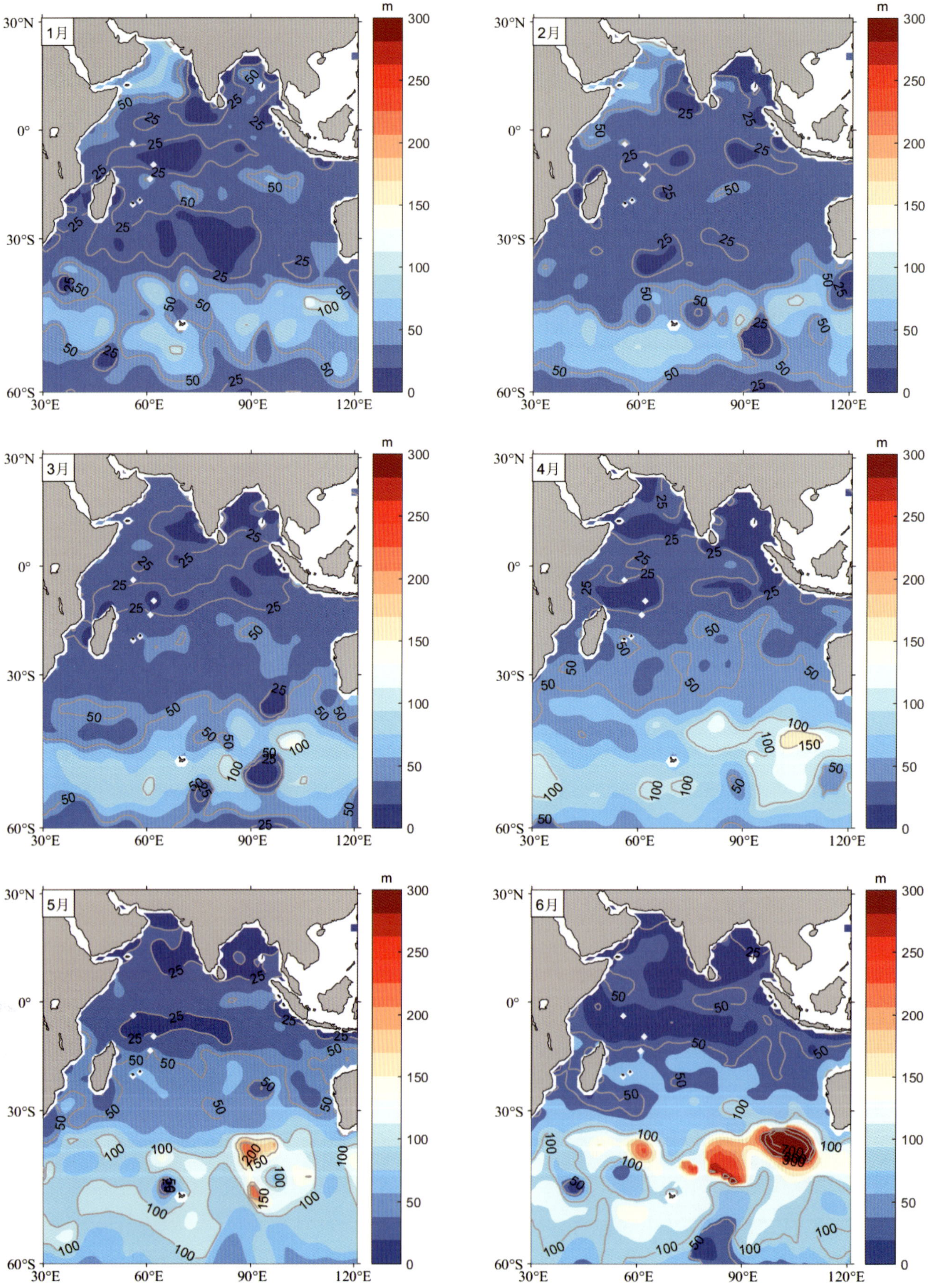
1月
2月
3月
4月
5月
6月
m
300
250
200
150
100
50
0
30°N
0°
30°S
60°S
30°E
60°E
90°E
120°E

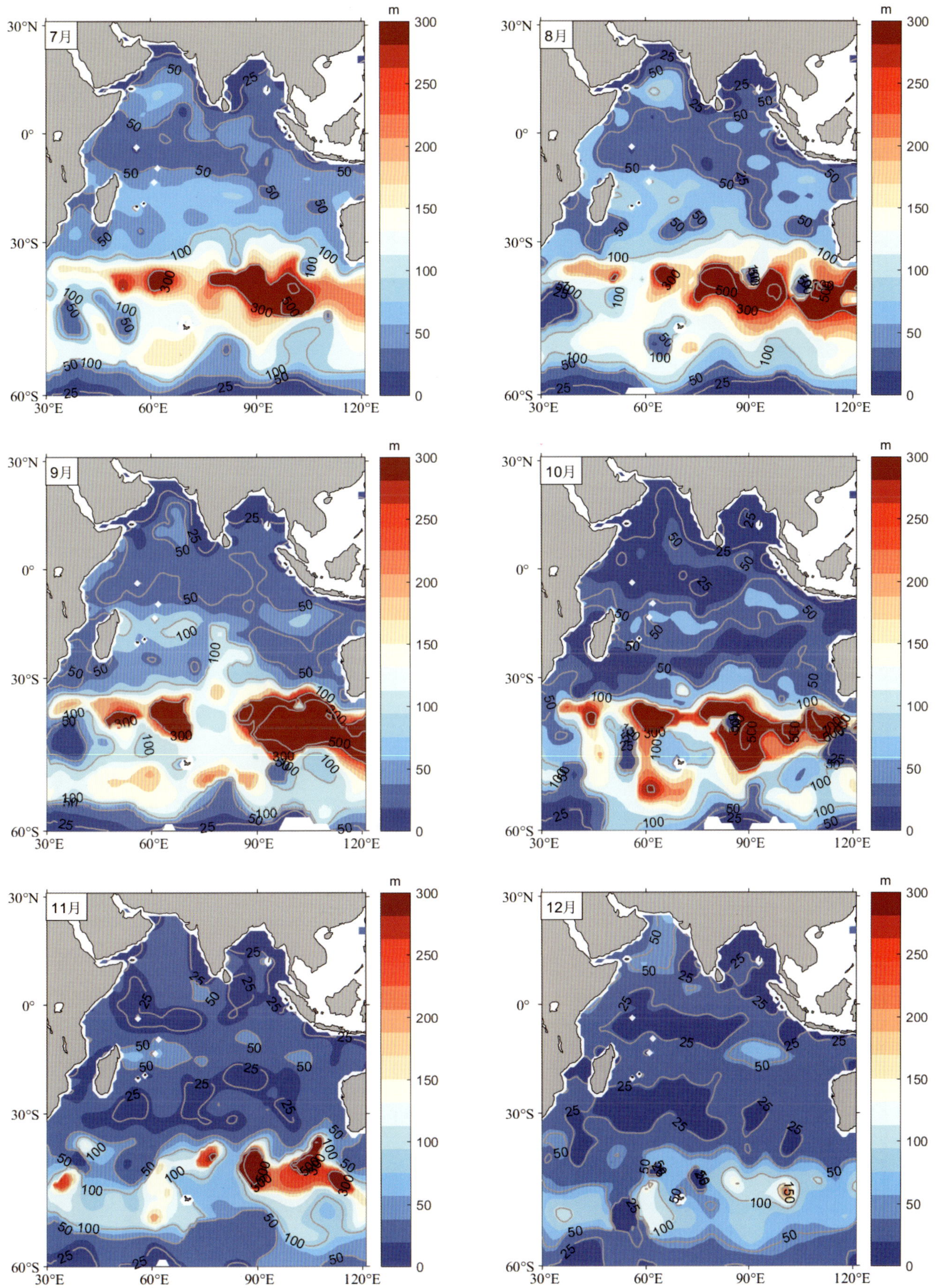

图 65　印度洋混合层深度（单位：m）

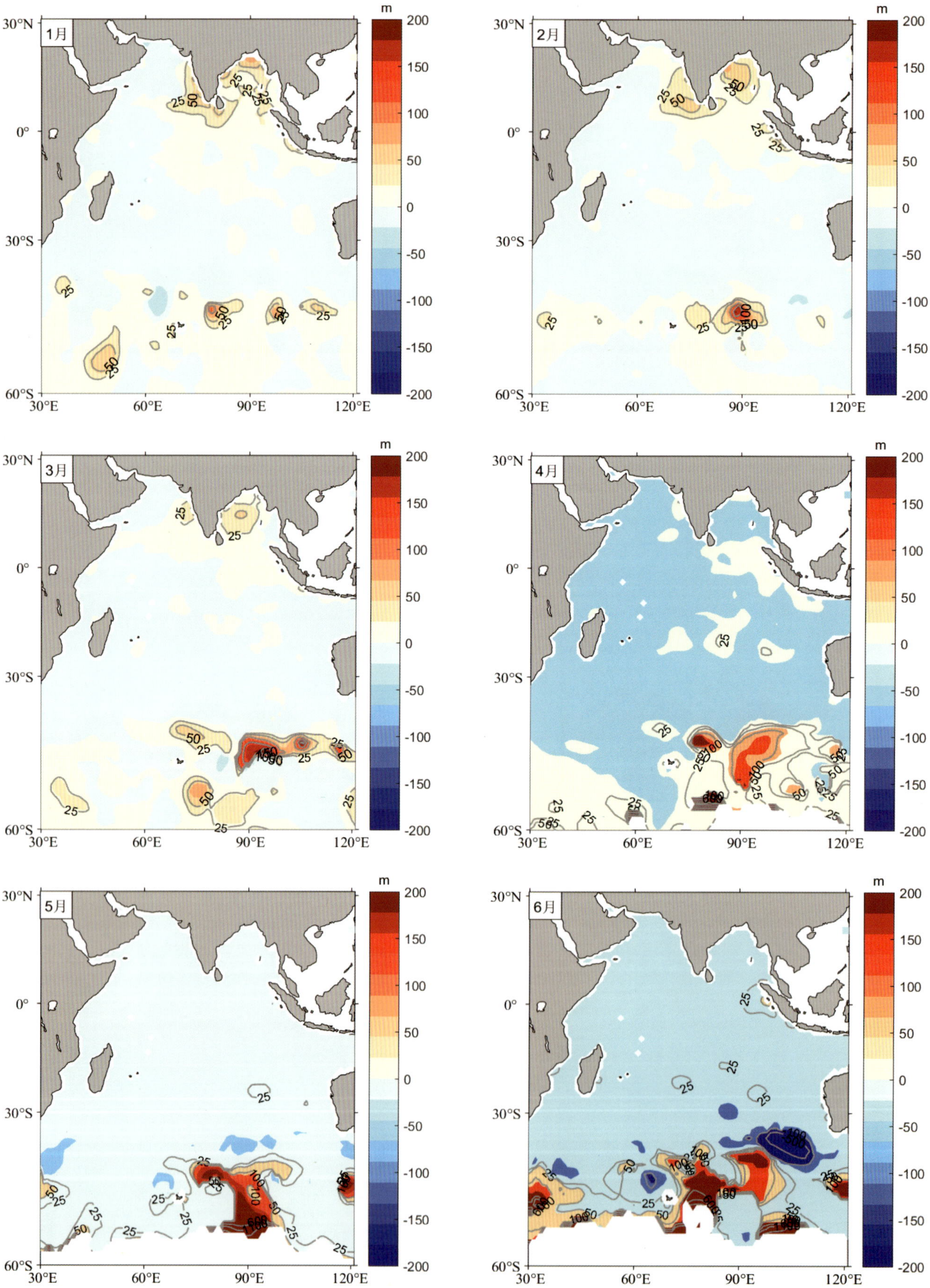
1月
2月
3月
4月
5月
6月
30°N
0°
30°S
60°S
30°E
60°E
90°E
120°E
m
200
150
100
50
0
-50
-100
-150
-200

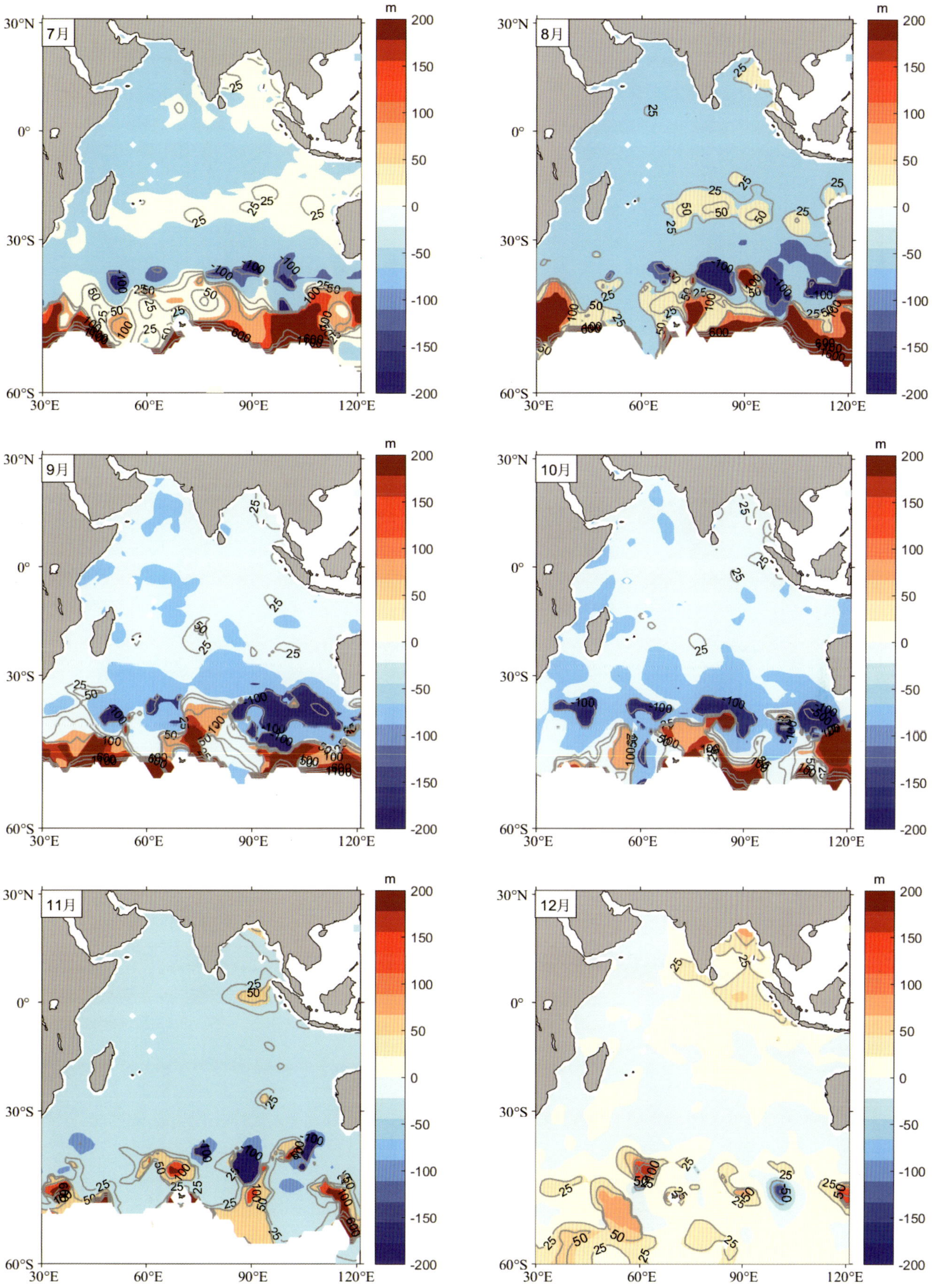

图 66 印度洋障碍层厚度（单位：m）

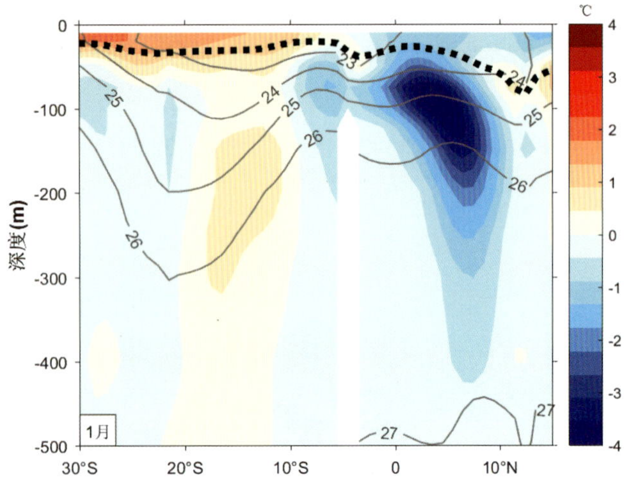
1月
深度(m)
0
-100
-200
-300
-400
-500
30°S
20°S
10°S
0
10°N
℃
23
24
25
26
27

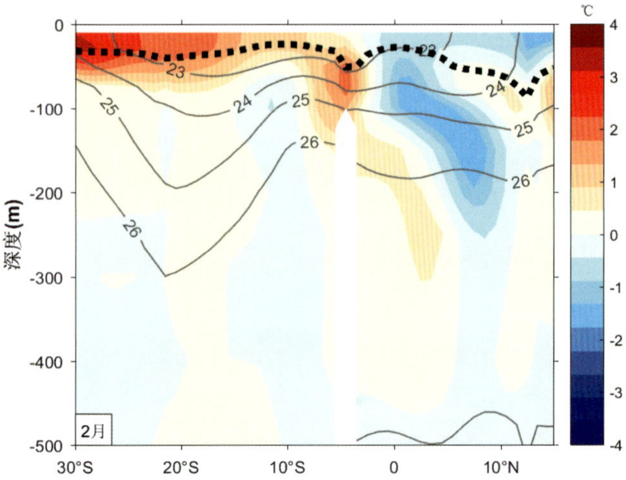
2月
深度(m)
0
-100
-200
-300
-400
-500
30°S
20°S
10°S
0
10°N
℃
23
24
25
26

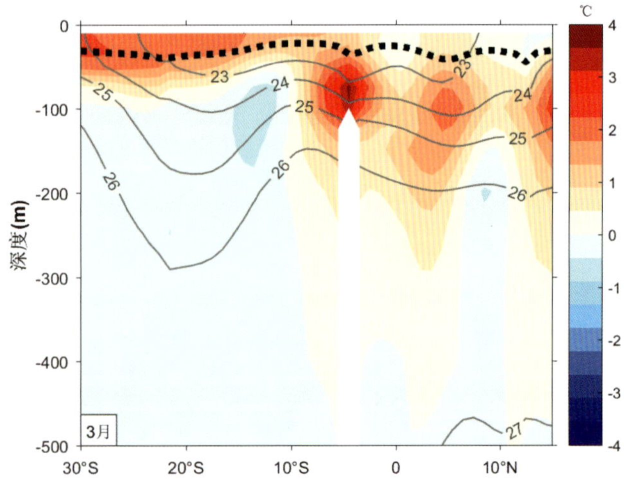
3月
深度(m)
0
-100
-200
-300
-400
-500
30°S
20°S
10°S
0
10°N
℃
23
24
25
26
27

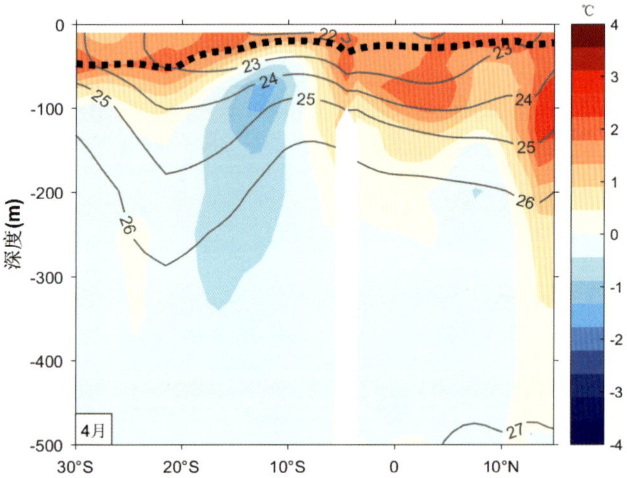
4月
深度(m)
0
-100
-200
-300
-400
-500
30°S
20°S
10°S
0
10°N
℃
23
24
25
26
27

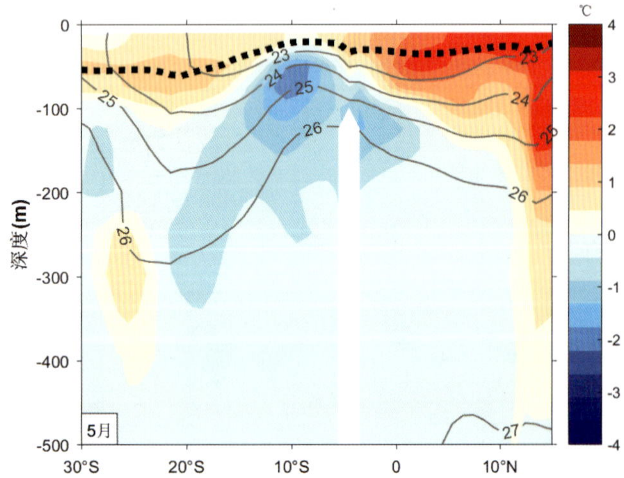
5月
深度(m)
0
-100
-200
-300
-400
-500
30°S
20°S
10°S
0
10°N
℃
23
24
25
26
27

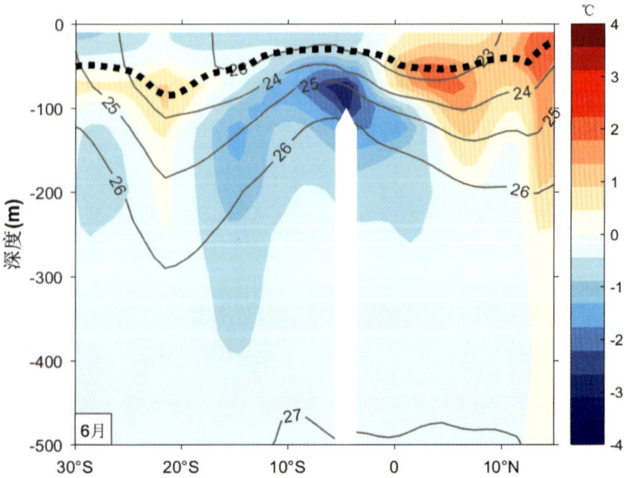
6月
深度(m)
0
-100
-200
-300
-400
-500
30°S
20°S
10°S
0
10°N
℃
24
25
26
27

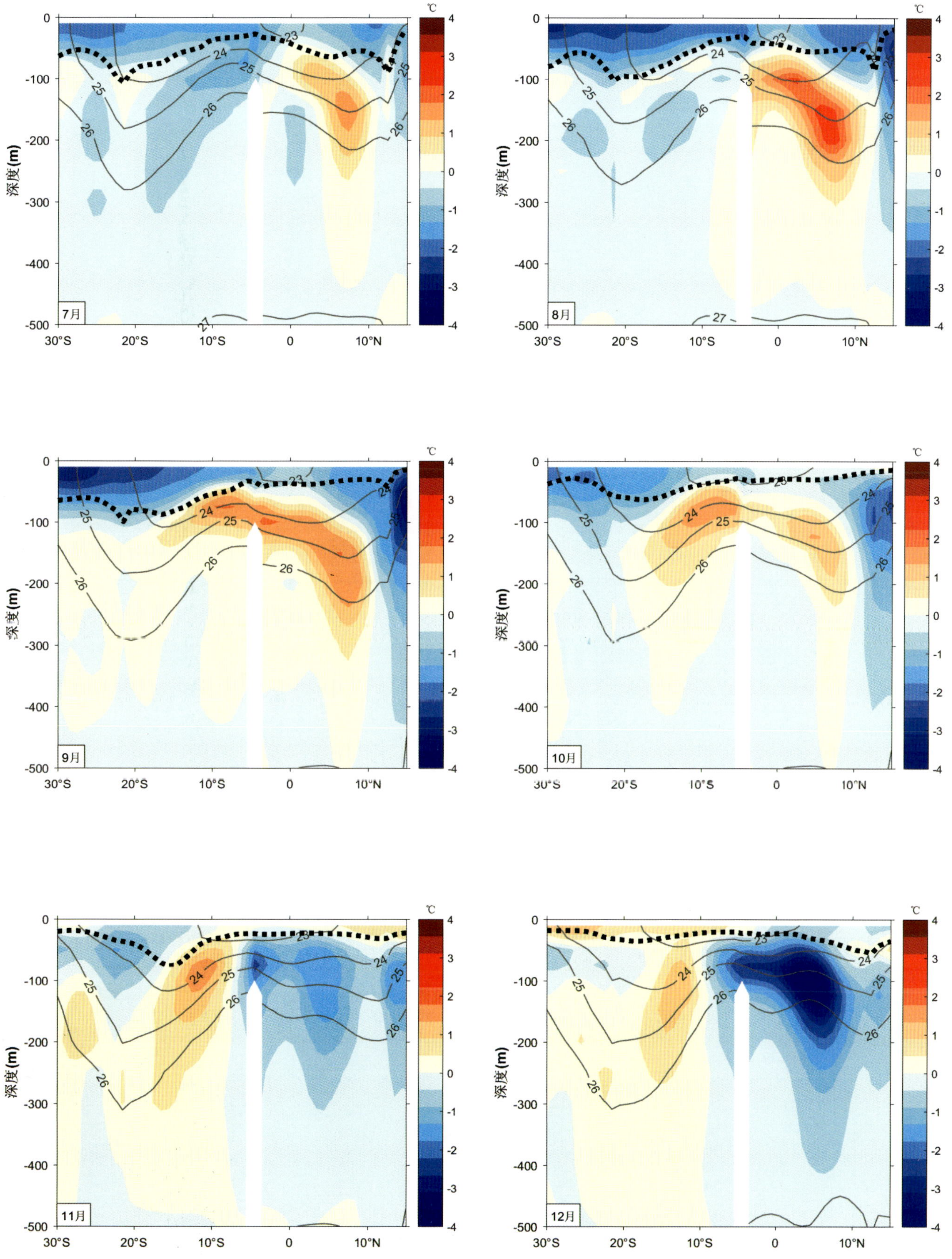

图 67　55°E 经向断面混合层深度（黑色粗虚线，单位：m）、温度距平（颜色填充图，单位：°C）和密度（灰色等值线，单位：kg/m^3）

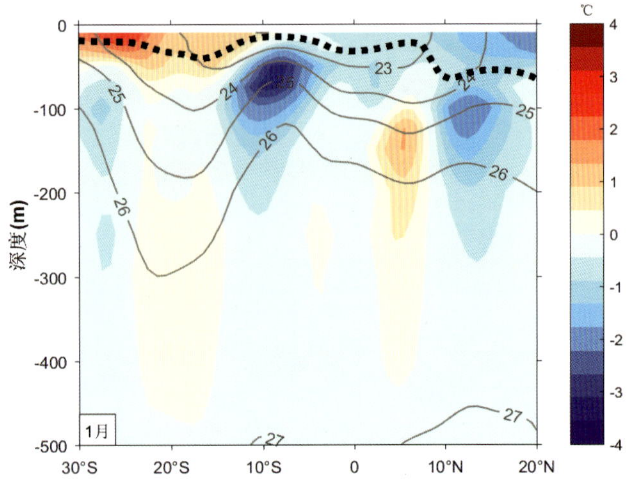
1月
深度(m)
℃
30°S
20°S
10°S
0
10°N
20°N

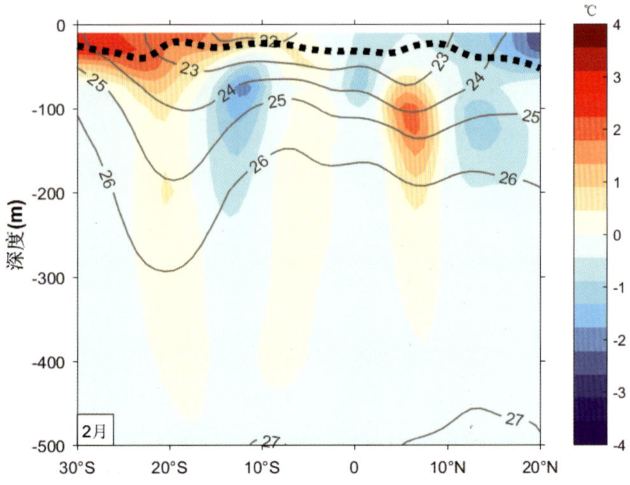
2月
深度(m)
℃
30°S
20°S
10°S
0
10°N
20°N

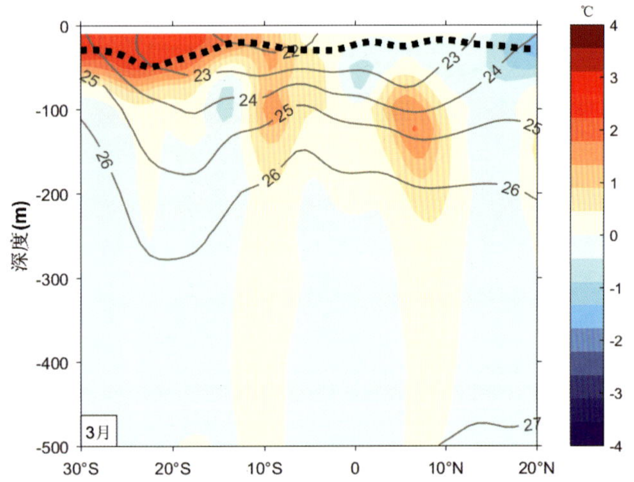
3月
深度(m)
℃
30°S
20°S
10°S
0
10°N
20°N

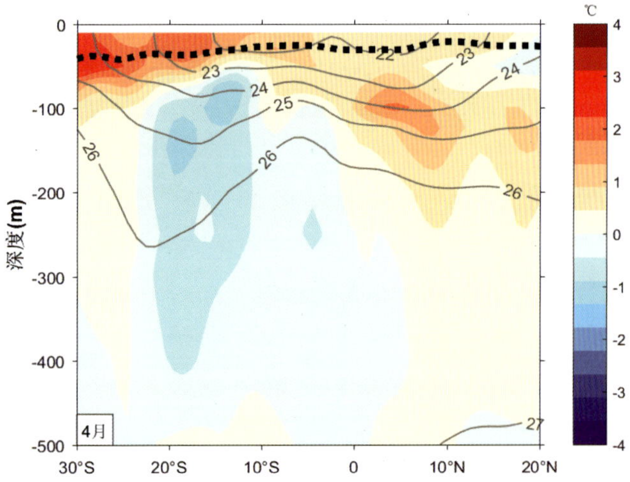
4月
深度(m)
℃
30°S
20°S
10°S
0
10°N
20°N

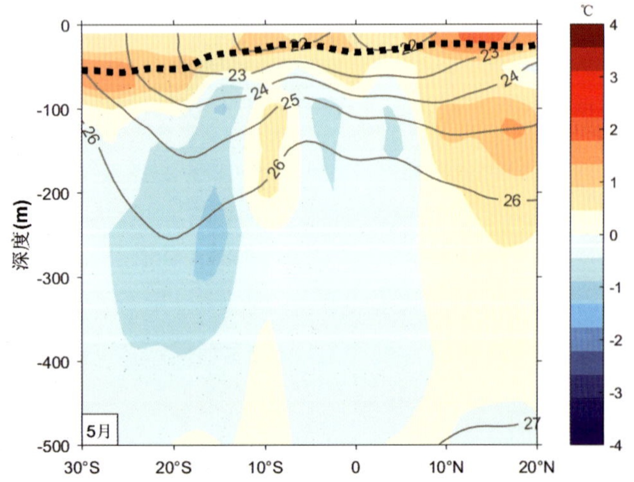
5月
深度(m)
℃
30°S
20°S
10°S
0
10°N
20°N

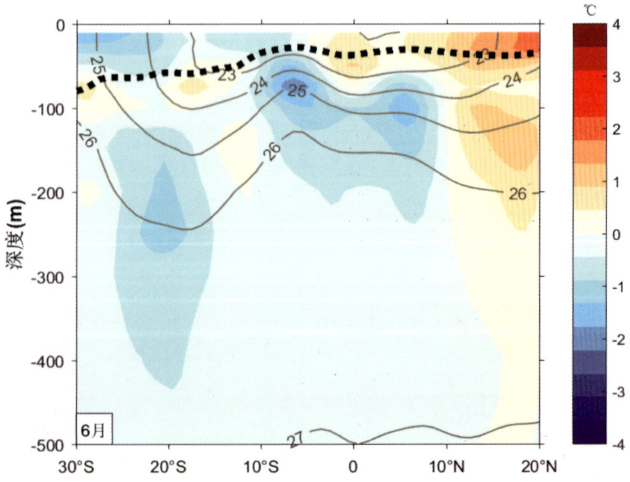
6月
深度(m)
℃
30°S
20°S
10°S
0
10°N
20°N

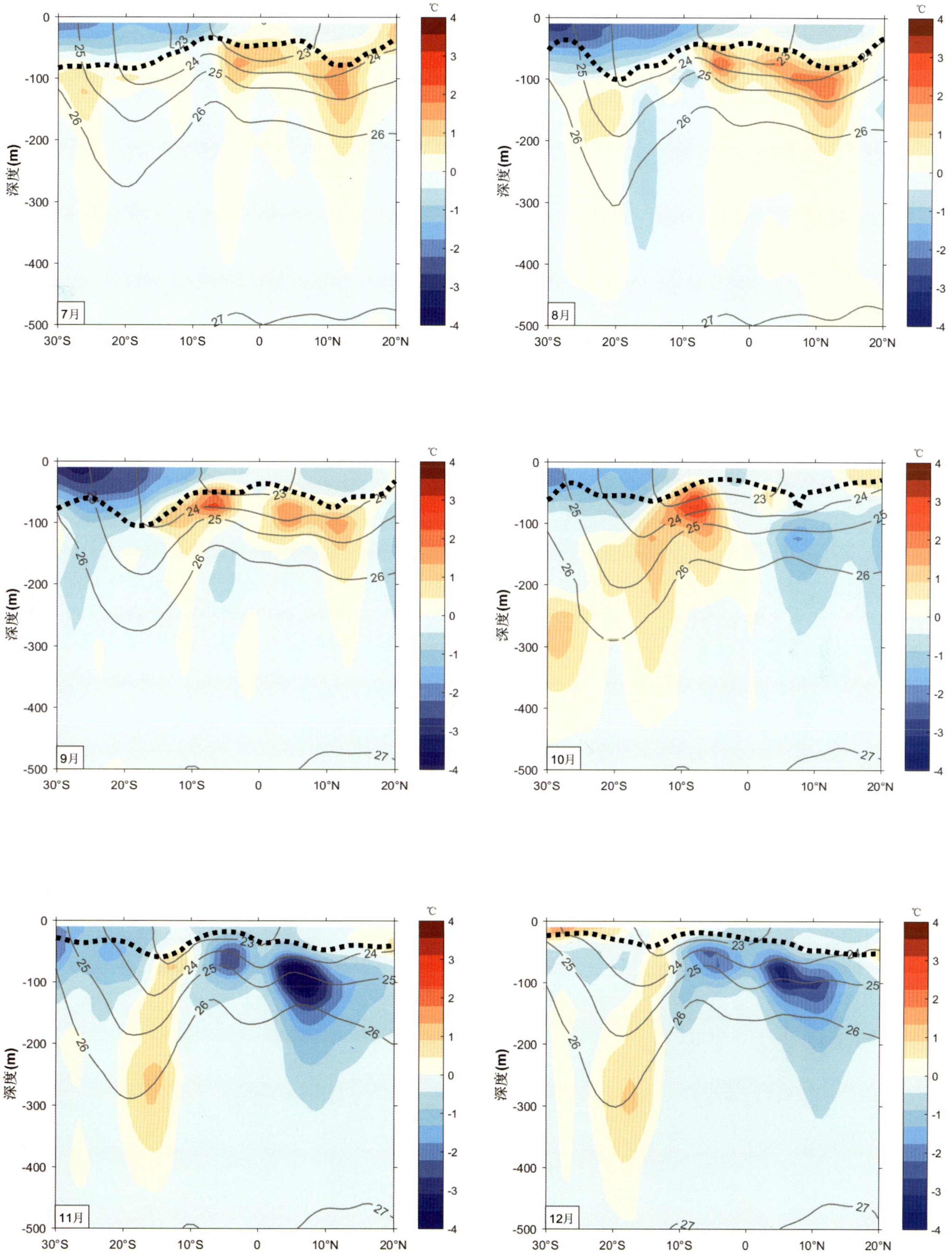

图 68　67°E 经向断面混合层深度（黑色粗虚线，单位：m）、温度距平（颜色填充图，单位：°C）和密度（灰色等值线，单位：kg/m^3）

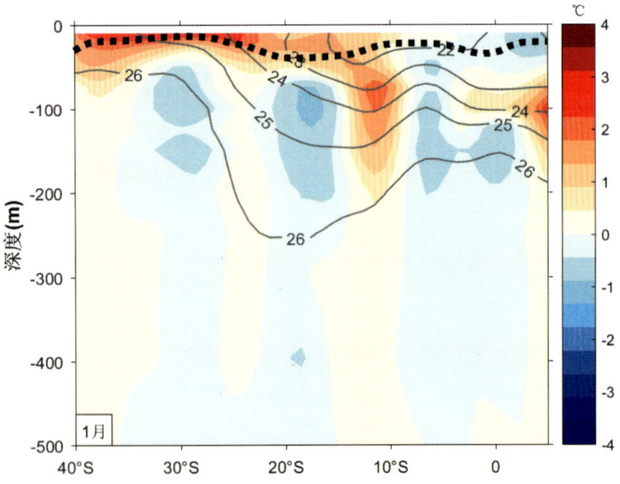
1月
深度(m)
0
-100
-200
-300
-400
-500
40°S
30°S
20°S
10°S
0
℃
4
3
2
1
0
-1
-2
-3
-4
22
23
24
25
26

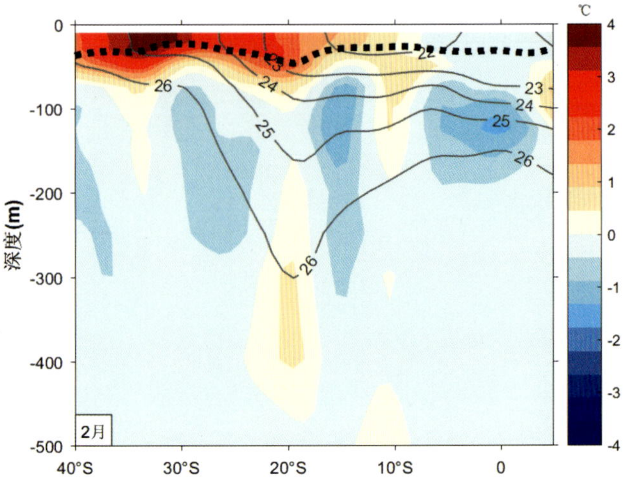
2月
深度(m)
0
-100
-200
-300
-400
-500
40°S
30°S
20°S
10°S
0
℃
4
3
2
1
0
-1
-2
-3
-4
22
23
24
25
26

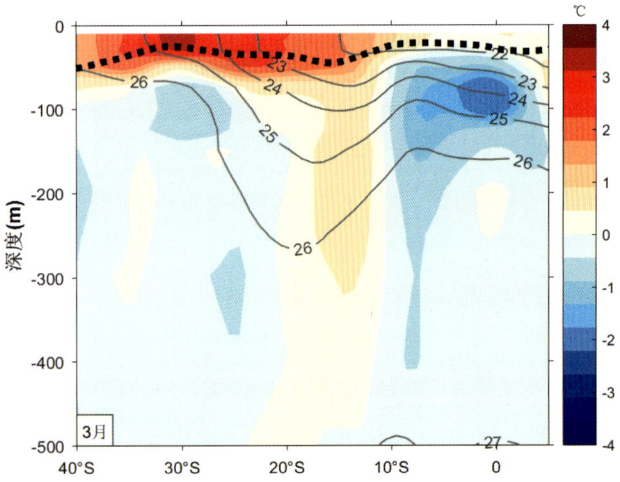
3月
深度(m)
0
-100
-200
-300
-400
-500
40°S
30°S
20°S
10°S
0
℃
4
3
2
1
0
-1
-2
-3
-4
22
23
24
25
26
27

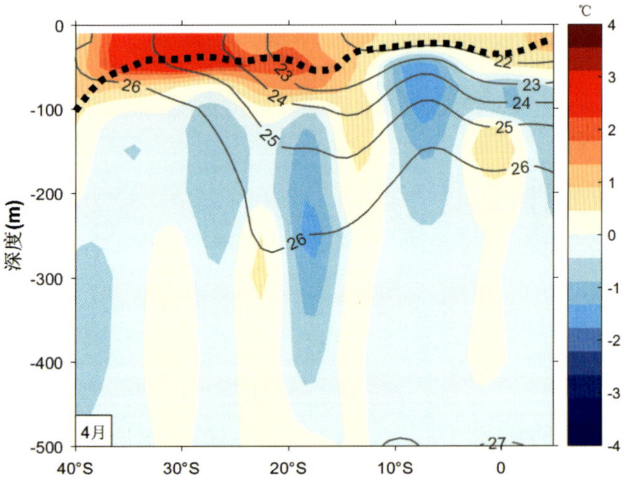
4月
深度(m)
0
-100
-200
-300
-400
-500
40°S
30°S
20°S
10°S
0
℃
4
3
2
1
0
-1
-2
-3
-4
22
23
24
25
26
27

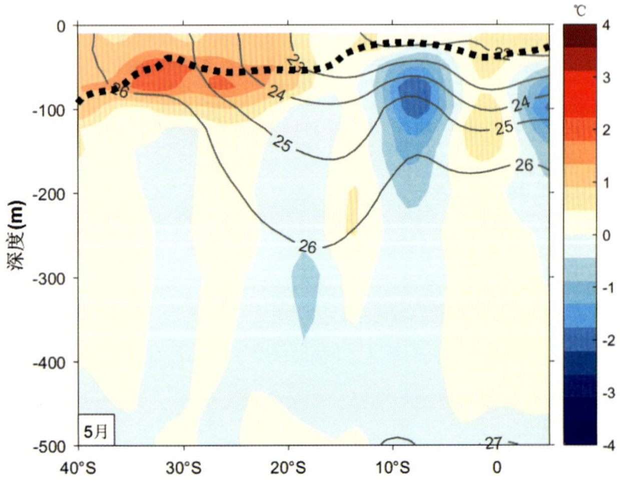
5月
深度(m)
0
-100
-200
-300
-400
-500
40°S
30°S
20°S
10°S
0
℃
4
3
2
1
0
-1
-2
-3
-4
23
24
25
26
27

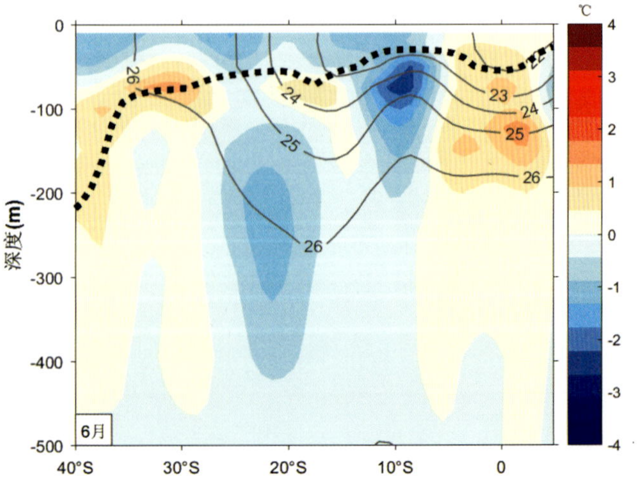
6月
深度(m)
0
-100
-200
-300
-400
-500
40°S
30°S
20°S
10°S
0
℃
4
3
2
1
0
-1
-2
-3
-4
22
23
24
25
26

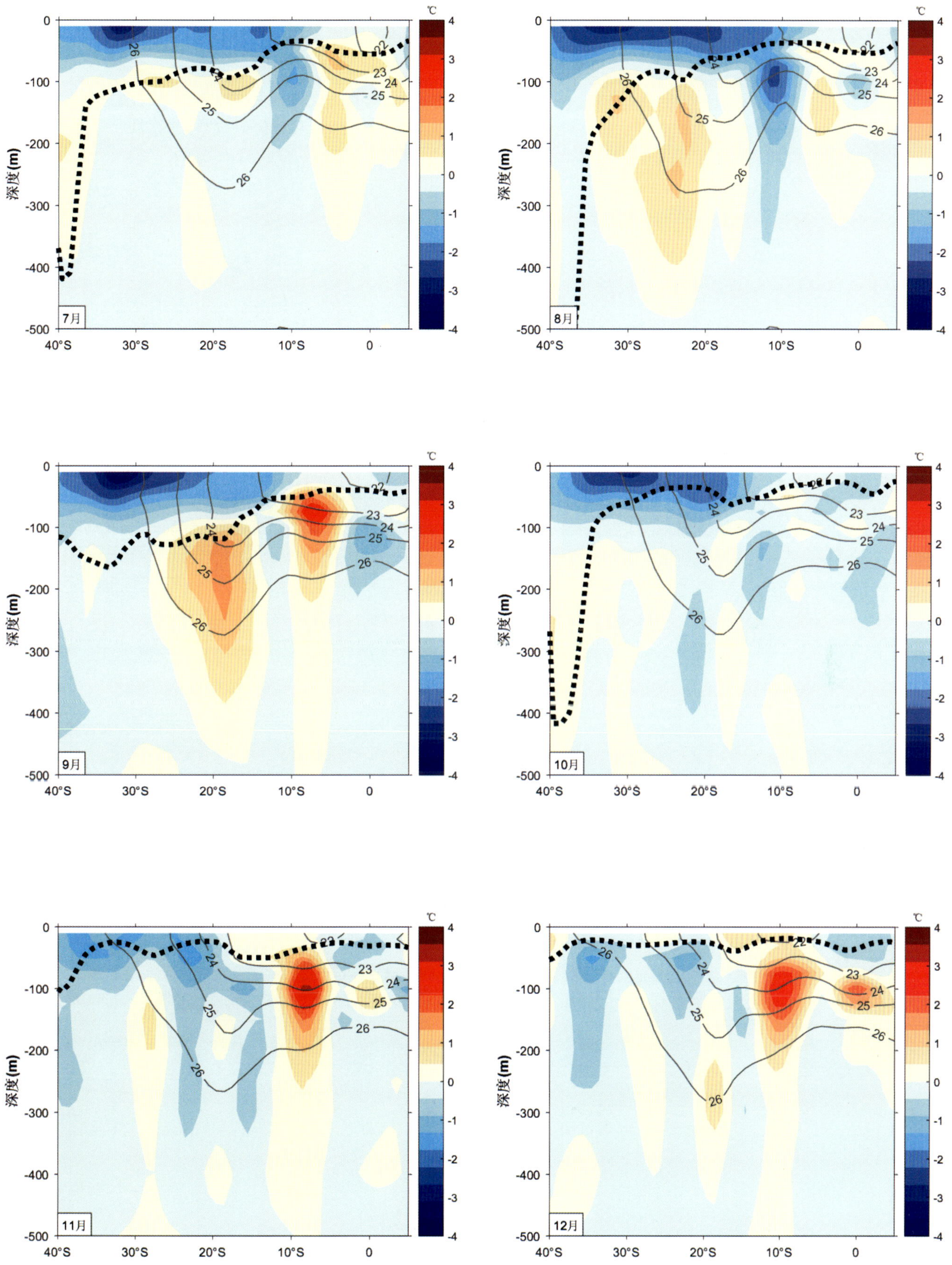

图 69　80.5°E 经向断面混合层深度（黑色粗虚线，单位：m）、温度距平（颜色填充图，单位：°C）和密度（灰色等值线，单位：kg/m³）

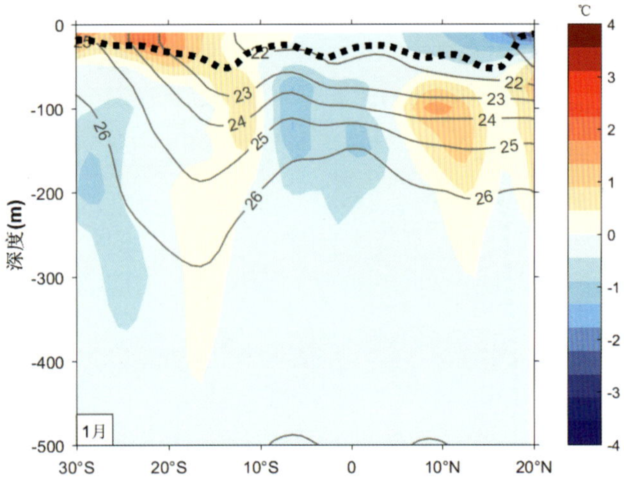
1月
深度(m)
0
-100
-200
-300
-400
-500
30°S
20°S
10°S
0
10°N
20°N
22
23
24
25
26
℃
4
3
2
1
0
-1
-2
-3
-4

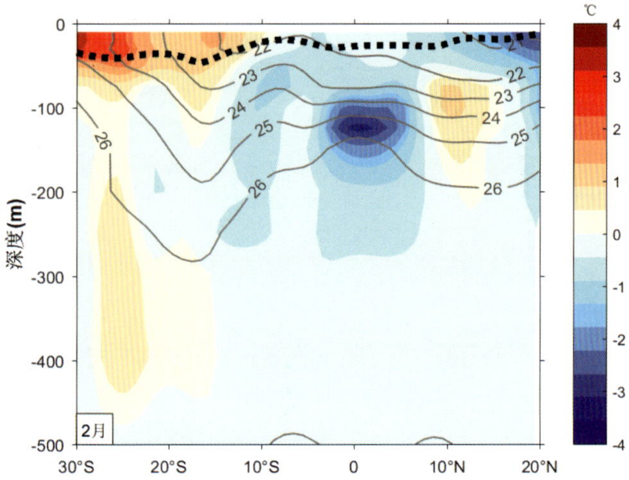
2月
深度(m)
0
-100
-200
-300
-400
-500
30°S
20°S
10°S
0
10°N
20°N
22
23
24
25
26
℃
4
3
2
1
0
-1
-2
-3
-4

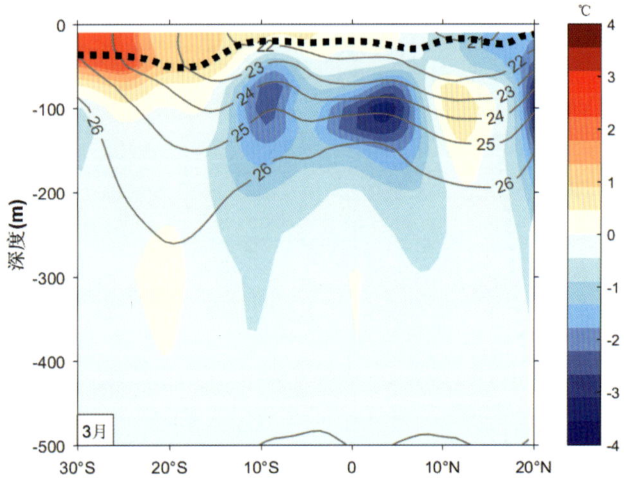
3月
深度(m)
0
-100
-200
-300
-400
-500
30°S
20°S
10°S
0
10°N
20°N
21
22
23
24
25
26
℃
4
3
2
1
0
-1
-2
-3
-4

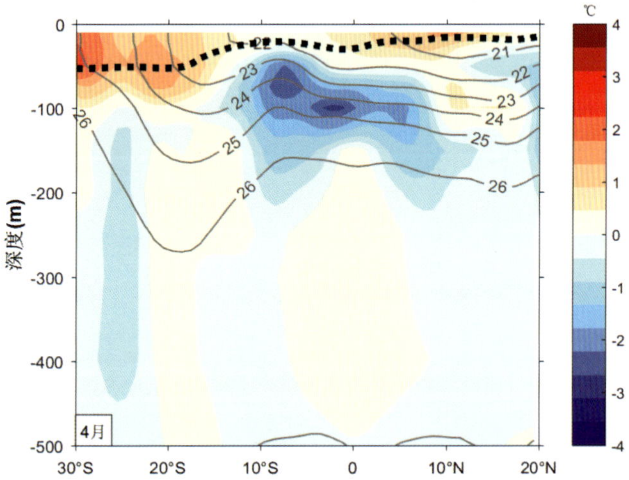
4月
深度(m)
0
-100
-200
-300
-400
-500
30°S
20°S
10°S
0
10°N
20°N
21
22
23
24
25
26
℃
4
3
2
1
0
-1
-2
-3
-4

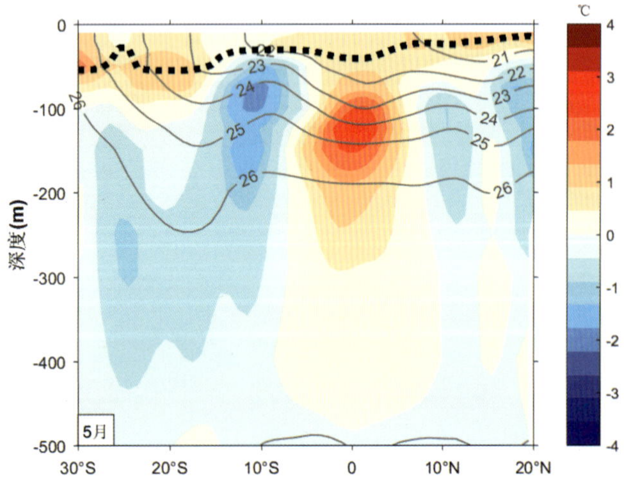
5月
深度(m)
0
-100
-200
-300
-400
-500
30°S
20°S
10°S
0
10°N
20°N
21
22
23
24
25
26
℃
4
3
2
1
0
-1
-2
-3
-4

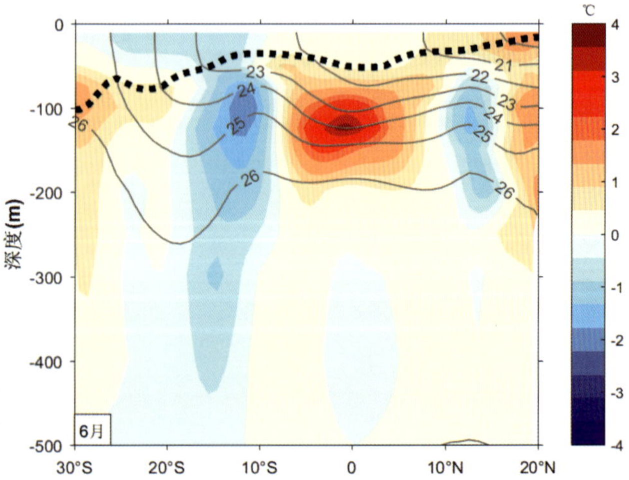
6月
深度(m)
0
-100
-200
-300
-400
-500
30°S
20°S
10°S
0
10°N
20°N
21
22
23
24
25
26
℃
4
3
2
1
0
-1
-2
-3
-4

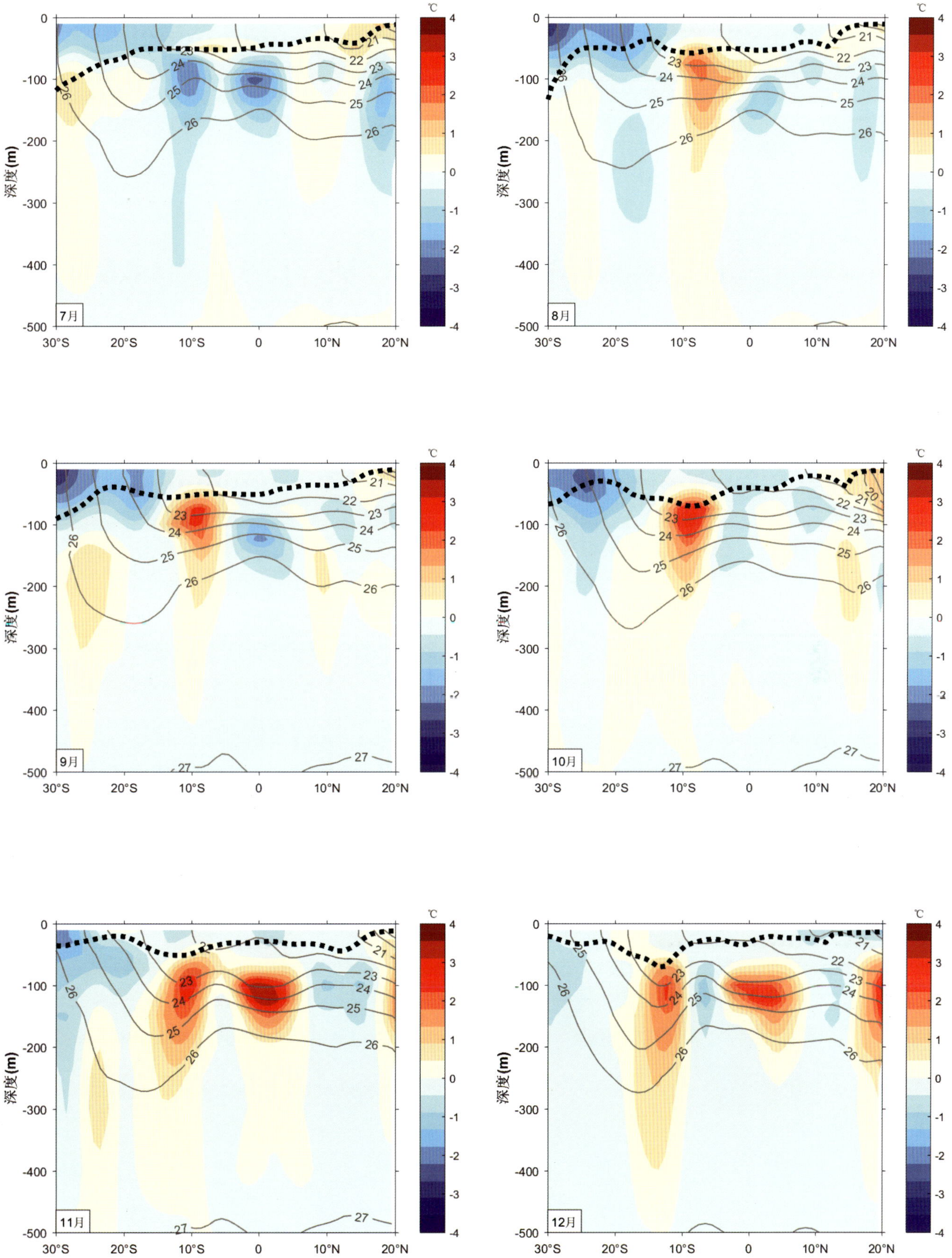

图 70　90°E 经向断面混合层深度（黑色粗虚线，单位：m）、温度距平（颜色填充图，单位：°C）和密度（灰色等值线，单位：kg/m^3）

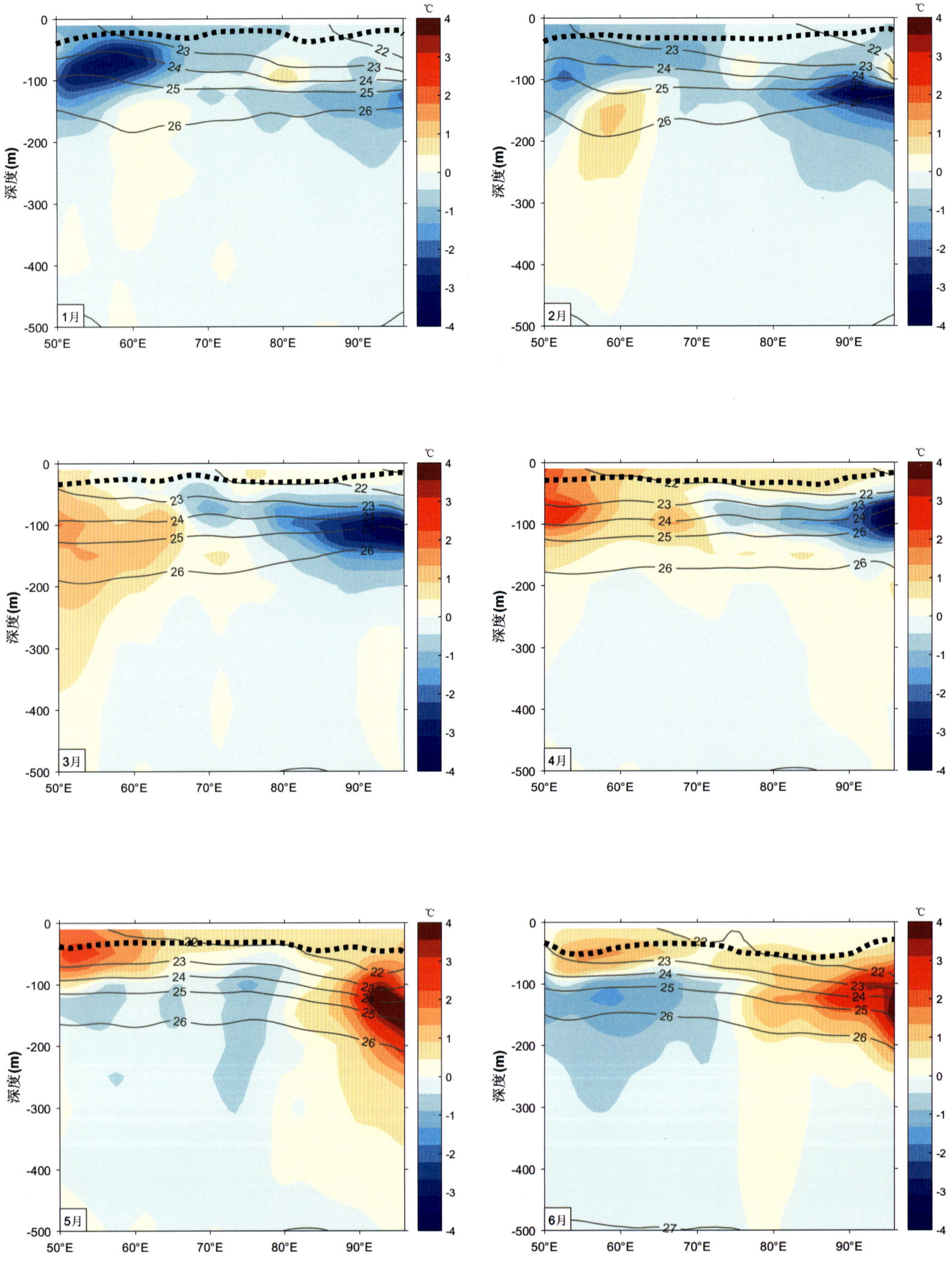

1月
2月
3月
4月
5月
6月
深度(m)
0
-100
-200
-300
-400
-500
50°E
60°E
70°E
80°E
90°E
℃
4
3
2
1
0
-1
-2
-3
-4
22
23
24
25
26
27

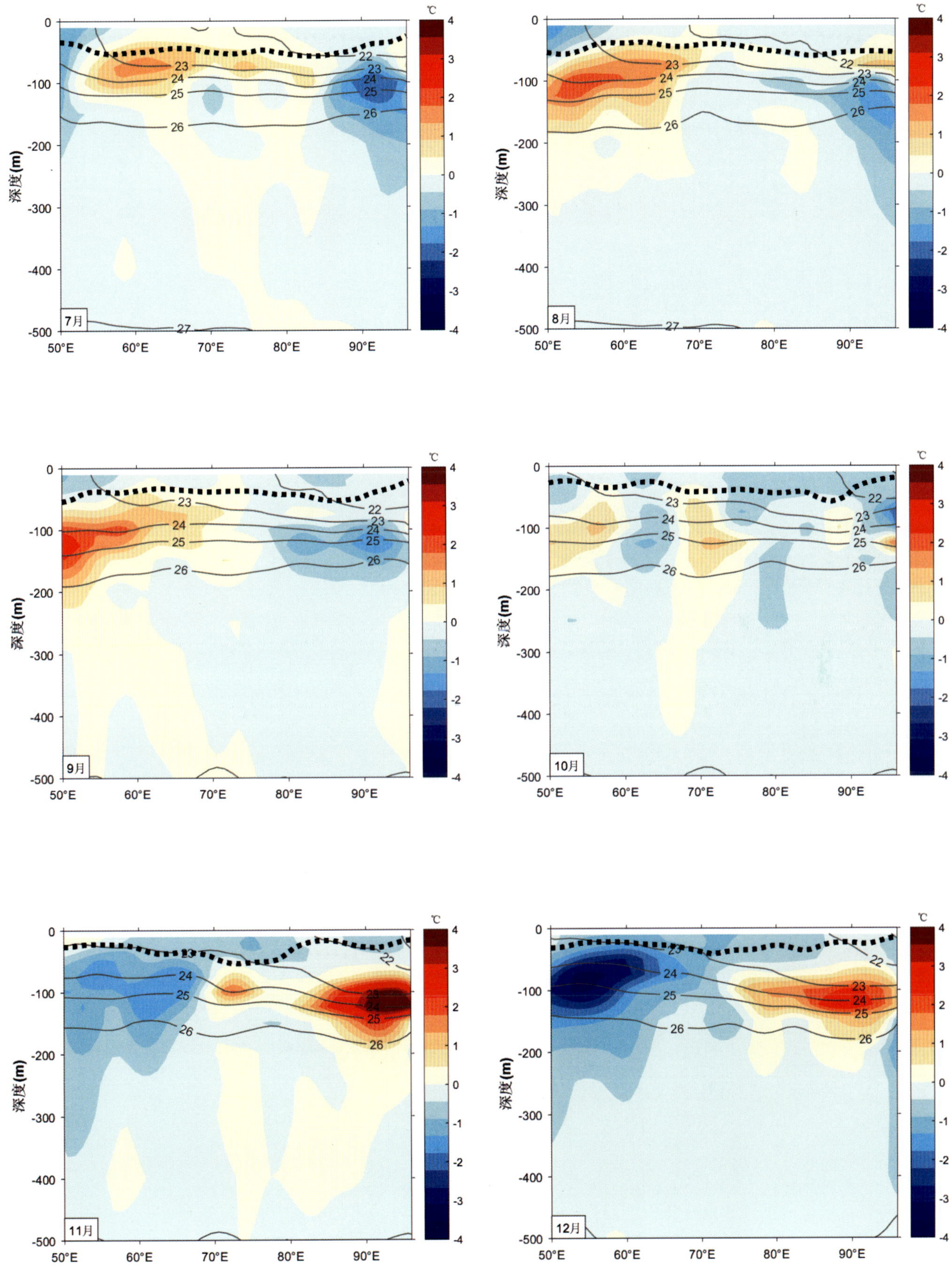

图 71　1.5°N 纬向断面混合层深度（黑色粗虚线，单位：m）、温度距平（颜色填充图，单位：°C）和密度（灰色等值线，单位：kg/m^3）

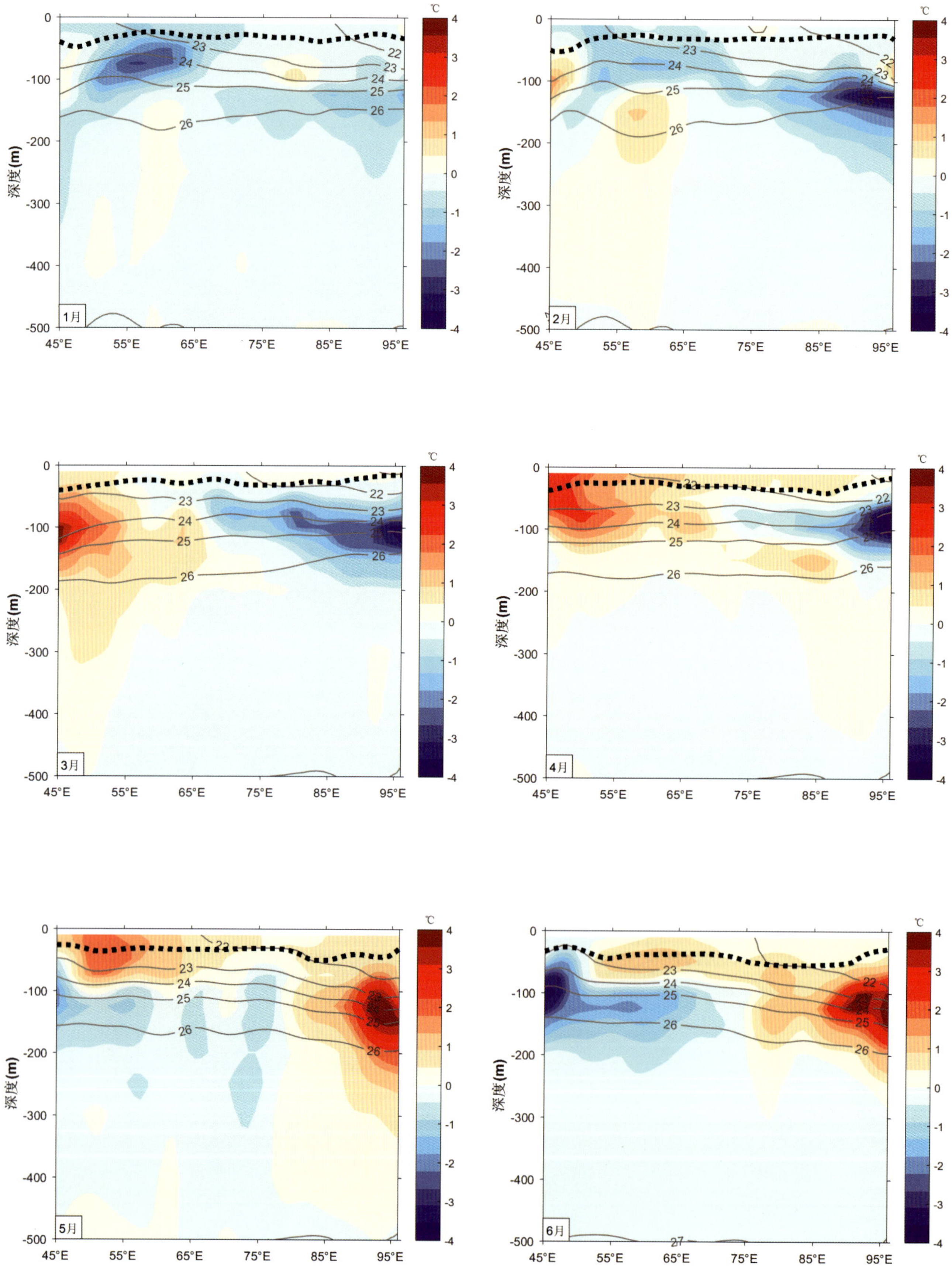
1月
2月
3月
4月
5月
6月
深度(m)
0
-100
-200
-300
-400
-500
45°E
55°E
65°E
75°E
85°E
95°E
℃
4
3
2
1
0
-1
-2
-3
-4
22
23
24
25
26
27

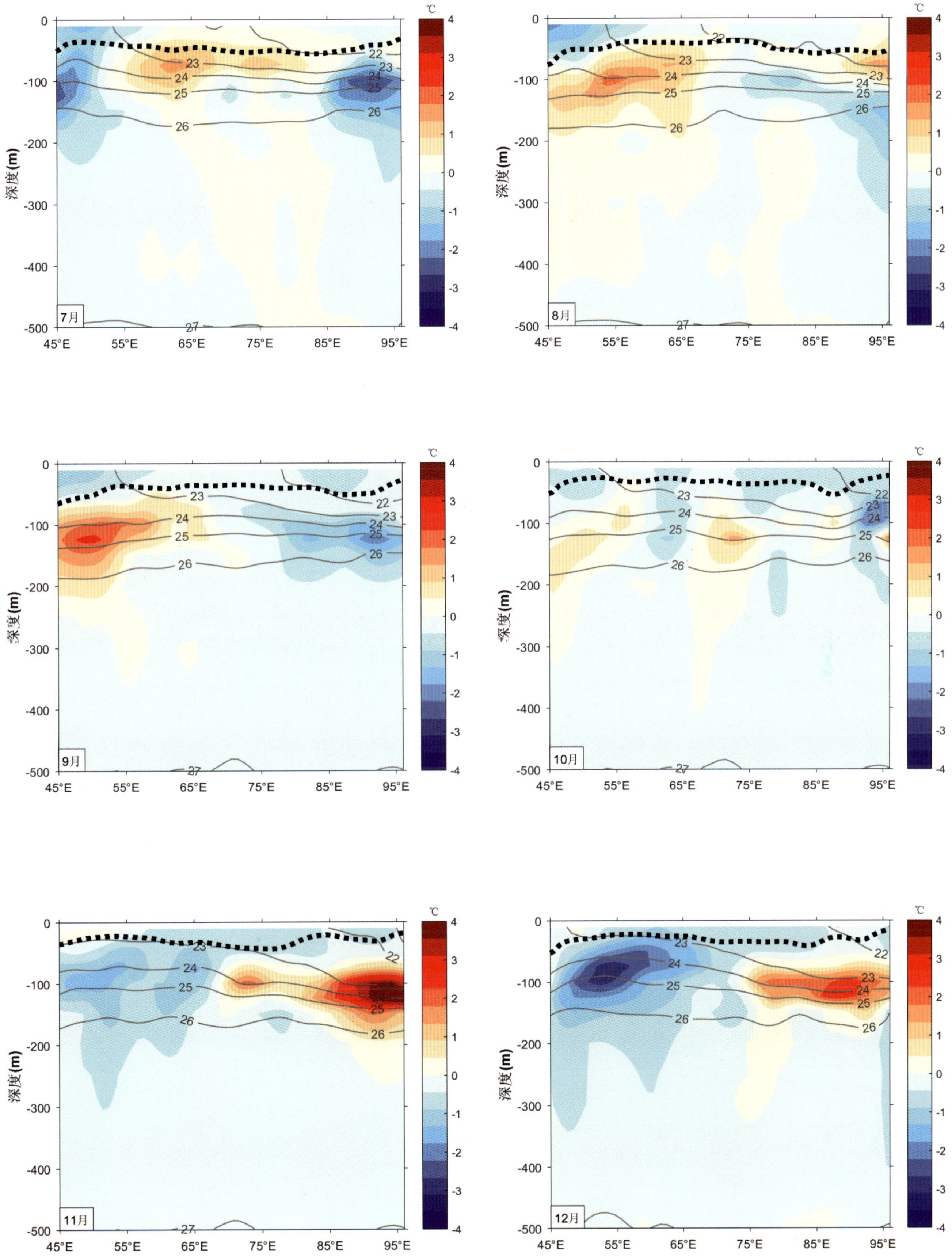

图 72　0° 纬向断面混合层深度（黑色粗虚线，单位：m）、温度距平（颜色填充图，单位：°C）和密度（灰色等值线，单位：kg/m³）

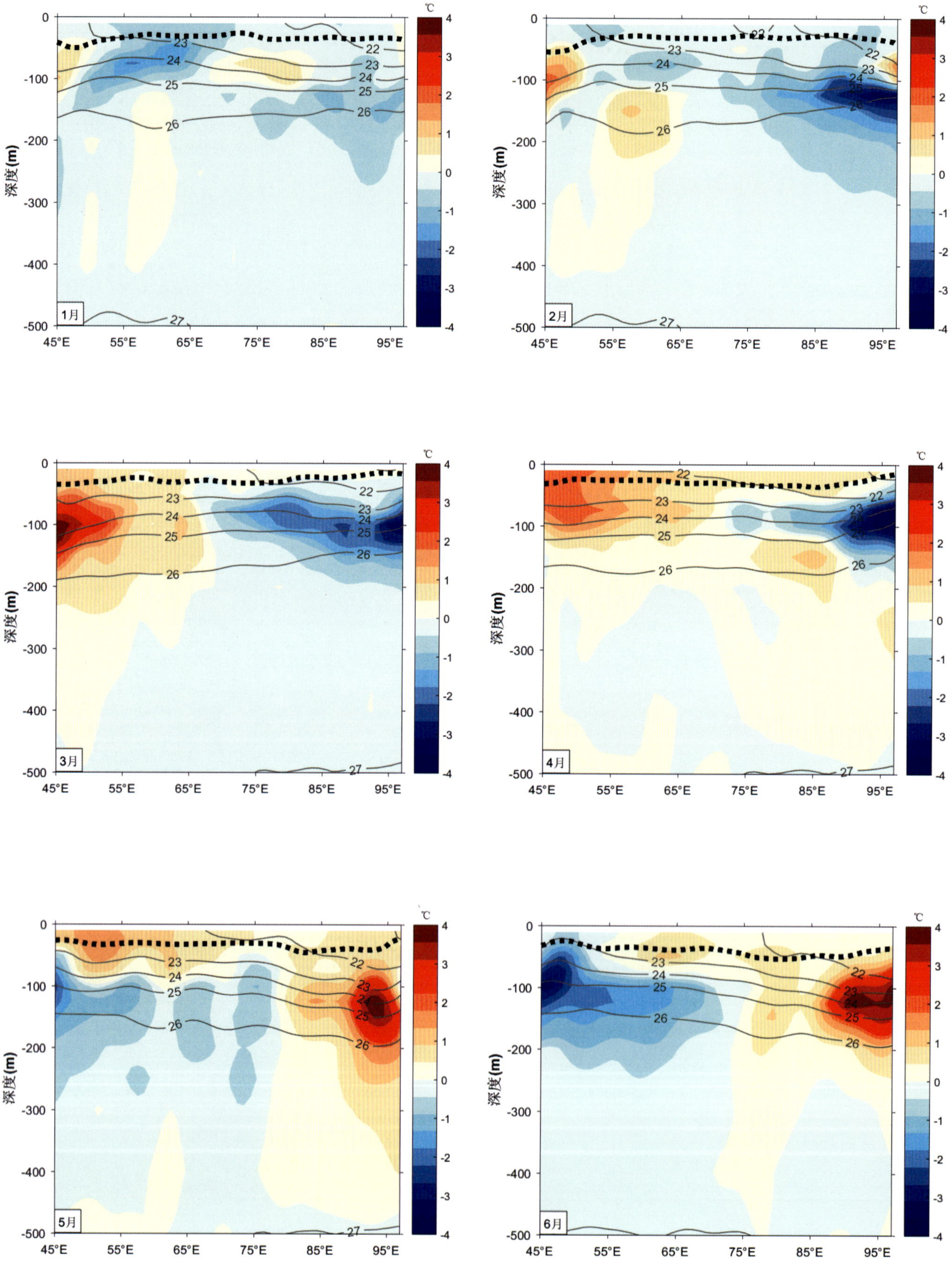
1月
2月
3月
4月
5月
6月
深度(m)
℃
45°E
55°E
65°E
75°E
85°E
95°E

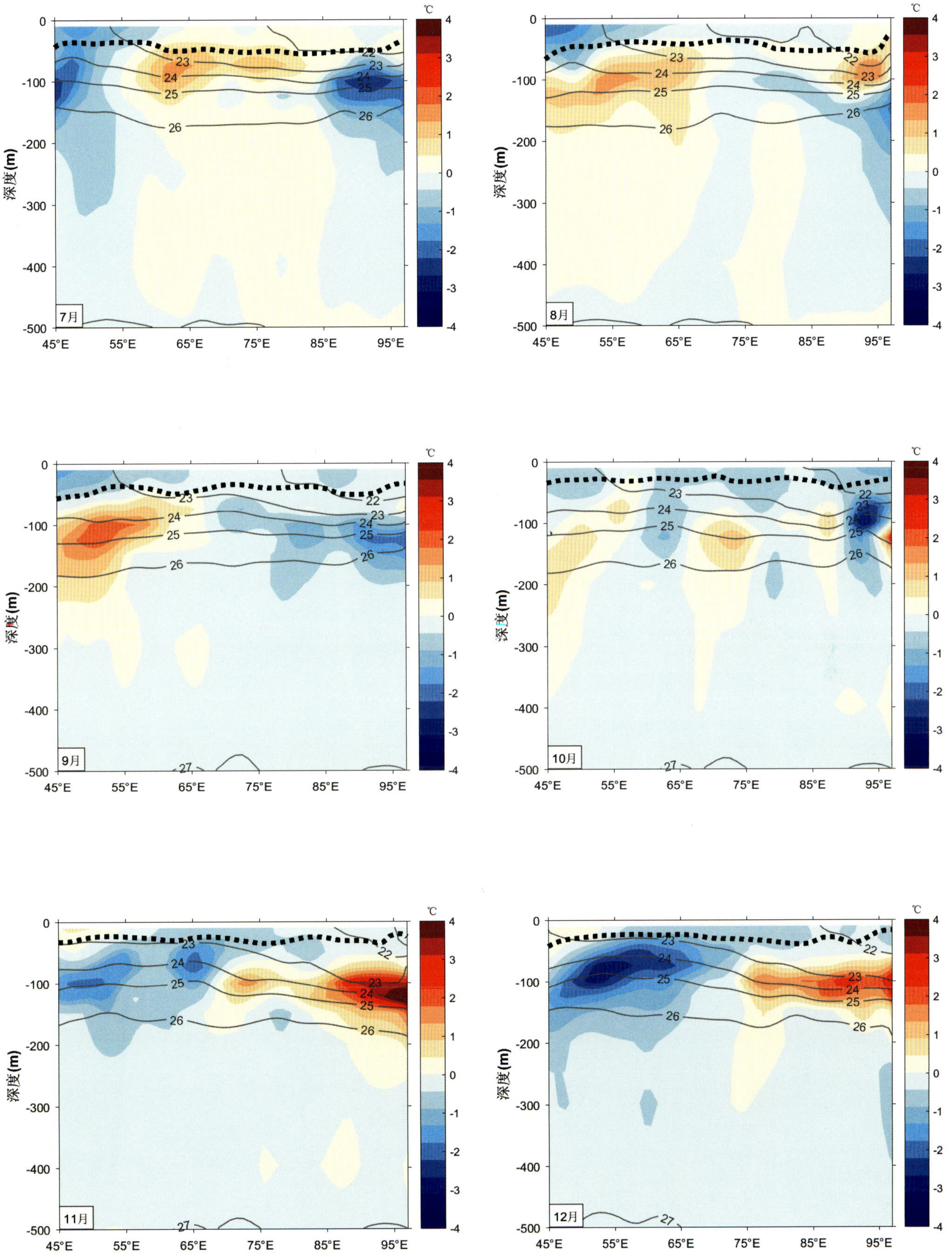

图 73　1.5°S 纬向断面混合层深度（黑色粗虚线，单位：m）、温度距平（颜色填充图，单位：°C）和密度（灰色等值线，单位：kg/m^3）

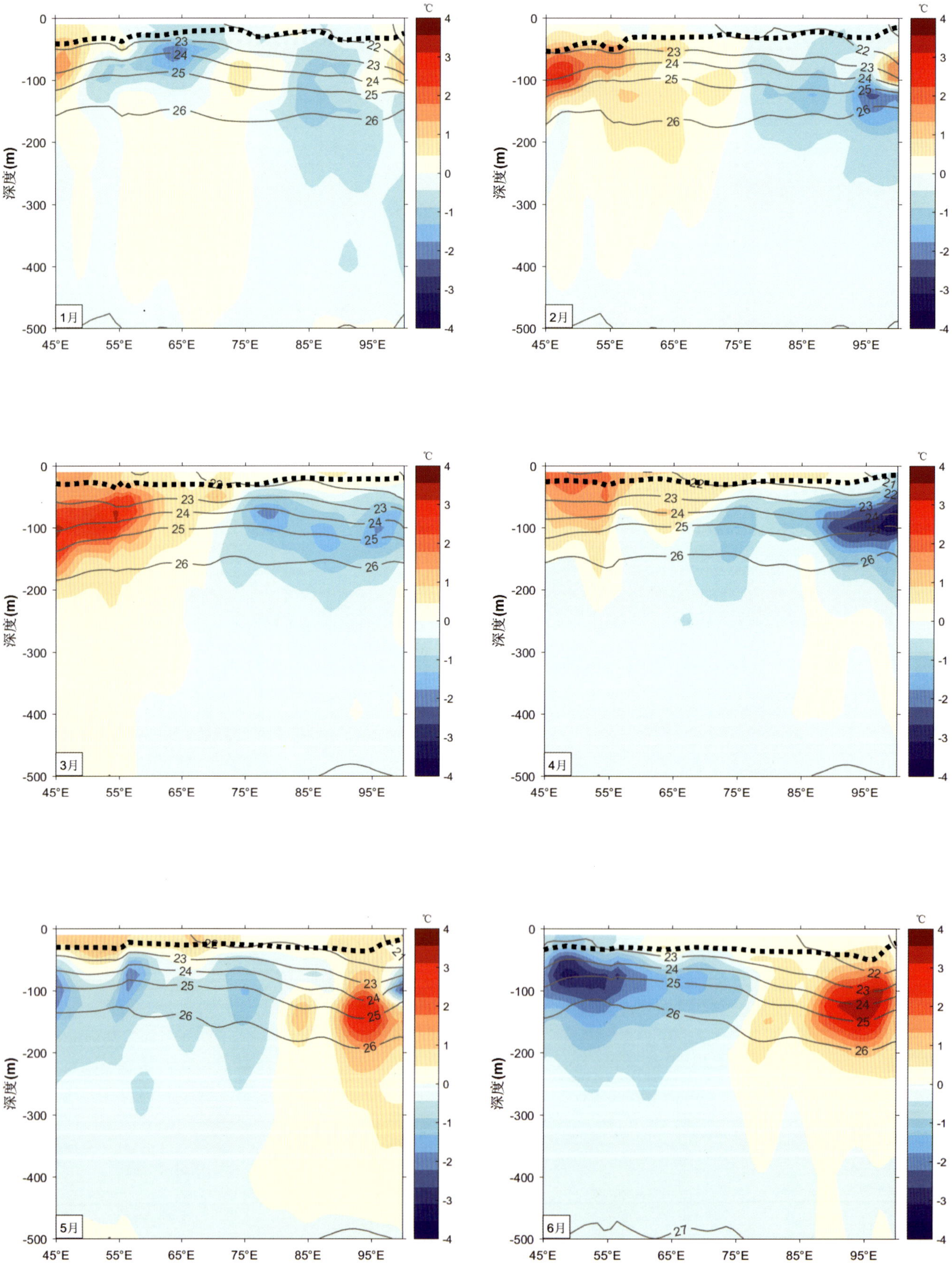
1月
2月
3月
4月
5月
6月
深度(m)
0
-100
-200
-300
-400
-500
45°E
55°E
65°E
75°E
85°E
95°E
℃
4
3
2
1
0
-1
-2
-3
-4
22
23
24
25
26
27

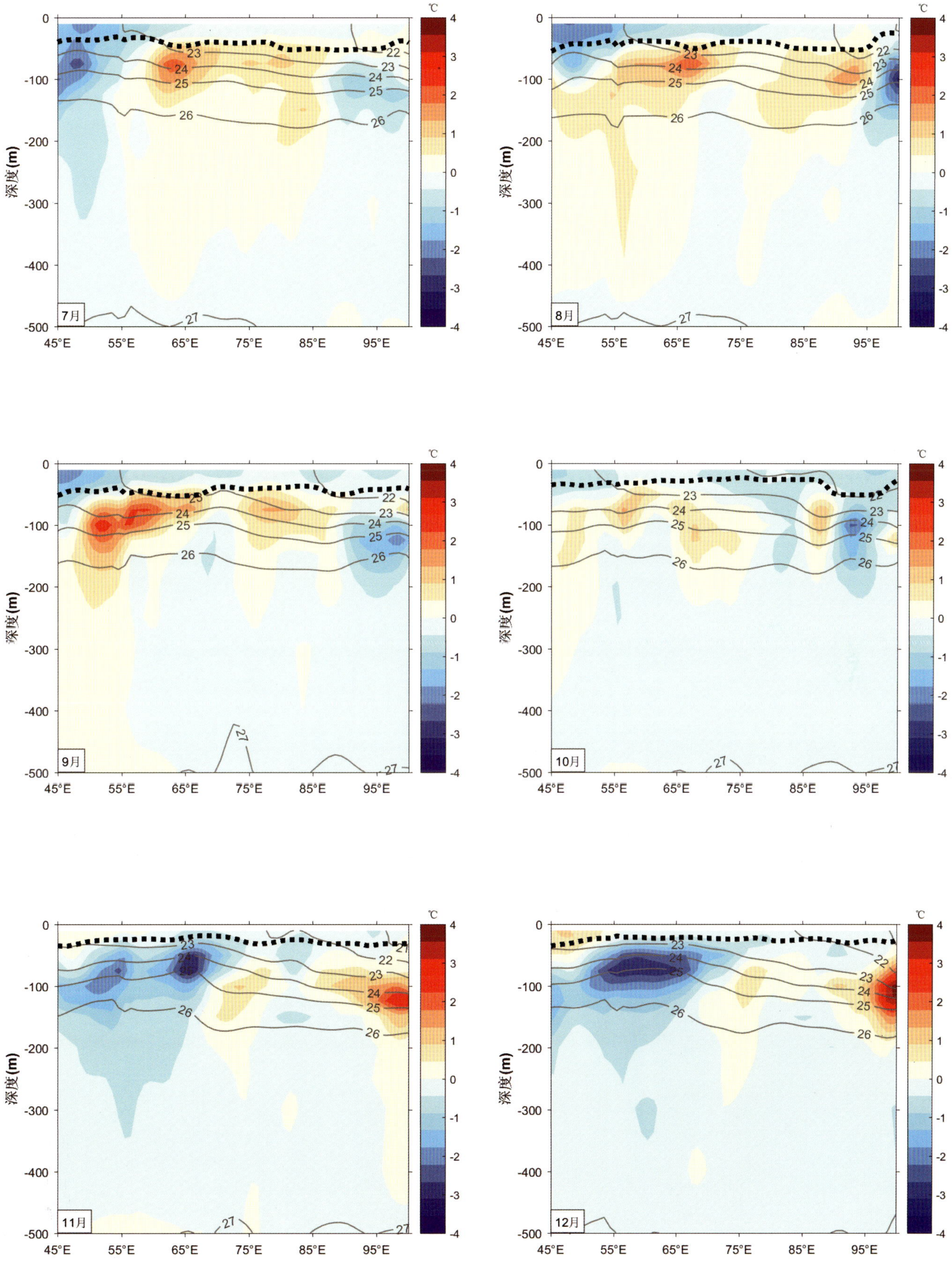

图 74　4°S 纬向断面混合层深度（黑色粗虚线，单位：m）、温度距平（颜色填充图，单位：°C）和密度（灰色等值线，单位：kg/m^3）

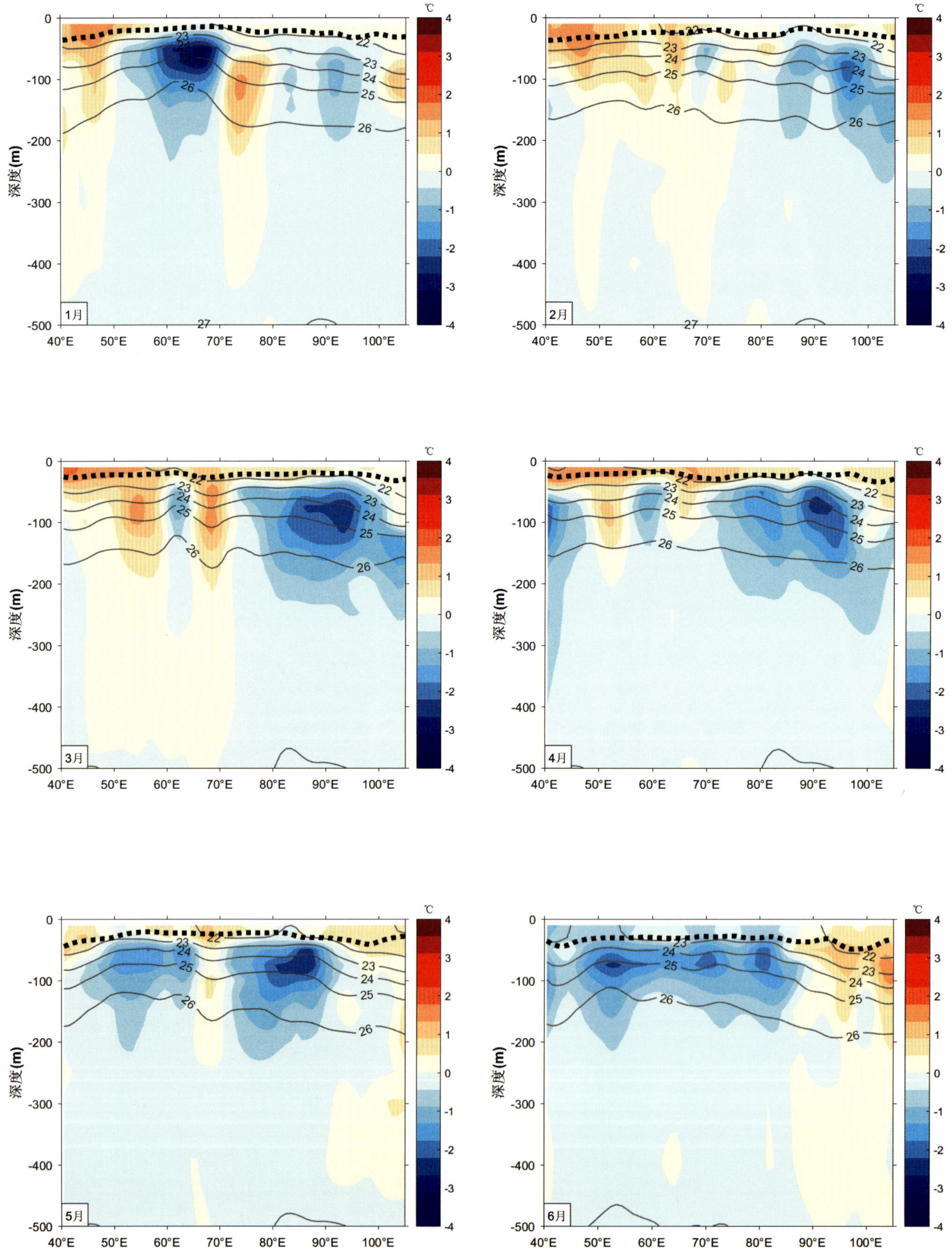
1月
2月
3月
4月
5月
6月
深度(m)
℃
40°E
50°E
60°E
70°E
80°E
90°E
100°E

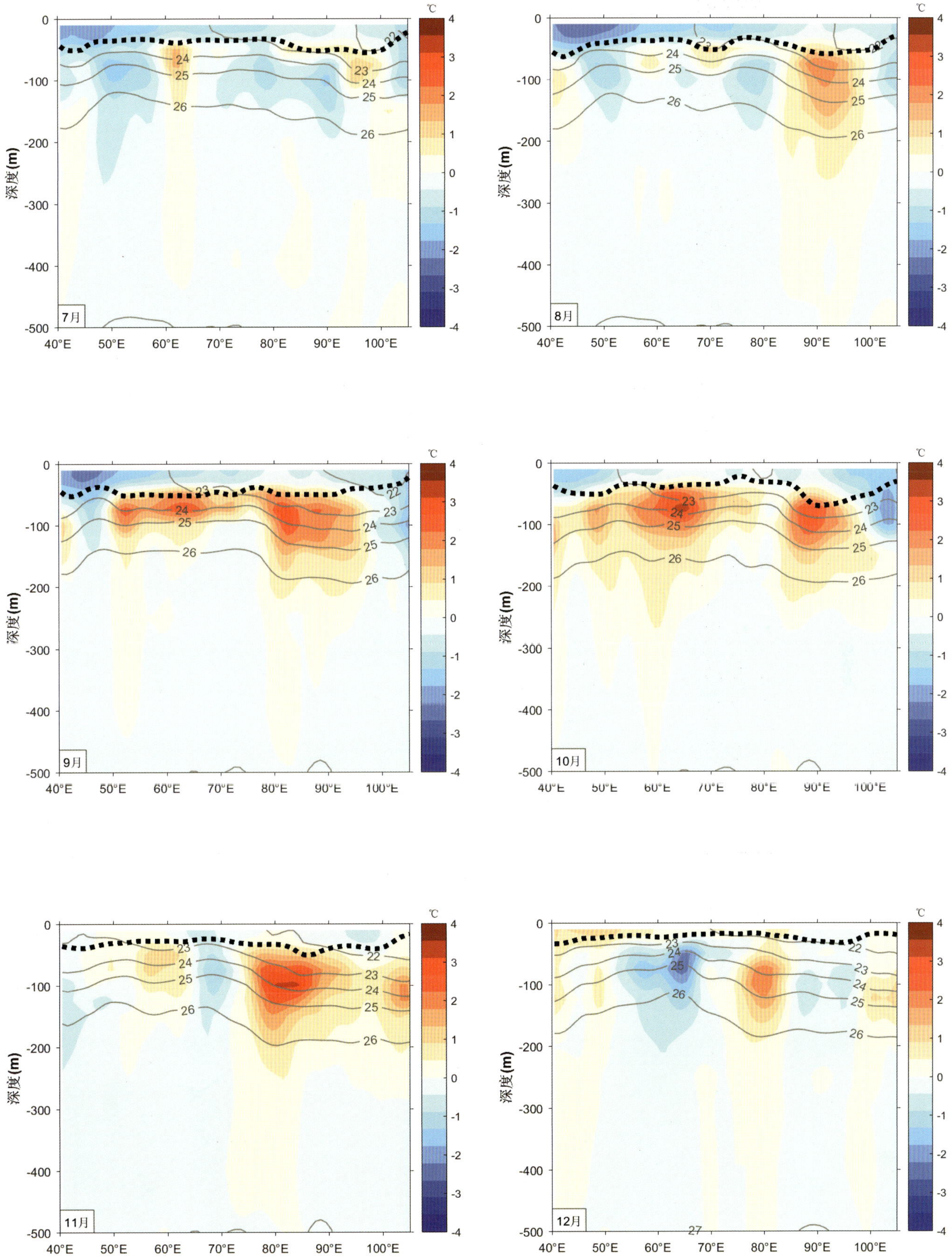

图 75　8°S 纬向断面混合层深度（黑色粗虚线，单位：m）、温度距平（颜色填充图，单位：°C）和密度（灰色等值线，单位：kg/m³）

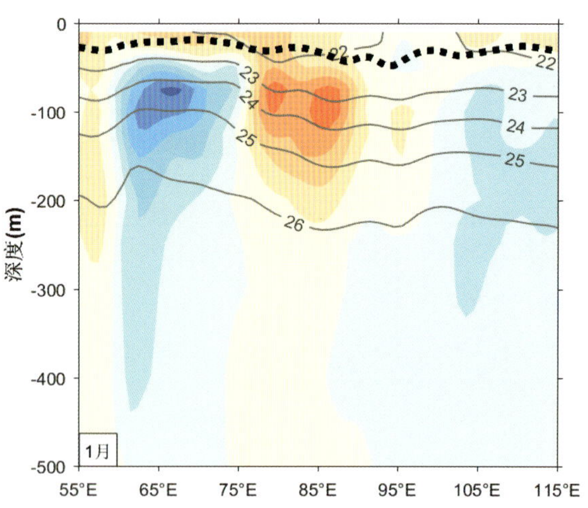
1月
深度(m)
0
-100
-200
-300
-400
-500
55°E
65°E
75°E
85°E
95°E
105°E
115°E
22
23
24
25
26
℃
4
3
2
1
0
-1
-2
-3
-4

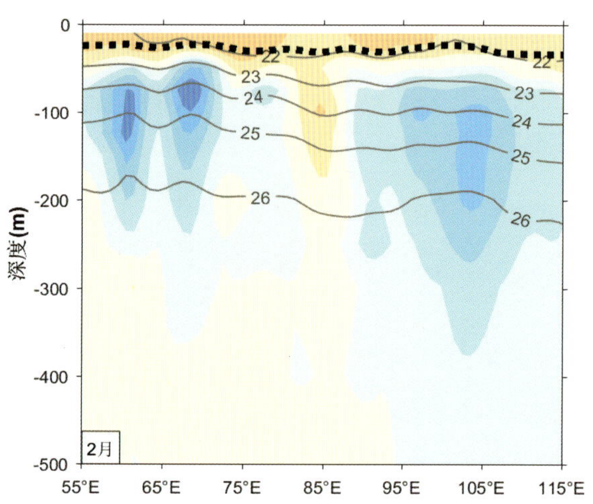
2月
深度(m)
0
-100
-200
-300
-400
-500
55°E
65°E
75°E
85°E
95°E
105°E
115°E
22
23
24
25
26
℃
4
3
2
1
0
-1
-2
-3
-4

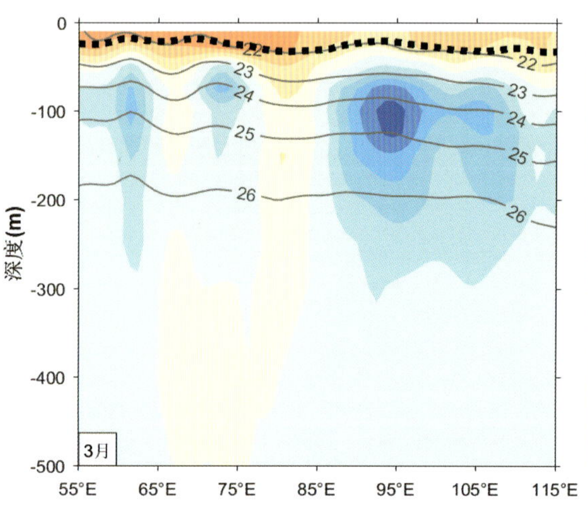
3月
深度(m)
0
-100
-200
-300
-400
-500
55°E
65°E
75°E
85°E
95°E
105°E
115°E
22
23
24
25
26
℃
4
3
2
1
0
-1
-2
-3
-4

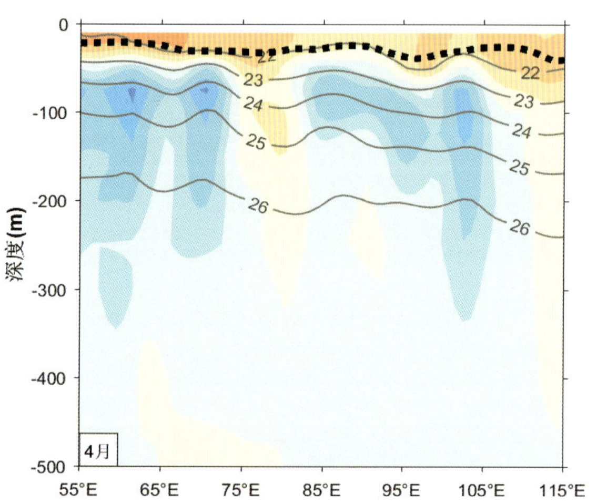
4月
深度(m)
0
-100
-200
-300
-400
-500
55°E
65°E
75°E
85°E
95°E
105°E
115°E
22
23
24
25
26
℃
4
3
2
1
0
-1
-2
-3
-4

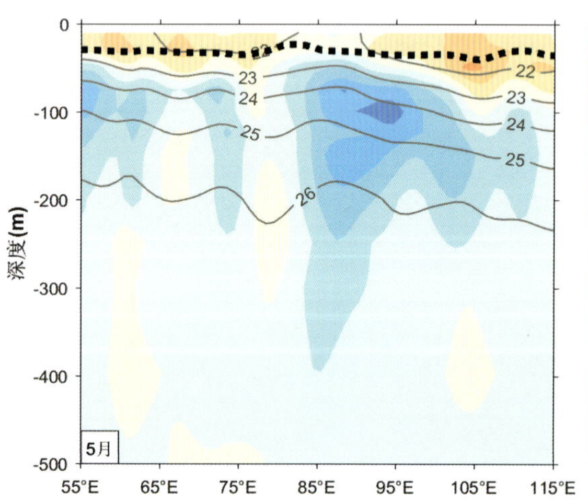
5月
深度(m)
0
-100
-200
-300
-400
-500
55°E
65°E
75°E
85°E
95°E
105°E
115°E
22
23
24
25
26
℃
4
3
2
1
0
-1
-2
-3
-4

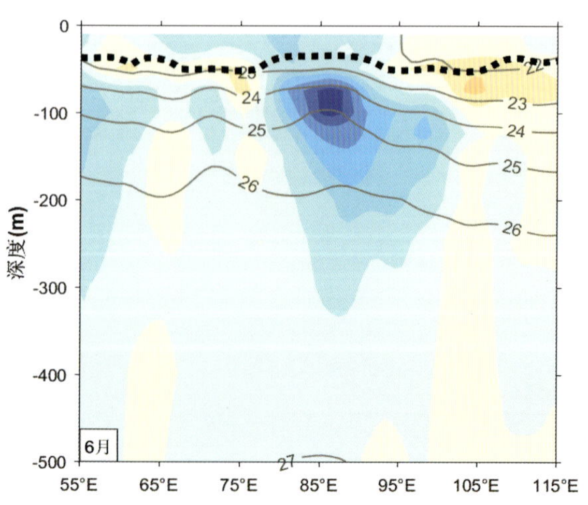
6月
深度(m)
0
-100
-200
-300
-400
-500
55°E
65°E
75°E
85°E
95°E
105°E
115°E
22
23
24
25
26
27
℃
4
3
2
1
0
-1
-2
-3
-4

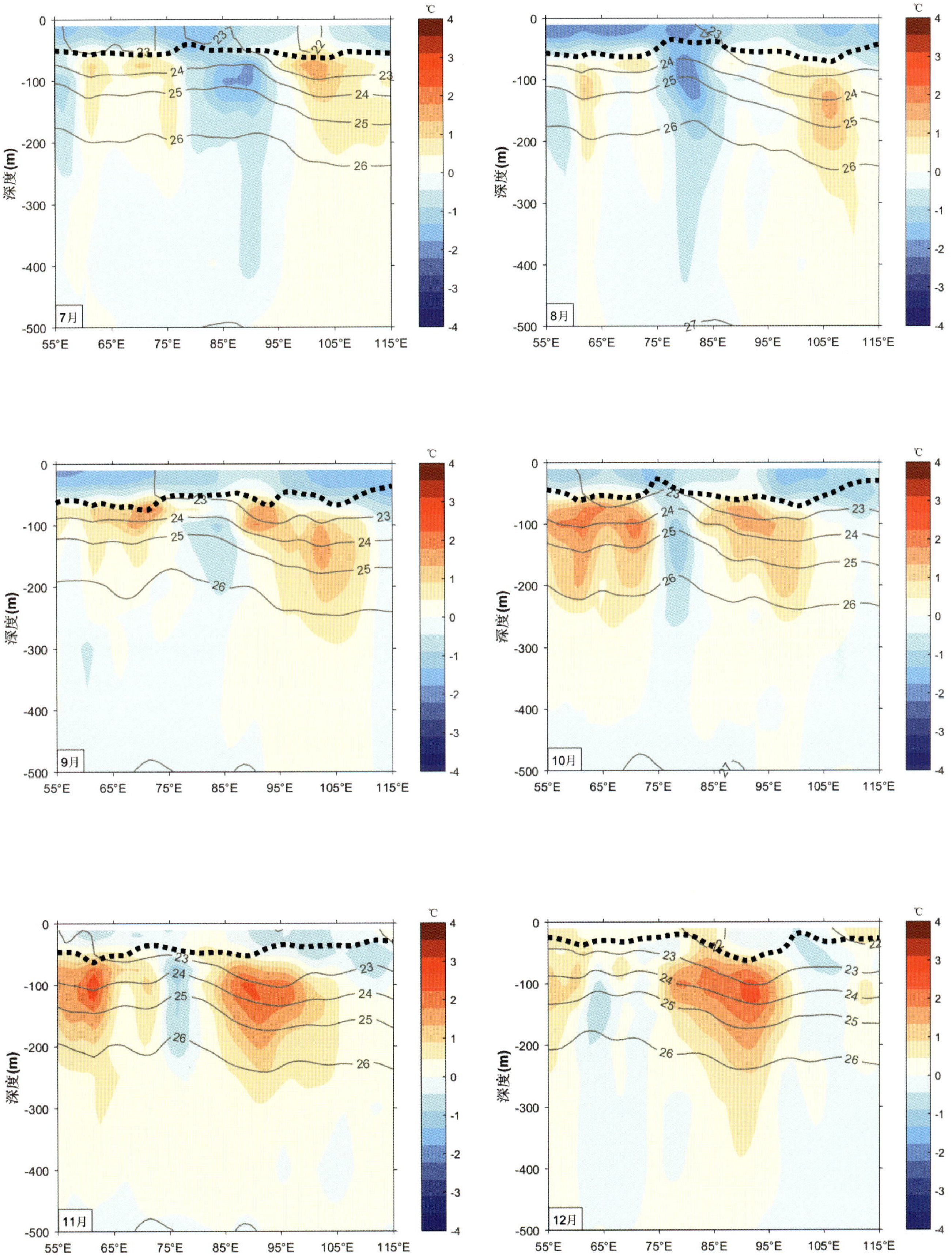

图 76　12°S 纬向断面混合层深度（黑色粗虚线，单位：m）、温度距平（颜色填充图，单位：°C）和密度（灰色等值线，单位：kg/m³）

七、印度洋位势涡度特征

位势涡度一般在赤道以北为正值，在赤道以南为负值。离赤道越远，行星涡度值越大，因此计算得到的位势涡度绝对值一般也更大。

经向断面特征:（1）春季。在 55°E 断面，位势涡度负值中心位于赤道以南 30°S 附近，在深度 75 m 左右，值约 $-20\times10^{-10}m^{-1}s^{-1}$。该负值中心向东逐渐强度减弱，在 67°E 和 80.5°E 断面的负值中心值约 $-15\times10^{-10}m^{-1}s^{-1}$，在 90°E 断面的负值中心值约为 $-10\times10^{-10}m^{-1}s^{-1}$。在 55°E 断面赤道以北存在一个位势涡度正值中心，值约 $5\times10^{-10}m^{-1}s^{-1}$，该正值中心向东逐渐强度加强，在 90°E 断面值约为 $20\times10^{-10}m^{-1}s^{-1}$；（2）夏季。各断面位势涡度正值和负值中心与春季相比，强度减弱。55°E 断面的正值中心向东逐渐加强，到 90°E 断面最大值约 $20\times10^{-10}m^{-1}s^{-1}$，55°E 断面的负值中心向东强度变化不大；（3）秋季，各断面位势涡度与夏季相比，强度加强。在 55°E 和 67°E 断面，正值中心值约 $10\times10^{-10}m^{-1}s^{-1}$。在 90°E 断面正值中心强度较强，值约 $30\times10^{-10}m^{-1}s^{-1}$。各断面位势涡度负值中心变化不明显；（4）冬季，位势涡度分布与春季类似。55°E 断面，赤道以南的负值中心较强，值约 $-20\times10^{-10}m^{-1}s^{-1}$，该负值中心向东强度减弱，在 90°E 断面值约 $-10\times10^{-10}m^{-1}s^{-1}$。赤道以北的正值中心，在 90°E 断面较强，值约 $20\times10^{-10}m^{-1}s^{-1}$（请情请参见图 77 ～图 80）。

纬向断面特征：一般赤道以南的位势涡度为负值，赤道以北的位势涡度为正值，且离赤道越远，位势涡度绝对值一般越大。在 1.5°N—1.5°S 范围内断面，发现赤道附近的位势涡度呈东西带状分布，主要位于 50 ～ 150 m 之间水层，位势涡度绝对值较小，季节变化不明显。在 4°S—12°S 范围内断面，海表到 200 m 深度内水层，位势涡度呈东西向带状分布，在冬、春季负值中心强度较强，在夏、秋季强度减弱。在冬、春季，位势涡度负值中心在 4°S 断面值约 $-6\times10^{-10}m^{-1}s^{-1}$，在 8°S 断面值约 $-12\times10^{-10}m^{-1}s^{-1}$，在 12°S 断面值约 $-16\times10^{-10}m^{-1}s^{-1}$（请情请参见图 81 ～图 85）。

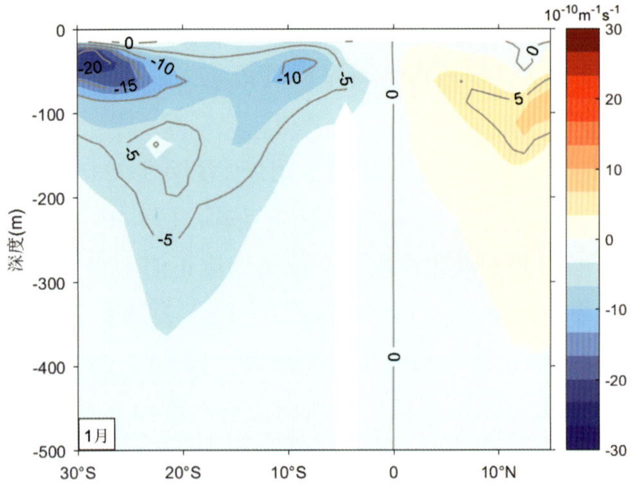
1月
深度(m)
0
-100
-200
-300
-400
-500
30°S
20°S
10°S
0
10°N
10-10m-1s-1
30
20
10
0
-10
-20
-30

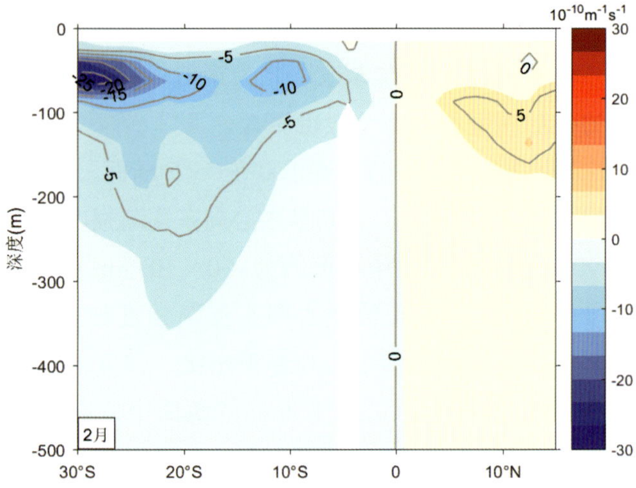
2月
深度(m)
0
-100
-200
-300
-400
-500
30°S
20°S
10°S
0
10°N
10-10m-1s-1
30
20
10
0
-10
-20
-30

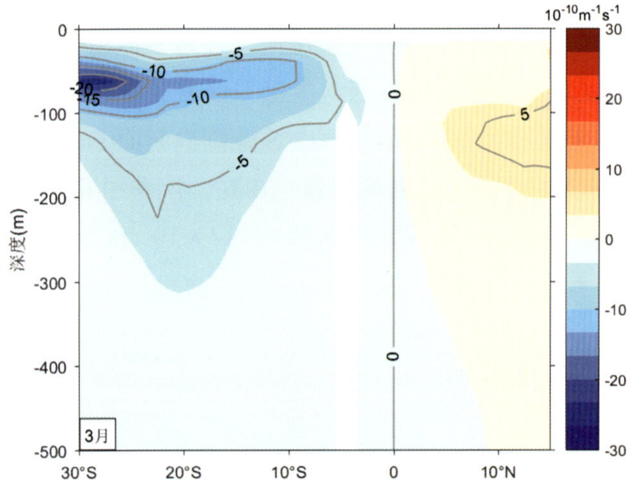
3月
深度(m)
0
-100
-200
-300
-400
-500
30°S
20°S
10°S
0
10°N
10-10m-1s-1
30
20
10
0
-10
-20
-30

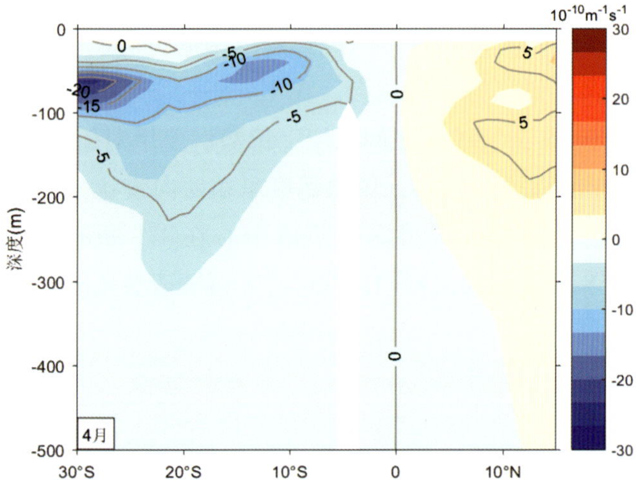
4月
深度(m)
0
-100
-200
-300
-400
-500
30°S
20°S
10°S
0
10°N
10-10m-1s-1
30
20
10
0
-10
-20
-30

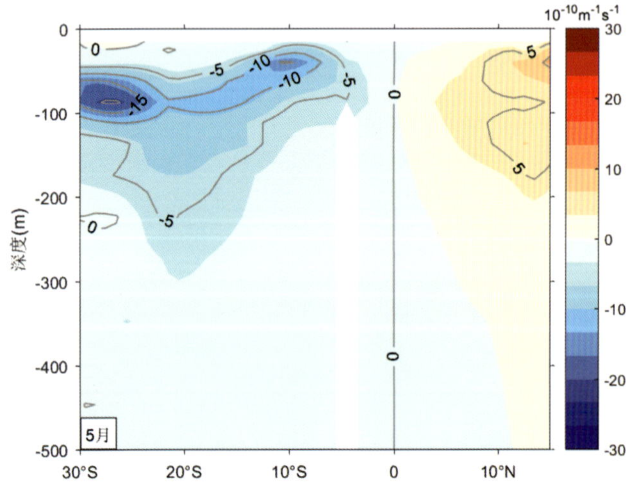
5月
深度(m)
0
-100
-200
-300
-400
-500
30°S
20°S
10°S
0
10°N
10-10m-1s-1
30
20
10
0
-10
-20
-30

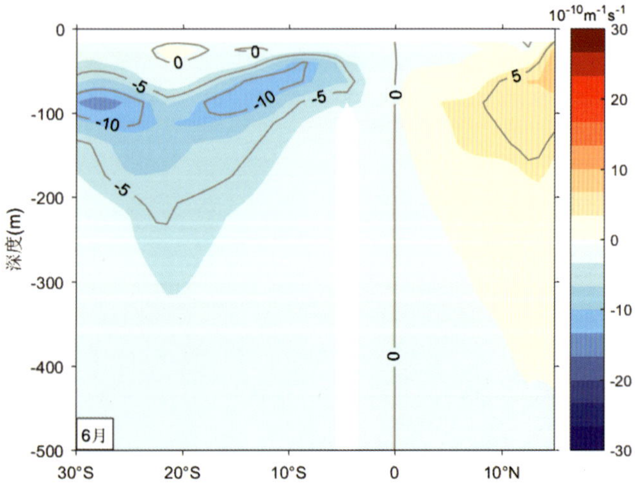
6月
深度(m)
0
-100
-200
-300
-400
-500
30°S
20°S
10°S
0
10°N
10-10m-1s-1
30
20
10
0
-10
-20
-30

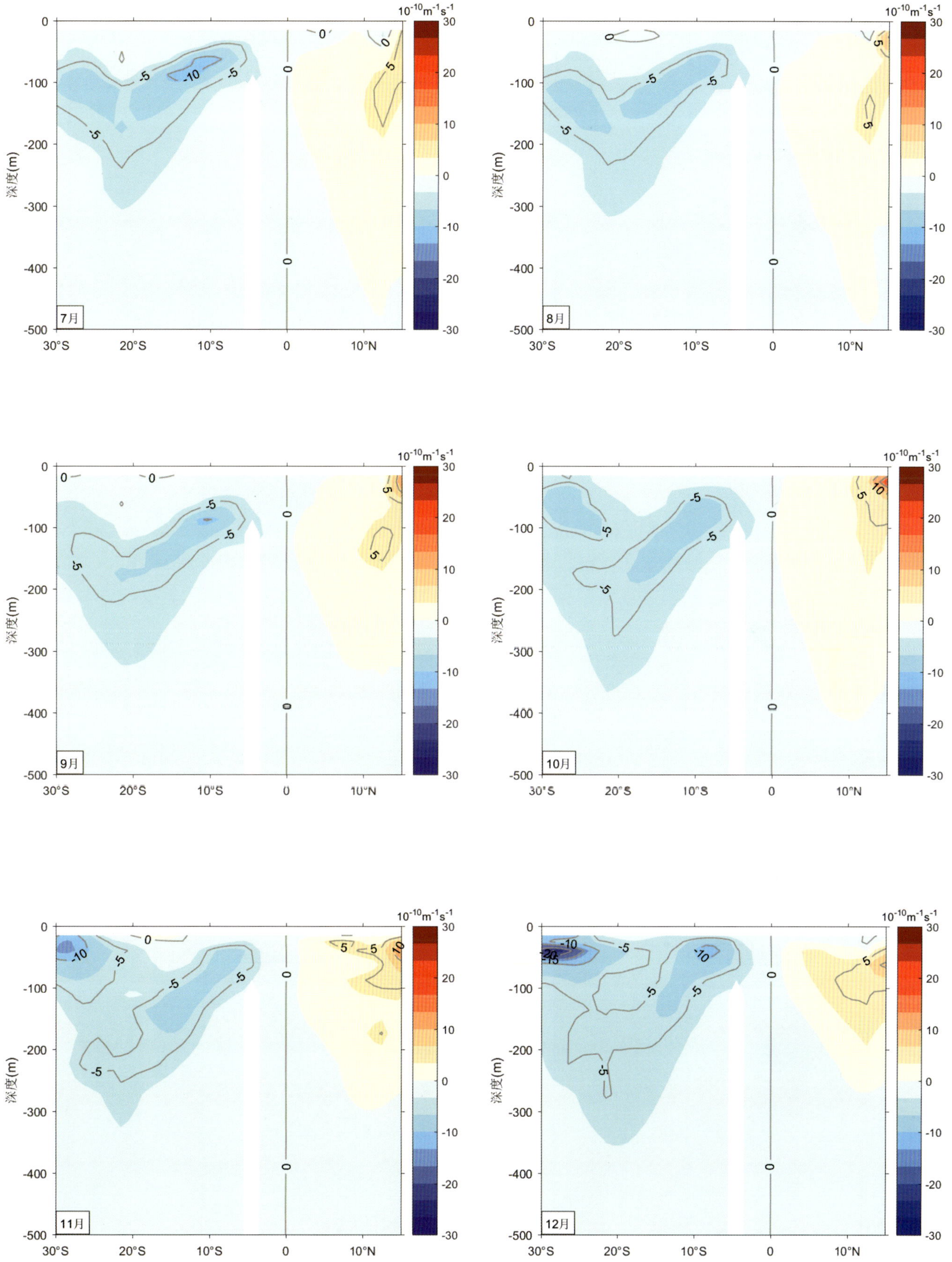

图 77　55°E 经向断面位势涡度垂直分布（单位：$10^{-10}m^{-1}s^{-1}$）

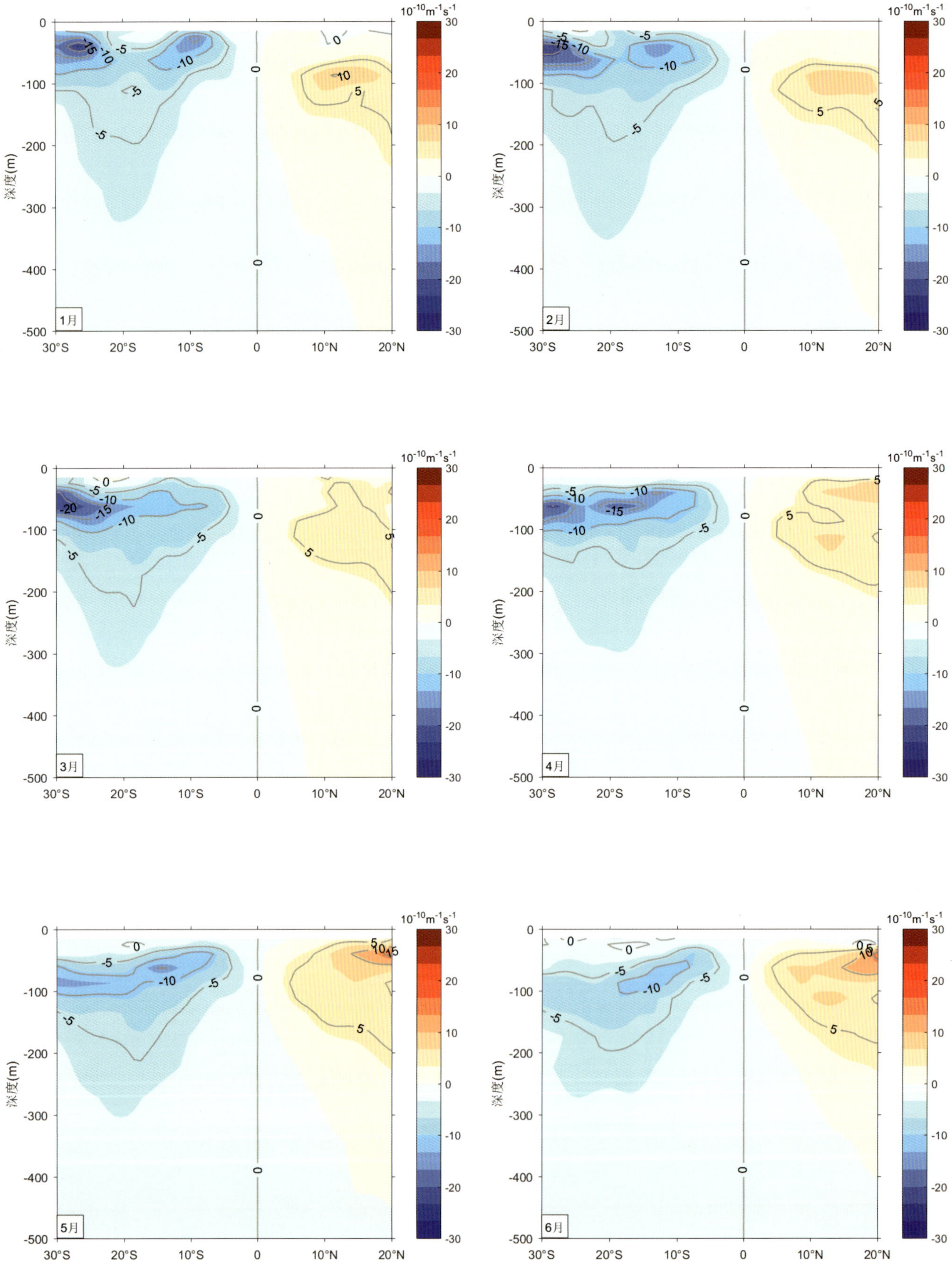

$10^{-10}m^{-1}s^{-1}$
深度(m)
30°S
20°S
10°S
0
10°N
20°N
1月
2月
3月
4月
5月
6月

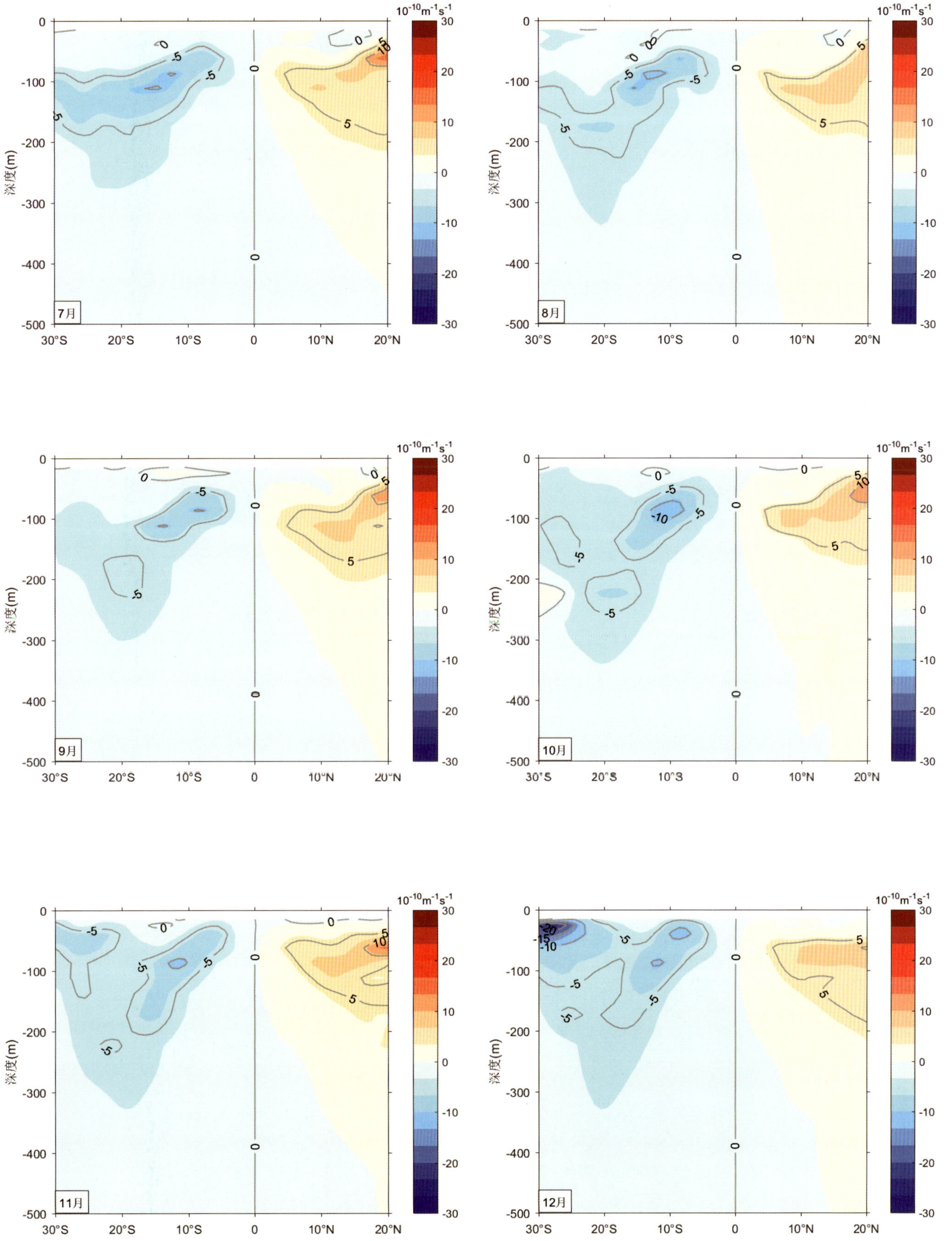

图 78　67°E 经向断面位势涡度垂直分布（单位：$10^{-10}m^{-1}s^{-1}$）

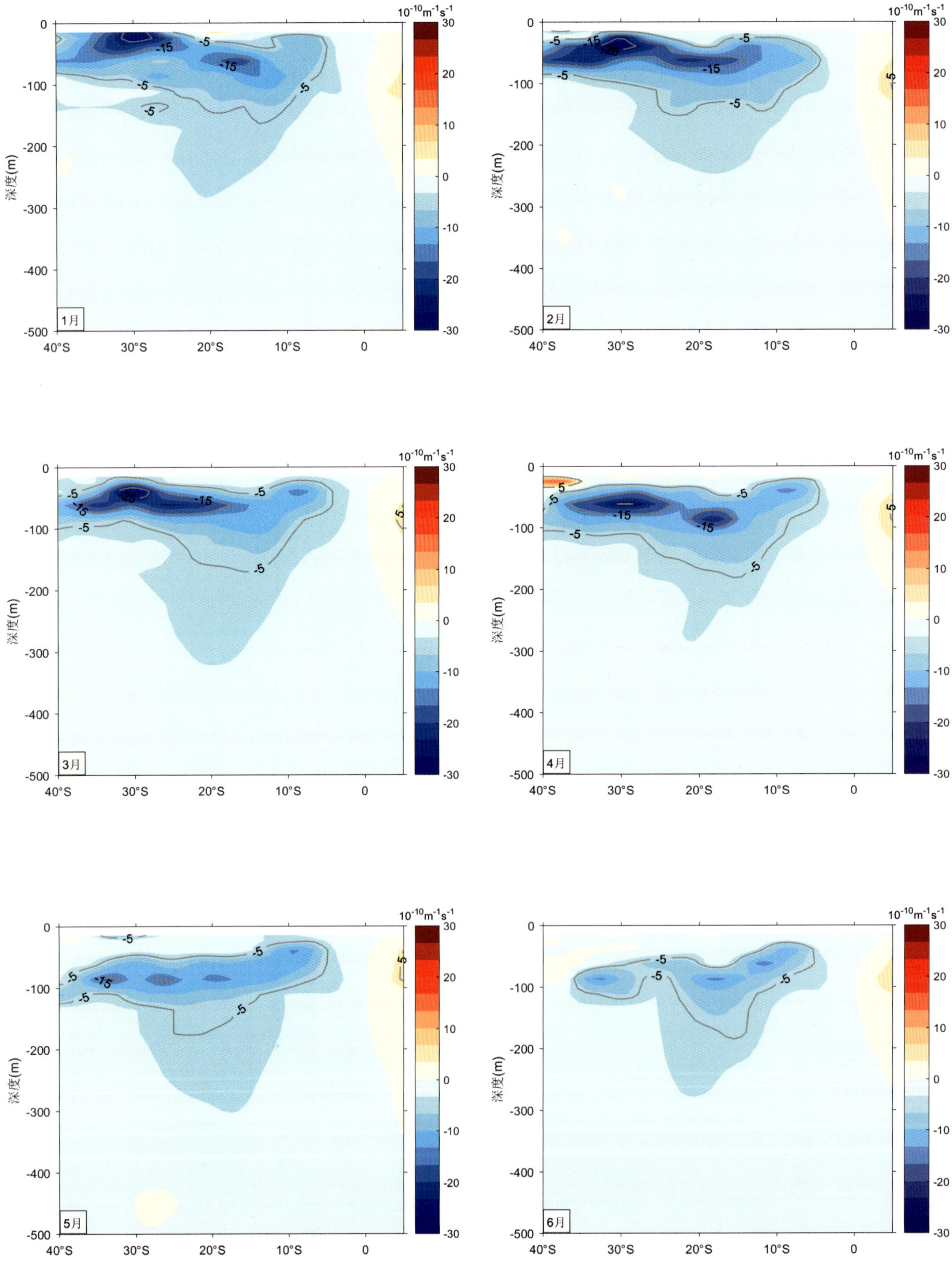
$10^{-10}m^{-1}s^{-1}$
30
20
10
0
-10
-20
-30
深度(m)
0
-100
-200
-300
-400
-500
40°S
30°S
20°S
10°S
0
-5
-15
-25
1月
2月
3月
4月
5月
6月

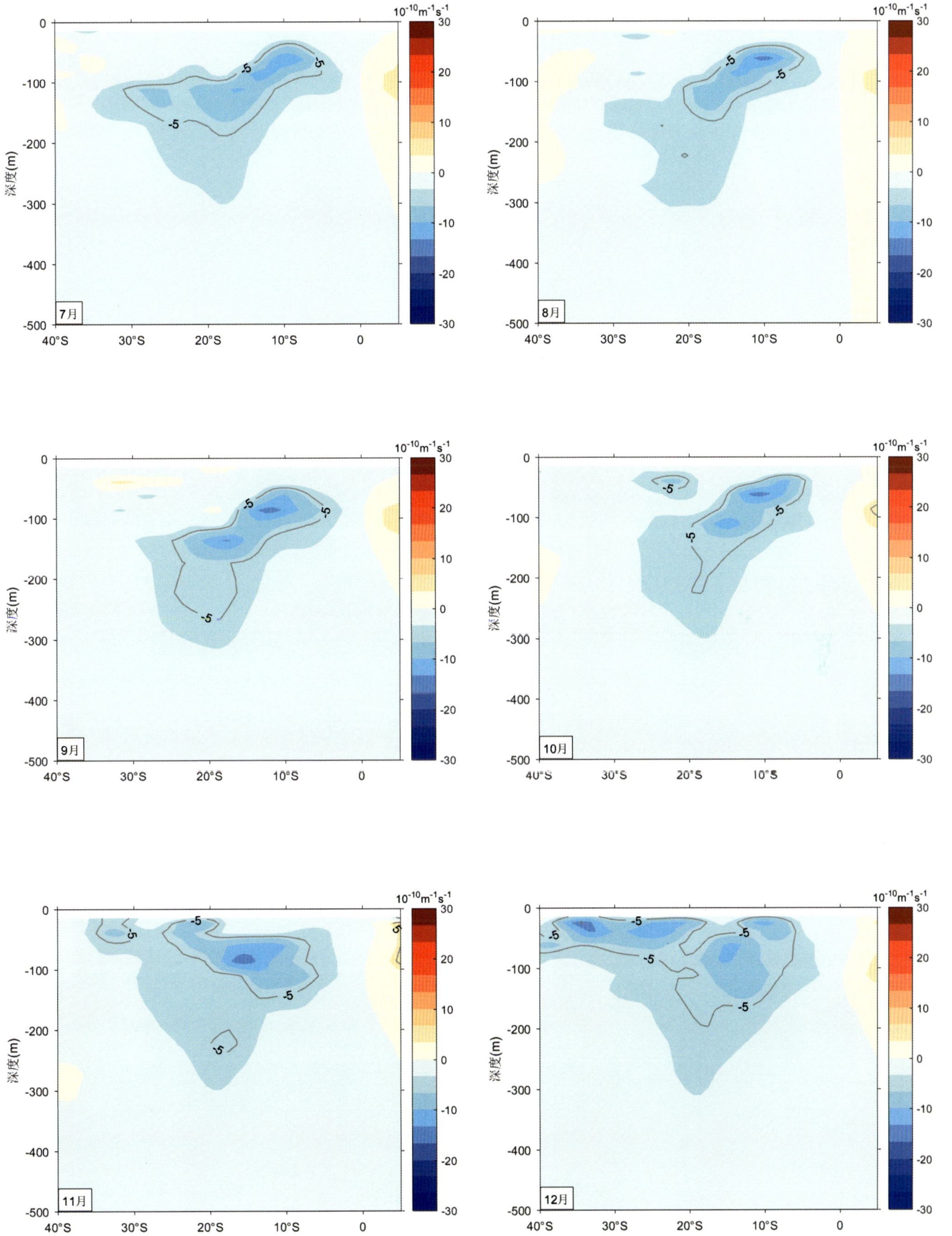

图 79　80.5°E 经向断面位势涡度垂直分布（单位：$10^{-10}m^{-1}s^{-1}$）

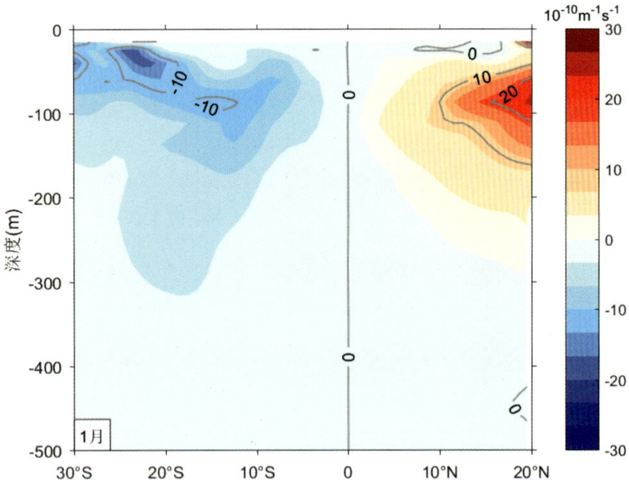
1月
深度(m)
10-10m-1s-1

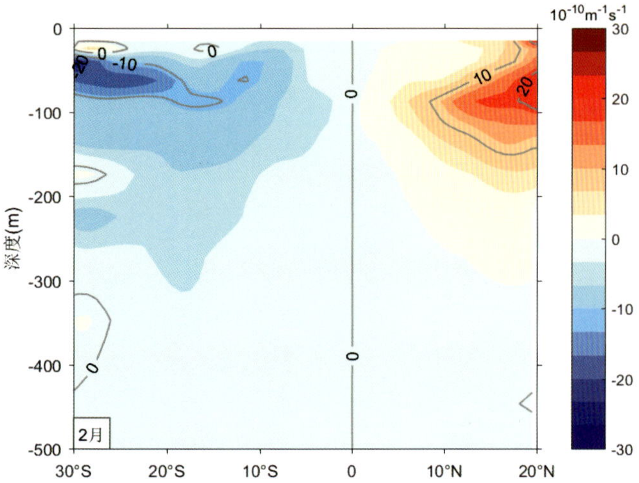
2月
深度(m)
10-10m-1s-1

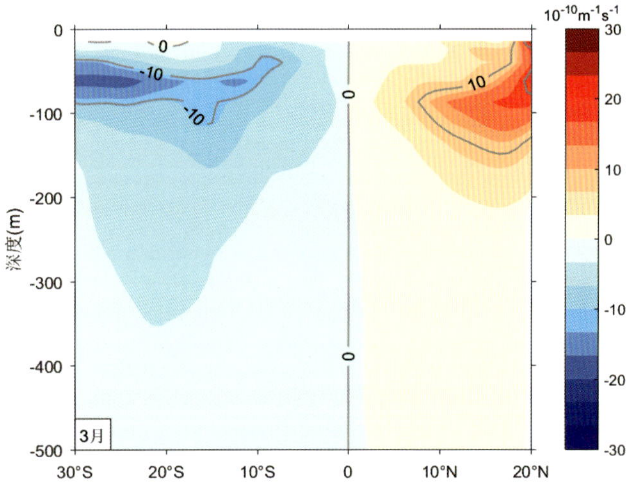
3月
深度(m)
10-10m-1s-1

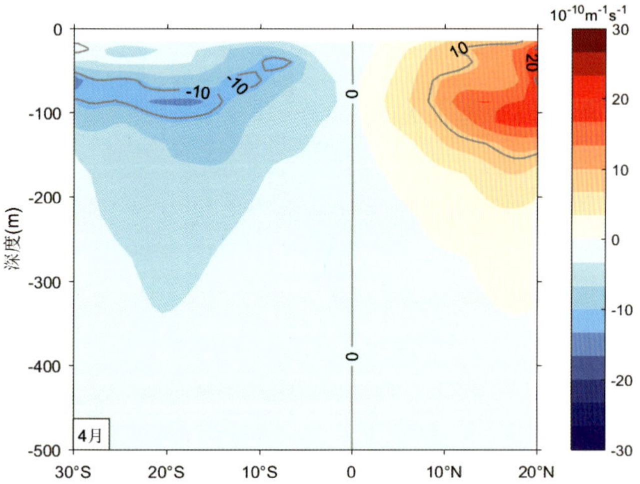
4月
深度(m)
10-10m-1s-1

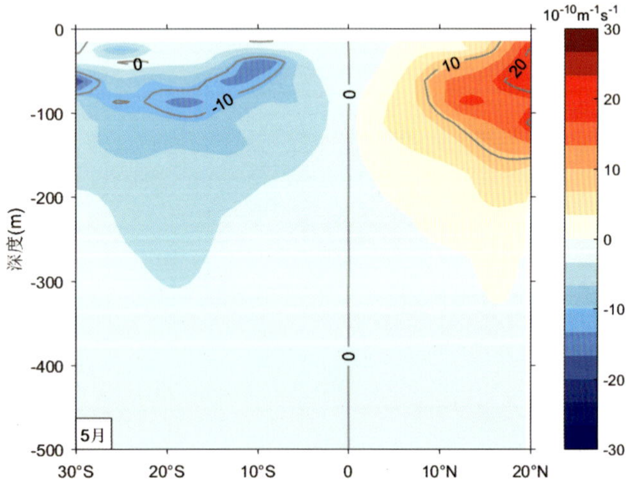
5月
深度(m)
10-10m-1s-1

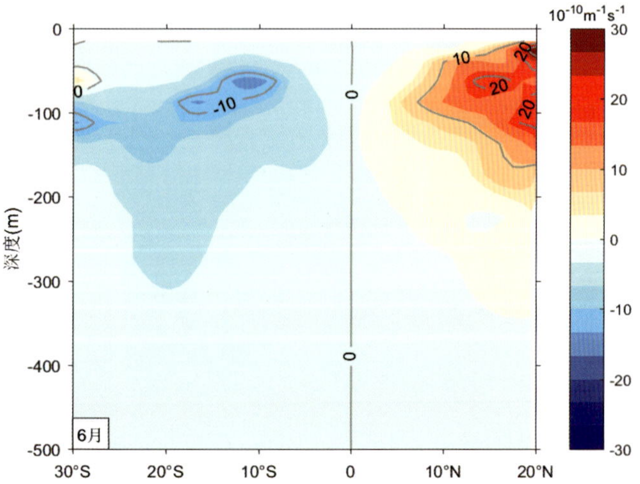
6月
深度(m)
10-10m-1s-1

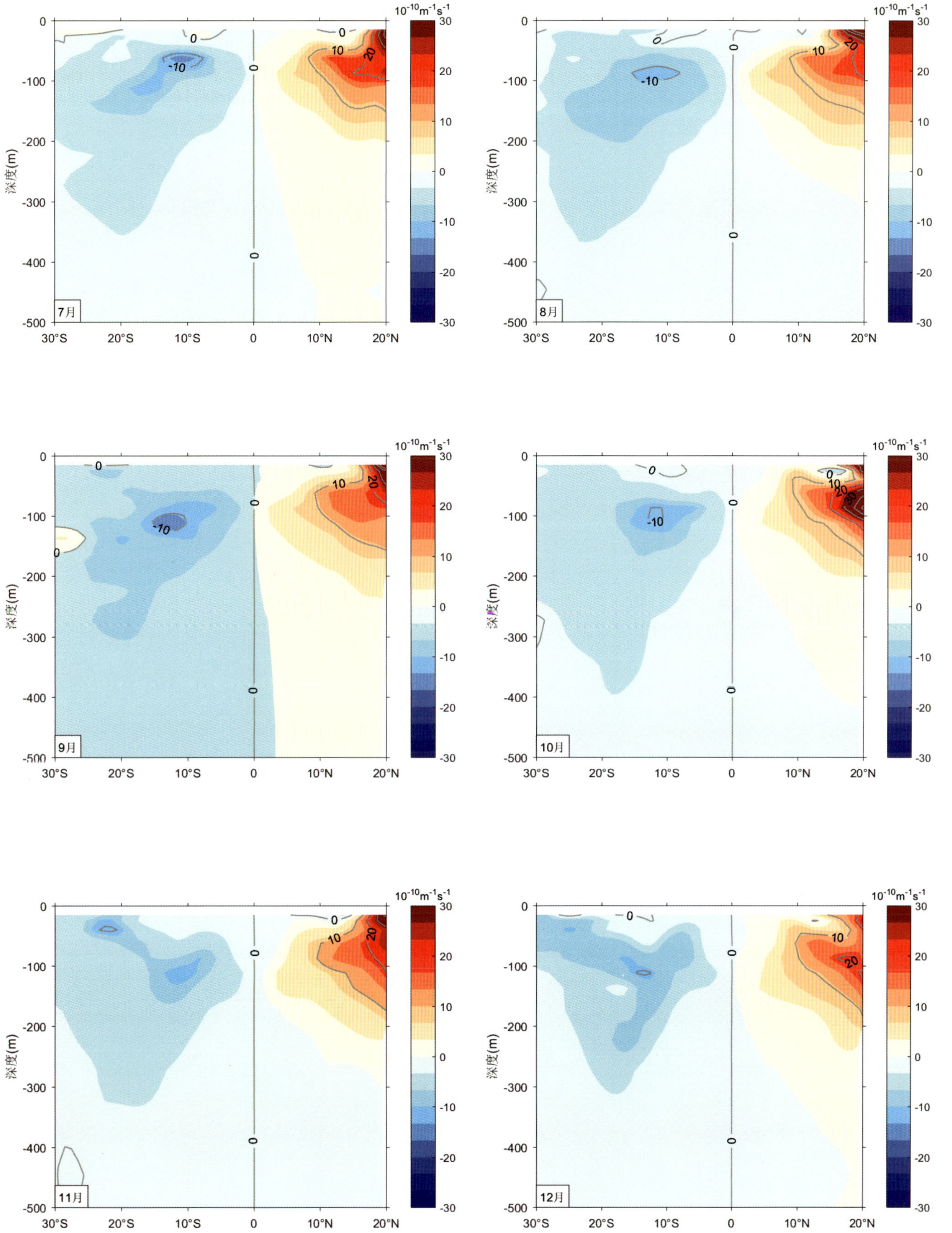

图 80　90°E 经向断面位势涡度垂直分布（单位：$10^{-10}m^{-1}s^{-1}$）

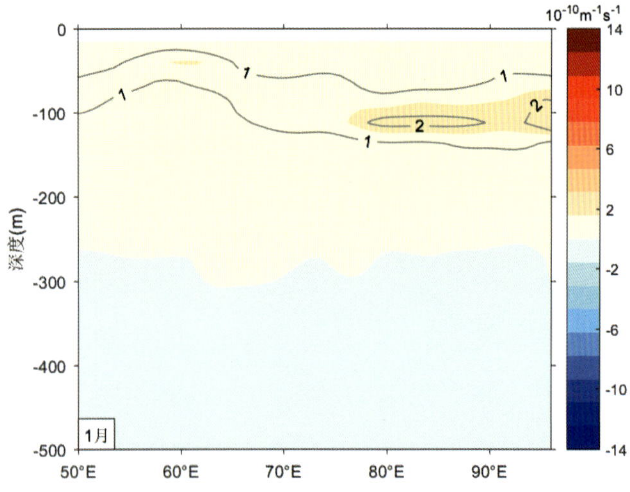

10^-10 m^-1 s^-1
深度(m)
1月

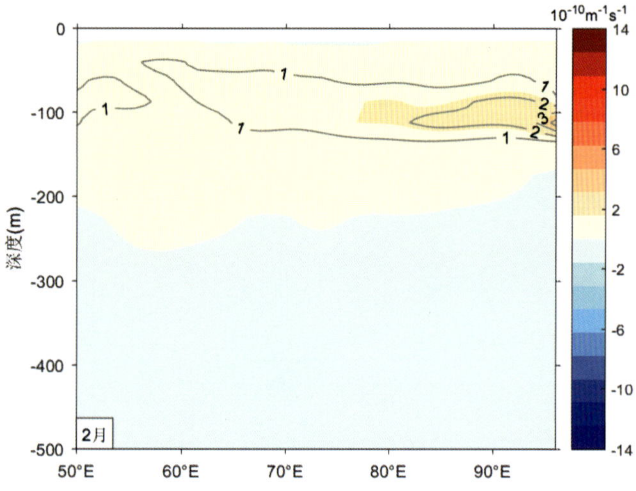

10^-10 m^-1 s^-1
深度(m)
2月

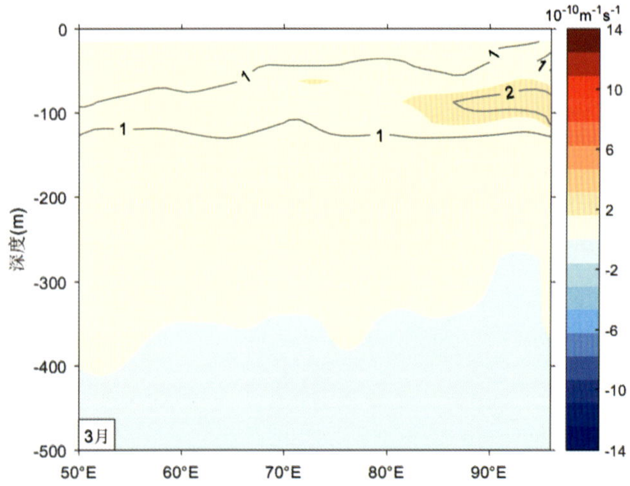

10^-10 m^-1 s^-1
深度(m)
3月

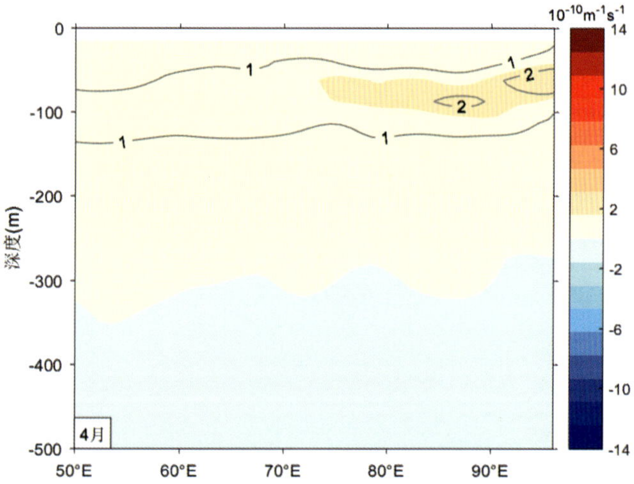

10^-10 m^-1 s^-1
深度(m)
4月

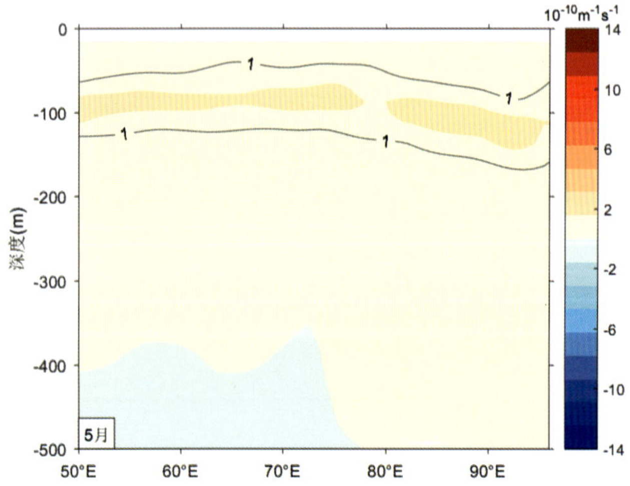

10^-10 m^-1 s^-1
深度(m)
5月

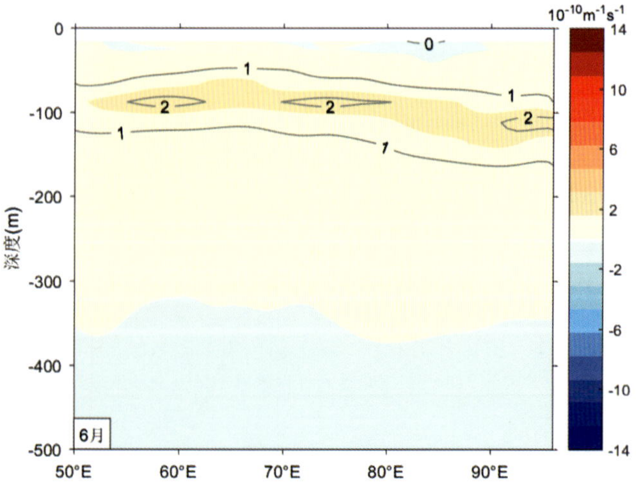

10^-10 m^-1 s^-1
深度(m)
6月

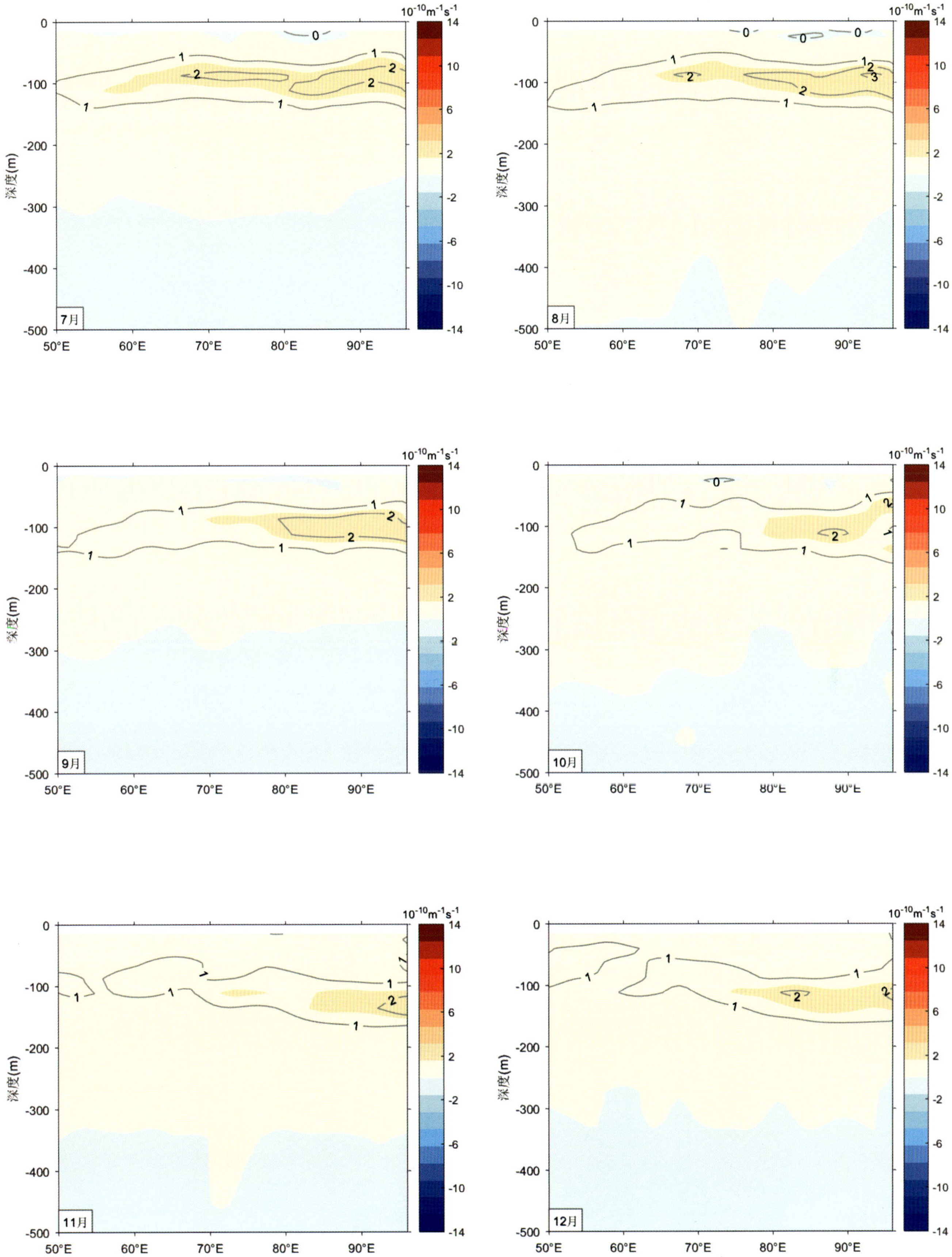

图 81　1.5°N 纬向断面位势涡度垂直分布（单位：$10^{-10}m^{-1}s^{-1}$）

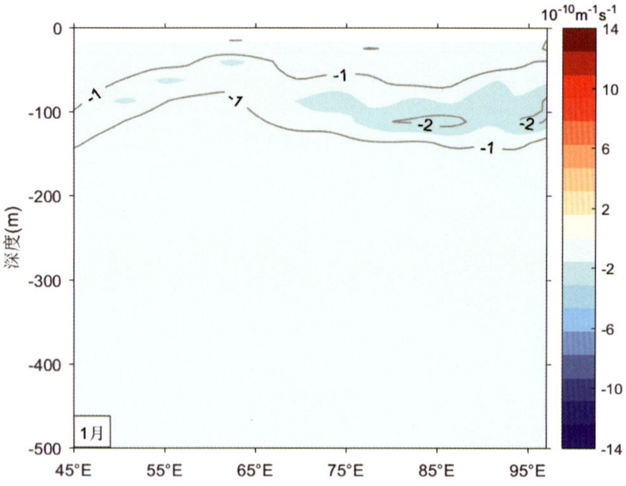
10^-10 m^-1 s^-1
深度(m)
0
-100
-200
-300
-400
-500
45°E 55°E 65°E 75°E 85°E 95°E
14 10 6 2 -2 -6 -10 -14
-1
-2
1月

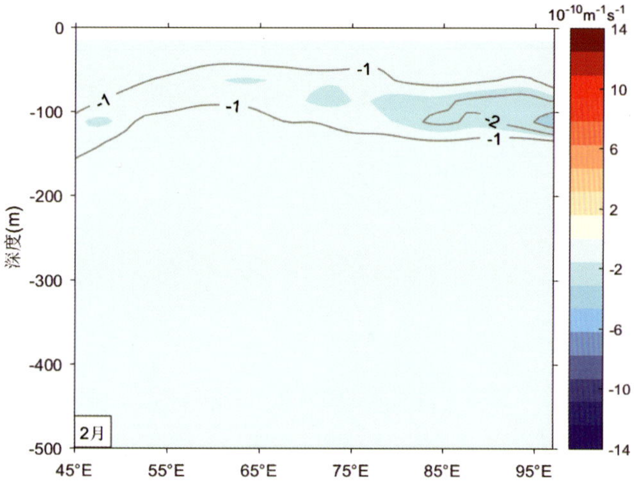
10^-10 m^-1 s^-1
深度(m)
0
-100
-200
-300
-400
-500
45°E 55°E 65°E 75°E 85°E 95°E
14 10 6 2 -2 -6 -10 -14
-1
-2
2月

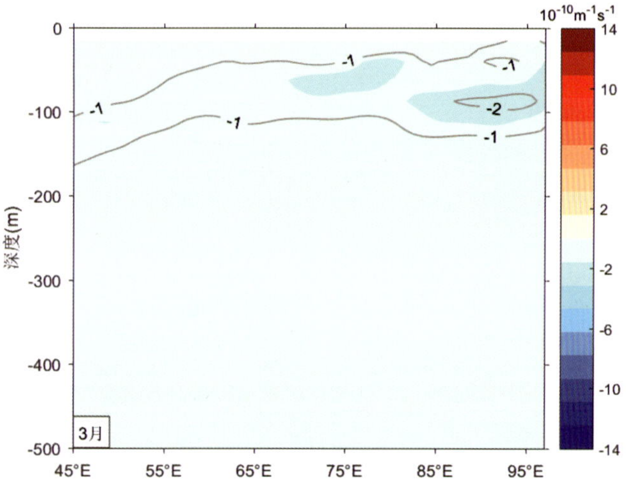
10^-10 m^-1 s^-1
深度(m)
0
-100
-200
-300
-400
-500
45°E 55°E 65°E 75°E 85°E 95°E
14 10 6 2 -2 -6 -10 -14
-1
-2
3月

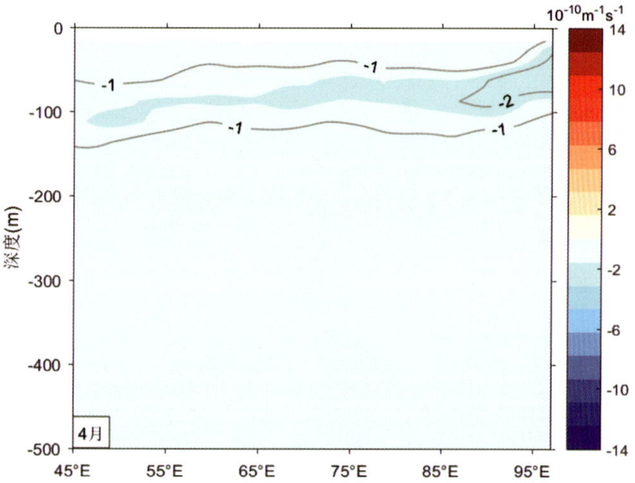
10^-10 m^-1 s^-1
深度(m)
0
-100
-200
-300
-400
-500
45°E 55°E 65°E 75°E 85°E 95°E
14 10 6 2 -2 -6 -10 -14
-1
-2
4月

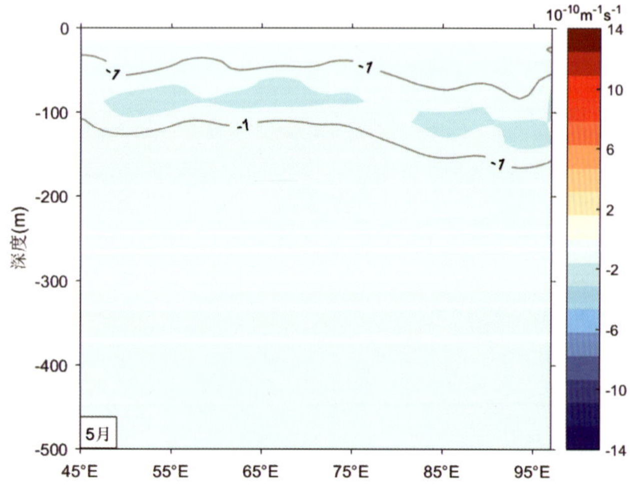
10^-10 m^-1 s^-1
深度(m)
0
-100
-200
-300
-400
-500
45°E 55°E 65°E 75°E 85°E 95°E
14 10 6 2 -2 -6 -10 -14
-1
5月

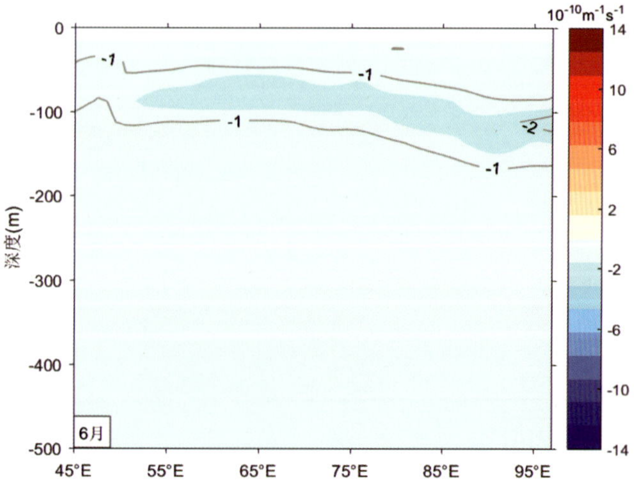
10^-10 m^-1 s^-1
深度(m)
0
-100
-200
-300
-400
-500
45°E 55°E 65°E 75°E 85°E 95°E
14 10 6 2 -2 -6 -10 -14
-1
-2
6月

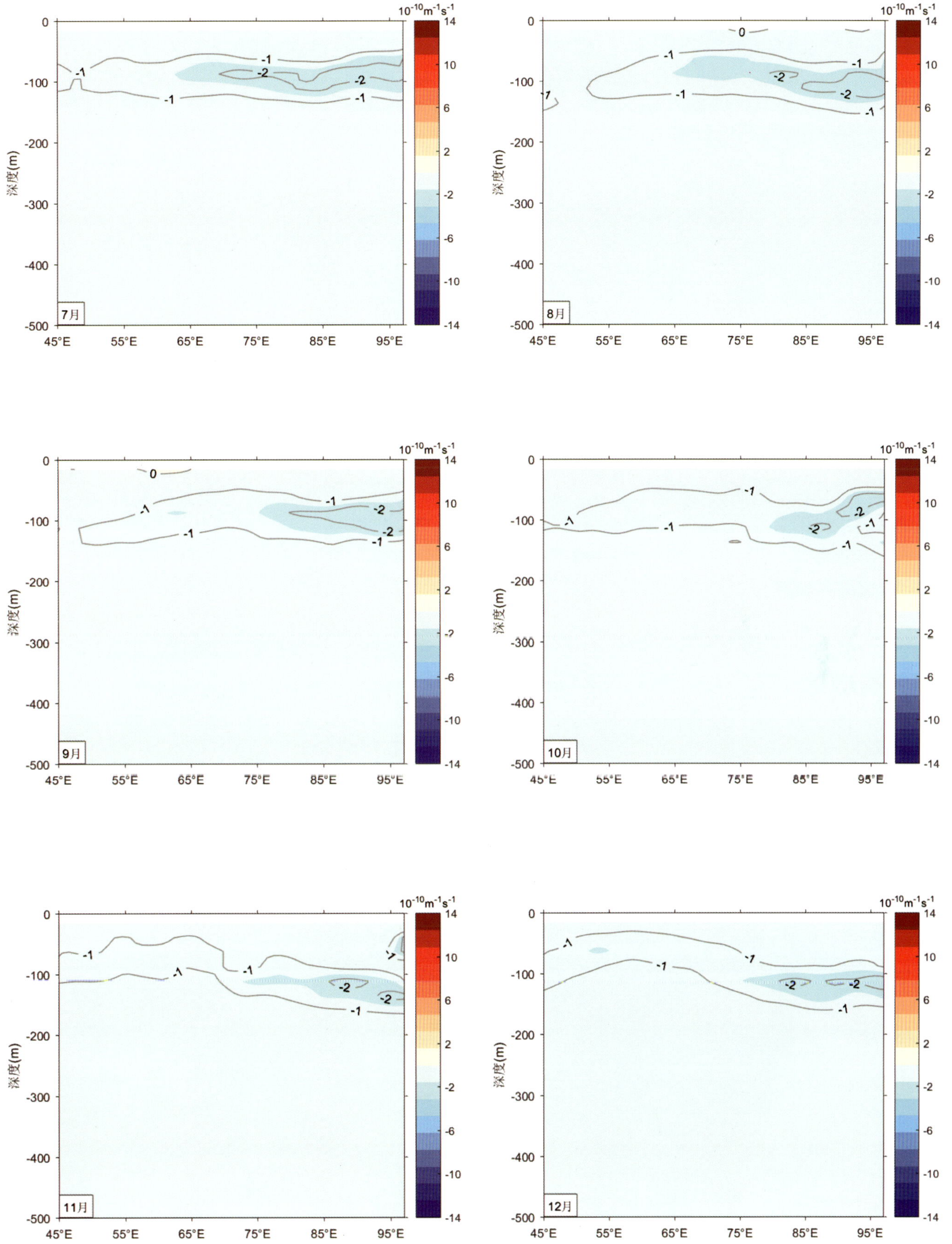

图 82　1.5°S 纬向断面位势涡度垂直分布（单位：$10^{-10}m^{-1}s^{-1}$）

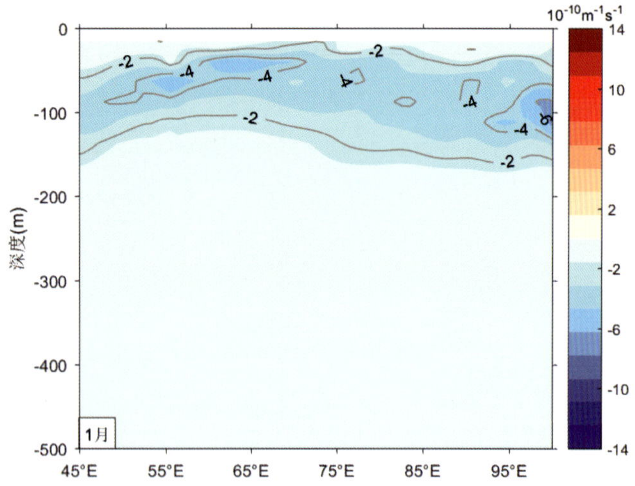
1月
深度(m)
$10^{-10}m^{-1}s^{-1}$
45°E 55°E 65°E 75°E 85°E 95°E
0 -100 -200 -300 -400 -500
14 10 6 2 -2 -6 -10 -14

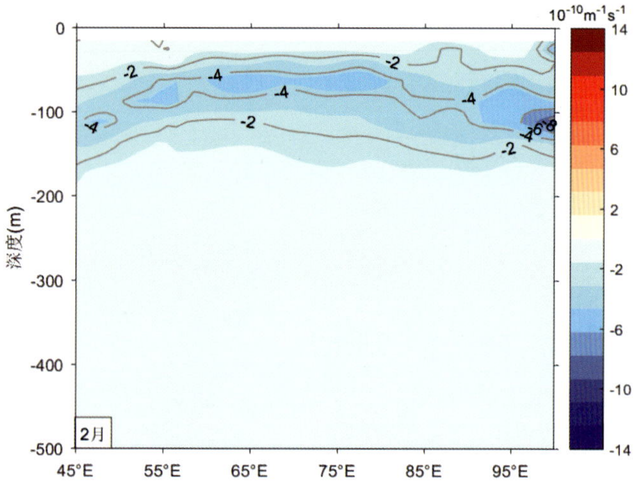
2月
深度(m)
$10^{-10}m^{-1}s^{-1}$
45°E 55°E 65°E 75°E 85°E 95°E
0 -100 -200 -300 -400 -500
14 10 6 2 -2 -6 -10 -14

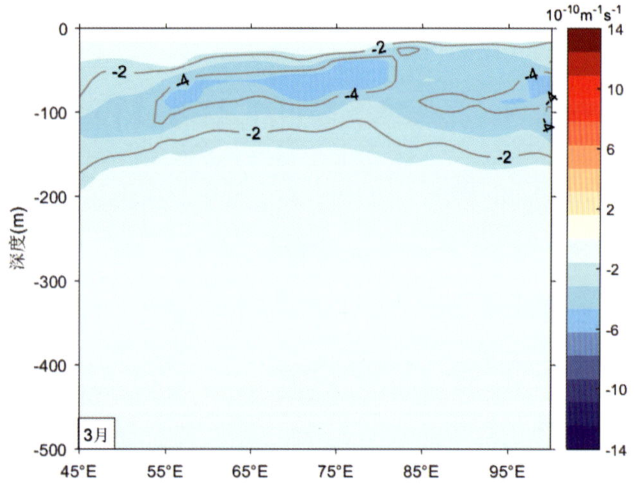
3月
深度(m)
$10^{-10}m^{-1}s^{-1}$
45°E 55°E 65°E 75°E 85°E 95°E
0 -100 -200 -300 -400 -500
14 10 6 2 -2 -6 -10 -14

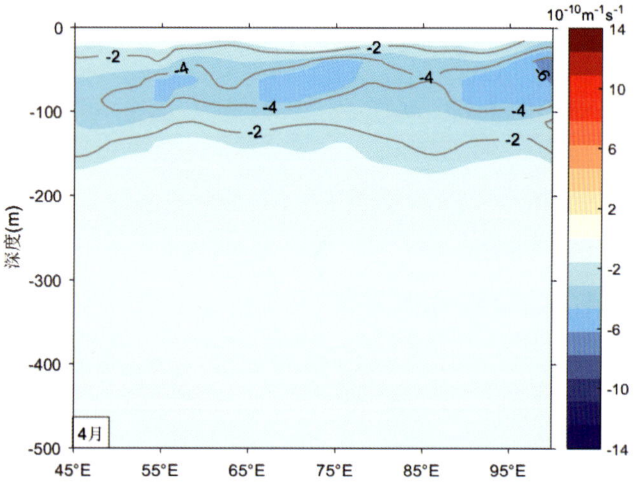
4月
深度(m)
$10^{-10}m^{-1}s^{-1}$
45°E 55°E 65°E 75°E 85°E 95°E
0 -100 -200 -300 -400 -500
14 10 6 2 -2 -6 -10 -14

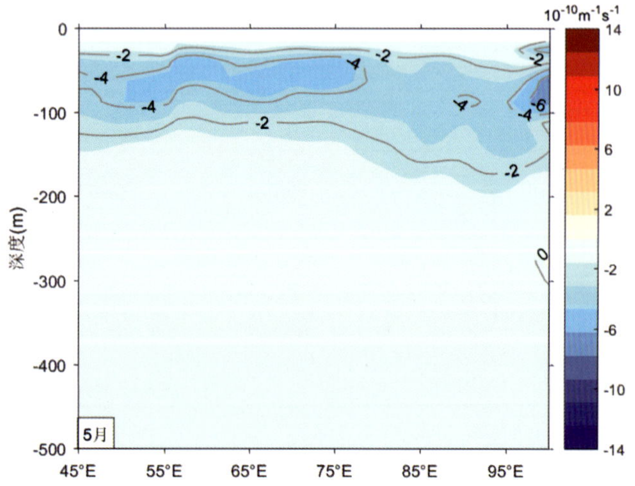
5月
深度(m)
$10^{-10}m^{-1}s^{-1}$
45°E 55°E 65°E 75°E 85°E 95°E
0 -100 -200 -300 -400 -500
14 10 6 2 -2 -6 -10 -14

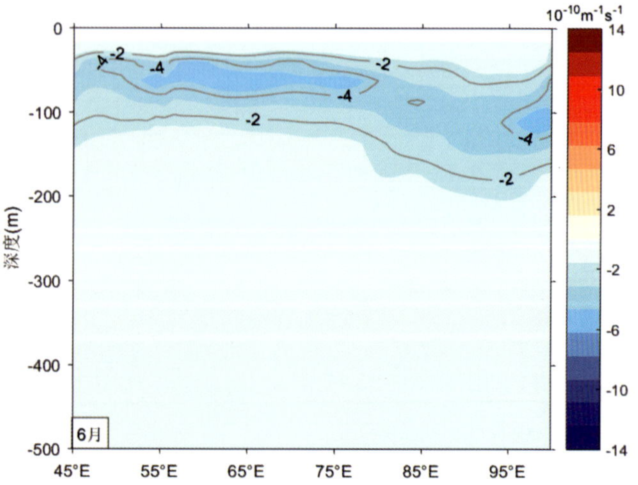
6月
深度(m)
$10^{-10}m^{-1}s^{-1}$
45°E 55°E 65°E 75°E 85°E 95°E
0 -100 -200 -300 -400 -500
14 10 6 2 -2 -6 -10 -14

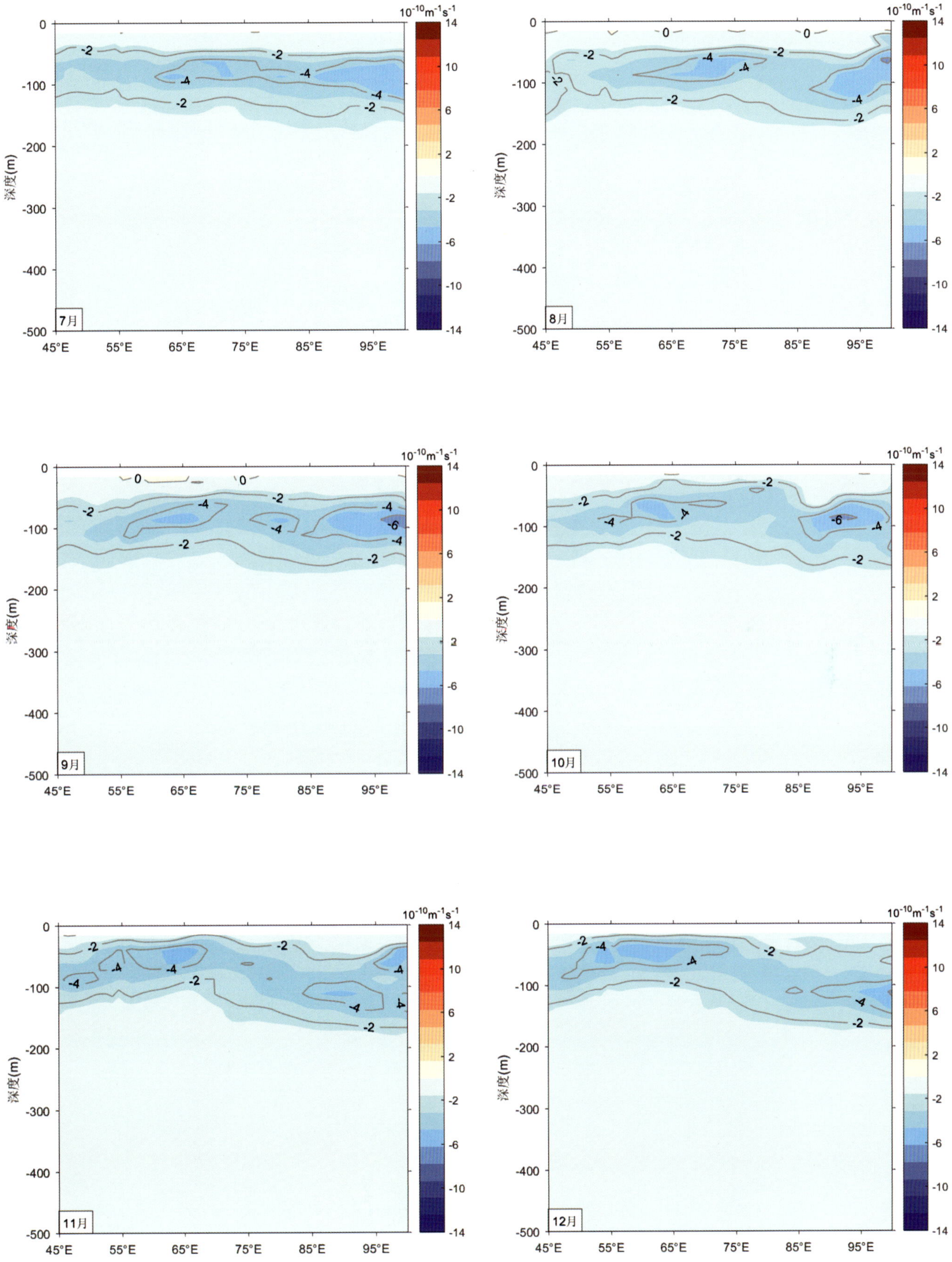

图 83　4°S 纬向断面位势涡度垂直分布（单位：$10^{-10}m^{-1}s^{-1}$）

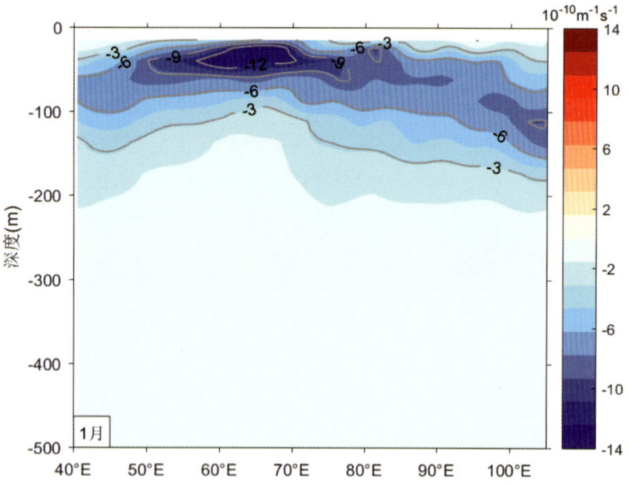
1月
深度(m)
0
-100
-200
-300
-400
-500
40°E 50°E 60°E 70°E 80°E 90°E 100°E
$10^{-10}m^{-1}s^{-1}$
14 10 6 2 -2 -6 -10 -14

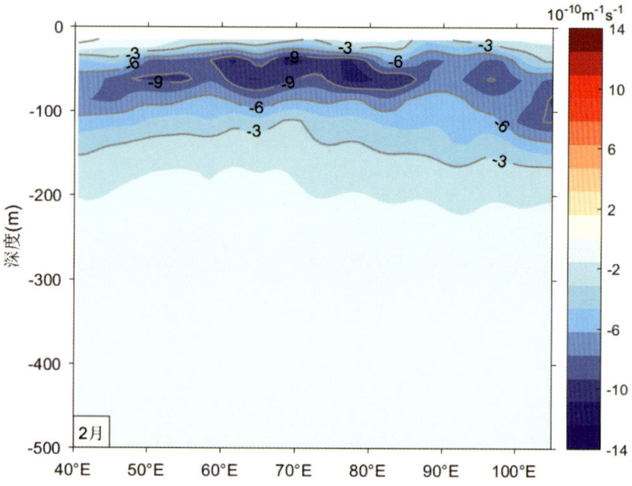
2月
深度(m)
0
-100
-200
-300
-400
-500
40°E 50°E 60°E 70°E 80°E 90°E 100°E
$10^{-10}m^{-1}s^{-1}$
14 10 6 2 -2 -6 -10 -14

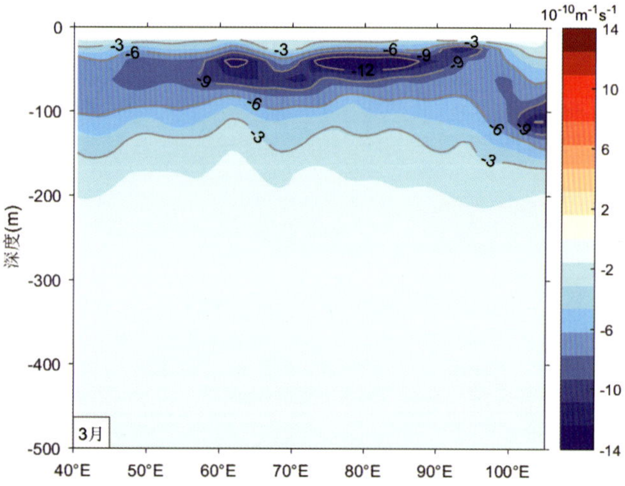
3月
深度(m)
0
-100
-200
-300
-400
-500
40°E 50°E 60°E 70°E 80°E 90°E 100°E
$10^{-10}m^{-1}s^{-1}$
14 10 6 2 -2 -6 -10 -14

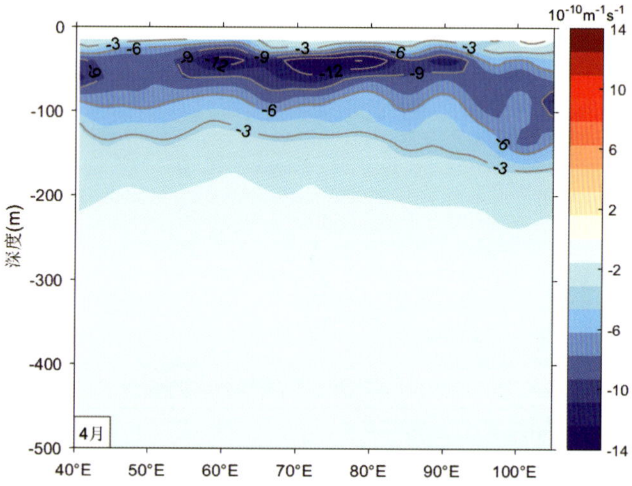
4月
深度(m)
0
-100
-200
-300
-400
-500
40°E 50°E 60°E 70°E 80°E 90°E 100°E
$10^{-10}m^{-1}s^{-1}$
14 10 6 2 -2 -6 -10 -14

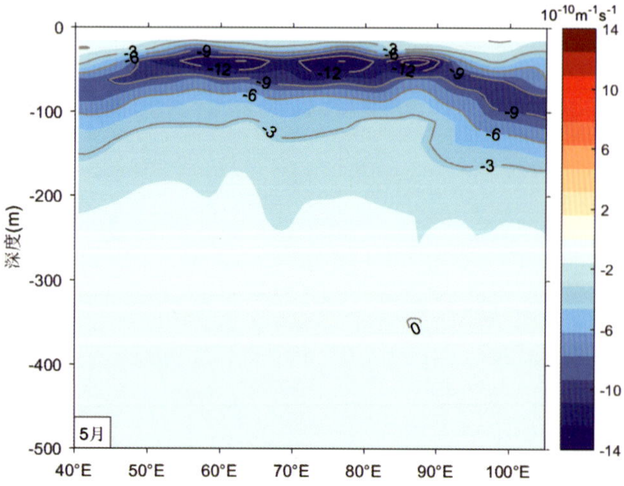
5月
深度(m)
0
-100
-200
-300
-400
-500
40°E 50°E 60°E 70°E 80°E 90°E 100°E
$10^{-10}m^{-1}s^{-1}$
14 10 6 2 -2 -6 -10 -14

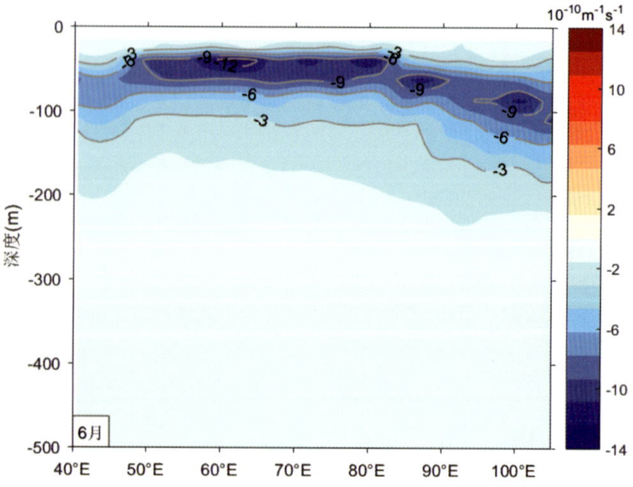
6月
深度(m)
0
-100
-200
-300
-400
-500
40°E 50°E 60°E 70°E 80°E 90°E 100°E
$10^{-10}m^{-1}s^{-1}$
14 10 6 2 -2 -6 -10 -14

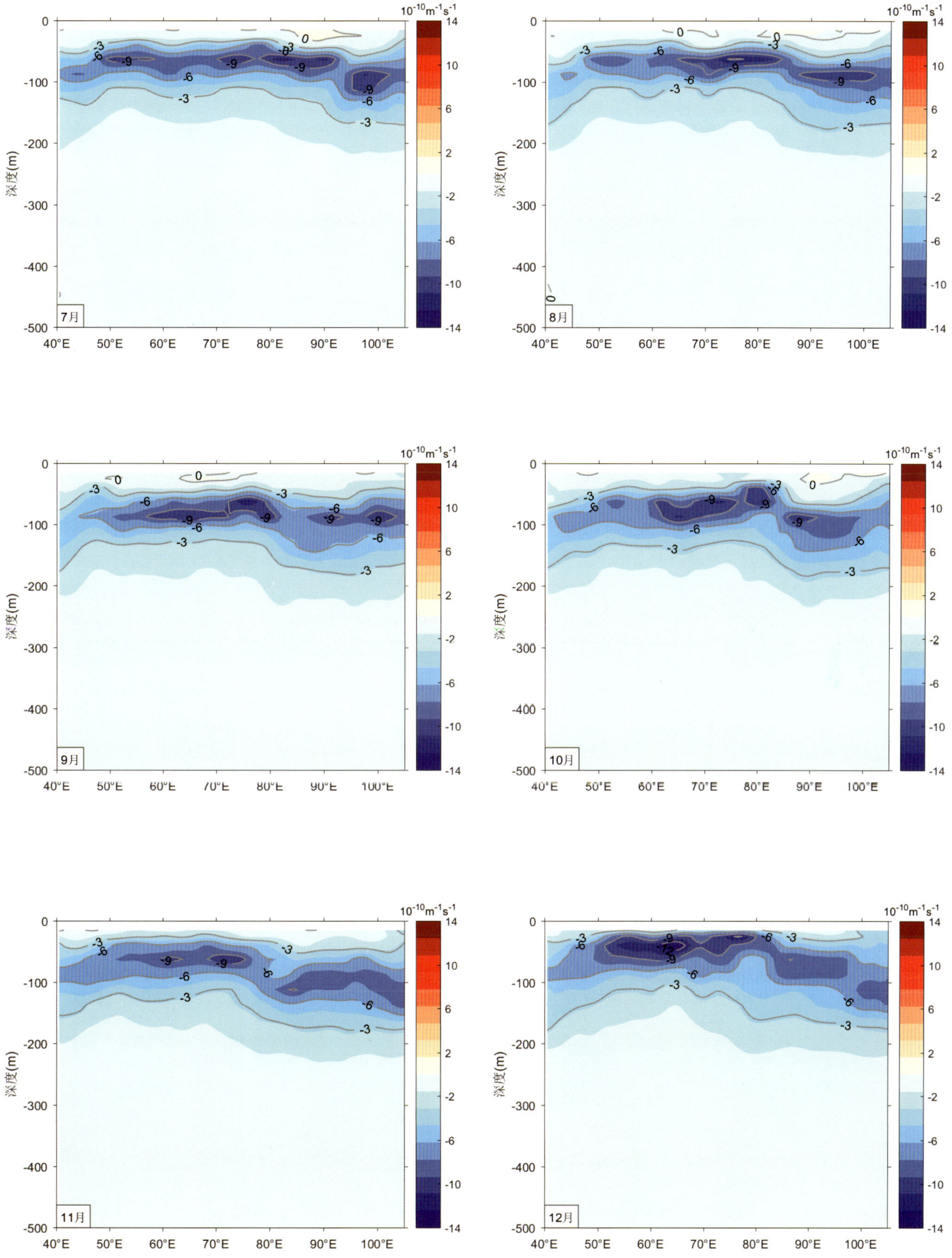

图 84　8°S 纬向断面位势涡度垂直分布（单位：$10^{-10}m^{-1}s^{-1}$）

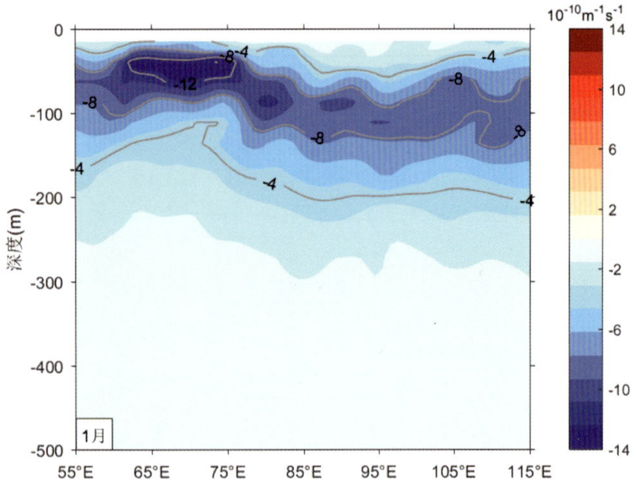
10-10m-1s-1
14
10
6
2
-2
-6
-10
-14
深度(m)
0
-100
-200
-300
-400
-500
55°E 65°E 75°E 85°E 95°E 105°E 115°E
1月

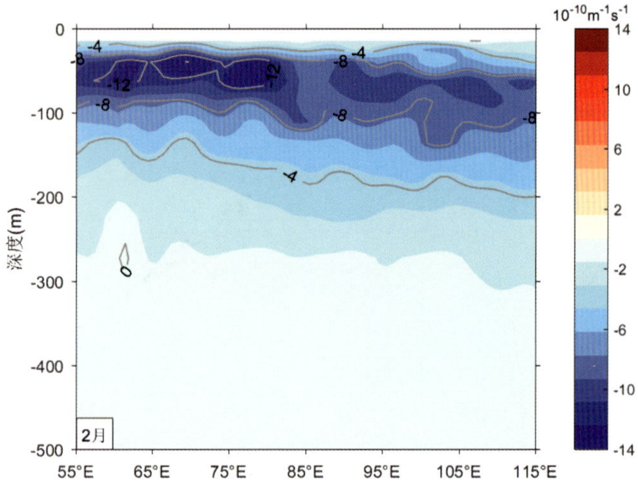
10-10m-1s-1
14
10
6
2
-2
-6
-10
-14
深度(m)
0
-100
-200
-300
-400
-500
55°E 65°E 75°E 85°E 95°E 105°E 115°E
2月

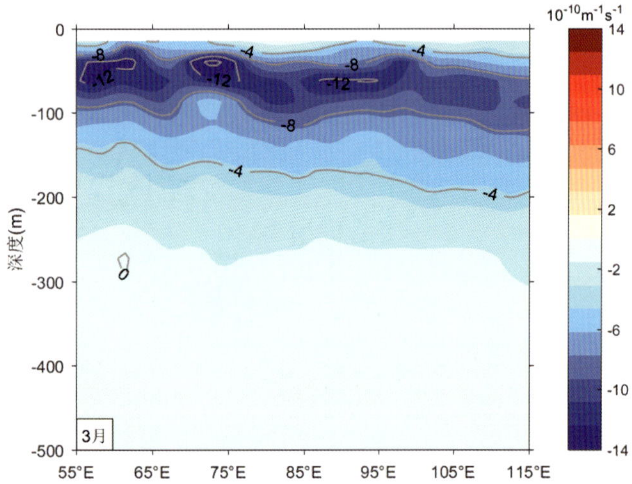
10-10m-1s-1
14
10
6
2
-2
-6
-10
-14
深度(m)
0
-100
-200
-300
-400
-500
55°E 65°E 75°E 85°E 95°E 105°E 115°E
3月

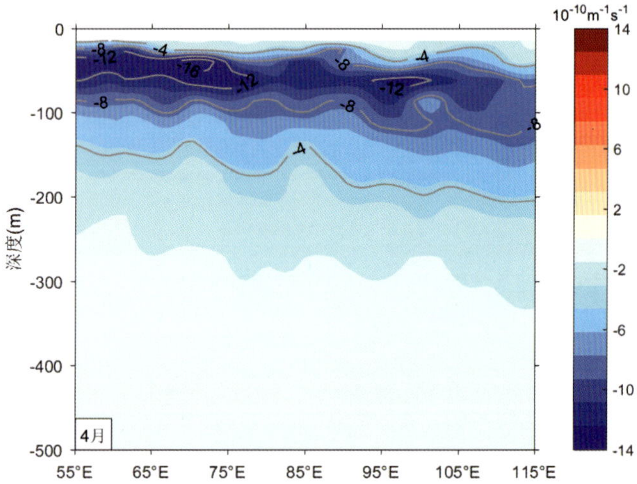
10-10m-1s-1
14
10
6
2
-2
-6
-10
-14
深度(m)
0
-100
-200
-300
-400
-500
55°E 65°E 75°E 85°E 95°E 105°E 115°E
4月

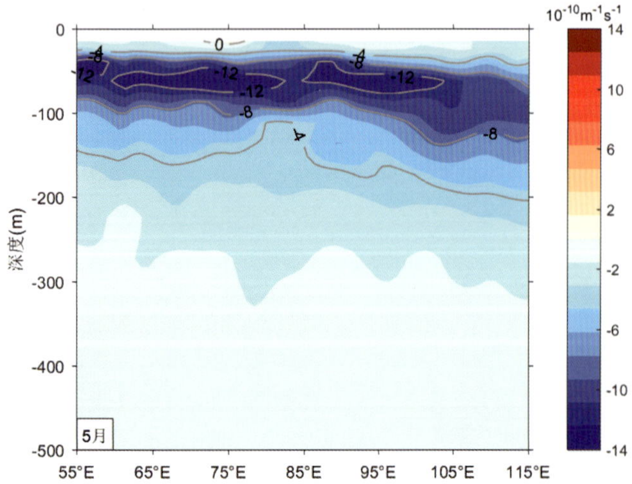
10-10m-1s-1
14
10
6
2
-2
-6
-10
-14
深度(m)
0
-100
-200
-300
-400
-500
55°E 65°E 75°E 85°E 95°E 105°E 115°E
5月

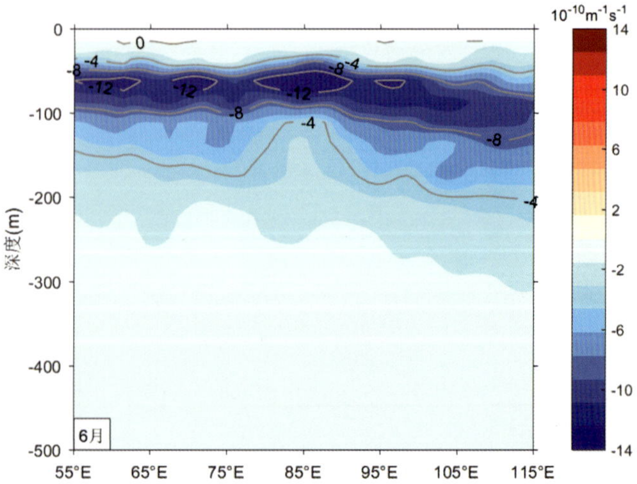
10-10m-1s-1
14
10
6
2
-2
-6
-10
-14
深度(m)
0
-100
-200
-300
-400
-500
55°E 65°E 75°E 85°E 95°E 105°E 115°E
6月

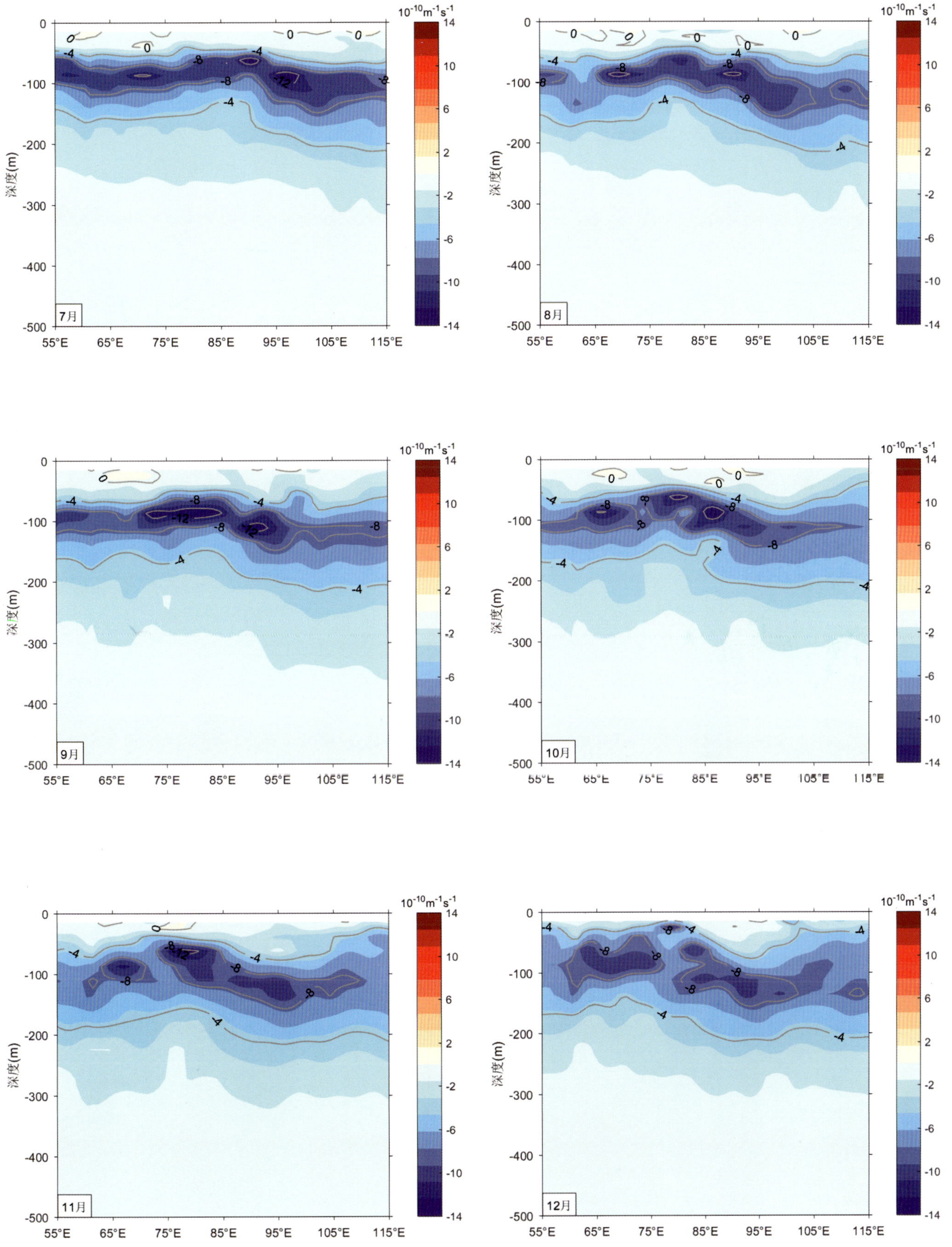

图 85　12°S 纬向断面位势涡度垂直分布（单位：$10^{-10}m^{-1}s^{-1}$）